官方认证教程

▶ ▶ ▶ 提供Windows版/Mac版/Linux版/鸿蒙版/iOS版软件官方下载链接

U0392708

WPS

凤凰高新教育◎编著

Office完全自学

教程

第2版

北京大学出版社
PEKING UNIVERSITY PRESS

内 容 提 要

本书是畅销书《WPS Office 2019完全自学教程》的升级版，以WPS Office软件为平台，从办公人员的工作需求出发，配合大量典型案例，全面地讲解了WPS Office在文秘与行政、人力资源管理、统计与财务、市场与营销等各个领域中的应用，而且介绍了最新的WPS AI功能的应用，帮助读者轻松高效地完成各项办公事务。

本书以"完全精通WPS Office"为出发点，以"用好WPS Office"为目标来安排内容，全书共分为7篇，19章内容。第1篇为快速入门，全面讲解WPS Office的基本操作；第2篇为WPS文字；第3篇为WPS表格；第4篇为WPS演示；第5篇为WPS在线智能文档；第6篇为WPS Office其他组件应用；第7篇为综合实战。

本书既适合办公室新手、刚毕业或即将毕业的学生学习，还可以作为广大职业院校、计算机培训班的教学参考用书。

图书在版编目(CIP)数据

WPS Office完全自学教程 / 凤凰高新教育编著.
2版. —— 北京：北京大学出版社, 2025.3. —— ISBN
978-7-301-35936-5

Ⅰ. TP317.1

中国国家版本馆CIP数据核字第2025FD7158号

书　　　名	WPS Office完全自学教程（第2版） WPS Office WANQUAN ZIXUE JIAOCHENG（DI-ER BAN）
著作责任者	凤凰高新教育　编著
责 任 编 辑	刘　云　蒲玉茜
标 准 书 号	ISBN 978-7-301-35936-5
出 版 发 行	北京大学出版社
地　　　址	北京市海淀区成府路205号　100871
网　　　址	http://www.pup.cn　新浪微博：@北京大学出版社
电 子 邮 箱	编辑部 pup7@pup.cn　总编室 zpup@pup.cn
电　　　话	邮购部 010-62752015　发行部 010-62750672　编辑部 010-62570390
印 刷 者	北京宏伟双华印刷有限公司
经 销 者	新华书店
	880毫米×1092毫米　16开本　23印张　717千字
	2020年11月第1版
	2025年3月第2版　2025年3月第1次印刷
印　　　数	1-4000册
定　　　价	139.00元

推 荐 序

与 WPS 一起成长

2016年，WPS新一代版本立项之初，我们把这个新的项目命名为"Prometheus"（普罗米修斯）。在希腊神话里，普罗米修斯是盗火人，他名字的意思是"先见之明"。随着项目的推进，内部代号更新为"Fusion"（融合），团队希望采用"融合"的方式，打造一个更先进、更便利的办公环境。

和之前的办公软件相比，新版本拥有全新的交互界面，虽然用户在短期内会有不适应和不理解，但软件的新功能实则更加便捷，用户熟悉后将能轻松驾驭。

在经过大量的用户测试后，WPS新版本赢得了众多好评。时至今日，WPS Office已经成为主流的国产办公软件，"融合办公"理念也逐渐为用户喜爱和接受。

用户在接受WPS Office新版本变化的过程中，也不可避免地遇到了如何理解、如何使用好"融合办公"环境的问题。令人欣慰的是，越来越多的专业作者也在投入精力帮助用户去使用好这款办公软件。

本书全面系统地介绍了WPS的使用方法，也很好地介绍了WPS Office的"融合办公"环境。希望读者阅读完本书后，能够通过使用WPS Office的"融合办公"环境提升学习和工作效率，提升职场竞争力！

感谢本书作者，感谢WPS产品团队。

——金山办公软件产品总监 张宁

20世纪90年代，WPS一度被视为中国电脑的代名词，从1988年到1995年，个人电脑开始在中国普及，WPS也随之一起走到用户的办公桌上，这也是WPS最初的辉煌时代。从公开数据来看，WPS初期掌握了90%的市场份额，并一度成为标准文档格式，可以说WPS塑造了一个新的行业。后来，WPS遭遇了微软Office的入场以及"盗版软件"盛行带来的双重压力，这也是中国软件产业特有的一段历史。随着Windows系统的推出，WPS的市场空间被大量微软Office盗版软件挤压，WPS开始慢慢变得"小众""非主流"，也因此徘徊在"生死一线间"。

2003年10月份，WPS推翻了原有的十万行代码，进行了重写，于2005年发布了"新品"。有不少用户在2005年之后发现，WPS与微软Office越来越像了，并且可以无缝兼容，同时，WPS是免费的，是每个人都用得起的办公软件，这样，WPS逐步从"小众"的群体里走出来，成为一款大众化产品。在过去的30年里，WPS一直聚焦在一件事情上，那就是文档处理，我们做了文字、表格、演示文稿，还有PDF四大套件。在这件事情上，WPS不仅要考虑习惯了微软Office操作方式的用户，还要考虑中国用户的思维方式，使软件更容易被用户理解和使用，以此降低用户的学习门槛，提升用户的办公效率。现在，WPS 正在实现一站式融合办公，WPS Office 将文档、表格、演示文稿、PDF、流程图、脑图等多个组件融合在一起，实现了一次下载、一个图标、一个账号，即可打开任何一种文档，用户无须再去考虑要通过哪个软件打开哪个文件。本书作者深知职场人士的办公需求，结构化、科学化地为读者讲解 WPS 职场办公应用的相关知识，帮助读者更快、更好地掌握办公软件技能，更自信地融入职场。

几十年来，金山一直肩扛民族软件大旗，即便是在最艰难的时刻，也从未放弃。软件行业的人说："因为 WPS，才让微软在中国乃至世界办公软件市场不敢掉以轻心。因为 WPS，让全世界了解到中国还有一家公司能与微软抗衡。"在此，感谢广大用户对 WPS 的支持，也希望读者朋友能从这本书学到更多的知识，和 WPS 一起为祖国的建设添砖加瓦。

——金山办公软件产品专家　王芳

前　言

WPS Office，民族品牌，值得信赖

WPS Office作为民族品牌的杰出代表，在办公软件领域赢得了广泛的认可。它不仅承载着国内技术创新的使命，还以用户为中心，不断优化产品功能，提升用户体验，展现出了强大的竞争力和市场影响力。WPS Office凭借其优秀的性能和口碑，已经拥有了庞大的用户群体，这些用户来自各行各业，他们的认可和支持是WPS Office不断前进的动力。

在未来，我们有理由相信WPS Office将继续保持其领先地位，为用户带来更加优质、高效的办公体验。

为什么出版和升级本书

在这个日新月异的数字时代，职场办公环境正以前所未有的速度向智能化、高效化迈进。作为职场人士，我们不仅要掌握扎实的办公技能，更需紧跟时代步伐，充分利用AI技术提升工作效率与质量。正是在这样的背景下，《WPS Office完全自学教程（第2版）》应运而生，它不仅是畅销书《WPS Office 2019完全自学教程》的全面升级，更是对当下职场办公人士需求与痛点的精准回应。通过引入最新的WPS AI功能，为读者提供更加高效和智能化的办公解决方案。升级本书的缘由具体有以下几点。

（1）直击痛点。传统办公方式往往耗时费力，尤其在处理大量文档、分析数据及制作演示文稿时，效率低下成为职场人士的一大困扰。此外，随着AI技术的飞速发展，如何在办公中融入AI元素，实现智能化办公，成为新时代职场人亟须解决的问题。

（2）需求导向。本书旨在通过全面升级，在覆盖WPS Office的基础与进阶操作的同时，深度融合最新的AI功能，如智能文档、智能表格、智能表单等，帮助读者在掌握传统技能的同时，轻松驾驭AI办公工具，实现办公效率与质量的双重飞跃。

（3）与时俱进。考虑到不同行业、不同岗位的办公需求，本书还特别设置了综合实战篇，通过模拟真实工作场景，让读者在实战中掌握WPS Office在文秘与行政、人力资源管理、统计与财务、市场与营销等领域的应用，真正做到学以致用。

本书有哪些特点

（1）版本新，内容实用。本书遵循"常用、实用"的原则，以WPS Office 2024夏季更新版本为讲解标准，标识出了WPS Office的相关"新功能"及"重点""AI功能"，并结合日常办公应用的实际需求，安排了166

个"实战"案例、45个"妙招技法"、4个大型的"综合实战"，全面讲解了WPS Office中文字、表格、演示、PDF、思维导图、流程图、设计、多维表等组件的操作方法。

（2）AI智能融合，提高办公效率。本书详细讲解了WPS Office的AI智能化办公的相关功能，包括文档的智能排版与编辑、数据表格的智能处理与分析、PPT演示文稿的智能美化与编辑、各种在线智能文档的应用等，让读者体验前所未有的智能化办公乐趣，帮助读者利用AI提升工作效率。

（3）知识案例丰富，讲解步骤详尽。本书涵盖多个领域的典型办公案例，从基础到高级，循序渐进，帮助读者快速掌握知识并将其应用于实际工作中。另外，本书采用"步骤引导＋图解操作"的方式进行讲解，在步骤引导中分解出详细的操作步骤，并在图片上进行标注，便于读者学习和掌握，真正做到简单明了、一看即会、易学易懂。为了解决读者在自学过程中可能遇到的问题，我们在书中设置了"技术看板"板块，解释在操作过程中可能会遇到的一些疑难问题；添设了"技能拓展"板块，教大家通过其他方法来解决同类问题，达到举一反三的效果。

（4）同步学习文件，视频教程辅助。我们提供了与本书案例同步的素材文件和视频教程。素材文件方便读者在学习时直接练习和操作使用；视频教程直观展示操作过程，辅助学习，提升学习效率。

本书适合哪些读者群体

欢迎你加入WPS Office办公软件应用大家庭！由金山软件股份有限公司推出的WPS Office办公软件拥有数亿用户，其功能强大，操作简单，运行速度极快。若你有以下困难或需求，一定不要错过这本书！

● 职场新人：刚步入职场，亟须掌握基础及进阶办公技能。

● 行政与文秘人员：日常工作中频繁使用WPS Office处理文档、表格及演示文稿。

● 数据分析师与财务人员：需要利用WPS表格进行复杂的数据分析与统计。

● 市场与销售人员：需要制作专业演示文稿，进行产品介绍与销售谈判。

● 教育工作者与学生：需要利用WPS Office进行教学资料准备、撰写各类报告。

《WPS Office完全自学教程（第2版）》不仅是一本教程，更是你职场晋升道路上的得力助手。让我们携手并进，在AI智能办公的浪潮中，共同开创更加高效、智能的职场未来。本书不仅适合初学者，即使你是一位WPS Office的老手，在本书中，你一样能找到让你受益匪浅的办公技巧。

丰富的学习套餐，物超所值

本书配套赠送相关的学习资源，内容丰富、实用，包括同步练习文件、教学视频、电子书、高效手册等，让读者花一本书的钱，得到多本书的超值学习内容。套餐具体内容包括以下几个方面。

（1）同步素材文件。本书中所有章节实例的素材文件全部收录在同步学习文件夹中的"\素材文件\第×

章\"文件夹中（涉及隐私数据均为虚构示例，非真实信息）。读者在学习时，可以参考图书讲解内容，打开对应的素材文件进行同步操作练习。

（2）同步结果文件。本书中所有章节实例的最终效果文件全部收录在同步学习文件夹中的"\结果文件\第 × 章\"文件夹中。读者在学习时，可以打开结果文件，查看实例效果，为自己在学习中的练习操作提供帮助。

（3）同步视频教学文件。本书为读者提供了与书中内容同步的视频教程，帮助读者轻松学会相关知识。

（4）同步PPT课件。本书赠送与书中内容同步的PPT教学课件，便于老师教学使用。

（5）"Windows 10操作系统应用"的视频教程。长达9小时的多媒体教程，让读者完全掌握微软Windows 10操作系统的应用。

（6）《国内AI语言大模型简介与操作手册》电子书：让你快速了解当下国内最常用、最流行的AI工具的使用，进一步提升职场AI办公技能。

（7）"5分钟学会番茄工作法"讲解视频。帮助读者在职场中高效地工作、轻松应对职场那些事儿，真正实现"不加班，只加薪"！

（8）"10招精通超级时间整理术"讲解视频。专家传授10招时间整理术，教读者如何整理时间、有效利用时间。无论是职场还是生活，都要学会时间整理。这是因为"时间"是人类最宝贵的财富，只有合理整理时间，充分利用时间，才能让人生价值最大化。

温馨提示：以上资源已上传至百度网盘，供读者下载。读者可用微信"扫一扫"扫描下方二维码，关注微信公众号，输入本书77页的资源下载码，根据提示获取下载地址及密码。

本书不是一本单纯的 WPS Office 办公书，
而是一本传授职场综合技能的实用书籍！

创作者说

　　本书由凤凰高新教育策划并组织编写。全书由一线办公专家和高校教师合作编写，参与编写的老师都是金山 WPS Office KVP 专家，他们对 WPS Office 软件的应用具有丰富的经验。在本书的编写过程中，得到了金山官方相关老师的协助和指正，在此表示由衷的感谢！我们竭尽所能地为您呈现最好、最全的实用功能，但仍难免有疏漏和不妥之处，敬请广大读者不吝指正。

目　录

第1篇　快速入门

WPS Office 是金山软件股份有限公司推出的套装办公软件，具有强大的办公功能，包含了文字、表格、演示、流程图、思维导图、图片设计、PDF 等多个办公组件，被广泛应用于日常办公中。WPS Office 融合了先进的 AI 技术与丰富的办公场景，可以为我们的创作之路提供无尽的灵感与极大的便利。无论是文字编辑、数据分析、图表制作还是 PPT 设计，WPS Office 都能助你一臂之力，让办公更高效，让创作更精彩。本篇将带领读者打开 WPS Office 的大门，了解 WPS Office 的基本使用方法。

第1章 ▶
初识 WPS Office 办公软件 ………… 1

1.1　认识 WPS Office …………… 1

1.1.1　认识 WPS 文字 ………… 2
1.1.2　认识 WPS 表格 ………… 2
1.1.3　认识 WPS 演示 ………… 2
1.1.4　认识 WPS PDF ………… 2
1.1.5　认识多维表格 ………… 2
1.1.6　认识流程图 ………… 2
1.1.7　认识思维导图 ………… 3
1.1.8　认识设计 ………… 3
1.1.9　认识在线智能文档 ………… 3

1.2　WPS Office 的新增功能 ……… 3

★新功能 1.2.1　WPS AI 智能文字 … 3
★新功能 1.2.2　WPS AI 智能表格 …… 3
★新功能 1.2.3　WPS AI 智能演示文稿 … 4
★新功能 1.2.4　新增幻灯片主题推荐 … 4
★新功能 1.2.5　WPS AI 智能 PDF ……… 4

★新功能 1.2.6　关闭广告功能 ………… 4
★新功能 1.2.7　新增样式集 ………… 4
★新功能 1.2.8　新增筛选提示功能 ……… 4
★新功能 1.2.9　新增一键切换背景
颜色 ………… 5
★新功能 1.2.10　WPS Office 随行功能 … 5

1.3　安装并启动 WPS Office ……… 5

1.3.1　实战：安装 WPS Office ……… 5
1.3.2　启动与关闭 WPS Office ……… 6
1.3.3　注册并登录 WPS Office 账户 … 6

1.4　熟悉 WPS Office ……………… 7

1.4.1　认识 WPS Office 的工作界面 … 7
★重点 1.4.2　新建 WPS Office 文件 … 8
★重点 1.4.3　保存 WPS Office 文件 … 9
1.4.4　打开 WPS Office 文件 ………… 9

**1.5　自定义 WPS Office 工作
界面** …………………………… 10

★重点 1.5.1　实战：在快速访问工具栏中
添加或删除按钮 ………… 10

1.5.2　实战：在新建选项卡中创建常用
工具组 ………… 11
1.5.3　隐藏或显示功能区 ………… 11

1.6　文件的备份与安全 …………… 12

★重点 1.6.1　实战：打开与删除备份 … 12
★重点 1.6.2　实战：手动备份文档 …… 12
1.6.3　将文档保存在云端 ………… 13
1.6.4　为文档设置加密保护，只有指定
用户才能查看和编辑 ………… 13

1.7　使用 WPS Office 转换格式 …… 13

★重点 1.7.1　实战：将文档输出为
PDF ………… 14
1.7.2　实战：将文档输出为图片 …… 14
1.7.3　实战：将 PDF 输出为 PPT …… 14

妙招技法 …………………………… 15

技巧 01　清除文档历史记录 ………… 15
技巧 02　快速打开多个文档 ………… 15
技巧 03　自定义皮肤和外观 ………… 16

本章小结 …………………………… 16

第2篇　WPS 文字

WPS 文字是 WPS Office 中的一个重要组件，是由金山软件股份有限公司推出的一款文字处理与排版工具。本篇主要讲解 WPS 文字的录入与编辑、文档格式设置，以及表格、图文等高级排版操作。

第2章▶

办公文档的录入与编辑············17

2.1　录入文档内容················**17**
★重点 2.1.1　实战：录入活动通知
　　　　　文档·······················17
★重点 2.1.2　实战：在通知文档中插入
　　　　　特殊符号·················18
2.1.3　实战：在通知文档中快速输入当前
　　　日期···························19
★AI功能 2.1.4　实战：使用 WPS AI 生成
　　　　　文档内容·················19
★AI功能 2.1.5　实战：使用 WPS AI 续写
　　　　　文档·······················20

2.2　编辑文档内容················**21**
★重点 2.2.1　选择文档内容··········21
2.2.2　复制、剪切与删除文本········22
2.2.3　撤销与恢复文本··············23
★重点 2.2.4　实战：查找与替换文本···23
★AI功能 2.2.5　实战：使用 WPS AI 更改
　　　　　分析报告文档的风格·······24
★AI功能 2.2.6　实战：使用 WPS AI 总结
　　　　　文档内容·················24

2.3　设置字符格式················**25**
★重点 2.3.1　实战：设置公告的字体和
　　　　　字号·······················25
2.3.2　实战：设置公告的文字颜色····25
2.3.3　实战：设置公告的特殊字形····26
2.3.4　实战：设置公告的字符间距····27

2.4　设置段落格式················**27**
★重点 2.4.1　设置公告的段落缩进····28
2.4.2　设置公告的对齐方式··········28
2.4.3　实战：设置公告的段间距和行
　　　间距···························29

2.5　设置项目符号和编号·········**30**
★重点 2.5.1　实战：为活动策划添加项目
　　　　　符号·······················30
2.5.2　实战：为文档添加编号········30

2.6　设置文档页面格式···········**31**
2.6.1　实战：为文档添加水印········31
★重点 2.6.2　实战：为文档添加边框···32

★重点 2.6.3　实战：设置页面边距······32
2.6.4　实战：设置页面方向和大小····33
★重点 2.6.5　实战：为公司规章制度文档
　　　　　添加页眉和页脚···········33

2.7　打印文档····················**35**
★重点 2.7.1　实战：预览与打印文档···35
2.7.2　打印文档的部分页············35
2.7.3　双面打印文档················35

妙招技法·························**36**
★AI功能 技巧01 使用 WPS AI 缩写
　　　　　文档·······················36
★AI功能 技巧02 使用灵感市集生成
　　　　　文档·······················36
技巧03 快速删除空白段落···········37

本章小结·························**37**

第3章▶

创建与编辑表格················38

3.1　了解表格的使用技巧·········**38**
3.1.1　熟悉表格的构成元素··········38
3.1.2　创建表格的思路与技巧········39
3.1.3　表格设计与优化技巧··········39

3.2　创建表格的方法·············**41**
★重点 3.2.1　实战：拖动鼠标快速创建
　　　　　来访人员登记表···········41
★重点 3.2.2　实战：指定行数与列数创建
　　　　　公会活动采购表···········41
3.2.3　实战：手动绘制员工档案表····42
3.2.4　实战：通过模板插入工作
　　　总结表·······················42
★AI功能 3.2.5　实战：使用 WPS AI 创建
　　　　　考勤表·····················42

3.3　编辑表格的方法·············**43**
★重点 3.3.1　实战：在员工档案表中输入
　　　　　内容·······················43
3.3.2　选择员工档案表中的表格对象···43
3.3.3　在员工档案表中添加与删除行
　　　和列···························44

★重点 3.3.4　实战：合并与拆分档案表中
　　　　　的单元格·················46
3.3.5　调整采购表的行高与列宽······46
★重点 3.3.6　实战：为采购表绘制斜线
　　　　　表头·······················47

3.4　美化表格的方法·············**47**
3.4.1　实战：为员工档案表设置文字
　　　方向···························47
3.4.2　实战：为员工培训表设置文字对齐
　　　方式···························47
★重点 3.4.3　实战：为采购表应用内置
　　　　　样式·······················48
3.4.4　实战：为采购表自定义边框和
　　　底纹···························48

妙招技法·························**49**
技巧01 表格拆分方法················49
技巧02 重复表格标题················49
技巧03 在表格中进行计算···········50

本章小结·························**50**

第4章▶

文档的图文混排与美化··········51

4.1　WPS 文字中的图文应用······**51**
4.1.1　多媒体元素在文档中的应用····51
4.1.2　选择图片的方法··············52
4.1.3　设置图片的环绕方式··········53

4.2　在海报中插入图片···········**54**
4.2.1　实战：在海报中插入图片······54
4.2.2　实战：设置图片的格式········55
★新功能 4.2.3　截取屏幕图片········58
★新功能 4.2.4　添加与插入资源夹中的
　　　　　图片·······················58

4.3　在文档中使用形状图形·······**59**
★重点 4.3.1　实战：在海报中绘制
　　　　　形状·······················59
4.3.2　设置形状的样式··············59
4.3.3　在形状中添加文字············61
★新功能 4.3.4　预设形状样式········61

4.4　在文档中使用文本框·········**61**

★重点 4.4.1 在海报中绘制文本框……62
4.4.2 编辑海报中的文本框……62

4.5 在文档中使用艺术字………63

★重点 4.5.1 实战：在海报中插入艺术字……63
4.5.2 编辑海报中的艺术字……64

4.6 在文档中使用智能图形………65

★重点 4.6.1 实战：在公司简介中插入智能图形……65
4.6.2 编辑智能图形……66

4.7 在文档中使用功能图………67

★重点 4.7.1 实战：制作产品条形码……67
4.7.2 实战：制作二维码……67

妙招技法…………………69

技巧01 压缩图片大小…………69
★AI功能 技巧02 使用WPS AI智能提取图片中的文字……69
★AI功能 技巧03 智能一键去除图片背景……70

本章小结………………70

第5章▶

文档的高级编排…………71

5.1 了解样式和模板…………71

5.1.1 什么是样式……71
5.1.2 样式的作用……71
5.1.3 设置样式的小技巧……72
5.1.4 模板文件……72

5.2 使用样式编排文档………72

★重点 5.2.1 实战：为通知应用样式……72
★新功能 5.2.2 实战：新建自定义样式……73
★重点 5.2.3 更改和删除样式……74
★AI功能 5.2.4 使用WPS AI排版……74

5.3 为文档应用模板…………75

★重点 5.3.1 实战：使用内置模板创建复工工作计划表……75
★新功能 5.3.2 实战：新建自定义模板……75

5.4 为文档创建封面和目录……79

★重点 5.4.1 实战：为培训计划创建封面……79
★AI功能 5.4.2 实战：为培训计划创建目录……80
5.4.3 编辑培训计划的目录……80

5.5 使用邮件合并…………81

★重点 5.5.1 实战：使用邮件合并批量创建通知书……81
5.5.2 管理收件人列表……83

5.6 文档的审阅与修订………83

★重点 5.6.1 实战：为论文添加和删除批注……83
★重点 5.6.2 实战：修订论文文档……84
5.6.3 实战：修订的更改和显示……84
★重点 5.6.4 实战：使用审阅功能审阅修订后的论文……85

妙招技法………………85

★AI功能 技巧01 使用AI优化文档内容 85
技巧02 根据样式提取目录……86
技巧03 将目录转换为普通文本……86

本章小结………………87

第3篇 WPS 表格

WPS 表格是 WPS Office 中的另一个主要组件，具有强大的数据处理能力，主要用于制作电子表格。本篇主要讲解 WPS 表格在数据录入与编辑、数据分析、数据计算、数据管理等方面的应用。

第6章▶

WPS 表格数据的录入与编辑……88

6.1 认识WPS表格………88

6.1.1 认识工作簿……88
6.1.2 认识工作表……89
6.1.3 认识行与列……89
6.1.4 工作簿的视图应用……89

6.2 工作表的基本操作………91

★重点 6.2.1 新建与删除工作表……92
6.2.2 移动与复制工作表……92
★重点 6.2.3 重命名工作表……93
★重点 6.2.4 隐藏和显示工作表……93
6.2.5 更改工作表标签颜色……94

6.3 行与列的基本操作………94

★重点 6.3.1 选择行和列……95

★重点 6.3.2 设置行高和列宽……95
★重点 6.3.3 插入与删除行与列……96
6.3.4 移动和复制行与列……97
★重点 6.3.5 隐藏和显示行列……98

6.4 单元格的基本操作………98

★重点 6.4.1 选择单元格……99
★重点 6.4.2 实战：在销售数据中插入单元格……99
6.4.3 删除单元格……100
6.4.4 移动与复制单元格……100
★重点 6.4.5 实战：在销售数据中合并与取消合并单元格……101

6.5 输入表格数据…………102

★重点 6.5.1 实战：在员工档案表中输入姓名……102
★重点 6.5.2 实战：在员工档案表中输入员工编号……103

★重点 6.5.3 实战：在员工档案表中输入日期……103
★重点 6.5.4 在工作表中填充数据……104
6.5.5 导入数据与刷新数据……106

6.6 设置表格样式…………107

6.6.1 实战：设置记录表文本格式……107
★重点 6.6.2 实战：设置工资表的数据格式……108
6.6.3 实战：设置工资表的对齐方式……108
6.6.4 实战：设置工资表的边框和底纹样式……109
★新功能 6.6.5 实战：为工资表应用单元格样式……109
★新功能 6.6.6 实战：为工资表应用表样式……110

6.7 设置数据有效性………110

★重点 6.7.1　实战：只允许在单元格中
输入整数 ················· 110

★重点 6.7.2　实战：为数据输入设置下拉
列表 ····················· 111

★新功能 6.7.3　实战：限制重复数据的
输入 ····················· 112

6.7.4　设置输入信息提示 ········· 112

6.7.5　设置出错警告提示 ········· 112

6.8　WPS表格的保护与打印 ···· 113

★重点 6.8.1　为工作簿设置保护
密码 ····················· 113

★新功能 6.8.2　实战：为工作表添加页眉
和页脚 ··················· 113

6.8.3　设置工作表的页面格式 ···· 114

★重点 6.8.4　实战：预览及打印
工作表 ··················· 115

妙招技法 ························· 115

★AI功能 技巧01 设置WPS AI的唤起快捷
方式 ····················· 115

技巧02 巧妙输入位数较多的员工
编号 ····················· 115

技巧03 如何自动填充日期值 ······ 116

本章小结 ························· 116

第7章▶
对电子表格数据进行分析 ········· 117

7.1　认识数据分析 ············· 117

7.1.1　数据分析 ················· 117

★重点 7.1.2　数据排序的规则 ······ 117

7.1.3　数据筛选的几种方法 ······ 118

7.1.4　分类汇总的要点 ·········· 119

7.2　使用条件格式 ············· 119

★重点 7.2.1　实战：在销售表中突出显示
符合条件的数据 ········· 119

★重点 7.2.2　实战：在销售表中选取销售
额前3的数据 ············ 120

★重点 7.2.3　实战：使用数据条、色阶和
图标集显示数据 ········· 121

★AI功能 7.2.4　实战：使用AI突出显示
重点数据 ··············· 122

7.3　排序数据 ················· 123

★新功能 7.3.1　实战：对成绩表进行简单
排序 ····················· 123

★重点 7.3.2　实战：对成绩表进行多条件
排序 ····················· 123

7.3.3　在成绩表中自定义排序条件 ···· 124

7.4　筛选数据 ················· 124

★重点 7.4.1　实战：在销量表中进行自动
筛选 ····················· 124

★重点 7.4.2　实战：在销量表中自定义
筛选 ····················· 125

7.4.3　实战：在销量表中进行高级
筛选 ····················· 126

7.4.5　取消筛选 ················· 126

7.5　分类汇总数据 ············· 127

★重点 7.5.1　实战：对业绩表进行简单
分类汇总 ··············· 128

7.5.2　实战：对业绩表进行高级分类
汇总 ····················· 128

7.5.3　对业绩表进行嵌套分类汇总 ···· 129

7.6　合并计算数据 ············· 130

7.6.1　实战：合并计算销售情况表 ···· 130

★重点 7.6.2　实战：合并计算销售汇总表
的多个工作表 ··········· 130

妙招技法 ························· 131

★AI功能 技巧01 通过WPS AI设置数据条
且不显示单元格数值 ···· 131

技巧02 只在不合格的单元格上显示图
标集 ····················· 132

技巧03 利用筛选功能快速删除
空白行 ··················· 133

本章小结 ························· 133

第8章▶
使用公式和函数计算数据 ········· 134

8.1　认识公式与函数 ··········· 134

8.1.1　认识公式 ················· 134

★重点 8.1.2　认识运算符 ········· 134

★重点 8.1.3　认识函数 ··········· 135

8.1.4　认识数组公式 ············ 137

8.2　认识单元格引用 ··········· 137

★重点 8.2.1　实战：相对引用、绝对引用
和混合引用 ············· 137

★重点 8.2.2　实战：同一工作簿中引用
单元格 ··················· 140

8.2.3　引用其他工作簿中的单元格 ···· 140

8.2.4　定义名称代替单元格地址 ··· 141

8.3　使用公式计算数据 ········· 142

★AI功能 8.3.1　实战：在销量表中输入
公式 ····················· 142

★重点 8.3.2　公式的填充与复制 ··· 143

8.3.3　公式的编辑与删除 ········ 144

8.3.4　使用数组公式计算数据 ···· 144

8.3.5　编辑数组公式 ············ 145

8.4　使用公式的常见问题 ········ 145

★重点 8.4.1　####错误 ·········· 145

8.4.2　NULL!错误 ··············· 146

8.4.3　#NAME?错误 ············· 146

8.4.4　#NUM!错误 ·············· 146

8.4.5　#VALUE!错误 ············· 146

8.4.6　#DIV/0!错误 ············· 146

8.4.7　#REF!错误 ··············· 146

8.4.8　#N/A错误 ················ 146

8.5　使用函数计算数据 ·········· 147

★AI功能 8.5.1　实战：使用WPS AI计算
总销售额 ··············· 147

★重点 8.5.2　实战：使用AVERAGE 函数
计算平均销售额 ········· 147

8.5.3　实战：使用COUNT 函数统计
单元格个数 ············· 148

★重点 8.5.4　实战：使用MAX 函数计算
销量最大值 ············· 148

8.5.5　实战：使用MIN 函数计算销量
最小值 ··················· 149

★重点 8.5.6　实战：使用RANK 函数计算
排名 ····················· 150

8.5.7　实战：使用PMT 函数计算定期支付
金额 ····················· 150

★重点 8.5.8　实战：使用IF 函数进行条件
判断 ····················· 150

★重点 8.5.9　根据身份证号码智能提取
生日和性别 ············· 151

★新功能 8.5.10　实战：使用UNIQUE 和
VSTACK 函数垂直合并多天的
加班数据 ··············· 152

★新功能 8.5.11　实战：使用TAKE 函数
提取年龄最小的三位员工 ···· 153

★新功能 8.5.12　实战：使用
CHOOSECOLS 函数提取对应
员工信息 ··············· 153

★新功能 8.5.13　实战：使用WRAPROWS
函数将姓名列数据转为
两列 ····················· 153

★新功能 8.5.14　实战：使用TOROW 和
EXPAND 函数插入空行 ······ 154

妙招技法 ························· 154

★AI功能 技巧01 使用WPS AI计算员工
年龄 ····················· 154

★AI功能 技巧02 使用WPS AI计算相同
商品的销售总额 ········· 155

技巧03 用错误检查功能检查公式 ···· 155

本章小结 ························· 156

第9章 ▶

使用图表统计与分析数据⋯⋯⋯157

9.1 认识图表⋯⋯⋯⋯⋯⋯157

9.1.1 认识图表的组成⋯⋯⋯⋯⋯157

★重点9.1.2 图表的类型⋯⋯⋯⋯157

9.2 创建与编辑图表⋯⋯⋯⋯161

★重点9.2.1 实战：为销售表创建
图表⋯⋯⋯⋯⋯⋯161

9.2.2 实战：移动销售表图表位置⋯162

9.2.3 实战：调整销售表图表的
大小⋯⋯⋯⋯⋯162

★新功能9.2.4 实战：更改销售表图表的
类型⋯⋯⋯⋯⋯163

9.2.5 实战：更改销售表图表数据源⋯163

9.3 调整图表的布局⋯⋯⋯⋯164

★重点9.3.1 实战：为销售图表添加数据
标签⋯⋯⋯⋯⋯164

★重点9.3.2 实战：为销售图表添加趋
势线⋯⋯⋯⋯⋯164

9.3.3 实战：快速布局销售图表⋯165

9.3.4 实战：更改销售图表的颜色⋯165

★新功能9.3.5 实战：为销售图表应用
图表样式⋯⋯⋯⋯165

9.4 创建与编辑迷你图⋯⋯⋯⋯166

★新功能9.4.1 实战：为销量表创建
迷你图⋯⋯⋯⋯166

★新功能9.4.2 实战：编辑迷你图⋯⋯167

妙招技法⋯⋯⋯⋯⋯⋯⋯⋯168

技巧❶ 设置条件变色的数据标签⋯⋯168

技巧❷ 将精美小图标应用于图表⋯⋯169

技巧❸ 让扇形区独立于饼图之外⋯⋯170

本章小结⋯⋯⋯⋯⋯⋯⋯⋯170

第10章 ▶

**使用数据透视表和数据
透视图⋯⋯⋯⋯⋯⋯⋯⋯171**

10.1 认识数据透视表⋯⋯⋯171

10.1.1 什么是数据透视表⋯⋯⋯171

10.1.2 图表与数据透视图的区别⋯⋯172

★重点10.1.3 透视表数据源设计4大
准则⋯⋯⋯⋯⋯172

10.1.4 如何制作标准的数据源⋯173

10.2 创建数据透视表⋯⋯⋯175

★重点10.2.1 实战：为业绩表创建数据
透视表⋯⋯⋯⋯175

★重点10.2.2 调整业绩透视表的
布局⋯⋯⋯⋯⋯176

★新功能10.2.3 实战：为业绩透视表
应用样式⋯⋯⋯176

**10.3 在数据透视表中分析
数据⋯⋯⋯⋯⋯⋯⋯⋯177**

★重点10.3.1 实战：在业绩透视表中排
序数据⋯⋯⋯⋯177

★重点10.3.2 实战：在业绩透视表中
筛选数据⋯⋯⋯⋯177

★新功能10.3.3 实战：使用切片器筛选
数据⋯⋯⋯⋯⋯177

10.4 创建数据透视图⋯⋯⋯⋯178

★重点10.4.1 实战：创建数据
透视图⋯⋯⋯⋯179

10.4.2 实战：在数据透视图中筛选
数据⋯⋯⋯⋯⋯179

10.4.3 隐藏数据透视图的字段按钮⋯179

妙招技法⋯⋯⋯⋯⋯⋯⋯⋯180

★AI功能 技巧❶ 使用智能分析工具分析
数据⋯⋯⋯⋯⋯180

技巧❷ 在数据透视表中显示各数据占总和
的百分比⋯⋯⋯⋯180

技巧❸ 在每个项目之间添加空白行⋯181

本章小结⋯⋯⋯⋯⋯⋯⋯⋯181

第4篇 WPS演示

WPS演示是用于制作会议演讲、产品上市发布、项目宣传展示和教学培训等内容的电子演示文稿，俗称PPT。PPT制作完成后可通过计算机或投影仪等器材进行播放，以便更好地辅助演说或演讲。当今职场工作中，学会制作PPT也是一项必备技能。

第11章 ▶

演示文稿的创建与编辑⋯⋯⋯182

11.1 怎样才能做好演示文稿⋯182

11.1.1 演示文稿的组成元素与设计
理念⋯⋯⋯⋯⋯182

11.1.2 演示文稿图文并存的设计
技巧⋯⋯⋯⋯⋯183

★重点11.1.3 演示文稿的布局
设计⋯⋯⋯⋯⋯184

★重点11.1.4 演示文稿的色彩
搭配⋯⋯⋯⋯⋯186

11.2 幻灯片的基本操作⋯⋯⋯188

★AI功能11.2.1 实战：创建演示
文稿⋯⋯⋯⋯⋯188

11.2.2 选择幻灯片⋯⋯⋯⋯191

★重点11.2.3 添加和删除演示文稿中的
幻灯片⋯⋯⋯⋯191

11.2.4 移动和复制演示文稿中的
幻灯片⋯⋯⋯⋯192

★新功能11.2.5 更改演示文稿中的
幻灯片版式⋯⋯⋯193

11.3 幻灯片的编辑与美化⋯⋯⋯193

11.3.1 设置演示文稿的幻灯片大小⋯193

★新功能11.3.2 更改演示文稿的幻灯片
配色⋯⋯⋯⋯⋯194

11.3.3 实战：更改演示文稿的幻灯片
背景⋯⋯⋯⋯⋯194

★新功能11.3.4 为演示文稿应用设计
方案⋯⋯⋯⋯⋯195

11.4 在幻灯片中插入对象⋯⋯⋯195

★重点11.4.1 实战：在商品介绍幻灯片
中插入图片⋯⋯⋯195

★重点11.4.2 实战：在商品介绍幻灯片
中插入智能图形⋯⋯196

★重点11.4.3 实战：在商品介绍幻灯片
中插入表格⋯⋯⋯197

11.4.4 实战：在商品介绍幻灯片中插入
图表⋯⋯⋯⋯⋯198

11.4.5 在幻灯片中插入音频和视频⋯199

11.5　WPS演示的母版设计 ……… **201**

★重点 11.5.1　实战：创建幻灯片的
母版 ………………… 201

11.5.2　为幻灯片母版应用主题 …… 203

11.5.3　实战：使用幻灯片母版创建演示
文稿 ………………………… 204

妙招技法 ………………………… **204**

★AI功能 技巧① 使用WPS AI智能美化
演示文稿 ………………… 204

技巧② 自定义声音图标 ………… 205

技巧③ 在幻灯片中裁剪视频文件 …… 205

本章小结 ………………………… **205**

第12章 ▶

演示文稿的动画设置 ……… **206**

12.1　添加动画的作用 ……… **206**

12.1.1　设置动画的原因 ………… 206

★重点 12.1.2　分清动画的种类 …… 206

12.1.3　添加动画的注意事项 …… 207

12.2　设置幻灯片的切换效果 ……… **208**

★重点 12.2.1　实战：选择幻灯片的切换
效果 ………………… 208

★新功能 12.2.2　设置幻灯片切换速度和
声音 ………………… 208

12.2.3　实战：设置幻灯片切换方式 …… 209

12.2.4　实战：删除幻灯片的切换
效果 ………………… 209

12.3　设置对象的切换效果 ……… **209**

★重点 12.3.1　实战：添加对象进入动画
效果 ………………… 209

★AI功能 12.3.2　实战：为对象添加智能
动画效果 ……………… 210

★新功能 12.3.3　实战：为同一对象添加
多个动画效果 ………… 210

★新功能 12.3.4　编辑动画效果 …… 211

★重点 12.3.5　删除幻灯片的动画
效果 ………………… 212

12.4　设置幻灯片的交互效果 …… **213**

12.4.1　实战：在幻灯片中插入其他
文件 ………………… 213

★新功能 12.4.2　在幻灯片中插入
超链接 ………………… 213

12.4.3　编辑和删除超链接 ……… 214

12.4.4　通过动作按钮创建链接 …… 214

妙招技法 ………………………… **215**

技巧① 制作自动消失的字幕 …… 215

技巧② 制作拉幕式幻灯片 ……… 216

技巧③ 使用叠加法逐步填充表格 …… 217

本章小结 ………………………… **218**

第13章 ▶

演示文稿的放映与输出 ………… **219**

**13.1　了解演示文稿的放映与
输出** ……………………… **219**

13.1.1　了解演示文稿的放映方式 …… 219

★重点 13.1.2　做好放映前的准备 …… 219

13.2　演示文稿的放映设置 ……… **220**

★重点 13.2.1　实战：设置演示文稿的
放映方式 ……………… 220

13.2.2　指定播放的幻灯片 ……… 221

13.2.3　设置幻灯片的换片方式 …… 221

★重点 13.2.4　设置幻灯片的放映
时间 ………………… 222

13.3　演示文稿的放映控制 ……… **222**

★新功能 13.3.1　实战：以不同方式放映
总结报告演示文稿 …… 223

★重点 13.3.2　实战：在放映幻灯片时
控制播放过程 ………… 224

13.4　演示文稿的输出和打印 …… **225**

★重点 13.4.1　实战：将演示文稿输出为
视频文件 ……………… 225

13.4.2　实战：将演示文稿输出为图片
文件 ………………… 226

13.4.3　实战：将演示文稿输出为PDF
文件 ………………… 227

★重点 13.4.4　实战：将演示文稿转为
WPS文字文档 ………… 228

★重点 13.4.5　实战：打包演示文稿 … 228

13.4.6　实战：打印演示文稿 …… 229

妙招技法 ………………………… **229**

技巧① 隐藏声音图标 …………… 230

技巧② 在放映幻灯片时如何隐藏
光标 ………………… 230

技巧③ 为幻灯片设置黑/白屏 …… 230

本章小结 ………………………… **230**

第5篇　WPS 在线智能文档

　　WPS Office 的在线智能文档是一款基于人工智能技术的云端办公工具，旨在为用户提供高效、便捷的文档编辑和协作体验。该工具不仅能够满足用户在文档编辑方面的基本需求，还能够通过 WPS AI 技术为用户提供更加智能化的服务。

第14章 ▶

WPS Office 在线智能文档的使用
………………………… **231**

14.1　创建在线智能文档 ……… **231**

★AI功能 14.1.1　实战：创建在线通知
文档 ………………… 231

★新功能 14.1.2　实战：设置智能文档
封面 ………………… 233

★新功能 14.1.3　实战：通过模板创建
文档内容 ……………… 233

★AI功能 14.1.4　实战：使用WPS AI
根据文档内容回答问题 …… 234

★AI功能 14.1.5　实战：与他人协作编辑
智能文档 ……………… 234

14.2　创建在线智能表格 ……… **235**

★AI功能 14.2.1　通过WPS AI模板创建
在线智能表格 ………… 235

★AI功能 14.2.2　使用WPS AI计算
工龄 ………………… 236

★AI功能 14.2.3　使用WPS AI标记符合
条件的数据 …………… 236

★重点 14.2.4　智能提取员工生日 … 237

★重点 14.2.5　批量制作员工工牌 … 237

14.3　创建在线智能表单 ……… **238**

★重点 14.3.1　实战：新建信息收集
表单 ………………… 238

★新功能 14.3.2 实战：智能创建表单
内容 ····················239
★新功能 14.3.3 实战：分享和填写
表单 ····················240
★新功能 14.3.4 实战：查看表单填写
数据 ····················240

妙招技法 ····················241
★AI功能 技巧01 使用WPS AI生成英文
报告 ····················241
★新功能 技巧02 在智能表格中统计重复
数据 ····················241

★新功能 技巧03 为表单生成二维码
海报 ····················241
本章小结 ····················242

第 6 篇　WPS Office 其他组件应用

除了前面介绍的常用组件，WPS Office 还可以创建 PDF 文件、流程图、思维导图。此外，还可以使用设计组件制作海报、邀请函，并可以使用多维表格轻松地管理数据。

第15章 ▶

WPS Office 的其他组件应用 ·····243

15.1 使用WPS PDF创建文件 ···243
★新功能 15.1.1 新建 PDF 文件 ·······243
★新功能 15.1.2 实战：为 PDF 文件设置
高亮 ····················245
15.1.3 实战：将多个 PDF 文件合并为
一个 ····················245
★AI功能 15.1.4 实战：使用 WPS AI 阅读
PDF 文档 ····················246

**15.2 使用流程图创建公司组织
结构图** ····················247
★新功能 15.2.1 新建流程图文件 ·······247
15.2.2 编辑流程图 ····················248

15.2.3 美化流程图 ····················250
★重点 15.2.4 实战：在 WPS 文字中插入
流程图 ····················252

**15.3 使用思维导图进行工作
总结** ····················252
★新功能 15.3.1 实战：新建思维导图
文件 ····················252
15.3.2 编辑思维导图 ····················253
15.3.3 实战：美化思维导图 ·······253
★重点 15.3.4 实战：在演示文稿中插入
思维导图 ····················255

**15.4 使用设计组件制作创意
图片** ····················256
★新功能 15.4.1 实战：制作海报 ·······256

★新功能 15.4.2 实战：使用模板制作
邀请函 ····················259

**15.5 使用多维表创建库存
管理表** ····················259
★新功能 15.5.1 在多维表中添加
记录 ····················260
★新功能 15.5.2 管理多维表中的
字段 ····················261
★新功能 15.5.3 按规律分组数据 ·······261
★新功能 15.5.4 新建仪表盘 ····················262

妙招技法 ····················262
技巧01 将思维导图另存为图片 ·······263
技巧02 使用设计组件制作名片 ·······263
技巧03 在多维表中筛选数据 ·······264
本章小结 ····················264

第 7 篇　综合实战

通过对前面知识的学习，相信大家对 WPS Office 已经非常熟悉，可是没有经过实战的知识并不能很好地应用于工作中。为了让大家更好地掌握 WPS Office 办公技能应用，本篇主要结合常见办公应用行业领域，模拟职场工作中的一些情景案例，讲解这些案例的制作，帮助大家更灵活地掌握 WPS Office 办公软件的综合应用。

第16章 ▶

**综合实战：WPS Office 在行政与
文秘工作中的应用** ·····265

**16.1 案例一：用WPS文字制作
"参会邀请函"** ····265
16.1.1 制作参会邀请函 ·······266
16.1.2 美化参会邀请函 ·······267

16.1.3 使用邮件合并完善邀请函 ······268
**16.2 案例二：用WPS表格制作
"公司员工信息表"** ·····269
16.2.1 新建员工信息表文件 ·······270
16.2.2 录入员工基本信息 ·······270
16.2.3 编辑单元格和单元格区域 ·····271
16.2.4 设置字体、字号和对齐方式 ···272
16.2.5 美化员工信息表 ·······272

**16.3 案例三：用WPS演示制作
"企业宣传幻灯片"** ·····272
16.3.1 创建演示文稿文件 ·······273
16.3.2 设置幻灯片母版 ·······273
16.3.3 制作幻灯片封面 ·······274
16.3.4 制作目录 ····················275
16.3.5 制作"发展历程"幻灯片 ·······276
16.3.6 制作"全国分支"幻灯片 ·······277

16.3.7 制作"设计师团队"幻灯片 ……278
16.3.8 制作"团队介绍"幻灯片 ……278
16.3.9 制作"项目介绍"幻灯片 ……279
16.3.10 制作"主要业务"幻灯片 ……280
16.3.11 制作"企业理念"幻灯片 ……280
16.3.12 制作封底幻灯片 ……281
16.3.13 设置幻灯片的播放 ……281

本章小结 ……282

第17章 ▶

综合实战：WPS Office在市场与销售工作中的应用 ……283

17.1 案例一：用WPS文字制作
"市场调查报告" ……283
17.1.1 设置报告页面样式 ……284
17.1.2 为调查报告设计封面 ……284
17.1.3 使用WPS AI规范正文样式 ……285
17.1.4 插入图表丰富文档 ……285
17.1.5 插入页码与目录 ……286

17.2 案例二：用WPS表格制作
"产品定价分析表" ……287
17.2.1 新建产品定价分析表 ……287
17.2.2 使用WPS AI筛选表格数据 ……288
17.2.3 使用WPS AI编写公式计算
成本 ……290

17.3 案例三：用WPS演示制作
"年度销售报告" ……292
17.3.1 使用模板创建演示文稿 ……293
17.3.2 使用模板制作封面和目录 ……293
17.3.3 绘制形状制作幻灯片 ……293
17.3.4 制作收益分析表格 ……296
17.3.5 插入图表分析数据 ……297
17.3.6 播放幻灯片 ……297

本章小结 ……298

第18章 ▶

综合实战：WPS Office在人力资源工作中的应用 ……299

18.1 案例一：用WPS文字制作
"公司员工手册" ……299
18.1.1 制作封面 ……299
18.1.2 使用WPS AI生成内容 ……301
18.1.3 使用WPS AI排版文档 ……302
18.1.4 使用WPS AI智能提取目录 ……302
18.1.5 设置页眉与页脚 ……302
18.1.6 打印员工手册 ……303

18.2 案例二：用WPS表格制作
"培训计划表" ……303
18.2.1 录入表格数据 ……304
18.2.2 设置表格格式 ……304
18.2.3 调整表格列宽 ……305
18.2.4 设置表格页面格式 ……306
18.2.5 添加页眉与页脚 ……306

18.3 案例三：用WPS演示制作
"员工入职培训演示
文稿" ……307
18.3.1 上传文档创建演示文稿 ……308
18.3.2 设置幻灯片切换效果 ……308
18.3.3 保存和打包演示文稿 ……309

本章小结 ……310

第19章 ▶

综合实战：WPS Office在财务会计工作中的应用 ……311

19.1 案例一：用WPS文字制作
"盘点工作流程图" ……311
19.1.1 插入艺术字制作标题 ……311
19.1.2 插入与编辑智能图形 ……312
19.1.3 插入文本框完善智能图形 ……313

19.2 案例二：用WPS表格制作
"员工工资核算表" ……314
19.2.1 创建员工基本工资管理表 ……315
19.2.2 使用WPS AI辅助创建奖惩
管理表 ……316
19.2.3 创建考勤统计表 ……317
19.2.4 使用WPS AI辅助创建加班
统计表 ……318
19.2.5 使用WPS AI辅助编制工资
核算表 ……319
19.2.6 打印工资条 ……322

19.3 案例三：用WPS演示制作
"年度财务总结报告演示
文稿" ……323
19.3.1 根据模板新建演示文稿 ……324
19.3.2 输入标题和目录文本 ……324
19.3.3 在幻灯片中插入表格 ……325
19.3.4 使用图片美化幻灯片 ……326
19.3.5 在幻灯片中插入图表 ……326
19.3.6 在幻灯片中插入形状 ……327
19.3.7 设置幻灯片动画和切换效果 ……327

本章小结 ……328

附录A WPS文字快捷键 ……329
附录B WPS表格快捷键 ……332
附录C WPS演示文稿快捷键 ……334
附录D WPS其他组件快捷键 ……336
附录E WPS AI快捷键 ……340
附录F DeepSeek办公实战技巧
精粹 ……341

第 1 篇 快速入门

WPS Office 是金山软件股份有限公司推出的套装办公软件，具有强大的办公功能，包含了文字、表格、演示、流程图、思维导图、图片设计、PDF 等多个办公组件，被广泛应用于日常办公中。WPS Office 融合了先进的 AI 技术与丰富的办公场景，可以为我们的创作之路提供无尽的灵感与极大的便利。无论是文字编辑、数据分析、图表制作还是 PPT 设计，WPS Office 都能助你一臂之力，让办公更高效，让创作更精彩。本篇将带领读者打开 WPS Office 的大门，了解 WPS Office 的基本使用方法。

第 1 章 初识 WPS Office 办公软件

- ➡ WPS Office 包括哪些组件？
- ➡ WPS Office 新增了哪些功能？
- ➡ 新建与保存 WPS Office 组件的方法有哪些？
- ➡ 想要个性化的工作环境，应该如何优化？
- ➡ 怎样才能保证文件安全？
- ➡ 怎样把文件转换为其他格式？

本章将对 WPS Office 的基本操作、文件的保护和备份、文档格式的转换等基础知识进行讲解，带领读者快速了解 WPS Office，为后面的学习奠定基础。

1.1 认识 WPS Office

WPS 是英文 Word Processing System（文字处理系统）的缩写，WPS Office 中包含 WPS 文字、WPS 表格、WPS 演示、多维表格、流程图、思维导图、设计、在线智能文档等多个组件。在使用 WPS Office 之前，需要先对其进行简单了解。

1.1.1 认识WPS文字

WPS文字是WPS Office中的重要组件之一。它集编辑与打印于一体，具有丰富的全屏幕编辑功能，并提供各种输出格式及打印功能，使打印出的文稿既美观又规范，基本上能满足各类文字工作者编辑、打印各种文件的需求，如图1-1所示。

图 1-1

1.1.2 认识WPS表格

WPS表格是WPS Office中的重要组件之一。它是电子数据表程序，用于进行数据运算、数据分析、数据管理等，如图1-2所示。

图 1-2

WPS表格中内置了多种函数，可以对大量数据进行分类、排序，并绘制图表查看数据走向，如图1-3所示。

图 1-3

1.1.3 认识WPS演示

WPS演示也是WPS Office中的重要组件之一。它可以用于制作和播放多媒体演示文稿，还可用于培训演示、课堂教学、产品发布、广告宣传、商品展示和商业会议等，如图1-4所示。

图 1-4

1.1.4 认识WPS PDF

PDF是工作中常见的一种文档格式，在其他计算机上打开时不易受到计算机环境的影响，也不容易被随意修改。WPS PDF组件界面如图1-5所示。

技术看板

WPS Office中，只有Office文档不需要登录WPS Office账户就能正常使用。

图 1-5

1.1.5 认识多维表格

WPS Office中的多维表格是传统表格的升级版，具有方便又灵活的特点，里面包含了可视化视图、在线合作、低代码信息技术等功能，其设计界面如图1-6所示。

图 1-6

1.1.6 认识流程图

流程图是WPS Office中的编辑工具之一，用于制作公司组织结构图、工作流程、战略计划、运营方案等，如图1-7所示。

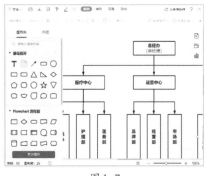

图 1-7

1.1.7　认识思维导图

思维导图是WPS Office中的编辑工具之一，用于制作工作笔记、产品思路、商业数据分析等，如图1-8所示。

图1-8

1.1.8　认识设计

WPS Office的设计功能非常强大，通过简单的使用模板、添加素材等操作，就可以制作出专业的海报、邀请函、名片等，如图1-9所示。

图1-9

1.1.9　认识在线智能文档

WPS Office的在线智能文档是金山办公出品的新一代在线内容协作编辑工具，包括智能文档、智能表格、智能表单。凭借先进的技术和丰富的功能，WPS在线智能文档可以为用户提供高效、便捷的云端办公体验，如图1-10所示。

图1-10

1.2　WPS Office 的新增功能

与WPS Office 2019版本相比，WPS Office 2024夏季更新版本增加了许多实用的功能，如幻灯片主题推荐、样式集等，最主要的是在各组件中添加了WPS AI的相关应用。下面，依次来了解WPS Office所带来的全新功能。

★新功能1.2.1　WPS AI智能文字

WPS Office增加了WPS AI智能文字功能，激活WPS Office后，可以智能起草各种文档。如果已经编写了文档内容，也可以通过智能文字扩写、续写、总结内容等，帮助用户更快地完成文字工作，如图1-11所示。

> **技术看板**
>
> WPS Office的WPS AI功能需要开通WPS大会员或WPS AI会员才能正常使用。

图1-11

★新功能1.2.2　WPS AI智能表格

WPS Office具有先进的表格处理工具，致力于助力用户高效地完成烦琐的数据处理任务。用自然语言描述需求，WPS AI智能表格能够理解这些描述并生成相应的表格公式。以计算某产品目标业绩为例，用户只需输入相应的自然语言指令，WPS AI工具便会分析并生成正确的计算公式，如图1-12所示。

图1-12

★新功能 1.2.3 WPS AI智能演示文稿

在 WPS Office 中，WPS AI 工具可以协助用户高效地创建和优化演示文稿。通过 WPS AI 智能创作功能，用户可一键生成内容大纲及完整的幻灯片，从而显著缩短演示文稿制作周期，提升工作效率，图 1-13 为 WPS AI 生成的演示文稿大纲。

图 1-13

★新功能 1.2.4 新增幻灯片主题推荐

WPS Office 可以为用户推荐匹配幻灯片主题的美化方案，包括对排版、背景、配色、字体等方面的自动美化，帮助用户快速实现幻灯片视觉效果的提升，如图 1-14 所示。

图 1-14

★新功能 1.2.5 WPS AI智能PDF

在 WPS Office 中，WPS AI 工具可以提升用户处理 PDF 文档的效率和便捷性。面对篇幅较长的 PDF 文档，WPS AI 能够帮助用户快速提取文档的重点内容，提升阅读效率，如图 1-15 所示。

图 1-15

★新功能 1.2.6 关闭广告功能

WPS Office 彻底关闭了第三方商业广告，在工作时可以获得更清爽简洁的办公体验，如图 1-16 所示。

图 1-16

★新功能 1.2.7 新增样式集

WPS Office 文字组件新增的样式集功能，将不同格式、字体和颜色等元素，组成统一、协调的样式集，供用户选择使用。同时支持用户自定义样式集，以帮助用户快速创建一致、美观的文档格式，如

图 1-17 所示。

图 1-17

★新功能 1.2.8 新增筛选提示功能

WPS 表格优化了筛选功能，增设了筛选提示。在启动筛选后，筛选按钮处将显示相应提示。当鼠标悬停在某一筛选按钮上时，会呈现该列的标题及筛选条件，无须逐一单击，即可便捷地查阅相关信息，如图 1-18 所示。

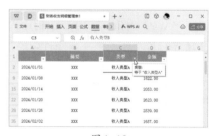

图 1-18

在执行筛选操作后，通过垂直滚动查看数据时，标题始终保持在页面顶部，从而使数据核对过程更加清晰和便捷，如图 1-19 所示。

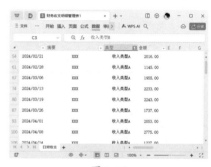

图 1-19

筛选之后，还可以将筛选结果一键导出至新工作表或新工作簿，如图1-20所示。

图1-20

技术看板

如果筛选了多个项目，可以选择将结果分类导出到新工作表。

★**新功能** 1.2.9　**新增一键切换背景颜色**

WPS演示在幻灯片母版设计环节增加了一键切换幻灯片背景深浅色的功能，让用户可以更随意地切换幻灯片风格，如图1-21所示。

图1-21

★**新功能** 1.2.10　**WPS Office 随行功能**

在WPS Office中，用户无须依赖其他软件进行文档传输，在WPS Office内部即可将文件便捷地发送至指定的"我的设备"。接收端的WPS Office将提供明确的消息接收提示，确保用户不会遗漏文档信息，如图1-22所示。

图1-22

技术看板

WPS启用了会员机制，开通会员功能之后，会有更多功能可供选择。

1.3　安装并启动WPS Office

在使用WPS Office之前，需要先安装和启动WPS Office。本节将介绍WPS Office的安装与启动方法，并教大家注册、登录WPS账户。

1.3.1　实战：安装WPS Office

实例门类	软件功能

在安装WPS Office之前，需要在官方网站下载WPS Office软件。

下载完成后，就可以开始安装WPS Office了，操作方法如下。

Step01 下载WPS Office安装程序到本地磁盘，双击安装程序，如图1-23所示。

图1-23

Step02 打开WPS Office安装程序，❶勾选【已阅读并同意金山办公软件许可协议和隐私政策】复选框，❷单击【立即安装】按钮，如图1-24所示。

图1-24

Step03 程序开始安装，请耐心等待，如图1-25所示。

图1-25

Step04 安装完成后，自动打开WPS Office程序，即可看到程序的主界面，如图1-26所示。

技术看板

安装完成后，会自动打开【新版本介绍】页面，用户可以通过该页面查看新版本的介绍。

图 1-26

1.3.2 启动与关闭 WPS Office

启动与关闭是 WPS Office 使用前后的基本操作。

1. 启动 WPS Office

要使用 WPS Office 编辑文档，首先需要启动该程序，启动 WPS Office 的方法有以下几种。

方法1：单击【开始】按钮 ■，在打开的开始面板中单击【WPS Office】图标即可启动，如图 1-27 所示。

图 1-27

方法2：双击桌面上的【WPS Office】图标，即可启动，如图 1-28 所示。

图 1-28

方法3：如果已经创建了 WPS Office 文件，双击 WPS Office 文件的图标即可启动，如图 1-29 所示。

图 1-29

2. 关闭 WPS Office

如果不再使用 WPS Office，可以将其关闭，操作方法主要有以下几种。

方法1：单击 WPS Office 程序右上角的【关闭】按钮 × 即可关闭，如图 1-30 所示。

图 1-30

方法2：右击任务栏的 WPS Office 图标，在弹出的快捷菜单中单击【关闭窗口】命令即可，如图 1-31 所示。

图 1-31

方法3：将鼠标移动到任务栏

的 WPS Office 图标上，将出现缩略窗口，将鼠标指向该窗口，单击右上角出现的【关闭】按钮 × 即可，如图 1-32 所示。

图 1-32

1.3.3 注册并登录 WPS Office 账户

在使用 WPS Office 时，有一些功能必须登录账户才能使用，如流程图、思维导图、云文档等。

WPS 可以使用微信、钉钉、QQ 等账户登录，如果不想使用以上这些方法登录，可以注册 WPS Office 账户，操作方法如下。

Step01 单击 WPS Office 主界面右上角的【立即登录】按钮，如图 1-33 所示。

图 1-33

Step02 在打开的对话框中，可以使用微信扫描二维码，使用微信登录。也可以使用其他方法登录，如单击【手机】按钮，使用手机登录，如图 1-34 所示。

图 1-34

Step03 打开【短信验证码登录】界面，输入手机号码后单击【点击按钮开始智能验证】按钮，如图 1-35 所示。

图 1-35

Step04 验证完成后，单击【发送验

证码】链接，如图 1-36 所示。

图 1-36

Step05 系统将发送验证码到注册的手机上，❶填写收到的验证码，❷单击【立即登录/注册】按钮，如图 1-37 所示。

图 1-37

技术看板

如果手机号码尚未注册过金山账号，那么会给该手机号码自动注册。

Step06 成功登录后，在右上角会显示昵称头像。如果要退出登录，可以将鼠标移动到昵称头像上，在弹出的下拉菜单中单击【退出账号】按钮，如图 1-38 所示。

图 1-38

1.4　熟悉 WPS Office

在了解 WPS Office 的新功能和掌握启动与关闭方法之后，我们就可以开始熟悉 WPS Office 各组件的工作界面，学习新建和保存 WPS Office 文件的方法了。

1.4.1　认识 WPS Office 的工作界面

WPS Office 2024 夏季更新版本的工作界面相较于之前的版本更加简洁。接下来，分别介绍 WPS 文字、WPS 表格和 WPS 演示这三大常用组件的工作界面。

1. WPS 文字

WPS 文字的工作界面主要包括标题栏、窗口控制区、快速访问工具栏、功能区、导航窗格、文字编

辑区、状态栏和视图控制区等部分，如图 1-39 所示。

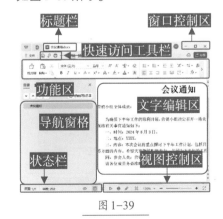

图 1-39

➡ 标题栏：主要用于显示正在编辑的文档的文件名。

➡ 窗口控制区：主要用于控制窗口的最小化、还原和关闭。

➡ 快速访问工具栏：用于显示常用的工具按钮，默认显示的按钮有【保存】、【输出为 PDF】、【打印】、【打印预览】、【撤销】、【恢复】和【自定义快速访问工具栏】按钮，单击这些按钮可执行相应的操作。

➡ 功能区：功能区主要有【开始】【插入】【页面布局】【引用】【审阅】【视图】【工具】和【会员专享】选项卡，单击任意选项卡，可以显示其按钮和命令。

➡ 导航窗格：在此窗格中，可以展示文档中的标题大纲、章节、书签等信息，还可以进行查找和替换操作。

➡ 文字编辑区：主要用于文字的编辑、页面设置和格式设置等操作，是WPS文档的主要工作区域。

➡ 状态栏：位于窗口的左下方，用于显示页码、页面、节、设置值、行、列、字数等信息。

➡ 视图控制区：主要用于切换页面视图方式和显示比例，常见的视图方式有页面视图、大纲视图、Web版式视图等。

2. WPS表格

WPS 表格的工作界面除标题栏、快速访问工具栏、功能区和视图控制区之外，还包括名称框、编辑栏、工作表编辑区、工作表列表区等，如图1-40所示。

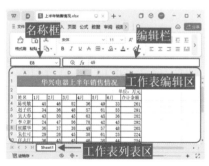

图1-40

➡ 名称框：单元格名称框主要用来显示单元格名称。例如，将鼠标定位到第15行和B列相交的单元格，就可以在单元格名称框中看到该单元格的名称，即B15单

元格。

➡ 编辑栏：位于单元格名称框的右侧，用户可以在选定单元格后直接输入数据，也可以选定单元格后通过编辑栏输入数据。在单元格中输入的数据将同步显示到编辑栏中，并且可以通过编辑栏对数据进行插入、修改及删除等操作。

➡ 工作表编辑区：WPS表格工作窗口中间的空白网状区域即工作表编辑区。工作表编辑区主要由行号标志、列号标志、编辑区域及水平和垂直滚动条组成。

➡ 工作表列表区：默认情况下打开的新工作簿中只有1张工作表，被命名为"Sheet1"。如果默认的工作表数量不能满足需求，则可以单击工作表标签右侧的【新建工作表】按钮 ✚，快速添加一个新的空白工作表。新添加的工作表将以"Sheet2""Sheet3"……命名。其中白色的工作表标签为当前工作表。

3. WPS演示

WPS 演示的工作界面除标题栏、快速访问工具栏、功能区、状态栏和视图控制区之外，还包括视图窗格、幻灯片编辑区和备注窗格，如图1-41所示。

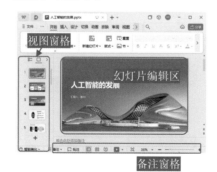

图1-41

➡ 视图窗格：位于幻灯片编辑区的左侧，用于显示演示文稿的幻灯片数量及位置。

➡ 幻灯片编辑区：WPS演示窗口中间的白色区域为幻灯片编辑区，该部分是WPS演示的核心部分，主要用于显示和编辑当前显示的幻灯片。

➡ 备注窗格：位于幻灯片编辑区的下方，通常用于为幻灯片添加注释说明，比如幻灯片的内容摘要等。

★重点1.4.2 新建WPS Office文件

新建WPS Office文件的方法有多种，下面介绍几种最常用的创建方法。

1. 使用右键菜单创建

使用右键菜单创建WPS文字，操作方法如下。

❶在要创建WPS文字的位置右击；❷在弹出的快捷菜单中选择【新建】命令；❸在弹出的子菜单中单击【DOCX文档】即可，如图1-42所示。

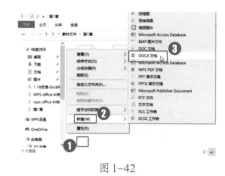

图1-42

2. 使用新建命令创建

使用新建命令创建WPS演示文稿，操作方法如下。

Step01 启 动 WPS Office，❶单击

【新建】按钮；❷在弹出的菜单中选择新建的文件类型，如单击【演示】命令，如图1-43所示。

图1-43

Step 02 进入新建演示文稿界面，在下方单击【空白演示文稿】按钮即可，如图1-44所示。

图1-44

3. 使用模板创建

使用模板创建WPS表格，操作方法如下。

启动WPS Office，进入【新建】页面，在推荐的模板中选择一种模板样式，单击【立即使用】按钮即可，如图1-45所示。

图1-45

除了用以上方法新建WPS文档外，还可以通过下面几种方法创建。

（1）在正在编辑的WPS文档窗口中单击程序左上角的【文件】按钮≡文件，在弹出的界面中单击【新建】命令。

（2）在正在编辑的WPS文档窗口中单击标题选项卡右侧的【新建标签】按钮＋，即可进入新建文档界面。

（3）在WPS Office环境下，按【Ctrl+N】组合键，可直接创建一个空白WPS文档。

★重点1.4.3 保存WPS Office文件

创建WPS文档之后，可以使用保存命令来保存WPS文档。WPS Office三大组件的保存方法相同，下面以保存WPS演示文稿为例，介绍WPS Office文件的保存方法。

Step 01 右击标题栏，在弹出的快捷菜单中单击【保存】命令，如图1-46所示。

图1-46

> **技术看板**
>
> 如果是已经保存过的文档，单击【保存】命令会执行保存操作，不会打开【另存为】对话框。

Step 02 ❶在弹出的【另存为】对话

框中设置保存路径、文件名和文件类型；❷单击【保存】按钮，如图1-47所示。

图1-47

Step 03 返回程序编辑界面，即可看到标题栏已经更改为保存的文件名，如图1-48所示。

图1-48

1.4.4 打开WPS Office文件

如果要对计算机中已有的文档进行编辑，需要先将其打开。打开WPS Office文件的方法有以下几种。

1. 双击打开

在WPS文件的保存位置双击文件图标，即可打开WPS文件，如图1-49所示。

图1-49

2. 通过【打开】对话框打开

通过【打开】命令也可以打开

文件，操作方法如下。

Step01 ❶在 WPS Office 窗口中单击【文件】按钮；❷在打开的下拉菜单中单击【打开】命令，如图1-50所示。

图 1-50

Step02 ❶在弹出的【打开文件】对话框中，找到并选中要打开的文档；❷单击【打开】按钮即可，如图1-51所示。

图 1-51

除以上方法外，以下方法也可以打开【打开文件】对话框。

➡ 在 WPS Office 窗口中按【Ctrl+O】组合键，可直接弹出【打开文件】对话框。

➡ 单击界面左上角的【WPS Office】按钮 ⓦ WPS Office，在打开的菜单中单击【打开】按钮，也会弹出【打开文件】对话框。

1.5 自定义 WPS Office 工作界面

安装 WPS Office 之后，可以通过自定义工作界面，使其更符合自己的使用习惯。例如，在快速访问工具栏中添加和删除按钮、隐藏和显示功能区等。

★重点 1.5.1 实战：在快速访问工具栏中添加或删除按钮

实例门类	软件功能

当某个命令按钮需经常使用时，将其添加到快速访问工具栏中，可以提高工作效率。例如，将【插入批注】命令添加到快速访问工具栏中，具体操作方法如下。

Step01 ❶单击快速访问工具栏中的【自定义快速访问工具栏】下拉按钮 ∨；❷在弹出的下拉菜单中选择【自定义命令】命令；❸在弹出的子菜单中单击【其他命令】命令，如图1-52所示。

图 1-52

Step02 打开【选项】对话框，系统自动切换到【快速访问工具栏】选项卡，❶在【从下列位置选择命令】列表框中单击【插入批注】命令，❷单击【添加】按钮；❸单击【确定】按钮，如图1-53所示。

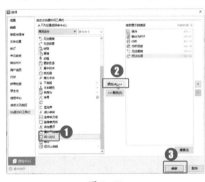

图 1-53

Step03 返回文档主界面，即可看到快速访问工具栏中已经添加了【插入批注】按钮，如图1-54所示。

图 1-54

Step04 如果要删除快速访问工具栏中的按钮，可以重复第一步，打开【选项】对话框，❶在【快速访问工具栏】选项卡的【当前显示的选项】列表框中选择要删除的按钮；❷单击【删除】按钮；❸单击【确定】按钮即可，如图1-55所示。

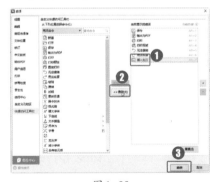

图 1-55

📚 技术看板

单击快速访问工具栏中的【自定义快速访问工具栏】下拉按钮 ∨，在弹出的下拉菜单中，勾选和取消勾选相应的选项，可以快速添加和删除命令按钮。

1.5.2　实战：在新建选项卡中创建常用工具组

实例门类	软件功能

使用WPS Office时，将常用命令添加至一个新的选项卡，可以避免频繁切换选项卡，提高工作效率。例如，要在工具栏中添加一个名为【通知选项卡】的新选项卡，具体操作方法如下。

Step01 ①单击【文件】按钮；②在弹出的下拉菜单中单击【选项】命令，如图1-56所示。

图1-56

Step02 打开【选项】对话框，①在对话框左侧单击【自定义功能区】选项卡，②在对话框右侧单击【新建选项卡】按钮，如图1-57所示。

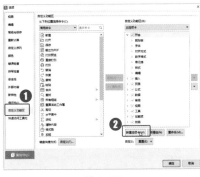

图1-57

Step03 ①选中刚刚新建的【新建选项卡（自定义）】；②单击【重命名】按钮，如图1-58所示。

图1-58

Step04 ①在弹出的【重命名】对话框中的【显示名称】文本框中输入新选项卡名称；②单击【确定】按钮，如图1-59所示。

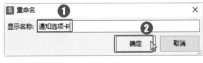

图1-59

Step05 返回【选项】对话框，①单击【新建组（自定义）】命令；②单击【重命名】按钮，如图1-60所示。

图1-60

Step06 弹出【重命名】对话框，①在【显示名称】文本框中输入新建组的名称；②单击【确定】按钮，如图1-61所示。

图1-61

Step07 ①选中新建组，在【从下列位置选择命令】栏中选择需要添加的命令；②单击【添加】按钮将其

添加到新建组中；③添加完成后单击【确定】按钮，如图1-62所示。

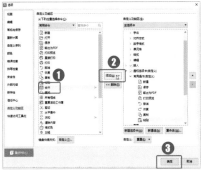

图1-62

Step08 返回文档编辑界面，即可看到自定义选项卡已经创建成功，如图1-63所示。

图1-63

技能拓展——删除自定义选项卡

如果不再需要自定义选项卡，在【选项】对话框的【自定义功能区】中选中要删除的自定义选项卡，然后单击【删除】按钮即可。

1.5.3　隐藏或显示功能区

在使用WPS Office办公时，为了扩展窗口的编辑区，可以将功能区隐藏，让编辑区显示更多的内容。如果要隐藏或显示编辑区，操作方法如下。

Step01 如果要隐藏功能区，①右击功能区的空白处；②在弹出的快捷菜单中取消勾选【显示功能区】选项，如图1-64所示。

图1-64

Step(02) 隐藏功能区后，如果要显示功能区，可以将鼠标移动到任意选项卡上，稍作停留，即可显示该选项卡的功能区。如果要取消隐藏功能区，可以在选项卡上双击或右击，即可显示，如图1-65所示。

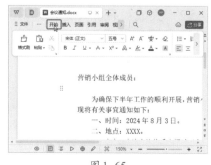

图1-65

1.6 文件的备份与安全

在创建文档之后，为了保证文档的安全，不仅需要及时备份文档，还需要为重要文件设置密码，以避免内容泄露造成损失。

★重点1.6.1 实战：打开与删除备份

实例门类	软件功能

本地文件会默认备份到本地磁盘，如果要打开与删除备份文件，操作方法如下。

Step(01) ❶单击【文件】按钮；❷在弹出的下拉菜单中单击【备份与恢复】命令；❸在弹出的子菜单中单击【备份中心】命令，如图1-66所示。

图1-66

Step(02) 打开【备份中心】对话框，在【本地备份】栏的列表框中指向要打开的备份文档，单击右侧的【打开文件】按钮📄即可打开备份文档，如图1-67所示。

图1-67

Step(03) 如果要删除备份文档，❶勾选文档前方的复选框，❷单击【删除】按钮即可，如图1-68所示。

图1-68

★重点1.6.2 实战：手动备份文档

实例门类	软件功能

如果是非常重要的文档，可以将其手动备份到云文档，以避免文件丢失带来损失，操作方法如下。

Step(01) 打开【备份中心】对话框，可以查到本地备份文档，单击【云端备份】栏的【手动备份】链接，如图1-69所示。

图1-69

Step(02) 打开【选择一个或更多的文件上传】对话框，❶选择要备份的文件；❷单击【打开】按钮，如图1-70所示。

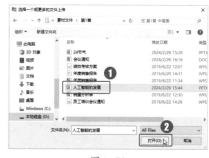

图1-70

Step03 打开【手动备份】对话框，提示正在进行备份，请稍等，如图1-71所示。

图1-71

Step04 备份完成，单击【点击进入】链接，可以查看备份文档，如图1-72所示。如果无须查看，直接单击【关闭】按钮 × 即可。

图1-72

1.6.3 将文档保存在云端

将文档保存到云端后，在其他计算机登录WPS账号后，也可以打开该文档，操作方法如下。

Step01 ❶右击标题栏；❷在弹出的快捷菜单中单击【保存到WPS云文档】命令，如图1-73所示。

图1-73

Step02 打开【另存为】对话框，自动定位到【WPS云文档】选项卡中的【WPS网盘】目录，直接单击【保存】按钮即可将该文档保存到云端，如图1-74所示。

图1-74

1.6.4 为文档设置加密保护，只有指定用户才能查看和编辑

在工作中，遇到含有商业机密的文档或记载有隐藏内容的文档，不希望被人随意打开时，可以为该文档设置指定查看和编辑的用户，操作方法如下。

Step01 ❶单击【文件】按钮；❷在弹出的下拉菜单中单击【文档加密】命令；❸在弹出的子菜单中单击【文档加密】命令，如图1-75所示。

图1-75

Step02 打开【文档加密】对话框，单击【文档加密保护】右侧的按钮开关，如图1-76所示。

图1-76

Step03 打开【账号确认】对话框，❶勾选【确认为本人账号，并了解该功能使用】复选框；❷单击【开启保护】按钮，如图1-77所示。

图1-77

Step04 开启文档加密保护后，只有登录当前账号才能打开文档，如图1-78所示。

图1-78

> **技术看板**
>
> 如果要授权其他人查看文档，可以单击【添加指定人】按钮，为其他人授权。

1.7 使用WPS Office转换格式

WPS Office可以进行多种格式的转换，用户不仅可以将文档转换为PDF、图片等格式，还可以将图片转换为文字、将PDF转换为PPT等。

★重点 1.7.1 实战：将文档输出为PDF

实例门类	软件功能

WPS Office支持将文档输出为PDF格式，操作方法如下。

Step01 打开"素材文件\第1章\人工智能的发展.pptx"，❶单击【文件】按钮；❷在弹出的下拉菜单中单击【输出为PDF】命令，如图1-79所示。

图 1-79

Step02 在弹出的【输出为PDF】对话框中，❶设置输出的PDF样式和保存目录；❷单击【开始输出】按钮，如图1-80所示。

图 1-80

Step03 输出完成后，状态栏中会显示【输出成功】，单击右侧的【打开文件】按钮，如图1-81所示。

图 1-81

Step04 打开文件，即可看到演示文稿已经转换为PDF文件，如图1-82所示。

图 1-82

1.7.2 实战：将文档输出为图片

实例门类	软件功能

为了避免用户更改文档中的内容，可以将文档输出为图片，操作方法如下。

Step01 打开"素材文件\第1章\24节气.pptx"，❶单击【文件】按钮；❷在弹出的下拉菜单中单击【输出为图片】命令，如图1-83所示。

图 1-83

Step02 在弹出的【批量输出为图片】对话框中，❶在【图片方式】栏单击【逐页输出】命令；❷设置水印、输出范围、输出格式、输出颜色和保存位置等参数；❸单击【开始输出】按钮，如图1-84所示。

图 1-84

技术看板

如果想要转换为无水印的高质量图片，需要开通WPS会员。

Step03 转换完成后，会弹出【输出成功】对话框，单击【打开图片】按钮，如图1-85所示。

图 1-85

Step04 打开文件，即可看到文档已经输出为图片的效果，如图1-86所示。

图 1-86

1.7.3 实战：将PDF输出为PPT

实例门类	软件功能

如果有需要，也可以将PDF输出为PPT，操作方法如下。

Step01 打开"素材文件\第1章\人

工智能的发展.pdf"，单击右侧的【转为PPT】按钮，如图1-87所示。

图1-87

Step② 系统弹出【金山PDF转换】对话框，并自动切换到【转为PPT】选项卡，❶设置输出格式和输出目录；❷单击【开始转换】按钮，如图1-88所示。

图1-88

技术看板

非WPS会员一次最多只能转换5页PDF文档。

Step③ 输出完成后自动打开文档，即可看到PDF文档已经转换为PPT文档，如图1-89所示。

图1-89

技术看板

此外，PDF还可以输出为Word、Excel格式，操作方法与输出为PPT类似。

妙招技法

通过对前面知识的学习，相信读者已经对WPS Office有了初步的了解。下面结合本章内容，给大家介绍一些实用技巧。

技巧01：清除文档历史记录

在WPS Office中打开文档后，最近使用列表中会保存文档记录，如果不需要某条记录，可以将其移除，操作方法如下。

Step① ❶单击【文件】按钮；❷在右侧的最近使用列表中右击需要移除的历史记录；❸在弹出的快捷菜单中单击【从列表中移除】命令即可，如图1-90所示。

图1-90

Step② 如果要清空历史访问记录，❶右击任意历史记录；❷在弹出的快捷菜单中单击【清除全部本地记录】命令即可，如图1-91所示。

图1-91

技巧02：快速打开多个文档

如果需要一次打开多个文档，不需要双击每一个文档，可以使用以下方法快速打开多个文档。

Step① 启动WPS Office，单击【打开】按钮，如图1-92所示。

图1-92

Step② 弹出【打开文件】对话框，❶在目标文件夹中按住【Ctrl】键选中多个文档；❷单击【打开】按钮，如图1-93所示。

图1-93

Step③ 操作完成后，即可打开所选的多个文档，如图1-94所示。

图1-94

技巧03：自定义皮肤和外观

WPS Office提供了换肤功能，用户可以根据自己的喜好随意切换漂亮的外观，操作方法如下。

Step01 ❶在WPS Office主界面单击【全局设置】按钮☰；❷在弹出的下拉菜单中单击【外观设置】命令，如图1-95所示。

图1-95

Step02 打开【外观设置】对话框，❶在【皮肤】列表框中选择喜欢的皮肤；❷单击【关闭】按钮×，如图1-96所示。

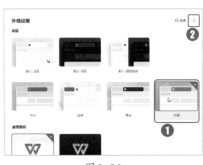

图1-96

Step03 返回WPS Office主界面，即可看到外观已经更改，如图1-97所示。

图1-97

本章小结

本章主要介绍了WPS Office的基本组件和主要功能，通过本章的学习，读者可以了解WPS Office的新功能，掌握如何安装WPS Office，以及在WPS Office中新建、保存、打开、关闭及保护文档的方法。还介绍了如何优化工作环境，从而快速、高效地完成工作。

第2篇 WPS 文字

WPS 文字是 WPS Office 中的一个重要组件，是由金山软件股份有限公司推出的一款文字处理与排版工具。本篇主要讲解 WPS 文字的录入与编辑、文档格式设置，以及表格、图文等高级排版操作。

第2章 办公文档的录入与编辑

- ➥ 在录入文档时，如何插入特殊符号？
- ➥ 不知道如何撰写文档时，如何求助 WPS AI？
- ➥ 怎样设置字体格式？
- ➥ 怎样将特殊的内容设置成特殊的字形？
- ➥ 不小心误操作之后，怎样返回上一步操作？
- ➥ 错落有致的段落应该怎样设置？
- ➥ 怎样设置编号？
- ➥ 怎样为文档添加公司图片水印？

在编辑文档时，除了录入文本之外，文档的页面设置也很重要。认真学习本章内容，读者会得到以上问题的答案。

2.1 录入文档内容

WPS 文字主要用于编辑文本，可以用来制作各种结构清晰、版式精美的文档。在制作文档之前，在文档中输入文本是最基本的操作，所以在编辑文档之前，首先要学习如何录入文档内容。

★重点 2.1.1 实战：录入活动通知文档

实例门类	软件功能

录入文本是指在 WPS 文字编辑区的文本插入点处输入所需的内容。文本插入点就是在文档编辑区中不停闪烁的指针，当用户在文档中输入内容时，文本插入点会自动后移，输入的内容也会显示在屏幕上。

录入文档时，可以根据需要录入中文文本和英文文本。录入英文文本的方法非常简单，直接按键盘上对应的字母键即可；如果要输入中文文本，则需要先切换到合适的中文输入法再进行操作。

在文档中输入文本前，需要先定位好文本插入点，方法主要有两种：一种是通过鼠标定位，另一种是通过键盘定位。

通过鼠标定位时，一般有以下几种方式。

（1）在空白文档中定位文本插入点：在空白文档中，文本插入点就在文档的开始处，此时可直接输入文本。

（2）在已有文本的文档中定位文本插入点：若文档中已有部分文本，当需要在某一具体位置输入文本时，可将光标指向该处，当光标呈【Ⅰ】形状时，单击即可。

（3）如果要在文档的任意空白位置添加文档，可以使用"即点即输"功能：将光标移动到文字编辑区中的任意位置，双击即可将文本插入点定位到该位置，然后输入需要的文字即可。

通过键盘定位时，可以采用以下几种方式。

（1）按方向键【↑】【↓】【→】【←】，文本插入点将向相应的方向移动。

（2）按【End】键，文本插入点将向右移动至当前行行末；按【Home】键，文本插入点向左移动至当前行行首。

（3）按【Ctrl+Home】组合键，文本插入点可移至文档开头；按【Ctrl+End】组合键，文本插入点可移至文档末尾。

（4）按【Page Up】键，文本插入点向上移动一页；按【Page Down】键，文本插入点向下移动一页。

例如，要录入一则活动通知，操作方法如下。

Step 01 新建一个空白文档，并将文件命名为"活动通知"，如图2-1所示。

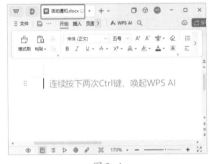

图2-1

Step 02 ❶单击任务栏右侧的输入法图标；❷在弹出的菜单中单击合适的中文输入法，如单击【微软拼音】命令，如图2-2所示。

图2-2

Step 03 光标自动定位到第一行的开始处，输入需要的汉字，如图2-3所示。

图2-3

Step 04 按【Enter】键换行，继续输入其他内容，完成后效果如图2-4所示。

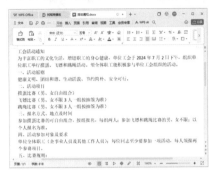

图2-4

技能拓展——删除文本

当输入了错误或多余的内容时，我们可通过以下方法将其删除。

（1）按【Backspace】键，可删除文本插入点前一个字符。

（2）按【Delete】键，可删除文本插入点后一个字符。

（3）按【Ctrl+Backspace】组合键，可删除文本插入点前一个单词或短语。

（4）按【Ctrl+Delete】组合键，可删除文本插入点后一个单词或短语。

★重点2.1.2 实战：在通知文档中插入特殊符号

实例门类	软件功能

录入文档内容时，经常会遇到需要输入符号的情况。普通的标点符号和常用数学符号可以通过键盘直接输入，但一些特殊的符号，如★、✄、▦等，则需要利用WPS提供的插入特殊符号功能来输入，操作方法如下。

Step 01 打开"素材文件\第2章\活动通知.docx"文档，❶单击【插入】选项卡中的【符号】下拉按钮；❷在弹出的下拉菜单中单击【其他符号】命令，如图2-5所示。

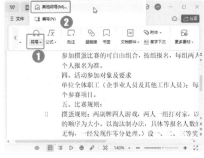

图 2-5

Step**02** 打开【符号】对话框，❶在【字体】下拉列表框中单击需要应用的字符所在的字体集，如【宋体】；❷在下方的列表框中单击需要的符号；❸单击【插入】按钮，如图 2-6 所示。

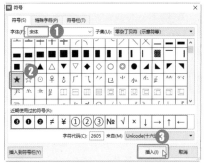

图 2-6

Step**03** 操作完成后，即可在文档中插入符号，单击【符号】对话框中的【关闭】按钮即可，如图 2-7 所示。

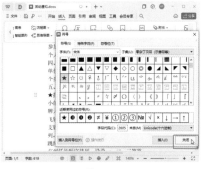

图 2-7

具供用户选择输入，用户可以在输入法的状态栏查看有无插入特殊符号功能。

2.1.3 实战：在通知文档中快速输入当前日期

实例门类	软件功能

在工作中，用户撰写通知、请柬等文稿时，需要插入当前日期或时间。此时，可以使用 WPS 提供的【日期和时间】功能来快速插入所需格式的日期和时间，操作方法如下。

Step**01** 接上一例操作，❶将光标定位到需要插入日期的位置；❷单击【插入】选项卡中的【文档部件】下拉按钮；❸在弹出的下拉菜单中单击【日期】命令，如图 2-8 所示。

图 2-8

Step**02** 打开【日期和时间】对话框，❶在【可用格式】列表框中单击需要的日期格式；❷单击【确定】按钮，如图 2-9 所示。

图 2-9

Step**03** 操作完成后，即可在文档中插入当前日期，如图 2-10 所示。

图 2-10

★ AI功能 2.1.4 实战：使用 WPS AI 生成文档内容

实例门类	软件功能

在进行文档撰写时，如果不知道如何遣词造句，可以使用 WPS AI 生成文档内容，操作方法如下。

Step**01** 新建一个空白文档，并以"请假条"为名保存文档，空白文档中显示提示信息"连续按下两次 Ctrl 键，唤起 WPS AI"，如图 2-11 所示，连续按两次【Ctrl】键。

图 2-11

Step02 打开WPS AI对话框，会自动弹出下拉菜单，❶选择【申请】命令；❷在弹出的子菜单中单击【请假条】命令，如图2-12所示。

图2-12

Step03 WPS AI收集请假条需要的信息，突出显示的部分为需要填写的个人信息，如图2-13所示。

图2-13

Step04 ❶根据实际情况填写请假人、请假原因、请假天数、请假起始日期等信息；❷单击【发送】按钮➤，如图2-14所示。

图2-14

Step05 WPS AI将根据提供的信息开始生成文本，如图2-15所示。

图2-15

Step06 稍等片刻将生成请假条文本，阅读后如果确认使用该文本，单击【保留】按钮，如图2-16所示。

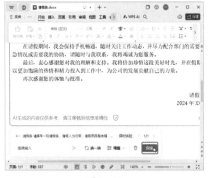

图2-16

Step07 文本将插入到文档中，再次阅读后，可根据实际情况进行简单的修改，即可完成请假条的制作，如图2-17所示。

图2-17

★AI功能2.1.5 实战：使用WPS AI续写文档

实例门类	软件功能

在编辑文档时，当不知道如何延续文字时，可以使用WPS AI的续写功能，操作方法如下。

Step01 打开"素材文件\第2章\放假通知.docx"文档，❶选中所有文本；❷单击文本左侧的【段落柄】按钮；❸在弹出的菜单中单击【WPS AI】命令，如图2-18所示。

图2-18

Step02 打开WPS AI对话框，会自动弹出下拉菜单，单击【继续写】命令，如图2-19所示。

图2-19

Step03 WPS AI将自动在原有的文本上续写，续写完成后单击【保留】按钮，如图2-20所示。

图2-20

Step04 生成的文本将插入到文档中所选文字内容的后面，如图2-21所示。

图2-21

2.2 编辑文档内容

在制作文档时，录入完成并不代表文档制作完成。完成录入后，经常需要对文本进行修改、移动、删除等操作，此时，就需要对文档进行编辑。

★重点 2.2.1 选择文档内容

要对文档内容进行编辑，首先要确定需要修改或调整的对象，选中文档内容。根据所选文本的多少和是否连续，可以使用以下方法进行选择。

1. 选择任意数量的文本

如果要选择任意数量的文本，可以在文本的开始位置按住鼠标左键拖动到文本的结束位置，然后释放鼠标左键，即可选中文本。被选中的文本区域一般呈灰底显示，如图2-22所示。

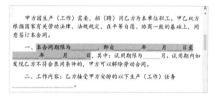

图 2-22

2. 快速选择一行或多行

如果要选择一行或多行文本，可以将鼠标移动到文档左侧的空白区域，即选定栏，当鼠标指针变为 ⁄ 时，按下鼠标左键，即可选中该行文本，如图2-23所示。

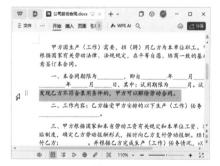

图 2-23

如果要选中多行文本，可以将鼠标移动到选择栏，当鼠标指针变为 ⁄ 时，按住鼠标左键不放向上或向下拖动即可，如图2-24所示。

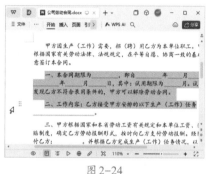

图 2-24

3. 选择整个段落的文本

如果要选中的是一个段落，方法有以下几种。

（1）先将光标定位到段落中任意位置，连击三次。

（2）将鼠标移动到选定栏，当鼠标指针变为 ⁄ 时，双击即可将整个段落选中，如图2-25所示。

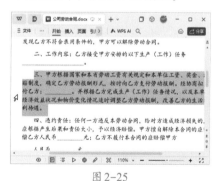

图 2-25

4. 选择块区域文本

在 WPS 文档中也可以选中块区域文本，这种选择方法常常用于选中内容可以框选的位置，如规律排列的文本、编号、目录页码等。操作方法是将光标定位到想要选取的区域的开始位置，按住【Alt】键不放，按住鼠标左键拖动至目标位置，即可选中块区域内容，如图2-26所示。

图 2-26

5. 选择不连续区域的文本

如果要选中不连续的文本，可以先选择一个区域的文本内容，然后按住【Ctrl】键不放，再逐一选中其他内容即可，如图2-27所示。

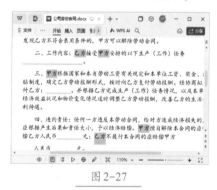

图 2-27

6. 选择所有文本

如果要选中文档中的所有内容，可以使用以下两种方法。

（1）按【Ctrl+A】组合键，可以快速选中文档中的所有内容。

（2）将鼠标移动到选定栏，当鼠标指针变为 ⤢ 时，连击三次即可选中文档中的所有内容，如图2-28所示。

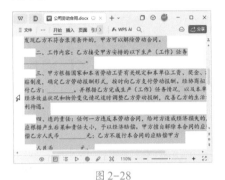

图2-28

2.2.2 复制、剪切与删除文本

编辑文档时，复制、剪切和删除文本是最常用的操作，熟练掌握这几个操作，可以加快文档的编辑速度。

1.复制文本

在编辑文档时，如果前面的文档中有相同的内容，可以使用复制功能将其复制到目标位置，从而提高工作效率，操作方法如下。

Step 01 ①选中要复制的文本；②单击【开始】选项卡中的【复制】命令 ⧉ ，如图2-29所示。

图2-29

Step 02 ①将光标定位到需要粘贴的位置；②单击【开始】选项卡中的

【粘贴】命令，如图2-30所示。

图2-30

Step 03 操作完成后，即可将复制的文本粘贴到目标位置，如图2-31所示。

图2-31

技能拓展——使用快捷键复制、粘贴

选中需要复制的文本后，按【Ctrl+C】组合键可以执行复制操作；将光标定位到目标位置后，按【Ctrl+V】组合键，可以执行粘贴操作。

2.剪切文本

在编辑文档的过程中，如果发现文本的位置错误，需要将文本移动到其他位置，可以使用剪切功能，操作方法如下。

Step 01 ①选中要剪切的文本；②单击【开始】选项卡中的【剪切】命令 ✂ ，如图2-32所示。

图2-32

Step 02 ①将光标定位到需要粘贴的位置；②单击【开始】选项卡中的【粘贴】命令，如图2-33所示。

图2-33

Step 03 操作完成后，即可将剪切的文本移动到目标位置，如图2-34所示。

图2-34

3.删除文本

在编辑文档的过程中，如果发现文本输入错误，或输入了多余的文本，可以将其删除。

删除文本的方法有以下3种。

（1）直接按【Backspace】键可以删除插入点之前的文本。

（2）直接按【Delete】键可以删除插入点之后的文本。

（3）选中要删除的文本，然后按【Backspace】键或【Delete】键即可删除所选文本。

2.2.3 撤销与恢复文本

在录入或编辑文档时，如果操作失误，可以使用撤销与恢复功能，返回之前的文本，操作方法如下。

Step 01 对所选文档进行多次操作后，需要返回至其中一步时，❶单击快速访问工具栏中的【撤销】下拉按钮 ↶；❷在弹出的下拉列表中单击需要撤销的位置，如图2-35所示。

图2-35

技术看板

如果只是单击【撤销】按钮 ↶，可以撤销上一步操作。多次单击【撤销】按钮 ↶，可以一步一步地返回之前的操作。

Step 02 如果在撤销后觉得撤销的步骤过多，可以单击快速访问工具栏中的【恢复】按钮进行恢复 ↷，如图2-36所示。

图2-36

★重点2.2.4 实战：查找与替换文本

实例门类	软件功能

在编辑文档的过程中，熟练使用查找和替换，可以简化某些重复的编辑过程，提高工作效率。

1. 查找文本

查找功能可以在文档中查找任意字符，包括中文、英文、数字和标点符号等，查找指定的内容是否出现在文档中并定位到该内容的具体位置。例如，要在《公司劳动合同》文档中查找"甲方"文本，操作方法如下。

Step 01 打开"素材文件\第2章\公司劳动合同.docx"文档，单击【开始】选项卡中的【查找替换】命令，如图2-37所示。

图2-37

Step 02 打开【查找和替换】对话框，❶在【查找内容】文本框中输入要查找的内容；❷单击【查找下一处】按钮，如图2-38所示。

图2-38

Step 03 此时系统会自动从光标插入

点所在位置开始查找，当找到第一个目标内容时，会以选中的形式显示，如图2-39所示。

图2-39

技术看板

若继续单击【查找下一处】按钮，系统会继续查找，当查找完成后会弹出提示对话框提示完成搜索，单击【确定】按钮将其关闭，在返回的【查找和替换】对话框中单击【关闭】按钮关闭该对话框即可。

2. 替换文本

如果文档中有多处相同的错误，可以使用替换功能查找错误并将其替换为其他文本，操作方法如下。

Step 01 ❶单击【开始】选项卡中的【查找替换】下拉按钮；❷在弹出的下拉菜单中单击【替换】命令，如图2-40所示。

图2-40

Step 02 系统会打开【查找和替换】对话框，并自动定位到【替换】选项卡，❶将光标定位到【查找内容】文本框中，输入需要查找的内容；

❷将光标定位到【替换为】文本框中，输入需要替换的内容；❸单击【全部替换】按钮，如图2-41所示。

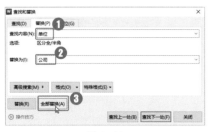

图2-41

Step 03 操作完成后，弹出【WPS文字】对话框，提示替换完成，单击【确定】按钮，如图2-42所示。

图2-42

Step 04 单击【关闭】按钮，如图2-43所示。

图2-43

Step 05 返回文档，即可看到"单位"已经全部被替换为"公司"，如图2-44所示。

图2-44

技术看板

在【查找和替换】对话框中，如果只在【查找内容】文本框中输入需要查找的内容，而【替换为】文本框保持空白，则执行替换操作后，可以将查找的内容全部删除。

★ **AI功能2.2.5** 实战：使用WPS AI更改分析报告文档的风格

实例门类	软件功能

在编写文档时，如果要为已经完成的文档变换风格，可以使用WPS AI工具来完成，操作方法如下。

Step 01 打开"素材文件\第2章\开学促销活动分析.docx"文档，❶按【Ctrl+A】组合键选中所有文本；❷单击功能区的【WPS AI】按钮；❸在弹出的下拉菜单中选择【AI帮我改】命令；❹在弹出的子菜单中选择【转换风格】命令；❺在弹出的子菜单中单击【更活泼】命令，如图2-45所示。

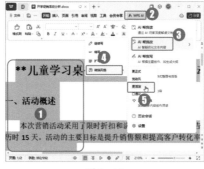

图2-45

Step 02 WPS AI将根据选择调整文档风格，完成后单击【替换】按钮，如图2-46所示。

图2-46

Step 03 返回文档，即可看到文档的风格已经转变为活泼，如图2-47所示。

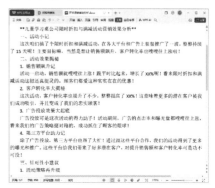

图2-47

★ **AI功能2.2.6** 实战：使用WPS AI总结文档内容

实例门类	软件功能

在阅读一些长文档时，经常会因为文字过多而花费很多时间。如果是不需要精读的文档，只是想要快速了解文档的内容，可以使用WPS AI总结文档主要内容，快速了解文档，操作方法如下。

Step 01 接上一例操作，❶单击功能区的【WPS AI】按钮；❷在弹出的下拉菜单中单击【AI帮我读】命令，如图2-48所示。

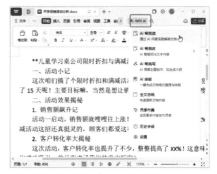

图2-48

Step 02 ❶在打开的【AI帮我读】窗格中可以对文档进行提问，如在文本框中输入"对本文内容进行总结"；❷单击【发送】按钮➤，如图2-49所示。

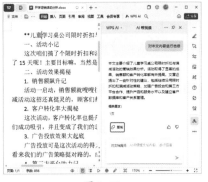

Step 03 提问完成后，WPS AI将总结本文内容。如果想要复制总结文本，单击【复制】按钮，然后将复制的文本粘贴到文档中即可，如图2-50所示。

图 2-49

图 2-50

2.3 设置字符格式

WPS文字的默认字符格式为字体"宋体"，字号"五号"，这也是最常用的字符格式，一般可以作为正文字符格式。但是，在一篇完整的文档中，不仅有正文，还会有标题、提示类文本，所以需要为不同的文本设置不同的字符格式。

★重点 2.3.1 实战：设置公告的字体和字号

实例门类	软件功能

默认情况下，WPS文字显示的字体为"宋体"，字号为"五号"，用户可以设置需要的字体和字号，操作方法如下。

Step 01 打开"素材文件\第2章\团建活动通知.docx"文档，❶选中要设置字体和字号的文本；❷单击【开始】选项卡中的【字体】下拉按钮 ；❸在弹出的下拉列表中单击合适的字体，如【黑体】，如图2-51所示。

图 2-51

Step 02 ❶单击【开始】选项卡中的【字号】下拉按钮 ；❷在弹出的下拉列表中单击合适的字号，如【二号】，如图2-52所示。

图 2-52

Step 03 操作完成后，即可看到设置了字体和字号后的效果，如图2-53所示。

图 2-53

2.3.2 实战：设置公告的文字颜色

实例门类	软件功能

默认情况下，WPS文字显示的字体颜色为黑色，用户可以根据需要设置字体颜色，操作方法如下。

Step 01 接上一例操作，❶选中要设置颜色的文本；❷单击【开始】选项卡中的【字体颜色】下拉按钮 ；❸在弹出的下拉菜单中选择合适的颜色，如果没有合适的颜色，可以单击【其他字体颜色】命令，如图2-54所示。

图 2-54

Step02 打开【颜色】对话框，❶在【标准】选项卡的颜色列表中单击一种颜色色块；❷单击【确定】按钮，如图2-55所示。

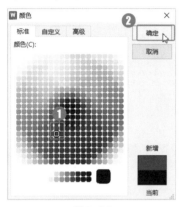

图2-55

Step03 操作完成后，即可看到设置字体颜色后的效果，如图2-56所示。

图2-56

技术看板

如果【标准】选项卡中提供的颜色无法满足需求，可以切换到【自定义】选项卡或【高级】选项卡，根据颜色模式设置需要的颜色，如图2-57和图2-58所示。

图2-57

图2-58

2.3.3 实战：设置公告的特殊字形

实例门类	软件功能

在WPS文字中，除字体、字号、文字颜色等基本设置外，我们还可以为文本设置加粗、倾斜以及添加下划线等效果。

1. 设置文字的加粗和倾斜

有时我们可以对某些文本设置加粗、倾斜效果，以突出重点，操作方法如下。

Step01 接上一例操作，❶选中要设置加粗效果的文本；❷单击【开始】选项卡中的【加粗】按钮 B，如图2-59所示。

图2-59

Step02 ❶选中要设置倾斜效果的文本；❷单击【开始】选项卡中的【倾斜】按钮 I，如图2-60所示。

图2-60

2. 为文字添加下划线

在设置字符格式的过程中，对某些词、句添加下划线，不但可以美化文档，还能让文档的重点更加突出，操作方法如下。

Step01 接上一例操作，❶选中要添加下划线的文本；❷单击【开始】选项卡中的【下划线】下拉按钮 ∪ˇ；❸在弹出的下拉菜单中单击下划线样式，如图2-61所示。

图2-61

Step02 如果要为下划线设置颜色，❶可以再次单击【开始】选项卡中的【下划线】下拉按钮 ∪ˇ；❷在弹出的下拉菜单中选择【下划线颜色】命令；❸在弹出的子菜单中选择一种颜色，如图2-62所示。

图2-62

Step03 操作完成后即可看到设置下划线后的效果，如图2-63所示。

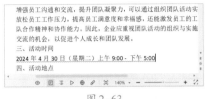

图2-63

3. 设置带圈字符

有时我们还需要为文本设置带圈效果，操作方法如下。

Step01 接上一例操作，❶选中要设置带圈效果的文本；❷单击【拼音指南】右侧的下拉按钮▾；❸在弹出的下拉菜单中单击【带圈字符】命令，如图2-64所示。

图2-64

Step02 打开【带圈字符】对话框，❶在【样式】栏选择样式；❷在【圈号】栏设置文字和圈的样式；❸单击【确定】按钮，如图2-65所示。

图2-65

Step03 操作完成后即可看到设置后的效果，如图2-66所示。

图2-66

2.3.4 实战：设置公告的字符间距

实例门类	软件功能

字符间距是指各字符间的距离，通过调整字符间距可使文字排列得更紧凑或更松散。为了让文档版面更加协调，可以根据需要设置字符间距，操作方法如下。

Step01 接上一例操作，❶选中要设置字符间距的文本；❷单击【开始】选项卡中的【字体】功能扩展按钮↘，如图2-67所示。

图2-67

Step02 打开【字体】对话框，❶在

【字符间距】选项卡的【间距】下拉菜单中单击【加宽】命令；❷在右侧的【度量值】微调框中设置字符的间距值；❸单击【确定】按钮，如图2-68所示。

图2-68

Step03 操作完成后即可看到设置字符间距后的效果，如图2-69所示。

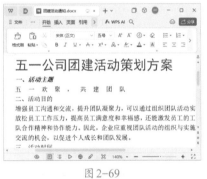

图2-69

2.4 设置段落格式

对文档进行排版时，通常会以段落为基本单位进行操作。段落的格式设置主要包括对齐方式、缩进、间距、行距、边框和底纹等，合理设置这些格式，可使文档结构清晰、层次分明。

★重点 2.4.1 设置公告的段落缩进

实例门类	软件功能

为了增强文档的层次感，提高可读性，可对段落设置合适的缩进。段落缩进是指段落相对左右页边距向内缩进一段距离，分为文本之前缩进、文本之后缩进、首行缩进和悬挂缩进。

- 文本之前缩进：整个段落在文本之前缩进，如图2-70所示。

为了确保活动的顺利进行，保障每位参与者的身体健康和安全，我们特此提醒所有员工，在参加即将举行的活动之前，请务必提前告知我们您的身体状况。
在活动期间，我们需要始终保持警惕，注意安全，并且严格避免擅自离开团队。这样的行为准则不仅有助于维护活动的顺利进行，还能确保每个人的安全和愉快体验。
活动期间，请保持环境卫生，不随意乱扔垃圾。

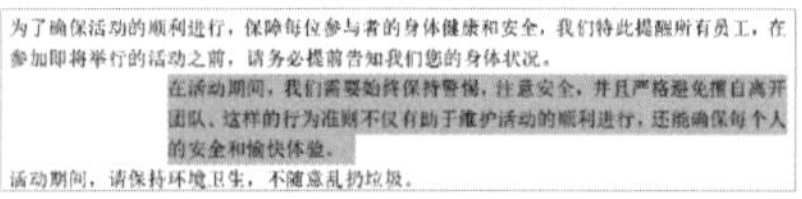

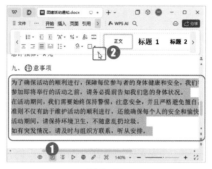

图2-70

- 文本之后缩进：整个段落在文本之后缩进，如图2-71所示。

为了确保活动的顺利进行，保障每位参与者的身体健康和安全，我们特此提醒所有员工，在参加即将举行的活动之前，请务必提前告知我们您的身体状况。
在活动期间，我们需要始终保持警惕，注意安全，并且严格避免擅自离开团队。这样的行为准则不仅有助于维护活动的顺利进行，还能确保每个人的安全和愉快体验。
活动期间，请保持环境卫生，不随意乱扔垃圾。

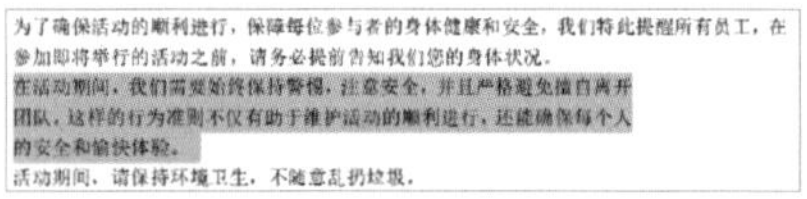

图2-71

- 首行缩进：首行缩进是中文文档中最常用的段落格式，是从段落首行第一个字符开始向右缩进，使之区别于前面的段落，如图2-72所示。

为了确保活动的顺利进行，保障每位参与者的身体健康和安全，我们特此提醒所有员工，在参加即将举行的活动之前，请务必提前告知我们您的身体状况。
在活动期间，我们需要始终保持警惕，注意安全，并且严格避免擅自离开团队。这样的行为准则不仅有助于维护活动的顺利进行，还能确保每个人的安全和愉快体验。
活动期间，请保持环境卫生，不随意乱扔垃圾。

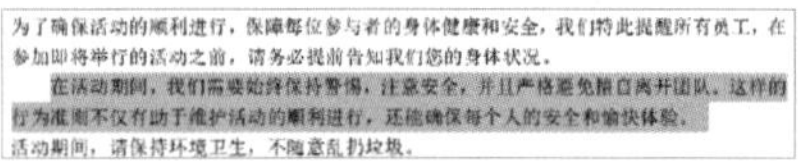

图2-72

- 悬挂缩进：悬挂缩进是指段落中除首行以外的其他行的缩进，如图2-73所示。

为了确保活动的顺利进行，保障每位参与者的身体健康和安全，我们特此提醒所有员工，在参加即将举行的活动之前，请务必提前告知我们您的身体状况。
在活动期间，我们需要始终保持警惕，注意安全，并且严格避免擅自离开团队。这样的行为准则不仅有助于维护活动的顺利进行，还能确保每个人的安全和愉快体验。
活动期间，请保持环境卫生，不随意乱扔垃圾。

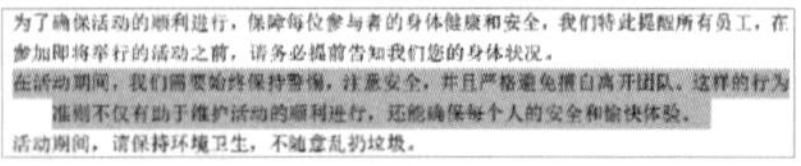

图2-73

在工作中，我们最常用的缩进方式是首行缩进，下面介绍在公告中对文档设置首行缩进的方法。

Step 01 接上一例操作，❶选中除标题和落款外的文本；❷单击【开始】选项卡中的【段落】功能扩展按钮 ↘，如图2-74所示。

图2-74

Step 02 打开【段落】对话框，❶在【缩进和间距】选项卡【缩进】组中设置【特殊格式】为【首行缩进】，【度量值】为【2字符】；❷单击【确定】按钮，如图2-75所示。

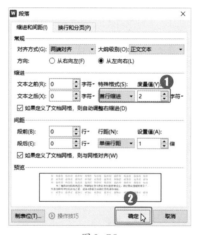

图2-75

Step 03 操作完成后，即可看到设置首行缩进后的效果，如图2-76所示。

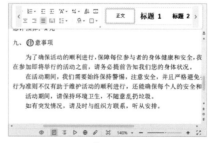

图2-76

> **技术看板**
>
> 选中要设置段落缩进的段落后，单击【开始】选项卡中的【排版】下拉按钮，在弹出的下拉菜单中单击【段落首行缩进2字符】命令，可以快速设置段落缩进，如图2-77所示。
>
>
> 图2-77

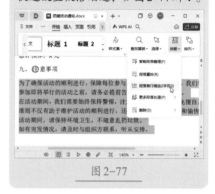

2.4.2 实战：设置公告的对齐方式

实例门类	软件功能

不同的对齐方式对文档的版面效果有很大的影响。在WPS文字中，有左对齐、居中对齐、右对齐、两端对齐和分散对齐5种常见的对齐方式，可分别单击段落工具组中的按钮来设置。

- 左对齐 ☰：指段落中的每一行文本都以文档的左边界为基准向左对齐，如图2-78所示。

二、活动目的
增强员工沟通和交流，提升团队凝聚力，可以通过组织团队活动实现。这些活动不仅有助于放松员工工作压力，提高员工满意度和幸福感，还能激发员工的工作热情和创造力，增强团队合作精神和协作能力。因此，企业应重视团队活动的组织与实施，为员工创造更多互动和交流的机会，以促进个人成长和团队发展。

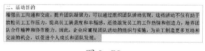

图2-78

- 居中对齐 ☰：指文本位于文档左右边界的中间，如图2-79所示。

二、活动目的
增强员工沟通和交流，提升团队凝聚力，可以通过组织团队活动实现。这些活动不仅有助于放松员工工作压力，提高员工满意度和幸福感，还能激发员工的工作热情和创造力，增强团队合作精神和协作能力。因此，企业应重视团队活动的组织与实施，为员工创造更多互动和交流的机会，以促进个人成长和团队发展。

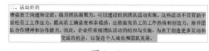

图2-79

- 右对齐 ☰：指段落中的每一行文本都以文档的右边界为基准向右

对齐，如图 2-80 所示。

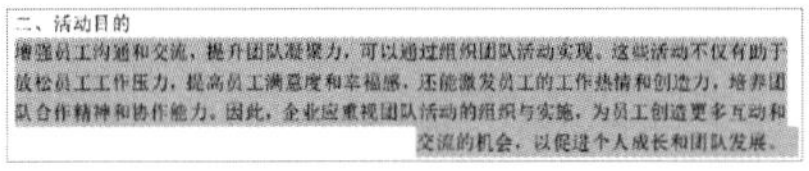

图 2-80

➥ 两端对齐 ≡：指段落中除最后一行文本外，其余行的文本的左右两端分别以文档的左右边界为基准向两端对齐。这种对齐方式是最常用的，我们平时看到的书籍正文大多都使用两端对齐，如图 2-81 所示。

图 2-81

➥ 分散对齐 ▤：指段落中所有行的文本的左右两端分别以文档的左右边界为基准向两端对齐，如图 2-82 所示。

图 2-82

日常工作中，文档的标题对齐方式多为居中对齐，落款的对齐方式为右对齐，具体操作方法如下。

Step 01 接上一例操作，❶选中标题文本；❷单击【开始】选项卡中的【居中对齐】按钮 ≡，如图 2-83 所示。

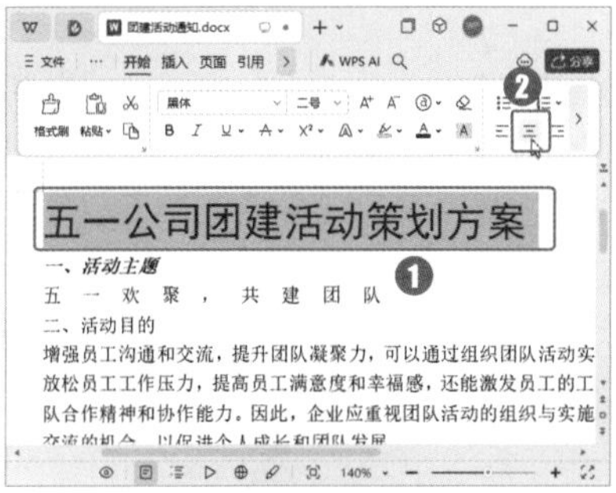

图 2-83

Step 02 操作完成后，标题即居中显示，如图 2-84 所示。

图 2-84

Step 03 ❶选中落款和日期文本；❷单击【开始】选项卡中的【右对齐】按钮 ≡，如图 2-85 所示。

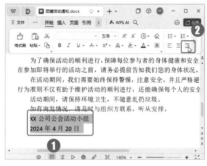

图 2-85

Step 04 操作完成后，即可看到落款和日期已经靠右对齐显示，如图 2-86 所示。

图 2-86

2.4.3　实战：设置公告的段间距和行间距

实例门类	软件功能

段间距是指相邻两个段落之间的距离，包括段前距、段后距，以及行间距。相同的字体格式在不同的段间距和行间距下阅读体验也不相同。只有将字体格式和段间距设置成协调的比例，才能有最舒适的阅读体验，具体操作方法如下。

Step 01 接上一例操作，❶选中要设置段间距和行间距的文本；❷单击【开始】选项卡中的【段落】功能扩展按钮 ↘，如图 2-87 所示。

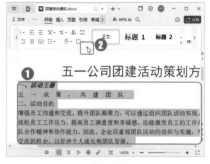

图 2-87

Step 02 打开【段落】对话框，❶在【间距】组中设置【段后】值为【0.5 行】，【行距】为【1.5 倍行距】；❷单击【确定】按钮，如图 2-88 所示。

图 2-88

Step 03 操作完成后即可看到设置段间距和行间距后的效果，如图 2-89 所示。

图 2-89

2.5 设置项目符号和编号

在制作文档时，为了使文档内容看起来层次清楚、要点明确，可以为相同层次或并列关系的段落添加编号或项目符号。长篇文档因为篇幅较长且结构复杂，更需要设置项目符号和编号。

★重点2.5.1 实战：为活动策划添加项目符号

添加项目符号实际上是在段落前添加有强调效果的符号。当文档中存在一组有并列关系的段落时，可以在段落前添加项目符号，操作方法如下。

Step① 接上一例操作，❶选中要添加项目符号的段落；❷单击【开始】选项卡中的【项目符号】下拉按钮∷⁓；❸在弹出的下拉菜单中选择一种合适的项目符号样式，如图2-90所示。

图2-90

Step② 操作完成后，即可看到为段落添加项目符号后的效果，如图2-91所示。

图2-91

> **⚙ 技能拓展——删除项目符号**
>
> 如果要删除某一个项目符号，可以将光标定位到该项目符号之后，按【Backspace】键删除。如果要删除多个项目符号，可以选中要删除项目符号的文本，再次单击【开始】选项卡中的【项目符号】按钮。

2.5.2 实战：为文档添加编号

如果想让文本的结构更清晰明了，可在文档的各个要点前添加编号，使文档更有条理。

默认情况下，在以"1."、"一、"或"A."等编号开始的段落中，按【Enter】键切换到下一段时，下一段会自动产生连续的编号。

如果要为段落添加编号，可通过【开始】选项卡中的【编号】按钮来实现，操作方法如下。

Step① 接上一例操作，❶选中要添加编号的文本；❷单击【开始】选项卡中的【编号】下拉按钮∷⁓；❸在弹出的下拉菜单中选择编号样式。如果没有合适的编号样式，可以单击【自定义编号】命令，如图2-92所示。

图2-92

Step② 打开【项目符号和编号】对话框，❶在列表框中选择编号样式；❷单击【自定义】按钮，如图2-93所示。

图2-93

Step③ 打开【自定义编号列表】对话框，❶【编号格式】文本框中的"①."代表编号样式，在编号前输入"流程"，❷单击【确定】按钮，如图2-94所示。

图2-94

Step④ 操作完成后，即可看到为段落添加编号后的效果，如图2-95所示。

图2-95

2.6 设置文档页面格式

文档制作完成后，可根据实际情况对页面布局进行设置，如添加水印、边框，设置页边距、纸张大小和纸张方向等。

2.6.1 实战：为文档添加水印

实例门类	软件功能

在工作中经常需要为文档添加水印，如添加公司名称、文档机密等级等，此时可以使用添加水印的功能。

1. 添加图片水印

在添加水印时，可以将图片作为水印进行添加，操作方法如下。

Step01 打开"素材文件\第2章\毕业论文.docx"文档，❶单击【页面】选项卡中的【水印】下拉按钮；❷在弹出的下拉菜单中单击【点击添加】按钮，如图2-96所示。

图 2-96

> **技术看板**
>
> 如果只需要插入内置水印，在【页面】选项卡的【背景】下拉列表中选择一种内置样式即可。

Step02 打开【水印】对话框，❶勾选【图片水印】复选框；❷单击【选择图片】按钮，如图2-97所示。

图 2-97

Step03 打开【选择图片】对话框，❶选择"素材文件\第2章\公司图标.jpg"素材图片；❷单击【打开】按钮，如图2-98所示。

图 2-98

Step04 返回【水印】对话框，单击【确定】按钮，如图2-99所示。

图 2-99

Step05 返回文档，❶单击【页面】选项卡中的【水印】下拉按钮；❷在弹出的下拉菜单中单击【自定义水印】栏中添加的图片水印，如图2-100所示。

图 2-100

Step06 操作完成后，即可为文档添加图片水印，如图2-101所示。

图 2-101

2. 添加文字水印

如果要添加文字水印，除使用内置的水印样式外，还可以自定义文字内容，操作方法如下。

Step01 打开"素材文件\第2章\毕业论文.docx"文档，打开【水印】对话框，❶勾选【文字水印】复选框；❷在下方设置要添加的水印内容、字体、字号等参数；❸单击【确定】按钮，如图2-102所示。

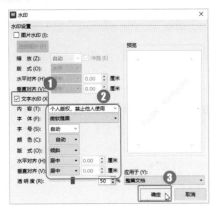

图 2-102

Step02 返回文档，即可看到文字水印已经添加，如图 2-103 所示。

图 2-103

★重点 2.6.2 实战：为文档添加边框

实例门类	软件功能

文档编辑完成后，为文档添加边框可以增强视觉效果，操作方法如下。

Step01 打开"素材文件\第2章\公司规章制度.docx"文档，单击【页面】选项卡中的【页面边框】按钮，如图 2-104 所示。

图 2-104

Step02 打开【边框和底纹】对话框，❶在【页面边框】选项卡的【设置】栏中单击【方框】命令；❷在【线型】列表框中设置边框的线条样式，在【颜色】下拉列表中设置边框颜色，在【宽度】下拉列表中设置边框宽度；❸单击【确定】按钮，如图 2-105 所示。

图 2-105

Step03 操作完成后即可看到设置边框后的效果，如图 2-106 所示。

图 2-106

★重点 2.6.3 实战：设置页面边距

实例门类	软件功能

文档的版心主要是指文档的正文部分，用户在设置页面属性的时候，可以在对话框中对页边距进行设置，以达到控制版心大小的目的，操作方法如下。

Step01 打开"素材文件\第2章\公司规章制度.docx"文档，❶单击【页面】选项卡中的【页边距】下拉

按钮；❷在弹出的下拉菜单中选择页边距，如果内置的页边距不合适，可以单击【自定义页边距】命令，如图 2-107 所示。

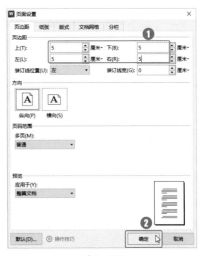

图 2-107

Step02 打开【页面设置】对话框，❶在【页边距】栏设置上、下、左、右的距离；❷单击【确定】按钮，如图 2-108 所示。

图 2-108

Step03 返回文档，即可看到设置页边距后的效果，如图 2-109 所示。

图 2-109

2.6.4　实战：设置页面方向和大小

实例门类	软件功能

WPS会默认设置文档中的纸张方向和大小，但根据文档的用途不同，默认的设置并不能满足所有的需求，此时可以手动设置页面的方向和大小。

1. 设置页面方向

WPS文字中纸张的默认方向为纵向，但某些文档适合以横向显示，此时可以重新设置页面方向，操作方法如下。

Step01 打开"素材文件\第2章\公司规章制度.docx"文档，❶单击【页面】选项卡中的【纸张方向】下拉按钮；❷在弹出的下拉菜单中单击【横向】命令，如图2-110所示。

图 2-110

Step02 操作完成后，即可看到页面已经横向显示，如图2-111所示。

图 2-111

2. 设置页面大小

WPS文字中的默认页面大小为A4，这也是最常用的页面大小，但A4并不适用于所有的文档。如果对默认的页面尺寸不满意，可以通过设置改变纸张大小，操作方法如下。

Step01 打开"素材文件\第2章\唐诗.docx"文档，❶单击【页面】选项卡中的【纸张大小】下拉按钮；❷在弹出的下拉菜单中选择一种纸张大小，如果没有合适的内置大小，可以单击【其他页面大小】命令，如图2-112所示。

图 2-112

Step02 打开【页面设置】对话框，❶在【纸张】选项卡的【纸张大小】栏分别设置【宽度】和【高度】值；❷单击【确定】按钮，如图2-113所示。

图 2-113

Step03 操作完成后，即可看到纸张大小已经更改，如图2-114所示。

图 2-114

★重点 2.6.5　实战：为公司规章制度文档添加页眉和页脚

实例门类	软件功能

页眉和页脚主要用于为文档添加注释信息和说明性文字，常会插入时间、日期、页码、单位名称等。漂亮的页眉和页脚不仅可以补充文档的内容，还能美化文档。

虽然并不是每一份文档都需要添加页眉和页脚，但办公文档在加入页眉和页脚之后，会更具有专业性。

1. 添加页眉

页眉是文档的重要组成部分，添加页眉的操作方法如下。

Step01 打开"素材文件\第2章\公司规章制度.docx"文档，单击【页面】选项卡中的【页眉页脚】按钮，如图2-115所示。

图 2-115

Step02 光标将自动定位到页眉处，直接输入文本，如图2-116所示。

图 2-116

Step03 在【开始】选项卡中设置页眉文字的字体样式，如图 2-117 所示。

图 2-117

Step04 ❶单击【页眉页脚】选项卡中的【页眉横线】下拉按钮；❷在弹出的下拉菜单中选择一种横线样式，如图 2-118 所示。

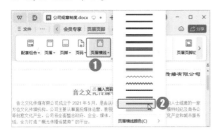

图 2-118

Step05 ❶再次单击【页眉横线】下拉按钮；❷在弹出的下拉菜单中选择【页眉横线颜色】命令；❸在弹出的子菜单中选择一种页眉横线的颜色，如图 2-119 所示。

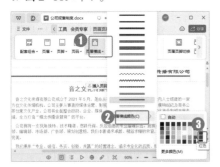

图 2-119

Step06 单击【页眉页脚】选项卡中的【关闭】按钮，如图 2-120 所示。

图 2-120

Step07 操作完成后，即可看到添加页眉后的效果，如图 2-121 所示。

图 2-121

技能拓展——在页眉中添加图片

如果要在页眉中添加图片，可以单击【页眉页脚】选项卡中的【图片】按钮，在打开的【插入图片】对话框中选择需要的图片进行插入即可。

2. 添加页脚

在文档中添加页脚，操作方法如下。

Step01 接上一例操作，双击页眉位置，进入页眉和页脚编辑状态，光标将自动定位到页眉处，单击【页眉页脚】选项卡中的【页眉页脚切换】按钮，如图 2-122 所示。

图 2-122

Step02 光标将切换到页脚处，❶单击【页眉页脚】选项卡中的【页码】下拉按钮；❷在弹出的下拉菜单中选择页码位置，如图 2-123 所示。

图 2-123

Step03 完成操作后，将在所选位置添加页码。❶单击【页码设置】按钮；❷在【样式】下拉菜单中选择页码的样式；❸单击【确定】按钮，如图 2-124 所示。

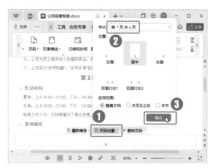

图 2-124

Step04 操作完成后，即可在页脚处插入页码，如图 2-125 所示。

图 2-125

技术看板

激活页眉页脚编辑状态后，单击页面下方的【插入页码】下拉按钮，在弹出的下拉菜单中单击【样式】下拉列表，选择一种页码样式，然后在【位置】栏选择页码的位置后，单击【确定】按钮，可以为页面添加页码。

2.7　打印文档

文档的页面设置完成后，就可以将文档打印出来了。在打印文档时，可能会有打印全部、打印部分页、单面打印或双面打印等需求。本节将带领大家学习打印文档的相关知识，让你"玩转"打印。

★重点 2.7.1　实战：预览与打印文档

实例门类	软件功能

文档制作完成后，大多都需要打印出来，以纸张的形式呈现在大家面前。在打印之前，需要先预览文档，再执行打印操作，操作方法如下。

Step01 打开"素材文件\第2章\公司规章制度（打印）.docx"文档，❶单击【文件】下拉按钮；❷在弹出的下拉菜单中选择【打印】命令；❸在弹出的子菜单中单击【打印预览】命令，如图2-126所示。

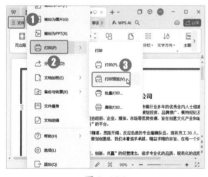
图 2-126

Step02 ❶预览之后，如果没有需要修改的地方，可以单击【打印设置】窗格中的【打印】按钮打印文档；❷如果要退出打印预览界面，则单击【打印预览】界面中的【退出预览】按钮，如图2-127所示。

图 2-127

2.7.2　打印文档的部分页

在工作中，有时候只需打印文档中的某几页，此时不需要将这几页文档重新排版再打印，只需在打印时设置要打印的页数即可，操作方法如下。

Step01 打开"素材文件\第2章\公司规章制度（打印）.docx"文档，单击【快速访问工具栏】中的【打印】按钮🖨，如图2-128所示。

图 2-128

Step02 打开【打印】对话框，❶在【页码范围】栏设置要打印的页码；❷在【副本】栏设置打印的份数；❸单击【确定】按钮即可，如图2-129所示。

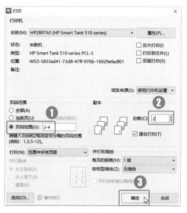
图 2-129

2.7.3　双面打印文档

默认情况下，文档都是单面打印的，这样会浪费大量的纸张，可通过双面打印来解决这个问题，操作方法如下。

Step01 打开【打印】对话框，❶勾选【双面打印】复选框；❷单击【确定】按钮，如图2-130所示。

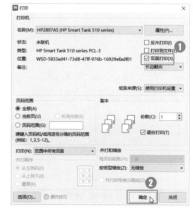
图 2-130

Step 02 打印完一面之后，将弹出提示对话框，按照提示将打印完的纸张放回送纸器中，然后单击【继续】按钮即可，如图2-131所示。

图2-131

妙招技法

通过前面知识的学习，相信读者朋友已经对文本的编辑、文档页面格式和打印设置有了一定的了解。下面结合本章内容，给大家介绍一些实用技巧。

★AI功能 技巧01：使用WPS AI缩写文档

在撰写文档时，如果需要精简文档内容，可以使用WPS AI的缩写功能缩写文档，操作方法如下。

Step 01 打开"素材文件\第2章\年会讲话稿.docx"文档，❶选中要缩写的文本；❷在打开的浮动工具栏中单击【WPS AI】按钮；❸在弹出的下拉菜单中单击【缩写】命令，如图2-132所示。

图2-132

Step 02 WPS AI完成缩写后，单击【替换】按钮，如图2-133所示。

图2-133

Step 03 原有文本将被WPS AI生成的文本替换，如图2-134所示。

图2-134

技术看板

如果要同时保留原有文本和WPS AI缩写的文本，可以单击【替换】按钮右侧的下拉按钮，在弹出的下拉菜单中单击【保留】命令。

★AI功能 技巧02：使用灵感市集生成文档

在使用WPS AI生成文档时，WPS AI对话框中包含的内容版式较少，如果要使用更多的WPS AI功能，可以使用灵感市集，操作方法如下。

Step 01 新建一个WPS文字文档，连续按两次【Ctrl】键打开WPS AI对话框，在打开的菜单中单击【探索更多灵感】命令，如图2-135所示。

图2-135

Step 02 打开【灵感市集】对话框，❶在左侧选择需要生成的文档类别；❷在右侧需要生成的文档选项上单击【使用】按钮，如图2-136所示。

图2-136

Step 03 ❶在打开的模板中根据需要填写内容；❷完成后单击【发送】按钮➤，如图2-137所示。

图2-137

Step04 WPS AI开始生成文档，生成结束后可查看文档内容，如果内容合适，则单击【保留】按钮，如图2-138所示。

图 2-138

技术看板

如果对生成的内容不满意，可以单击【换一换】按钮，WPS AI将重新生成文档内容。

Step05 返回WPS文档，可以根据实际情况更改部分内容，并进行格式设置，这样即可完成文档的制作，如图2-139所示。

图 2-139

技巧03：快速删除空白段落

有些文档因为复制、导入等操作，会出现多个空白段落，此时，可以通过删除键逐个删除空白段落，也可以通过删除功能批量删除，下面介绍批量删除的操作方法。

Step01 打开"素材文件\第2章\花开的声音.docx"文档，❶单击【开始】选项卡中的【排版】下拉按钮；❷在弹出的下拉菜单中选择【删除】命令；❸在弹出的子菜单中单击【删除空段】命令，如图2-140所示。

图 2-140

Step02 操作完成后，即可看到文档中的空白段落已经被删除，如图2-141所示。

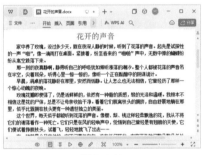

图 2-141

本章小结

本章主要介绍了在WPS文字中录入文本和编辑文档的操作方法，并讲解了文本输入的具体方法、字符格式的调整、WPS AI技术在文档编辑中的应用、段落格式的合理设置、文档页面的灵活布局以及文档的打印流程。通过学习本章内容，读者将快速掌握制作基础办公文档的核心技能，提升工作效率。

第3章 创建与编辑表格

➡ 怎样在WPS文字中创建合适的表格？

➡ 怎样将两个单元格合并为一个单元格？

➡ 怎样操作才能使表格内容纵向排列？

➡ 怎样更改表格的文字方向？

➡ 怎样才能让表格更具说服力？

➡ 怎样美化表格，使其脱颖而出？

表格在WPS文字中也十分常用，它不仅可以简化文字表述，还能使排版更美观，所以掌握表格的创建和编辑是相当重要的。学完本章，读者就可以在WPS文字中轻松地创建精美的表格了。

3.1 了解表格的使用技巧

在使用表格之前，需要先了解表格的一些使用技巧，这些技巧会让我们在使用表格时更得心应手，轻松地在WPS文字中创建出需要的表格。

3.1.1 熟悉表格的构成元素

表格是由一系列的线条相互分割后形成行、列和单元格来规整数据、表现数据的一种特殊的格式。一般来说，表格由行、列和单元格构成，但是为了让他人更好地理解表格内容，有时还会加入表头、表尾。为了美化表格，也可以为表格添加边框和底纹作为修饰。

在学习如何使用表格之前，我们先来了解表格的各个构成元素。

1. 单元格

表格由横向和纵向的线条构成，线条交叉后出现的可以用来放置数据的格子被称为单元格，如图3-1所示。

图3-1

2. 行

在表格中，横向的一组单元格称为行。在一个用于表现数据的表格中，一行可用于表现同一条数据的不同属性，如图3-2所示。

姓名	理论	操作	综合
李光明	89	92	90
刘伟	82	79	86
陈明莉	95	94	97

图3-2

表格也可以表现不同数据的同一种属性，如图3-3所示。

季度	销售额	成本	利润
第一季度	3.2亿	1.6亿	1.6亿
第二季度	2.8亿	1.4亿	1.4亿
第三季度	3.8亿	1.8亿	2亿
第四季度	4.2亿	2.0亿	2.2亿

图3-3

3. 列

在表格中，纵向的一组单元格称为列，列与行的作用相同。在用于表现数据的表格中，需要分别赋予行和列不同的意义，才能形成清晰的数据表格。每一行代表一条数据，每一列代表一种属性，在表格中填入数据时，应该按照属性填写，避免数据混乱。

4. 表头

表头是指用于定义表格行列意义的行或列，通常是表格的第一行或第一列。例如，图3-2的成绩表中第一行的内容有姓名、理论、操作、综合，这些内容标明了表格中每一列的数据所代表的意义，所以这一行就是表格的表头。

5. 表尾

表尾是表格中可有可无的一种元素，通常用于显示表格数据的统计结果，或者用于说明、注释等，位于表格的最后一行或最后一列。

如图3-4所示，最后一列即为表尾。

季度	销售额	成本	利润	平均利润
第一季度	3.2亿	1.6亿	1.6亿	
第二季度	2.8亿	1.4亿	1.4亿	1.8亿
第三季度	3.8亿	1.8亿	2亿	
第四季度	4.2亿	2.0亿	2.2亿	

图3-4

6. 表格的边框和底纹

为了使表格更加美观，我们通常会对表格进行修饰和美化。除了设置表格的字体、颜色、大小等，还可以对表格的线条和单元格的背景进行设置。构成表格行、列、单元格的线条称为边框，单元格的背景称为底纹，为表格添加边框和底纹之后，效果如图3-5所示。

季度	销售额	成本	利润	平均利润
第一季度	3.2亿	1.6亿	1.6亿	
第二季度	2.8亿	1.4亿	1.4亿	1.8亿
第三季度	3.8亿	1.8亿	2亿	
第四季度	4.2亿	2.0亿	2.2亿	

图3-5

3.1.2 创建表格的思路与技巧

有人觉得表格使用起来很复杂，不仅要创建表格，还要考虑表格的结构。其实，只要掌握创建表格的思路与技巧，就可以轻松完成表格的制作。

1. 创建表格的思路

在创建表格之前，首先要了解创建表格的思路，其大致可以分为以下几步。

（1）制作表格前，首先要构思表格的大致布局和样式。

（2）对于复杂的表格，可以先在草稿纸上确定需要的表格样式及行、列数。

（3）新建WPS文字文档，制作表格的框架。

（4）输入表格内容。

按照以上步骤操作，就可以轻松制作出令人满意的表格。

2. 创建表格的技巧

在创建表格时，根据表格的难易程度，可以将表格简单分为规则表格和不规则表格。规则表格的结构方正，制作简单；而不规则的表格结构不方正也非对称，所以制作时需要一些特殊的技巧。

（1）规则表格的制作。规则表格可以直接使用WPS文字提供的虚拟表格快速创建，如图3-6所示。也可以通过【插入表格】对话框来定义表格的行数和列数，如图3-7所示，制作起来非常简单。

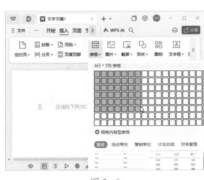

图3-6

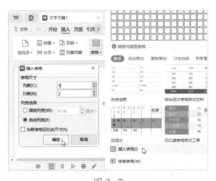

图3-7

（2）不规则表格的制作。如果是非方正、非对称的不规则表格，我们可以使用表格的手动绘制功能来制作。在【表格】下拉菜单中单击【绘制表格】命令，就可以直接绘制表格，如图3-8所示。绘制表格功能与使用铅笔在纸上绘制表格一样简单，如果绘制出现错误，还可以使用擦除功能将其擦除。

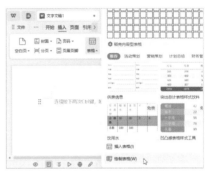

图3-8

3.1.3 表格设计与优化技巧

要制作一个布局合理、美观的表格，需要经过精心设计。用于表现数据的表格设计起来相对简单，只需要设计好表头、录入数据，然后加上一定的美化效果即可。而对于规整内容、排版内容和数据的表格，设计相对比较复杂，这类表格在设计时，应该先厘清表格中需要展示的内容和数据，然后按照一定的规则将其整齐地排列。如果表格内容复杂，也可以先在纸上绘制草图，然后在文档中绘制，最后进行美化。

1. 数据表格的设计

制作数据表格时，需要站在阅读者的角度去思考怎样设计才能让表格内容表达得更清晰、更易于理解。例如，一个密密麻麻全是数据的表格，很容易让人看得头晕眼花，所以在设计表格时就要想办法让表格看起来更加清晰简洁。

对于数据表格，我们通常可以从以下几个方面着手设计。

（1）精简表格字段。表格不适合展示字段很多的内容，如果表格中的数据字段过多，就会超出页面范围，不便于查看。另外，字段过多也会影响阅读者对重要数据的把握。

在设计表格时，我们需要分析出表格字段的主次，将一些不重要的字段删除，仅保留重要字段。

（2）注意字段顺序。在表格中，字段的顺序也很重要。设计表格时，需要分清各字段的关系，按字段的重要程度或某种方便阅读的规律来排列，每个字段放在什么位置都需要仔细推敲。

（3）行与列的内容对齐。使用表格对齐可以使数据展示得更整齐。表格单元格内部的内容，每一行和每一列也都应该整齐排列，如图3-9所示。

姓名	性别	年龄	学历	部门
李建兴	男	35	本科	研发部
陈明莉	女	29	本科	销售部
刘玲	女	36	研究生	工程部

图3-9

（4）调整行高与列宽。表格中各字段的长度可能并不相同，当各列的宽度无法统一时，我们可以使各行的高度一致。在设计表格时，应该注意表格中是否有特别长的数据内容，如果有，尽量通过调整列宽，使较长的内容在单元格中不用换行。如果有些单元格中的内容必须换行，可以统一调整各行的高度，让每一行的高度一致，使表格更整齐，如图3-10所示。

故障现象	故障排除
打印时墨迹稀少，字迹无法辨认的处理	该故障多数是由于打印机长期未使用或其他原因，造成墨水输送系统障碍或喷头堵塞。排除的方法是执行清洗操作
喷墨打印机打印出的画面与计算机显示的色彩不同	这是由于打印机输出颜色的方式与显示器不一样造成的。可通过应用软件或打印机驱动程序重新调整，使之输出期望色彩
当需要打印的文件太大时，打印机无法打印	这是由于软件故障，排除的方法是查看硬盘上的剩余空间，删除一些无用文件，或查询打印机内在数量是否可以扩容

图3-10

（5）美化表格。数据表格的主要功能是展示数据，美化表格则是为了更好地展示数据。美化表格的目的在于使表格中的数据更加清晰明了，不要盲目追求艺术效果，如图3-11所示。

部门	员工编号	姓名	考勤时间	状态	机器编号	工作码
总公司	53	李建华	2019-10-02 08:19:32	上班签到	1	0
总公司	56	张余	2019-10-02 08:20:28	上班签到	1	0
总公司	60	李小波	2019-10-02 08:20:33	上班签到	1	0
总公司	63	王明明	2019-10-02 08:20:40	上班签到	1	0
总公司	1	覃礼	2019-10-02 08:24:11	上班签到	1	0
总公司	36	张蓉	2019-10-02 08:24:15	上班签到	1	0
总公司	65	刘玲	2019-10-02 08:24:19	上班签到	1	0

图3-11

2. 不规则表格的设计

如果要用表格来表现一系列相互之间没有太大关联的数据，且这些数据无法通过行或列来表现相同的意义，就需要制作比较复杂的不规则表格。

例如，要设计一个员工档案表，表格中需要展示员工的详细信息，还需要粘贴照片，这些信息之间几乎没有关联。如果仅使用文本来展示这些数据，远远不及使用表格展示更美观、清晰。

在设计这类表格时，不仅需要突出数据内容，还要兼顾美观，具体可以通过以下几个步骤来设计。

（1）明确表格信息。在设计表格之前，需要先确定表格中要展示哪些数据内容，将这些内容列举出来，再设计表格结构。例如，在员工档案表中，需要包含姓名、年龄、性别、籍贯、出生日期、政治面貌等信息。

（2）分类信息。分析要展示的内容之间的关系，将有关联的、同类的信息归于一类。例如，可以将员工的所有信息分为基本信息、教育经历、工作经历三大类。

（3）按类别制作框架。根据表格内容划分出主要类别，制作出表格的大概结构，如图3-12所示。

姓名		年龄		
性别		籍贯		照片
出生日期		政治面貌		
身份证号		婚否		
学历		毕业院校		
现住址				
户籍地址				
紧急联系人	姓名	电话	与本人关系	
教育经历				

图3-12

（4）绘制草图。如果需要展示的数据比较复杂，为了使表格的结构更加合理，可以先在纸上绘制草图，然后制作表格。

（5）合理利用空间。用表格展示数据，除了可以让数据更加直观、清晰，还可以有效地节省空间，用更少的空间展示更多的数据，如图3-13所示。

图 3-13

这类表格之所以复杂，是因为它们需要在有限的空间内尽可能地展示内容，同时保持内容的整齐和美观。要满足这些需求，就需要有目的地合并或拆分单元格。

3.2　创建表格的方法

在 WPS 文字中，用户不仅可以通过拖动鼠标和在【插入表格】对话框中定义行列数来创建表格，还可以手动绘制表格。如果对表格的构造不熟悉，也可以通过模板创建表格。

★重点 3.2.1　实战：拖动鼠标快速创建来访人员登记表

实例门类	软件功能

通过拖动虚拟表格的方式可以快速创建最多包含 24 列 8 行的表格，适用于创建行与列都很规则的表格。操作方法如下。

Step01 打开"素材文件\第 3 章\来访人员登记表.docx"文档，❶ 将光标定位到要插入表格的位置，单击【插入】选项卡中的【表格】下拉按钮；❷ 在弹出的下拉菜单中使用鼠标拖动虚拟表格，选择需要的行数和列数，选择完成后单击，如图 3-14 所示。

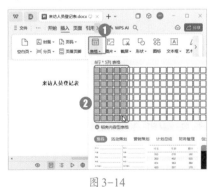

图 3-14

Step02 插入表格后，输入来访人员登记表的表头内容即可，如图 3-15

所示。

图 3-15

★重点 3.2.2　实战：指定行数与列数创建公会活动采购表

实例门类	软件功能

使用拖动鼠标创建表格的方法虽然快捷，但是创建的表格的行数和列数受到了限制。如果我们要插入指定行数与列数的表格，可以通过【插入表格】对话框来完成，操作方法如下。

Step01 打开"素材文件\第 3 章\公会活动采购表.docx"文档，❶ 将光标定位到要插入表格的位置，单击【插入】选项卡中的【表格】下拉按钮；❷ 在弹出的下拉菜单中单击【插入表格】命令，如图 3-16 所示。

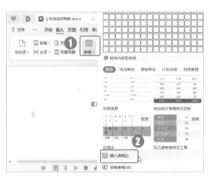

图 3-16

Step02 打开【插入表格】对话框，❶ 在【表格尺寸】栏的【行数】和【列数】微调框中分别输入需要的行数和列数；❷ 单击【确定】按钮，如图 3-17 所示。

图 3-17

Step03 返回文档，即可看到指定行数与列数的表格已经插入，输入公会活动采购表的相关数据即可，如图 3-18 所示。

图 3-18

3.2.3 实战：手动绘制员工档案表

实例门类	软件功能

手动绘制表格是指用画笔工具绘制表格的边线，用这种方法可以很方便地绘制出各种不规则的表格，操作方法如下。

Step01 打开"素材文件\第3章\员工档案表.docx"文档，❶单击【插入】选项卡中的【表格】下拉按钮；❷在弹出的下拉菜单中单击【绘制表格】命令，如图 3-19 所示。

图 3-19

Step02 此时光标将变为✐，在合适的位置按住鼠标左键不放，拖动鼠标，光标经过的地方会出现表格的虚框。直到绘制出需要的表格行列数后，松开鼠标左键，如图 3-20 所示。

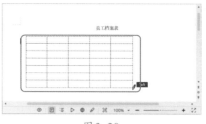

图 3-20

Step03 此时绘制出的是标准行列的表格，继续拖动鼠标在需要的位置绘制，如图 3-21 所示。

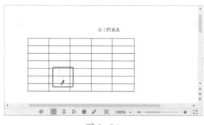

图 3-21

Step04 如果绘制出错，可以进行擦除。❶单击【表格工具】选项卡中的【擦除】按钮；❷光标将变为✐，在需要擦除的线上单击或拖动鼠标即可擦除，如图 3-22 所示。

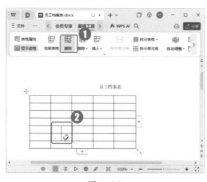

图 3-22

Step05 拖动鼠标，继续绘制表格的其他行线和列线，完成后效果如图 3-23 所示。

图 3-23

3.2.4 实战：通过模板插入工作总结表

实例门类	软件功能

WPS 文字为用户提供了多种多样的表格模板，使用模板可以快速插入各种类型的表格，操作方法如下。

Step01 打开"素材文件\第3章\工作总结.docx"文档，❶将光标定位到要插入表格的位置，单击【插入】选项卡中的【表格】下拉按钮；❷在弹出的下拉菜单中选择一种表格模板，如【年终考核表】，选中后将显示命令按钮，单击【立即使用】按钮，如图 3-24 所示。

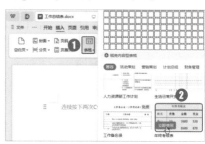

图 3-24

Step02 返回文档，即可看到已经插入了相关模板的表格，如图 3-25 所示。

图 3-25

★ AI功能 3.2.5 实战：使用 WPS AI 创建考勤表

实例门类	软件功能

在创建表格时，可以通过 WPS AI 工具快速创建表格，操作方法

如下。

Step01 打开"素材文件\第3章\考勤表.docx"文档，❶连续按两次【Ctrl】键打开WPS AI对话框，在打开的菜单中单击【更多AI功能】命令；❷在弹出的子菜单中单击【生成表格】命令，如图3-26所示。

图 3-26

Step02 ❶在打开的生成表格模板中

设置表格需要的信息；❷设置完成后单击【发送】按钮 ➤，如图3-27所示。

图 3-27

Step03 WPS AI开始根据信息生成表格，生成完成后单击【保留】按钮，如图3-28所示。

图 3-28

Step04 返回文档，即可看到WPS AI生成的表格已经插入了文档中，如图3-29所示。

图 3-29

3.3　编辑表格的方法

表格创建完成后，就可以在表格中输入数据了。在输入数据的过程中，经常需要对表格进行添加行、列，以及合并与拆分单元格、调整行高与列宽等操作。

★重点3.3.1　实战：在员工档案表中输入内容

实例门类	软件功能

在表格中输入内容的方法与在文档中输入文本的方法相似，只需要将光标定位到单元格中，然后输入相关内容即可。

例如，要在"员工档案表"中输入数据，操作方法如下。

Step01 打开"素材文件\第3章\员工档案表（输入内容）.docx"文档，❶将光标定位到需要输入内容的单元格；❷选择常用的输入法，如图3-30所示。

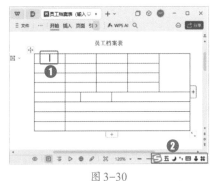

图 3-30

Step02 在单元格中依次输入内容即可，如图3-31所示。

图 3-31

技术看板

在表格中，使用【Tab】键可以将光标移动到下一个单元格。

3.3.2　选择员工档案表中的表格对象

编辑表格时，首先需要选择表格对象，根据不同的需要，可以用不同的方法来选择不同形式的表格对象。

1. 选择单个单元格

将光标移动到单元格的左端线上，当光标变为指向右侧的黑色箭头 ➶ 时，单击即可选中该单元格，如图3-32所示。

图 3-32

2. 选择连续的多个单元格

将光标移动到需要选择的连续单元格的第一个单元格左端线上，当光标变为指向右侧的黑色箭头 ➹ 时，按住鼠标左键不放，拖动至最后一个单元格，松开鼠标左键即可，如图3-33所示。

图 3-33

将光标定位到需要选择的连续单元格的第一个单元格中，按住【Shift】键，单击连续单元格的最后一个单元格，也可以选中多个连续的单元格，如图3-34所示。

图 3-34

3. 选择不连续的多个单元格

按住【Ctrl】键，依次单击需要选择的单元格即可，如图3-35所示。

图 3-35

4. 选择行

将光标移动到表格边框的左端线外侧，当光标变为 ➹ 时，单击鼠标左键即可选中该行，如图3-36所示。

图 3-36

5. 选择列

将光标移动到表格边框的上端线外侧，当光标变为 ↓ 时，单击即可选中当前列，如图3-37所示。

图 3-37

6. 选择整个表格

将光标移动到表格的左上角，单击 ⊞ 图标，即可选中整个表格，如图3-38所示。

图 3-38

右击表格的任意单元格，在弹出的快捷菜单中单击【全选表格】命令，也可以选中整个表格，如图3-39所示。

图 3-39

> **技能拓展——使用选择功能**
>
> 单击【表格工具】选项卡中的【选择】下拉按钮，在弹出的下拉菜单中可以选择单元格、行、列和整个表格。

3.3.3 在员工档案表中添加与删除行和列

创建表格后，可能会因为表格数据的变化而需要更改表格结构，如添加和删除行与列。

1. 添加行和列

制作表格时，可以通过以下几种方法插入行或列。

（1）将光标定位到表格中的任意单元格，单击表格下方的 └+┘ 按钮可以在表格末尾添加行，单击表格右侧的按钮可以在表格最右侧添加列，如图3-40所示。

图 3-40

（2）将光标移动到表格最左侧或最上方行或列的边线上，单击出现的 ⊕ 按钮，即可添加相邻的行或列，如图3-41所示。

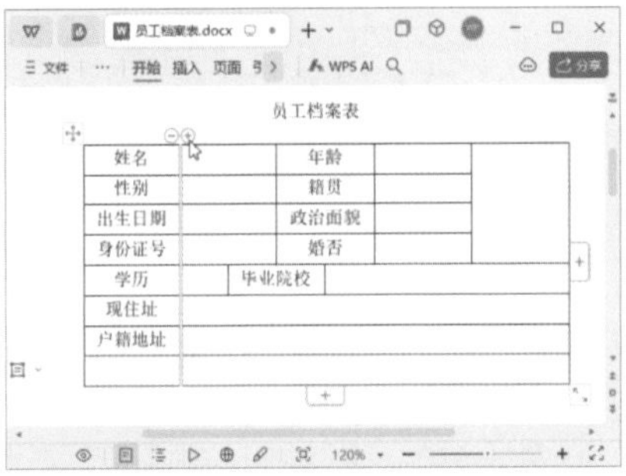

图 3-41

（3）将光标定位到需要添加行或列的位置，在【表格工具】选项卡中单击【插入】下拉按钮，在弹出的下拉菜单中单击插入行或列的位置，如单击【在下方插入行】命令，如图3-42所示。

图 3-42

（4）将光标定位到需要添加行或列的位置，右击，在弹出的快捷菜单中单击【插入】命令，在弹出的子菜单中单击插入行或列的位置，

如单击【在右侧插入列】命令，如图3-43所示。

图 3-43

（5）右击要添加行或列的单元格，在弹出的浮动工具栏中单击【插入】下拉按钮，在弹出的下拉菜单中单击插入行或列的位置，如单击【在下方插入行】命令，如图3-44所示。

图 3-44

2. 删除行和列

如果插入的行或列用不上，为了让表格更加严谨美观，可以将多余的行或列删除。删除行和列可以使用以下几种方法。

（1）将光标移动到表格最左侧或最上方行与列的边线上，单击出现的 ⊖ 按钮，即可删除行或列，如图3-45所示。

图 3-45

（2）选中要删除的行或列，右击，在弹出的快捷菜单中单击【删除行】或【删除列】命令即可，如图3-46所示。

图 3-46

（3）右击要删除行或列的位置，在浮动工具栏上单击【删除】下拉按钮，在弹出的下拉菜单中单击要删除的选项，如单击【删除列】命令，如图3-47所示。

图 3-47

（4）选中要删除的行或列中的任意单元格，单击【表格工具】选项卡中的【删除】下拉按钮，在弹出的下拉菜单中单击要删除的选项，如单击【列】命令，如图3-48所示。

图 3-48

★重点 3.3.4 实战：合并与拆分档案表中的单元格

实例门类	软件功能

在表现某些数据时，为了让表格更加规范，界面更加美观，可以对单元格进行合并或拆分操作。

1. 合并单元格

如果要合并单元格，操作方法如下。

Step01 打开"素材文件\第3章\员工档案表（合并与拆分）.docx"文档，❶选中要合并的多个单元格；❷单击【表格工具】选项卡中的【合并单元格】按钮，如图3-49所示。

图 3-49

Step02 操作完成后，即可看到所选的多个单元格已经合并为一个，如图3-50所示。

图 3-50

2. 拆分单元格

在单元格中输入数据信息时，为了让数据更加清楚，可以将同一类别的不同数据分别放置在单独的单元格中。此时可以拆分单元格，操作方法如下。

Step01 接上一例操作，❶选中要拆分的单元格；❷单击【表格工具】选项卡中的【拆分单元格】按钮，如图3-51所示。

图 3-51

Step02 打开【拆分单元格】对话框，❶设置需要拆分的列数和行数；❷单击【确定】按钮，如图3-52所示。

图 3-52

Step03 操作完成后，即可看到所选单元格已经拆分完成，如图3-53所示。

图 3-53

3.3.5 调整采购表的行高与列宽

在文档中插入的表格的行高和列宽都是默认的，但每个单元格中输入的内容长短不一，此时，我们可以通过以下几种方法调整行高和列宽。

（1）将光标移动到要调整行高或列宽的边框线上，当光标变为 ↔ 时，按住鼠标左键，将边框线拖动到合适的位置后松开鼠标左键即可，如图3-54所示。

图 3-54

（2）选中要调整行高或列宽的单元格，在【表格工具】选项卡的【高度】和【宽度】微调框中设置行高和列宽即可，如图3-55所示。

图 3-55

（3）选中要调整行高或列宽的单元格，单击【表格工具】选项卡中的【表格属性】按钮，打开【表格属性】对话框，在【行】或【列】选项卡中调整高度值和宽度值即可，如图3-56所示。

图 3-56

★重点3.3.6　实战：为采购表绘制斜线表头

实例门类	软件功能

制作表格时，经常需要用到斜线表头，WPS文字提供了【绘制斜线表头】的功能，用户可以很方便地绘制斜线表头，操作方法如下。

Step01 打开"素材文件\第3章\公会活动采购表（斜线头）.docx"文档，❶将光标定位到要绘制斜线表头的单元格；❷单击【表格样式】选项卡中的【斜线表头】命令，如图3-57所示。

图3-57

Step02 打开【斜线单元格类型】对话框，❶选择斜线表头的样式；❷单击【确定】按钮，如图3-58所示。

图3-58

Step03 操作完成后，即可看到该单元格已经绘制了斜线表头，如图3-59所示。

图3-59

3.4　美化表格的方法

表格的默认样式千篇一律，难免会造成视觉疲劳，为了让表格更加美观，可以在创建表格后，对表格的格式进行设置，如设置文字方向、对齐方式、内置样式和自定义边框底纹等。

3.4.1　实战：为员工档案表设置文字方向

实例门类	软件功能

单元格中的文字方向默认为横向，但有时为了配合单元格的排列方向，使表格看起来更加美观，可以将表格中文字的排列方向设置为纵向，操作方法如下。

Step01 打开"素材文件\第3章\员工档案表（文字方向）.docx"文档，❶将光标定位到要设置文字方向的单元格；❷单击【表格工具】选项卡中的【文字方向】下拉按钮；❸在弹出的下拉菜单中单击需要的文字方向，如单击【垂直方向从左往右】命令，如图3-60所示。

图3-60

Step02 设置完成后，即可看到所选单元格中的文字方向已经更改，如图3-61所示。

图3-61

技术看板

右击需要更改文字方向的单元格，在弹出的快捷菜单中选择【文字方向】命令，在弹出的【文字方向】对话框中也可以设置文字方向。

3.4.2　实战：为员工培训表设置文字对齐方式

实例门类	软件功能

表格中文本的对齐方式是指单元格中文本的垂直对齐与水平对齐。在表格中，默认的对齐方式为顶端对齐和左对齐，如果要设置文本的其他对齐方式，操作方法如下。

Step01 打开"素材文件\第3章\员工档案表（对齐方式）.docx"文档，❶选中要设置对齐方式的单元格，如全选表格；❷单击【表格工具】选项卡中的【垂直居中】三和【水平居中】按钮 三，如图3-62所示。

图 3-62

Step02 设置完成后，即可看到所选单元格中的文字对齐方式已经更改，如图3-63所示。

图 3-63

技术看板

右击要设置对齐方式的单元格，在弹出的快捷菜单中选择【单元格对齐方式】命令，在弹出的子菜单中也可设置对齐方式。

★重点3.4.3 实战：为采购表应用内置样式

实例门类	软件功能

WPS 文字提供了丰富的表格样式库，用户可以直接应用内置的表格样式，快速完成表格的美化操作，操作方法如下。

Step01 打开"素材文件\第3章\公会活动采购表（美化表格）.docx"

文档，❶将光标定位到表格中的任意单元格；❷单击【表格样式】选项卡中的 ▾ 按钮；❸在打开的下拉列表中选择一种主题颜色和底纹填充；❹在预设样式栏中选择一种表格样式，如图3-64所示。

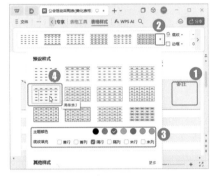

图 3-64

Step02 操作完成后，即可看到表格应用内置样式后的效果，如图3-65所示。

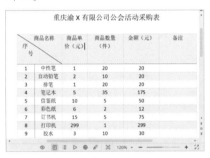

图 3-65

3.4.4 实战：为采购表自定义边框和底纹

实例门类	软件功能

如果对内置的表格样式不满意，也可以自定义表格的边框和底纹，操作方法如下。

Step01 打开"素材文件\第3章\公会活动采购表（边框和底纹）.docx"文档，❶选中整个表格；❷单击【表格样式】选项卡中的【边框】下拉按钮；❸在弹出的下拉菜单中单击【边框和底纹】命令，如图3-66所示。

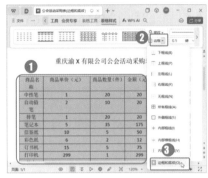

图 3-66

Step02 打开【边框和底纹】对话框，❶在【边框】选项卡的【设置】组中单击【方框】命令；❷在【线型】列表框中单击线条的类型；❸分别设置线条的颜色和宽度；❹在【预览】栏单击 田、田、田、田 按钮，如图3-67所示。

图 3-67

Step03 ❶在【设置】栏单击【自定义】命令；❷在【线型】栏中单击列表框的线型；❸分别设置线条的颜色和宽度；❹在【预览】栏中单击 田 和 田 按钮，如图3-68所示。

图 3-68

Step04 ①切换到【底纹】选项卡；②在【填充】下拉列表中设置【填充】颜色；③单击【确定】按钮，如图3-69所示。

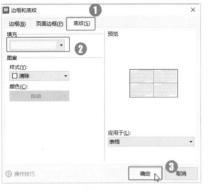

图 3-69

Step05 ①选中表格的第一行；②单击【表格样式】中的【底纹】下拉按钮；③在弹出的下拉菜单中选择主题颜色，如图3-70所示。

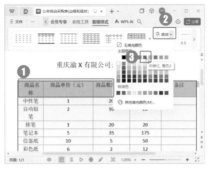

图 3-70

Step06 保持第一行的选中状态，①单击【开始】选项卡的【文字颜色】下拉按钮；②在弹出的下拉菜单中选择文字颜色，如图3-71所示。

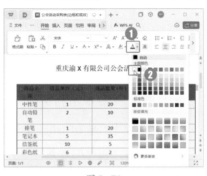

图 3-71

Step07 操作完成后，即可看到设置边框和底纹后的效果，如图3-72所示。

图 3-72

技术看板

在设置边框和底纹时，颜色的搭配要合理，原则上不超过3种颜色。商业表格应用的颜色以黑、灰、蓝、红等为主，艺术性较强的文档则可以使用更为活泼的颜色。

妙招技法

通过对前面知识的学习，相信读者已经对表格的创建和编辑有了一定的了解。下面结合本章内容，给大家介绍一些实用技巧。

技巧01：表格拆分方法

在制作表格时，有时会遇到需要将一个表格拆分为两个部分的情况，此时可以应用以下方法来完成。

Step01 打开"素材文件\第3章\公会活动采购表（拆分表格）.docx"文档，①选择需要拆分表格的位置；②单击【表格工具】选项卡中的【拆分表格】下拉按钮；③在弹出的下拉菜单中单击【按行拆分】命令，如图3-73所示。

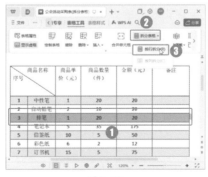

图 3-73

Step02 操作完成后，即可看到表格已经被拆分为两部分，如图3-74所示。

图 3-74

技巧02：重复表格标题

表格的标题通常放在表格的第

一行，称为表头。如果表格行数较多，会出现表格跨页的情况，但是跨页的内容是紧接上一页显示，并不包含标题，这会影响到后一页表格内容的阅读。此时，可以通过重复表格标题的方法在跨页后的表格中自动添加标题，操作方法如下。

Step01 打开"素材文件\第3章\公会活动采购表（重复标题）.docx"文档，①将光标定位到标题行的任意单元格中；②单击【表格工具】选项卡中的【标题行重复】按钮，如图3-75所示。

图 3-75

Step02 操作完成后，即可在下一页的表格中重复显示标题行的内容，

如图3-76所示。

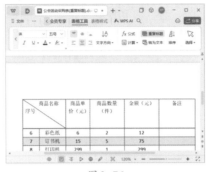

图 3-76

技术看板

在表格的后续页上不能对标题行进行修改，只能在第一页修改，修改后的结果会实时反映在后续页面。

技巧03：在表格中进行计算

在 WPS 文字的表格中输入数据之后，可以执行简单的计算，操作方法如下。

Step01 打开"素材文件\第3章\季度销售表.docx"文档，①选中要计算的单元格；②单击【表格工具】

选项卡中的【计算】下拉按钮；③在弹出的下拉菜单中单击【求和】命令，如图3-77所示。

图 3-77

Step02 操作完成后，表格下方会自动添加一行，用来显示各项的求和结果，如图3-78所示。

图 3-78

本章小结

本章主要介绍了在WPS文字中创建与编辑表格的方法，包括创建表格、选择表格对象、合并与拆分单元格、设置文字方向和对齐方式、美化表格等内容。通过本章的学习，希望读者朋友可以轻松地在WPS文字中创建美观的表格。

文档的图文混排与美化

➥ 怎样将图片应用到文档中？

➥ 文档中的图形扁平单调，该怎样设置立体的图形？

➥ 文字块总是不听话，如何用文本框来归类？

➥ 怎样插入绚丽的艺术字？

➥ 流程文字过于复杂，应该怎样修改？

➥ 如何用二维码制作Wi-Fi的账号与密码？

本章我们将学习怎样在文档中进行图文混排。在文档中加入图片元素，不仅可以美化文档，还可以将一些文字难以描述的内容用多媒体元素轻松表达出来。

4.1　WPS 文字中的图文应用

在文档中，除输入文本和插入表格外，还会用到图片、形状、艺术字等元素。这些内容有时以主要内容的形式存在，有时只是用来修饰文档。只有合理地使用这些元素，才能使文档更具艺术性与可读性，从而更有效地发挥文档的作用。

4.1.1　多媒体元素在文档中的应用

多媒体是一种人机交互式信息交流和传播的媒体，多媒体元素包含文字、图像、图形、链接、声音、动画、视频和程序等元素。在编排文档时，除使用文字外，还可以应用图像、图形、视频等多媒体元素，这样不仅可以更好地传达信息，还能美化文档，使文档更加生动、形象。

1. 在文档中应用图片

有些文档有时需要搭配照片，如进行产品介绍、产品展示和产品宣传时，可以在宣传文档中配上产品的图片，不仅可以更好地展示产品，吸引读者，还可以增加页面的美感，让读者充分了解产品，如图4-1所示。

产品简介

本产品具备 4.0 英寸触控屏，适合在家打印专业品质照片和激光品质文档的用户。超快的打印速度、6 寸独立墨盒以及内置以太网等高效功能，可以为用户带来极大的便利。

图 4-1

图片除了可以对文档内容进行说明，还可以修饰文档，如作为文档背景或点缀页面等，如图4-2所示。

尊敬的地产商：

您好！

春风送暖蛇年好，瑞气盈门鹊语香！值此辞旧迎新之际，我公司向您提前拜年并送上新春的祝福，感谢您长期以来的支持！因为有您恒久的支持才成就今天的 XX！过去的十年，在您的鼎力支持下，我们以优质的服务和良好的信誉，取得了辉煌的成绩。本公司的业务得到了令人鼓舞的进步，精英团队空前扩大！公司产品与服务体系日渐成熟完善，市场信誉良好，赢得了广大客户的信任和选择。

图 4-2

2. 在文档中应用图形

当我们要传达某些信息时，最常用的方式是使用文字。可是，描述某些信息可能需要一大篇文字，而且还不一定能将其中的意思表达清楚。

例如，要介绍一个招聘流程，如果用文字来描述，可能需要大量的篇幅，而使用图形可以很直观地说明一切，如图4-3所示。

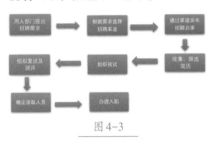

图4-3

3. 其他多媒体元素在文档中的应用

在WPS文字中，还可以插入一些特殊的多媒体元素，如超链接、动画、音频、视频和交互程序等。但是，这类多媒体元素如果应用在需要打印的文档中，效果不太明显，所以通常会应用在通过网络或以电子版的形式传播的文档中，如电子版的报告、商品介绍或网页等。

在电子文档中应用各种多媒体元素，可以最大限度地吸引阅读者。超链接是电子文档中应用最多的一种交互元素，应用超链接可以提高文档的可操作性，方便读者快速阅读文档。例如，可以为文档中的某些内容建立书签和注释超链接，当用户对该内容感兴趣时，点击链接可以快速切换到相应的网站。

在电子文档中加入简单的动画辅助演示内容、增加音频进行解说或翻译、加入视频进行宣传推广，甚至加入一些交互程序与阅读者互动，可以在很大程度上提高文档的吸引力和可读性。

4.1.2　选择图片的方法

文字和图片都可以传递信息，但给人的感觉却不相同。

文字的优点是可以准确地描述概念、陈述事实，缺点是不够直观。文字需要一行一行地阅读，在阅读的过程中还需要加以思考，以理解作者的观点。

现代人更喜欢直白地传达各种信息，图片正好能弥补文字的不足，将要传达的信息直接展示在读者面前，不需要读者进行太多思考。

所以，"图片＋文字"的组合，是更好的信息传递方式。

但是，图片的使用并不能随心所欲，在选择图片时，需要注意以下几个方面。

1. 图片的质量

一般情况下，图片的来源有两种。

（1）为文档精心拍摄或制作的图片，这种图片的像素和大小比较统一，运用到文档中的效果较好。

（2）通过其他途径收集的图片，由于来源不定，所以图片的大小不一，像素也有差别。

如果使用第（2）种来源的图片，可能会导致同一份文档中的不同图片分辨率差异极大，有的极精致，如图4-4所示，有的极粗糙，如图4-5所示。

图4-4

图4-5

像素低的图片非但不能为文档增色，反而会影响文档的表现力，所以一定要选择质量上乘的图片。

技术看板

使用通过其他途径收集来的图片时，应注意图片上是否带有水印。无论是作为正文中的说明图片，还是用作背景图片，第三方水印都会让文档内容的真实性大打折扣。

2. 吸引注意力

阅读者大多只对自己喜欢的事物感兴趣，没有人愿意阅读一篇没有亮点的文档。为了抓住读者的眼球，在为文档选择图片时，不仅要选择质量高的，还要尽量选择有视觉冲击力和感染力的图片，如图4-6所示。

图4-6

3. 契合主题

为文档添加图片，是为了让图片和文档的内容相契合，所以切记：

不要使用与文字内容无关的图片。

将与主题完全不相关的图片插入文档，会给读者错误的暗示，将读者的注意力转移到无关的地方。如图4-7所示，花与主题毫无关联。

图4-7

如果将相关数据整理为图表，并对图表加以美化，不仅能增加文字的说服力，还能美化文档，如图4-8所示。

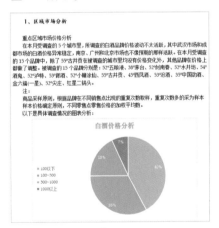

图4-8

在文档中插入图片，一定要用得贴切，用得巧妙，只有这样才能发挥图片的作用。在选择图片的时候，首先要考虑它与文档观点的相关性，图片是对观点的解释，也是观点的延伸。

4.1.3　设置图片的环绕方式

WPS文字为图片提供了嵌入型、四周型、紧密型、衬于文字下方、衬于文字上方、上下型和穿越型共7种文字环绕方式，不同的环绕方式可为阅读者带来不一样的视觉感受。

1. 嵌入型环绕

将图片插入到WPS文字文档后，默认的环绕方式为嵌入型。如果将图片插入包含文字的段落中，该行的行高将以图片的高度为准，如图4-9所示。

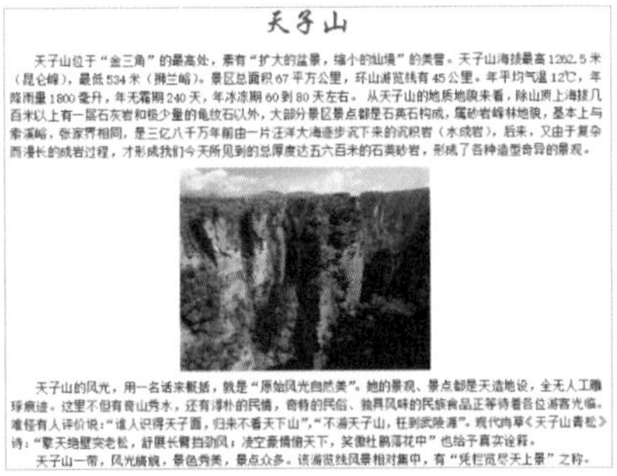

图4-9

把一张图片嵌入文字段落中时，使用嵌入型环绕方式会导致文档出现大段的空白。如果一行中有两张或者多张图片，将其嵌入文档时可以并列排版，这样看起来就比较美观，如图4-10所示。

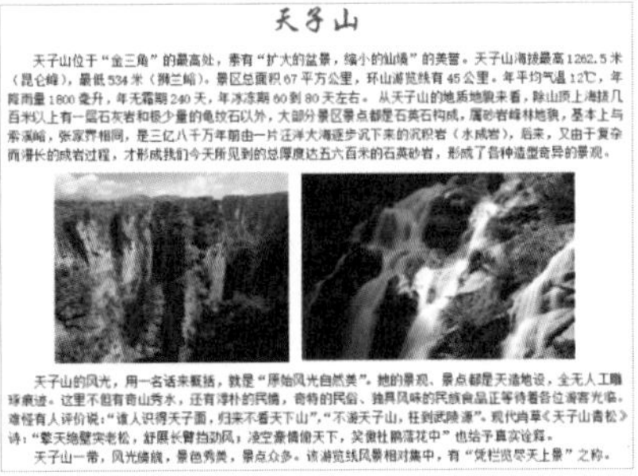

图4-10

2. 四周型环绕

四周型环绕是以图片的方形边界框为界，文字环绕在图片四周，如图4-11所示。

图4-11

当文档中的图片被裁剪为其他形状时，文字内容与图片的方形边界框之间的空白区域不会被文字填充，形成的空白区域不仅浪费版面，还影响美观，如图4-12所示。

图4-12

3. 紧密型环绕

紧密型环绕可以使文字紧密环绕在实际图片的边缘，如图4-13所示。

图4-13

4. 衬于文字下方

将图片衬于文字下方，就等于将图片作为文字的背景。但是，如果文字颜色为黑色，那么当图片颜色较深时，就会导致文字不清晰，如图4-14所示。

图4-14

这时可以调整文字颜色，以适应图片，如图4-15所示。

图4-15

5. 衬于文字上方

图片显示在文字的上方，文字不会环绕图片，而是衬于图片的下方。这种环绕方式会导致图片下方的文字被遮挡而无法阅读，如

图4-16所示。

图4-16

6. 上下型环绕

上下型环绕方式是指文字位于图片的上方和下方，其效果与将图片单独置于一行的嵌入型环绕方式很相似。二者的区别在于，设置为嵌入型环绕的图片不能移动，而设置为上下型环绕的图片可以任意移动，如图4-17所示。

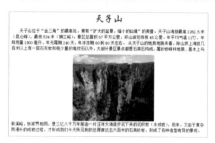

图4-17

7. 穿越型环绕

穿越型环绕是指文字沿着图片的环绕顶点进行环绕，如图4-18所示。

图4-18

4.2 在海报中插入图片

制作文档时，可以在适当的位置插入一些图片作为补充说明。例如，在制作海报文档时，插入产品的宣传图片，可以激发消费者的购买欲。为了让插入图片后的文档更美观，在插入图片之后，还需要对图片进行编辑。下面以制作海报为例，讲解如何在WPS文字中插入图片。

4.2.1 实战：在海报中插入图片

实例门类	软件功能

在制作海报、广告宣传类文档时，图片可以让读者更好地理解文档中的内容。例如，要在海报中插入图片，操作方法如下。

Step01 打开"素材文件\第4章\促销海报.wps"文档，❶单击【插入】选项卡中的【图片】下拉按钮；❷在弹出的下拉菜单中单击【来自文件】命令，如图4-19所示。

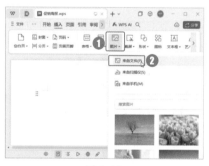

图4-19

🔖 技术看板

单击【图片】下拉按钮，在弹出的下拉菜单中可以单击【来自扫描仪】【来自手机】等图片上传方式。

Step02 打开【插入图片】对话框，❶选择"素材文件\第4章\咖啡3.JPG"图片；❷单击【打开】按钮，如图4-20所示。

图4-20

Step03 操作完成后，即可将所选图片插入到文档中，如图4-21所示。

图 4-21

4.2.2 实战：设置图片的格式

实例门类	软件功能

在文档中插入图片之后，还可以设置图片的格式，如调整图片大小、设置环绕方式、裁剪图片、移动图片、设置边框等。

1. 调整图片的大小

在文档中插入图片之后，图片会以原始大小显示，如果图片大小大于页面，则自动缩放为与页面大小相同。如果要调整图片的大小，可以使用以下几种方法。

（1）选中图片，在【图片工具】选项卡的【高度】和【宽度】微调框中调整图片的尺寸，如图4-22所示。

图 4-22

（2）选中图片，图片的四周将出现白色的控制点，将光标移动到控制点上，光标会变为黑色的双向

箭头 ↖，按住鼠标左键，将图片拖动到合适的大小后松开鼠标左键即可，如图4-23所示。

图 4-23

（3）右击图片，在弹出的快捷菜单中单击【设置对象格式】命令，在弹出的【设置对象格式】对话框中单击【大小】选项卡，调整【高度】和【宽度】的绝对值，然后单击【确定】按钮即可，如图4-24所示。

图 4-24

技术看板

调整图片大小时，如果调整了高度，图片会自动等比例调整宽度。如果只需要调整宽度或高度，可以取消勾选【设置对象格式】对话框【大小】选项卡中的【锁定纵横比】复选框。

2. 设置图片的环绕方式

图片插入文档后的默认环绕方式为嵌入型，可是在排版时，有时

需要对图片的摆放位置进行调整，此时可以通过以下几种方法更改图片的环绕方式。

（1）打开【设置对象格式】对话框，在【版式】选项卡中选择图片的环绕方式，然后单击【确定】按钮即可，如图4-25所示。

图 4-25

（2）选中图片，在【图片工具】选项卡中单击【环绕】下拉按钮，在弹出的快捷菜单中选择一种环绕方式，如图4-26所示。

图 4-26

（3）选中图片，图片右侧会出现浮动按钮，单击【布局选项】按钮 ，在弹出的【布局选项】菜单中选择一种环绕方式即可，如图4-27所示。

图 4-27

3. 裁剪图片

将图片插入文档后，如果只需要图片的部分内容，可以对图片进行裁剪，操作方法如下。

Step01 接上一例操作，❶选中图片；❷单击【图片工具】选项卡中的【裁剪】按钮，如图4-28所示。

图 4-28

Step02 图片四周将出现8个裁剪控制点，将光标移动到控制点上，按住鼠标左键将控制点拖动到合适的位置，然后松开鼠标左键，如图4-29所示。

图 4-29

Step03 按【Enter】键确认裁剪即可，如图4-30所示。

图 4-30

技能拓展——将图片裁剪为其他形状

选中图片后，单击【图片工具】选项卡中的【裁剪】下拉按钮，在弹出的形状列表中单击需要的形状工具，可以将图片裁剪为任意形状。

4. 移动图片

图片的摆放位置关系着版面是否美观，在制作文档时，可以将图片移动到合适的位置，操作方法如下。

Step01 接上一例操作，选中图片，当光标变为⊹时按住鼠标左键不放，拖动图片到合适的位置，如图4-31所示。

图 4-31

Step02 释放鼠标左键后，图片即被移动到目标位置，如图4-32所示。

图 4-32

5. 调整图片的亮度与对比度

如果对插入的图片的亮度和对比度不满意，可以在WPS文字中进行简单的调整，操作方法如下。

Step01 接上一例操作，❶选中图片；❷单击【增加对比度】按钮◖或【降低对比度】按钮◗，可以调整图片的对比度，如图4-33所示。

图 4-33

Step02 单击【增加亮度】按钮☼或【降低亮度】按钮☼，可以调整图片的亮度，如图4-34所示。

图 4-34

6. 为图片设置阴影

在文档中插入图片后，还可以给图片设置阴影效果，具体操作方法如下。

Step01 接上一例操作，❶选中图片；❷单击【图片工具】选项卡中的【效果】下拉按钮；❸在弹出的下拉菜单中选择一种阴影样式，如图4-35所示。

图 4-35

Step 02 ❶单击【图片工具】选项卡中的【颜色】下拉按钮；❷在弹出的下拉菜单中选择一种阴影颜色，如图 4-36 所示。

图 4-36

Step 03 设置阴影之后，可以通过【图片工具】选项卡中的【上移】、【下移】、【左移】和【右移】按钮，更改阴影样式，如图 4-37 所示。

图 4-37

Step 04 如果要取消阴影，可以单击【图片工具】选项卡中的【设置阴影】按钮来设置和取消阴影，如图 4-38 所示。

图 4-38

技术看板

如果保存的是.docx 格式文档，可以在【图片工具】选项卡中的【效果】下拉菜单中设置阴影、倒影、发光、柔化边缘、三维旋转等效果。

7. 设置图片边框

为图片设置边框可以让图片更加美观，设置图片边框的操作方法如下。

Step 01 接上一例操作，❶选中图片；❷单击【图片工具】选项卡中的【图片轮廓】下拉按钮；❸在弹出的下拉菜单中可以选择轮廓颜色，默认为黑色，本例使用默认的颜色，直接单击【线型】命令；❹在弹出的子菜单中单击线条的大小，如【6磅】，如图 4-39 所示。

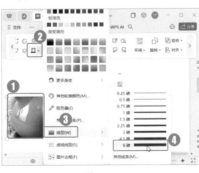

图 4-39

Step 02 操作完成后，即可看到为图片设置边框后的效果，如图 4-40 所示。

图 4-40

8. 设置图片效果

为图片设置特殊效果，可以增强图片的表现力，设置图片效果的操作方法如下。

Step 01 打开"素材文件\第4章\促销海报（图片样式）.docx"文档，❶选中图片；❷单击【图片工具】选项卡中的【效果】下拉按钮；❸在弹出的下拉菜单中单击【柔化边缘】命令；❹在弹出的子菜单中单击柔化的磅值，如图 4-41 所示。

图 4-41

Step 02 操作完成后，即可看到为图片设置柔化后的效果，如图 4-42 所示。

图 4-42

★新功能4.2.3　截取屏幕图片

| 实例门类 | 软件功能 |

当需要将屏幕上的内容以图片展示时，可以截取屏幕图片，操作方法如下。

Step01 打开"素材文件\第4章\截取屏幕图片.docx"文档，❶单击【插入】选项卡中的【截屏】下拉按钮；❷在弹出的下拉菜单中单击【矩形区域截图】命令，如图4-43所示。

图 4-43

Step02 光标将变为▶，按住鼠标左键不放，拖动选择需要截屏的区域，如图4-44所示。

图 4-44

Step03 截屏完成后单击【完成截图】按钮✓，如图4-45所示。

图 4-45

Step04 返回文档中，即可看到屏幕截图已经插入，如图4-46所示。

图 4-46

★新功能4.2.4　添加与插入资源夹中的图片

| 实例门类 | 软件功能 |

在插入图片时，如果某些图片需要经常使用，或需要跟他人一起分享使用，可以将其加入资源夹，操作方法如下。

Step01 打开"素材文件\第4章\海报设计.docx"文档，❶单击【插入】选项卡中的【更多素材】下拉按钮；❷在弹出的下拉菜单中单击【资源夹】命令，如图4-47所示。

图 4-47

Step02 打开【资源夹】窗格，❶单击【新建】下拉按钮；❷在弹出的下拉菜单中单击【新建资源夹】命令，如图4-48所示。

图 4-48

Step03 弹出【新建资源夹】对话框，❶在文本框中输入资源夹的名称；❷单击【确定】按钮，如图4-49所示。

图 4-49

Step04 操作完成后即可看到新建的资源夹，❶选中资源夹，单击出现的【更多】按钮•••；❷在弹出的快捷菜单中单击【上传资源】命令，如图4-50所示。

图 4-50

Step05 打开【打开】对话框，❶选择要上传的图片，本例选择"素材文件\第4章\咖啡1、咖啡2、咖啡3"图片；❷单击【打开】按钮，如图4-51所示。

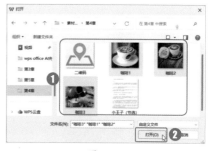

图 4-51

Step06 选中的图片将被上传，上传成功后弹出【上传成功】对话框，单击【暂不分享】按钮，如图 4-52 所示。

图 4-52

Step⓪⑦ 返回文档，在【资源夹】窗格中单击图片，即可在文档中插入对应的图片，如图 4-53 所示。

图 4-53

4.3　在文档中使用形状图形

在制作文档时，单纯的文字叙述会让人觉得枯燥，有些特定的内容也不容易被理解。如果为文档加上形状，图文混合排版，不仅可以丰富页面，还能让阅读者更直观地了解文档内容。

★重点 4.3.1　实战：在海报中绘制形状

实例门类	软件功能

WPS 文字中提供了形状功能，我们可以在文档中绘制出各种各样的形状，操作方法如下。

Step⓪① 打开"素材文件＼第 4 章＼促销海报（形状）.docx"文档，❶单击【插入】选项卡中的【形状】下拉按钮；❷在弹出的下拉列表中单击需要的形状，如【椭圆】○，如图 4-54 所示。

图 4-54

Step⓪② 此时，光标将变为十，按住鼠标左键拖动，如图 4-55 所示。

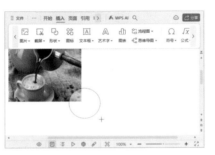

图 4-55

Step⓪③ 拖动到合适的位置后，松开鼠标左键，即可绘制出一个椭圆形，如图 4-56 所示。

图 4-56

技能拓展——绘制矩形

按住【Ctrl】键再绘图，可以绘制出一个从中间向四周延伸的矩形；按住【Shift+Ctrl】组合键再绘图，可以绘制出一个从中间向四周延伸的正方形。

4.3.2　设置形状的样式

默认的形状样式为白色填充，黑色边框。为了让形状的样式与文档更加契合，可以对形状的样式进行设置。

1. 设置轮廓和阴影

为形状设置轮廓和阴影，可以让形状更加立体，操作方法如下。

Step⓪① 接上一例操作，❶选中形状；❷单击【绘图工具】选项卡中的【填充】下拉按钮；❸在弹出的下拉菜单中选择一种填充颜色，如图 4-57 所示。

图 4-57

Step⓪② 保持形状的选中状态，❶单击【绘图工具】选项卡中的【轮廓】下拉按钮；❷在弹出的下拉菜单中单击一种轮廓颜色，本例单击【无边框颜色】命令，如图4-58所示。

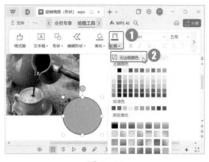

图 4-58

Step 03 ❶单击【效果设置】选项卡中的【阴影效果】下拉按钮；❷在弹出的下拉菜单中选择一种阴影样式，如图4-59所示。

图 4-59

Step 04 单击【效果设置】选项卡中的【上移】、【下移】、【左移】和【右移】按钮，调整阴影的位置，即可完成形状的阴影设置，如图4-60所示。

图 4-60

2. 设置形状的图层

绘制多个形状时，先绘制的形状会被后绘制的形状遮盖，此时，可以通过以下两种方法设置形状的图层位置。

（1）选中要设置图层的形状，单击【绘图工具】选项卡中的【下移】按钮，可将该形状下移一层。如果要将图层置于上方，可以在选中形状后，单击【绘图工具】选项卡中的【上移】按钮，可将该形状上移一层，如图4-61所示。

图 4-61

（2）右击形状，在快捷菜单中单击【置于底层】选项，可以将该形状置于底层。如果在快捷菜单中单击【置于顶层】选项，可以将该形状置于顶层，如图4-62所示。

图 4-62

3. 旋转形状

绘制形状后，如果要旋转形状，方法有以下两种。

（1）选中形状，单击【绘图工具】选项卡中的【旋转】下拉按钮，在弹出的下拉菜单中单击旋转方向，如【向右旋转90°】，如图4-63所示。

所示。

图 4-63

（2）选中形状，拖动形状上方出现的旋转按钮 ⟳，即可自由旋转形状，如图4-64所示。

图 4-64

4. 组合形状

设置好多个形状的样式后，为了更方便地移动和编辑形状，可将它们组合成一个整体，操作方法有以下几种。

（1）选中多个需要组合的形状，在出现的浮动工具栏中单击【组合】按钮，如图4-65所示。

图 4-65

（2）选中多个需要组合的形

状，单击【绘图工具】选项卡中的【组合】下拉按钮，在弹出的下拉菜单中单击【组合】命令即可，如图4-66所示。

图4-66

（3）选中多个需要组合的形状，右击，在弹出的快捷菜单中单击【组合】命令，如图4-67所示。

图4-67

4.3.3 在形状中添加文字

绘制了形状之后，我们不仅可以设置形状的样式，还可以在形状中添加文字，操作方法如下。

Step01 接上一例操作，❶右击要添加文字的形状；❷在弹出的快捷

菜单中单击【编辑文字】命令，如图4-68所示。

图4-68

Step02 直接在形状中输入需要的文字，如图4-69所示。

图4-69

Step03 在【开始】选项卡中设置文本格式即可，如图4-70所示。

图4-70

★新功能4.3.4 预设形状样式

实例门类	软件功能

默认的形状样式为蓝色填充、蓝色轮廓，如果想要更改默认的形状样式，操作方法如下。

Step01 打开"素材文件\第4章\形状样式.docx"文档，❶右击设置了形状样式的图形；❷在弹出的快捷菜单中单击【设置为默认形状】命令，如图4-71所示。

图4-71

Step02 再次绘制形状时，将以设置的默认形状样式绘制，如图4-72所示。

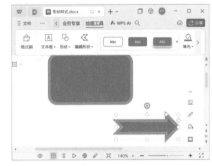

图4-72

4.4 在文档中使用文本框

文本框是指一种可移动、可调大小的文字或图形容器。使用文本框可以在一页上放置多个文字块，并且可以将文字以不同的方向排列。

★重点4.4.1 在海报中绘制文本框

实例门类	软件功能

如果要在文档的任意位置插入文本，可以使用文本框来完成。文本框分为横向文本框和竖向文本框两类。

1. 插入横向文本框

插入横向文本框的操作方法如下。

Step01 打开"素材文件\第4章\促销海报（文本框）.wps"文档，❶单击【插入】选项卡中的【文本框】下拉按钮；❷在弹出的下拉菜单中单击【横向】命令，如图4-73所示。

图4-73

Step02 此时光标将变为＋形状，按住鼠标左键将文本框拖动到合适的大小，如图4-74所示。

图4-74

Step03 操作完成后，即可在文档中插入文本框，然后在文本框中输入需要的文字，如图4-75所示。

图4-75

Step04 在【开始】选项卡中设置文本格式即可，如图4-76所示。

图4-76

2. 插入竖向文本框

插入竖向文本框的操作方法如下。

Step01 接上一例操作，❶单击【插入】选项卡中的【文本框】下拉按钮；❷在弹出的下拉菜单中单击【竖向】命令，如图4-77所示。

图4-77

Step02 此时光标将变为＋形状，按住鼠标左键将文本框拖动到合适的大小，如图4-78所示。

图4-78

Step03 操作完成后，即可在文档中插入文本框。在文本框中输入需要

的文字，然后在【开始】选项卡中设置文本格式即可，如图4-79所示。

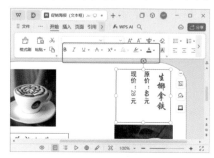

图4-79

4.4.2 编辑海报中的文本框

创建的文本框默认为黑色边框、白色填充。插入文本框之后，可以设置文本框的样式。

1. 设置文本框的填充颜色

白色填充比较单调，在制作海报、宣传册等文档时，可以为文本框设置更丰富的填充颜色，操作方法如下。

Step01 接上一例操作，❶选中文本框；❷单击【绘图工具】选项卡中的【填充】下拉按钮；❸在弹出的下拉菜单中选择一种填充颜色，本例单击【渐变填充】中的渐变色，如图4-80所示。

图4-80

> **技术看板**
>
> 在预览中可以看到所选渐变色是否为免费资源，用户可以根据需要进行选择。

Step02 返回文档，即可看到为文本框设置渐变填充后的效果，如图4-81所示。

图4-81

2.设置文本框的轮廓颜色

如果要设置文本框的轮廓颜色，操作方法如下。

Step01 接上一例操作，❶选中文本框；❷单击【绘图工具】选项卡中的【轮廓】下拉按钮；❸在弹出的下拉菜单中单击一种轮廓颜色，如图4-82所示。

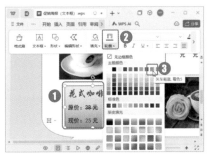

图4-82

Step02 ❶再次单击【轮廓】下拉按钮；❷在弹出的下拉菜单中单击【线型】命令；❸在弹出的子菜单中选择线条的粗细，如图4-83所示。

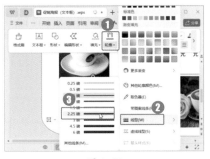

图4-83

Step03 操作完成后，即可看到设置轮廓颜色后的效果，如图4-84所示。

图4-84

3.更改文本框的形状

绘制的文本框形状默认为直角矩形，如果追求更佳的艺术效果，可以更改文本框的形状，操作方法如下。

Step01 接上一例操作，❶选中文本框；❷单击【绘图工具】选项卡中的【编辑形状】下拉按钮；❸在弹出的下拉菜单中单击【更改形状】命令；❹在弹出的子菜单中选择需要的文本框形状，如图4-85所示。

图4-85

Step02 操作完成后，即可看到所选文本框的形状已经更改，如图4-86所示。

图4-86

4.5 在文档中使用艺术字

为了使文档更美观，经常需要在文档中插入一些具有艺术效果的文字，这种文字就是艺术字。艺术字是经过专业的字体设计师加工的变形字体，具有美观有趣、易认易识、醒目张扬等特性，是一种有图案意味或装饰意味的字体。

★重点4.5.1 实战：在海报中插入艺术字

实例门类	软件功能

WPS文字提供了多种艺术字样式，用户可以根据需要插入艺术字，操作方法如下。

Step01 打开"素材文件\第4章\促销海报（艺术字）.docx"文档，❶单击【插入】选项卡中的【艺术字】下拉按钮；❷在弹出的下拉菜单中选择一种艺术字样式，如图4-87所示。

图4-87

Step 02 文档中将插入艺术字占位符"请在此放置您的文字"，如图4-88所示。

图4-88

Step 03 直接输入需要的文字，即可插入艺术字，如图4-89所示。

图4-89

4.5.2 编辑海报中的艺术字

插入了艺术字之后，经常需要对艺术字进行调整。

1. 更改艺术字的字体和字号

如果需要更改艺术字的字体和字号，操作方法如下。

Step 01 接上一例操作，❶选中艺

术字；❷单击【文本工具】选项卡中的【字体】下拉按钮；❸在弹出的下拉菜单中选择一种字体，如图4-90所示。

图4-90

Step 02 保持艺术字的选中状态，❶单击【文本工具】选项卡中的【字号】下拉按钮；❷在弹出的下拉菜单中选择合适的字号，如图4-91所示。

图4-91

Step 03 返回文档，即可看到艺术字的字体和字号已经更改，如图4-92所示。

图4-92

2. 更改艺术字的样式

如果对艺术字的样式不满意，也可以进行更改，操作方法如下。

Step 01 接上一例操作，选中艺术字，❶单击【文本工具】选项卡中的下拉按钮；❷在弹出的下拉菜单

中选择一种艺术字样式，如图4-93所示。

图4-93

Step 02 操作完成后即可更改艺术字的样式，如图4-94所示。

图4-94

3. 为艺术字设置三维效果

为了让艺术字更加立体，可以为其设置三维效果，操作方法如下。

Step 01 接上一例操作，选中艺术字，❶单击【绘图工具】选项卡中的【效果】下拉按钮；❷在弹出的下拉菜单中选择一种形状效果，例如【三维旋转】命令；❸在弹出的子菜单中选择一种三维效果，如图4-95所示。

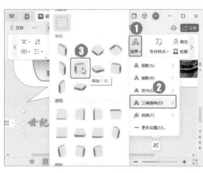

图4-95

Step 02 操作完成后，即可看到为艺

术字设置的三维效果，如图4-96所示。

图4-96

4. 更改艺术字的填充样式

如果要更改艺术字的填充样式，操作方法如下。

Step01 接上一例操作，选中艺术字，❶单击【文本工具】选项卡中的【填充】下拉按钮；❷在弹出的下拉菜单中选择一种填充颜色，如图4-97所示。

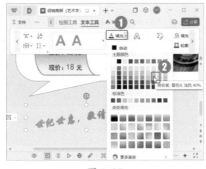

图4-97

Step02 操作完成后即可看到填充颜色后的效果，如图4-98所示。

图4-98

5. 移动艺术字的位置

如果要移动艺术字的位置，操作方法如下。

接上一例操作，将光标指向艺术字的边框，当光标变为形状时，按住鼠标左键不放拖动即可移动艺术字，如图4-99所示。

图4-99

4.6　在文档中使用智能图形

当我们要表达的几个内容具有某种关系时，单纯使用文字说明不仅枯燥，而且不容易被他人理解。此时可以使用智能图形，图形和文字相结合的形式可以更好地传达作者的观点和文档的信息。

★重点4.6.1　实战：在公司简介中插入智能图形

实例门类	软件功能

在文档中插入智能图形时，如果使用".wps"格式的文档，在美化文档时会有一些限制。所以，建议将文档保存为".docx"格式。在创建智能图形时，首先要确定图形的类型和布局，然后输入相应的内容。例如，要创建组织结构图，操作方法如下。

Step01 打开"素材文件\第4章\公司简介.docx"文档，❶将光标定位

到要插入智能图形的位置；❷单击【插入】选项卡中的【智能图形】按钮，如图4-100所示。

图4-100

Step02 打开【智能图形】对话框，❶在菜单栏单击【SmartArt】选项卡；❷在下面的列表中选择一种智

能图形的样式；❸单击【确定】按钮，如图4-101所示。

图4-101

💡 技术看板

打开【智能图形】对话框后，会显示已经设计完成的图形样式，用户可以根据需要进行选择。

Step03 操作完成后，即可在文档中插入智能图形，如图4-102所示。

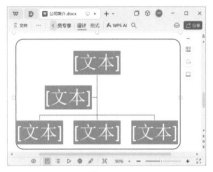

图4-102

Step04 在文本框中添加文字信息即可，如图4-103所示。

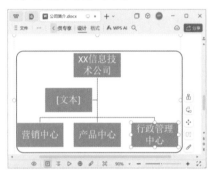

图4-103

4.6.2 编辑智能图形

插入智能图形后，会发现每个样式的形状的个数是固定的，但在制作图形时，默认的形状的数量和样式不一定能满足使用需求。此时，可以根据需要添加、删除和美化形状。

1. 添加形状

由于智能图形默认布局的形状个数有限，在制作文档的过程中，用户可以根据实际需要添加形状，操作方法如下。

Step01 接上一例操作，①选中要添加形状的图形；②单击【设计】选项卡中的【添加项目】下拉按钮；③在弹出的下拉菜单中选择添加形状的位置，如单击【在后面添加项目】命令，如图4-104所示。

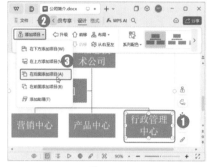

图4-104

Step02 操作完成后，即可在该形状后方添加一个形状，然后输入文字信息即可，如图4-105所示。

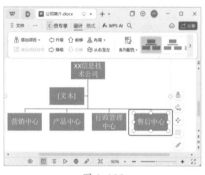

图4-105

技术看板

选中形状后，在出现的浮动工具栏上单击【添加项目】按钮，在弹出的下拉菜单中也可以添加形状。

2. 删除形状

如果智能图形中有多余的形状，需要及时删除，操作方法如下。

接上一例操作，选中需要删除的形状，按【Delete】键或【Backspace】键即可将其删除，如图4-106所示。

图4-106

3. 升级或降级形状

使用升级形状或降级形状功能，可以方便地调整形状的级别，操作方法如下。

Step01 接上一例操作，如果要升级形状，①选中要升级的形状；②单击【设计】选项卡中的【升级】按钮即可，如图4-107所示。

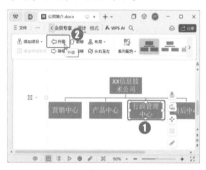

图4-107

Step02 如果要降级形状，①选中要降级的形状；②单击【设计】选项卡中的【降级】按钮即可，如图4-108所示。

图4-108

Step03 如果要移动形状的位置，①选中要移动的形状；②单击【设计】选项卡中的【前移】或【后移】按钮，如图4-109所示。

图4-109

4. 更改智能图形的颜色

系统默认的智能图形颜色为蓝底白字，如果对默认的颜色不满意，可以更改颜色，操作方法如下。

Step01 接上一例操作，❶选中智能图形；❷单击【设计】选项卡中的【系列配色】下拉按钮；❸在弹出的下拉菜单中选择一种颜色，如图4-110所示。

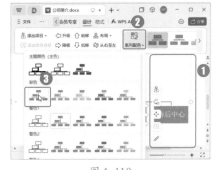

图4-110

Step02 操作完成后，即可看到设置

颜色后的效果，如图4-111所示。

图4-111

4.7　在文档中使用功能图

在日常的工作和生活中，二维码、条形码等功能图的应用十分广泛，如商品的条形码、Wi-Fi二维码、联系方式二维码等。除专业的工具之外，使用WPS文字也可以很方便地制作二维码和条形码。

★重点4.7.1　实战：制作产品条形码

实例门类	软件功能

条形码多用于物流业、食品业、医学业、图书业等，制作条形码的方法如下。

Step01 新建一个WPS文字文档，❶单击【插入】选项卡中的【更多素材】下拉按钮；❷在弹出的下拉菜单中单击【条形码】命令，如图4-112所示。

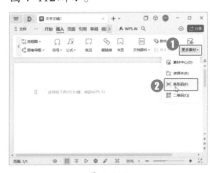

图4-112

Step02 打开【插入条形码】对话框，❶选择编码类型；❷在【输入】文本框中输入产品的数字代码；❸单击【插入】按钮，如图4-113所示。

图4-113

Step03 返回文档，即可看到条形码已经被创建并插入文档中，如图4-114所示。

图4-114

Step04 打开【另存为】对话框，❶设置文件名、文件类型和保存位置；❷单击【保存】按钮即可，如图4-115所示。

图4-115

4.7.2　实战：制作二维码

实例门类	软件功能

二维码是近几年来非常流行的一种编码方式，它能比传统的条形码存储更多的信息，也能显示更多的数据类型。

1. 制作文本二维码

将文本制作为二维码的操作方法如下。

Step01 新建WPS文字文档，❶单击【插入】选项卡中的【更多素材】下拉按钮；❷在弹出的下拉菜单中单击【二维码】命令，如图4-116所示。

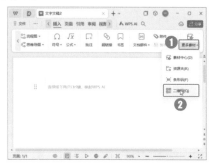

图 4-116

Step02 打开【插入二维码】对话框，❶在【文本】选项卡的【输入内容】文本框中输入文本内容；❷在右侧的【颜色设置】选项卡中设置二维码的颜色，如图4-117所示。

图 4-117

Step03 ❶切换到【嵌入Logo】选项卡；❷单击【点击添加图片】按钮，如图4-118所示。

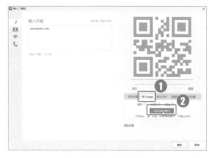

图 4-118

技术看板

二维码样式设置并不是必需的操作，如果只需要默认的二维码样式，在输入文本内容后单击【确定】按钮即可。

Step04 打开【打开】对话框，❶选中"素材文件\第4章\二维码.jpg"图片；❷单击【打开】按钮，如图4-119所示。

图 4-119

Step05 ❶切换到【图案样式】选项卡；❷在【定位点样式】下拉菜单中选择一种样式；❸设置完成后单击【确定】按钮即可，如图4-120所示。

图 4-120

2. 制作名片二维码

制作名片二维码的操作方法如下。

打开【插入二维码】对话框，❶切换到【名片】选项卡；❷输入联系人信息；❸单击【确定】按钮即可，如图4-121所示。

图 4-121

3. 制作Wi-Fi账号信息二维码

制作Wi-Fi账号信息二维码的操作方法如下。

打开【插入二维码】对话框，❶切换到【Wi-Fi】选项卡；❷输入Wi-Fi账号信息；❸单击【确定】按钮即可，如图4-122所示。

图 4-122

4. 制作电话二维码

制作电话二维码的操作方法如下。

打开【插入二维码】对话框，❶切换到【电话】选项卡；❷输入电话号码信息；❸单击【确定】按钮即可，如图4-123所示。

图 4-123

妙招技法

通过对前面知识的学习，相信读者已经熟悉了图片、形状、文本框、艺术字、智能图形和功能图的相关操作。下面结合本章内容，给大家介绍一些实用技巧。

技巧 01：压缩图片大小

在文档中插入图片后，为了节约存储空间，可以对图片进行压缩，操作方法如下。

Step01 打开"素材文件 \ 第 4 章 \ 公司简介 .docx"文档，❶选中要压缩的图片；❷单击【图片工具】选项卡中的【压缩图片】按钮，如图 4-124 所示。

图 4-124

Step02 打开【图片压缩】对话框，❶单击【快速压缩】栏的【普通压缩】单选框；❷单击【完成压缩】按钮，如图 4-125 所示。

图 4-125

Step03 弹出提示对话框，显示压缩成功，单击【确认】按钮即可，如图 4-126 所示。

图 4-126

★ AI 功能 技巧 02：使用 WPS AI 智能提取图片中的文字

当得到一份以图片保存的文档时，如果要提取其中的文字，可以使用图片转文字功能智能提取文本，操作方法如下。

Step01 打开"素材文件 \ 第 4 章 \ 小王子（节选）.docx"文档，❶选中图片；❷单击【图片工具】选项卡中的【图片转换】下拉按钮；❸在弹出的下拉菜单中单击【图片转文字】命令，如图 4-127 所示。

图 4-127

Step02 打开【图片转文字】工具窗口，❶选择输出方式和转换类型；❷单击【开始转换】按钮，如图 4-128 所示。

图 4-128

Step03 打开【图片转文字】对话框，❶设置输出名称和输出目录；❷单击【确定】按钮，如图 4-129 所示。

图 4-129

Step04 图片将自动转换为文字，完成后在保存目录打开文档，可以发现图片中的文字已经成功转换，如图 4-130 所示。

图 4-130

💡 技术看板

图片转文字功能需要开通 WPS 会员才可以完整使用。

★AI功能 技巧03：智能一键去除图片背景

当图片的背景比较杂乱时，可以使用抠除背景功能，一键快速去除图片背景，操作方法如下。

Step01 打开"素材文件\去除图片背景.docx"文档，❶选择图片；❷单击【图片工具】选项卡的【抠除背景】按钮，如图4-131所示。

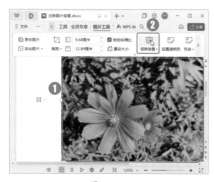

图 4-131

Step02 启动智能抠图工具，自动开始抠图，抠图后的效果显示在右侧，抠图完成后单击【完成抠图】按钮，如图4-132所示。

图 4-132

Step03 返回文档中即可看到图片的背景已经去除，如图4-133所示。

图 4-133

📋 技术看板

【抠除背景】的结果需要开通会员功能才能保存，普通用户可以在【智能抠图】对话框中查看抠除效果。

本章小结

本章主要介绍了在WPS文字中进行图文混排的方法，把单调的文字转换为图文混排，可以提升文档的表现力。通过本章的学习，希望读者可以熟练地应用多媒体元素来装饰文档，并进行一些实际的练习，如排版海报、产品简介等需要图片混排的文档，以快速掌握相关的技能，排版出漂亮的文档。

第5章　文档的高级编排

- ➥ 什么是样式？
- ➥ 如何统一文档格式？
- ➥ 内置的模板怎么使用？如何创建个性的自定义模板？
- ➥ 文档编辑完成后，如何添加封面和目录？
- ➥ 如何快速创建大量重复的通知书？
- ➥ 如何审阅和修订文档？

在 WPS 文字中对长文档进行排版时，经常需要做很多重复的工作，WPS 文字的样式、模板等排版功能可以快速解决以上问题，提高工作效率。

5.1　了解样式和模板

样式和模板可以统一设置文档中的某些特定组成部分的格式，提高文档的编辑效率。在为文档设置样式和模板之前，首先要了解什么是样式、模板，以及样式的重要性等知识。

5.1.1　什么是样式

在编辑文档时，你是否有过这样的困惑：文档的内容很多，需要设计的地方也很多，如重点的文字需要加粗或添加下划线、数字需要设置不同的颜色、步骤需要添加编号等，这些样式都需要统一的编排。

但如果通过重复操作来进行设置，不仅浪费时间，也容易发生错漏。此时，如果使用样式功能，再复杂的样式都可以轻松设置。

1. 样式的概念

所谓样式，就是用来呈现"某种特定身份的文字"的一组格式，包括字体类型、字体大小、字体颜色、对齐方式、制表位和页边距、特殊效果、对齐方式、缩进等。

文档中具有"特定身份"的文字，如正文、页眉、大标题、小标题、章名、程序代码、图表、脚注等，都需要以特定的风格呈现，并且在整个文档中风格必须统一。此时可以将这些风格设置好并储存起来，再赋予其特定的名称，之后设置文字样式时就可以快速套用了。

2. 样式的类型

根据作用对象的不同，样式可以分为段落样式、字符样式两种类型。

其中，段落样式应用于被选中的整个段落，字符样式则应用于被选中的文字。

5.1.2　样式的作用

很多人都觉得默认的样式过于简单，使用起来并不方便，还不如在文档中设置文本格式后，再使用格式刷来统一样式。有这种误解的

读者显然对样式功能还不太了解。

样式是排版的基础，也是整个排版工程的灵魂，如果不了解样式，不妨先来看看样式在排版中的作用，再思考为什么要使用样式。

1. 系统化管理页面元素

文档中的内容通常包括文字、图、表、脚注等元素，通过样式可以对文档中的所有可见页面元素进行系统化的归类命名，如章名、一级标题、二级标题、正文、图、表等。

2. 同步级别相同的标题格式

样式就是各种页面元素的形貌设置，使用样式可以确保同一种内容格式一致，从而省略许多重复的操作。所以，我们需要对所有可见页面元素的样式进行统一管理，而不是逐一进行设置和调整。

3. 快速修改样式

为各页面元素设置样式后，如果想要修改整个文档中某种页面元素的形貌，并不需要重新设置该文档的文本格式，只需要修改对应的样式就可以快速更新整个文档的设置，在短时间内修改出高质量的文档。

技术看板

在文档中修改样式时，一定要先修改正文样式。各级标题样式大多是基于正文格式生成的，修改正文样式的同时，各级标题样式的格式也会改变。

4. 实现自动化

WPS文字提供的每一项自动化操作都是根据用户事先规划的样式来完成的，如目录和索引的收集。只有正文使用样式之后，才可以自动生成目录并设置目录形貌、自动制作页眉和页脚等。有了样式，排版不再需要一字一句、一行一段地逐一设置，而是着眼于整篇文档，再对部分内容进行微调即可。

5.1.3 设置样式的小技巧

在文档中应用样式时，系统会自动完成该样式中所包含的所有格式的设置工作，大大提高了排版的效率。在设置样式时，适当运用一些小技巧，可以帮助用户更快地操作。

1. 自定义样式设置

如果WPS文字提供的内置样式不能满足需求，可以自行修改这些样式设置。每个样式都包含了文字、段落、制表位等的设置，用户可以有针对性地进行修改，使样式达到令人满意的效果。

2. 设置样式的快捷键

在设置和修改样式时，可以为样式指定一个快捷键。例如，将正文样式的快捷键设置为【Ctrl+1】，那么在设置正文样式时，只需要将光标定位到需要设置的文本中，按【Ctrl+1】组合键就可以为其应用正文样式，十分方便。

5.1.4 模板文件

模板又被称为样式库，它是样式的集合，包含各种版面设置参数，如纸张大小、页边距、页眉和页脚、封面及版面设计等。

如果用户通过模板创建新文档，便自动载入了模板中的版面设置参数和其中所设置的样式，用户只需在模板中填写数据即可。

对于新手来说，想要制作出美观、专业的文档，使用模板是最佳选择。

WPS文字为用户提供了多种多样的模板，图5-1和图5-2所示为WPS Office的免费模板，而收费模板则更加精美，用户可以酌情选择。

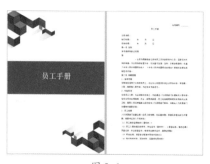

图 5-1

图 5-2

5.2 使用样式编排文档

为了提高文档格式的设置效率，WPS文字专门预设了一些默认样式，如正文、标题1、标题2、标题3等。熟练使用样式编排文档，可以提高工作效率。

★重点 5.2.1 实战：为通知应用样式

实例门类	软件功能

文档录入完成后，可以使用样式统一文档格式，操作方法如下。

Step 01 打开"素材文件\第5章\公司旅游活动通知.wps"文档，❶将光标定位到要应用样式的段落；❷在【开始】选项卡单击要应用的样式，如【标题1】，如图5-3所示。

图 5-3

Step02 操作完成后，即可为该段落应用样式，如图5-4所示。

图5-4

技术看板

在【开始】选项卡中单击【样式和格式】功能扩展按钮 ↘，打开【样式和格式】窗格，也可以为文档应用样式。

★新功能 5.2.2 实战：新建自定义样式

实例门类	软件功能

WPS 文字内置的样式比较固定，如果要制作一篇有特色的文档，还可以自己设计样式，操作方法如下。

Step01 接上一例操作，❶单击【开始】选项卡中的【样式】下拉按钮 ▾；❷在弹出的下拉菜单中单击【新建样式】命令，如图5-5所示。

图5-5

Step02 打开【新建样式】对话框，❶在【属性】栏的【名称】文本框中输入样式名称；❷单击【格式】下拉按钮；❸在弹出的下拉菜单中单

击【段落】命令，如图5-6所示。

图5-6

Step03 打开【段落】对话框，❶在【缩进和间距】选项卡的【缩进】栏设置特殊格式；❷在【间距】栏设置行距；❸单击【确定】按钮，如图5-7所示。

图5-7

Step04 返回【新建样式】对话框，❶在【格式】栏设置文本样式；❷单击【确定】按钮，如图5-8所示。

图5-8

Step05 返回文档，单击【开始】选项卡的【样式】组中的功能扩展按钮 ↘，如图5-9所示。

图5-9

Step06 打开【样式和格式】窗格，❶将光标定位到要应用样式的段落中；❷在【请选择要应用的格式】列表框中单击自定义样式的名称，如图5-10所示。

图5-10

Step07 操作完成后，所选段落即可成功应用自定义的样式。使用相同的方法为其他段落设置样式即可，如图5-11所示。

图5-11

★重点 5.2.3　更改和删除样式

若样式的某些格式设置不合理，可根据需要进行修改。修改样式后，所有应用了该样式的文本的格式都会发生相应的变化。此外，也可以删除多余的样式。

1. 修改样式

如果对样式的效果不满意，可以修改样式，操作方法如下。

Step01 打开"素材文件\第5章\公司旅游活动通知（修改样式）.wps"文档，打开【样式和格式】窗格，❶选择任意正文段落；❷单击【正文段落】右侧的下拉按钮∨；❸在弹出的下拉菜单中单击【修改】命令，如图5-12所示。

图 5-12

Step02 打开【修改样式】对话框，❶根据需要修改样式；❷单击【确定】按钮，如图5-13所示。

图 5-13

Step03 操作完成后，返回文档，即可看到修改样式后的效果，如图5-14所示。

图 5-14

2. 删除样式

如果不再需要样式，可以将样式删除，操作方法如下。

Step01 接上一例操作，打开【样式和格式】窗格，❶将光标指向需要删除的样式，单击样式右侧出现的下拉按钮∨；❷在弹出的下拉菜单中单击【删除】命令，如图5-15所示。

图 5-15

Step02 在弹出的对话框中单击【确定】按钮，即可删除该样式，如图5-16所示。

图 5-16

★AI功能 5.2.4　使用WPS AI排版

实例门类	软件功能

使用WPS AI功能，可以快速地

为文档应用排版样式，操作方法如下。

Step01 打开"素材文件\第5章\企业新员工培训计划1.wps"文档，❶单击【WPS AI】下拉按钮；❷在弹出的下拉菜单中单击【AI排版】命令，如图5-17所示。

图 5-17

Step02 在打开的【文档排版】窗格选择需要应用的排版样式，如【通用文档】，单击出现的【开始排版】按钮，如图5-18所示。

图 5-18

Step03 WPS AI将识别文档中的文本并进行排版，排版完成后，单击【应用到当前】按钮，如图5-19所示。

图 5-19

Step04 返回文档即可看到所选排版样式已经应用到当前文档，如图5-20所示。

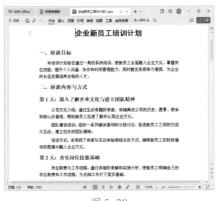

图 5-20

5.3　为文档应用模板

模板决定了文档的基本结构，新建的文档都是基于模板创建的，熟练使用模板可以快速创建专业的文档，从而大大提高工作效率。

★重点 5.3.1　实战：使用内置模板创建复工工作计划表

实例门类	软件功能

WPS 文字内置了多种模板，使用模板可以快速创建文档，操作方法如下。

Step 01 启动 WPS Office，❶ 单击【新建】按钮；❷ 在弹出的下拉菜单中单击【文字】按钮，如图 5-21 所示。

图 5-21

Step 02 在新建页面选择需要应用的模板，选择后会出现【免费使用】或【立即使用】按钮，普通用户选择免费使用的模板，单击【免费使用】按钮，如图 5-22 所示。

图 5-22

Step 03 操作完成后，即可根据模板创建一个新文档，如图 5-23 所示。

图 5-23

★新功能 5.3.2　实战：新建自定义模板

实例门类	软件功能

内置的模板虽然操作方便，但千篇一律的样式有时候并不能满足实际的工作需求。当工作中需要经常使用某种特定样式的文档时，我们可以新建自定义模板。

1. 另存为模板文件

创建模板文件最常用的方法是在 WPS 文字中另存为模板文件，此时需要先创建一个 WPS 文字文档，然后再执行之后的操作。

在 WPS 文字中新建一个空白文档，并打开【另存为】对话框，❶ 在【文件类型】下拉列表中单击【Microsoft Word模板文件（*.dotx）】选项；❷ 单击【保存】按钮，如图 5-24 所示。

图 5-24

2.制作模板内容

创建好模板文件之后，就可以为模板添加内容并设置到该文件中，以便以后直接使用该模板创建文件。模板中的内容通常含有固定的装饰成分，如固定的标题、背景、页面版式等，操作方法如下。

Step① 双击页眉位置，激活页眉页脚编辑模式，如图5-25所示。

图 5-25

Step② ①单击【插入】选项卡中的【形状】下拉按钮；②在弹出的下拉菜单中单击【曲线】工具S，如图5-26所示。

图 5-26

Step③ 在页眉处绘制曲线，如图5-27所示。

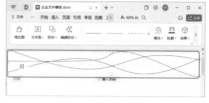

图 5-27

Step④ 分别选中页眉处的不同曲线，在【绘图工具】选项卡中设置各曲线的样式，如图5-28所示。

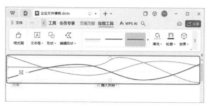

图 5-28

Step⑤ ①单击【插入】选项卡中的【图片】下拉按钮；②在弹出的下拉菜单中单击【本地图片】命令，如图5-29所示。

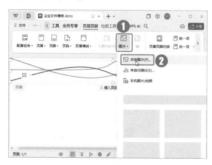

图 5-29

Step⑥ 打开【插入图片】对话框，①选择"素材文件\第5章\公司图标.jpg"素材图片；②单击【打开】按钮，如图5-30所示。

图 5-30

Step⑦ ①选中图片；②单击浮动工具栏中的【布局选项】按钮；③在弹出的下拉菜单中单击【四周型环绕】命令，如图5-31所示。

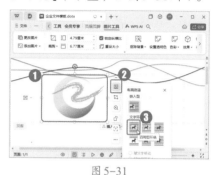

图 5-31

Step⑧ ①单击【图片工具】选项卡中的【下移】下拉按钮；②在弹出的下拉菜单中单击【置于底层】命令，如图5-32所示。

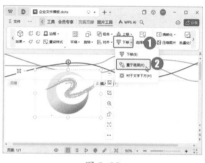

图 5-32

Step⑨ 调整图片的大小，将其拖动到合适的位置，如图5-33所示。

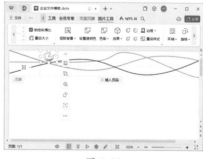

图 5-33

Step⑩ ①单击【插入】选项卡中的【文本框】下拉按钮；②在弹出的下拉菜单中单击【横向】命令，如图5-34所示。

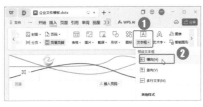

图 5-34

Step⑪ 在页眉中绘制文本框，并输入公司名称，如图 5-35 所示。

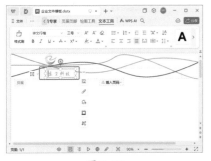

图 5-35

Step⑫ 设置文本框格式为无填充颜色和无边框颜色，如图 5-36 所示。

图 5-36

Step⑬ ❶单击【插入】选项卡中的【形状】下拉按钮；❷在弹出的下拉菜单中单击【矩形】工具□，如图 5-37 所示。

图 5-37

Step⑭ ❶在页脚处绘制形状；❷在【绘图工具】选项卡中设置形状的样式，如图 5-38 所示。

图 5-38

Step⑮ ❶单击【页眉页脚】选项卡中的【页码】下拉按钮；❷在弹出的下拉菜单中选择页码的位置，如图 5-39 所示。

图 5-39

Step⑯ ❶单击【页面】选项卡中的【水印】下拉按钮；❷在弹出的下拉菜单中单击【插入水印】命令，如图 5-40 所示。

图 5-40

Step⑰ 打开【水印】对话框，❶勾选【图片水印】复选框；❷单击【选择图片】按钮，如图 5-41 所示。

图 5-41

Step⑱ 打开【选择图片】对话框，❶选择"素材文件\第 5 章\公司图标 .jpg"素材图片；❷单击【打开】按钮，如图 5-42 所示。

图 5-42

Step⑲ 返回【水印】对话框，单击【确定】按钮，如图 5-43 所示。

图 5-43

Step⑳ ❶复制多个水印图片到页面，并调整图片的大小和位置；❷单击【页眉页脚】选项卡中的【关闭】按钮，退出页眉页脚编辑状态，如图 5-44 所示。

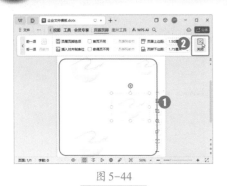

图 5-44

3. 添加内容控件

在模板文件中，有时需要制作一些固定的格式，这时可以使用【开发工具】中的【格式文本内容控件】来进行设置。在使用模板创建新文件时，只需要修改少量的文字内容就可以制作出一份完整的文档，操作方法如下。

Step01 接上一例操作，单击【工具】选项卡中的【开发工具】按钮，如图 5-45 所示。

图 5-45

Step02 在【开发工具】选项卡中单击【设计模式】按钮，如图 5-46 所示。

图 5-46

Step03 ●单击【开发工具】选项卡中的【格式文本内容控件】按钮 T；❷在模板文档中插入内容控件，控件的占位符文本为【单击此处输入文字】，如图 5-47 所示。

图 5-47

Step04 更改占位符文本，并在【开始】选项卡中设置字体样式，如图 5-48 所示。

图 5-48

Step05 ●单击【开始】选项卡的【边框】下拉按钮 田·；❷在弹出的下拉菜单中单击【边框和底纹】命令，如图 5-49 所示。

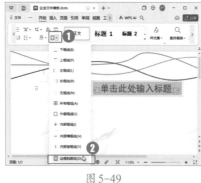

图 5-49

Step06 打开【边框和底纹】对话框，●在【边框】选项卡的【设置】栏单击【自定义】命令；❷分别设置线条的线型、颜色和宽度；❸单击【预览】栏中的【下框线】按钮；❹设置【应用于】选项为【段落】；❺单击【确定】按钮，如图 5-50 所示。

图 5-50

Step07 使用相同的方法在下方插入第二个格式文本内容控件，并设置控件的样式，如图 5-51 所示。

图 5-51

Step08 ●在文档的末尾处输入"文档录入日期："文本；❷单击【开发工具】选项卡中的【日期选取器内容控件】按钮 田，如图 5-52 所示。

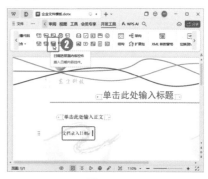

图 5-52

Step⑨ ❶选中日期控件所在段落；❷在【开始】选项卡中单击【右对齐】按钮三即可，如图5-53所示。

图5-53

Step⑩ 单击【开发工具】选项卡中的【退出设计】按钮，完成模板的设计，如图5-54所示。

图5-54

4. 使用模板创建文档

模板创建完成后，就可以使用模板创建文档了，操作方法如下。

Step① ❶单击【文件】下拉按钮；❷在弹出的下拉菜单中单击【新建】命令；❸在弹出的子菜单中单击【本机上的模板】命令，如图5-55所示。

图5-55

Step② 打开【模板】对话框，❶在【常规】选项卡中单击【企业文件模板】命令；❷单击【确定】按钮，如图5-56所示。

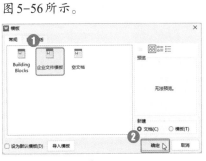

图5-56

Step③ ❶单击标题区域的格式文本内容控件，输入标题文字；❷单击文本中的正文格式文本内容控件，输入正文内容；❸单击文档末尾右侧的日期选取器内容控件，选择发布的日期，如图5-57所示。

图5-57

Step④ 操作完成后，即可看到使用模板创建的文档，如图5-58所示。

图5-58

5.4 为文档创建封面和目录

在制作书籍、论文等长篇文档时，一个引人注目的封面可以给人耳目一新的感觉。同时，因为这类长文档大多有几十页甚至几百页，所以往往还需要为文档制作目录。

★重点5.4.1 实战：为培训计划创建封面

实例门类	软件功能

封面是整个文档的灵魂，使用内置封面可以快速制作出专业、美观的封面，操作方法如下。

Step① 打开"素材文件\第5章\企业新员工培训计划.wps"文档，❶单击【页面】选项卡中的【封面】下拉按钮；❷在弹出的下拉菜单中选择一种封面样式，如图5-59所示。

图5-59

Step 02 操作完成后，封面会插入文档首页，在占位符中输入文字内容，如图5-60所示。

图5-60

Step 03 输入完成后，最终效果如图5-61所示。

图5-61

★AI功能5.4.2 实战：为培训计划创建目录

实例门类	软件功能

WPS文字不仅可以根据标题样式提取目录，还可以根据文档中的编号等内容智能识别目录。

1.根据样式插入目录

如果已经为标题设置了样式，可以根据样式插入目录，操作方法如下。

Step 01 接上一例操作，❶将光标定位到要插入目录的位置，单击【引用】选项卡中的【目录】下拉按钮；❷在弹出的下拉列表中选择一种目录样式，如图5-62所示。

图5-62

Step 02 操作完成后，即可看到目录已经插入到文档中，如图5-63所示。

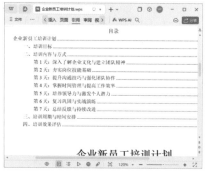

图5-63

2. AI智能识别目录

如果正文中没有设置样式，可以通过WPS AI智能识别，操作方法如下。

Step 01 打开"素材文件\第5章\企业新员工培训计划1.wps"文档，❶将光标定位到要插入目录的位置，单击【引用】选项卡中的【目录】下拉按钮；❷在弹出的下拉列表中选择AI目录样式，如图5-64所示。

图5-64

Step 02 WPS将自动识别目录，识别完成后预览目录，无误则单击【应用】按钮，如图5-65所示。

图5-65

Step 03 操作完成后，即可看到目录已经插入到文档中，如图5-66所示。

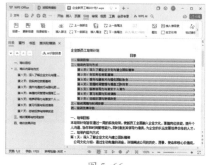

图5-66

5.4.3 编辑培训计划的目录

为文档添加目录后，可以根据需要编辑目录，如更新目录、删除目录等。

1.更新目录

插入目录后，如果文档中的标

题有变化，并不需要重新插入目录，只需要更新目录即可，操作方法如下。

Step01 打开"素材文件\第5章\企业新员工培训计划（编辑目录）.wps"文档，❶选中目录；❷单击【引用】选项卡中的【更新目录】按钮，如图5-67所示。

图 5-67

Step02 弹出【更新目录】对话框，❶单击【更新整个目录】单选框；

❷单击【确定】按钮，如图5-68所示。

图 5-68

Step03 操作完成后，即可看到目录已经更新，如图5-69所示。

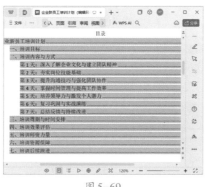

图 5-69

2. 删除目录

在插入目录后，如果不再需要目录，可以将其删除，操作方法如下。

❶单击【引用】选项卡中的【目录】下拉按钮；❷在弹出的下拉菜单中单击【删除目录】命令，即可删除目录，如图5-70所示。

图 5-70

5.5 使用邮件合并

如果要批量制作通知书、准考证、明信片、信封、请柬、工资条等格式统一的内容，可以使用WPS文字的邮件合并功能，能够大大提高工作效率。

★重点 5.5.1 实战：使用邮件合并批量创建通知书

实例门类	软件功能

在工作中经常需要制作通知书、邀请函等文档，此类文档除部分关键文字不同之外，其余部分完全相同。如果一个一个制作，难免浪费时间，此时可以使用邮件合并功能批量制作。使用邮件合并功能批量创建通知书的操作方法如下。

Step01 打开"素材文件\第5章\录取通知书.wps"文档，单击【引用】选项卡中的【邮件】按钮，如图5-71所示。

图 5-71

Step02 激活邮件合并功能后，❶单击【邮件合并】选项卡中的【打开数据源】下拉按钮；❷在弹出的下拉菜单中单击【打开数据源】命令，如图5-72所示。

图 5-72

Step03 打开【选取数据源】对话框，❶选择"素材文件\第5章\录取通知书数据源.et"素材文件；❷单击【打开】按钮，如图5-73所示。

图 5-73

Step04 ❶将光标定位到需要插入姓名的位置；❷单击【邮件合并】选项卡中的【插入合并域】按钮，如图 5-74 所示。

图 5-74

Step05 打开【插入域】对话框，❶在【域】列表框中单击【姓名】字段；❷单击【插入】按钮，如图 5-75 所示。

图 5-75

Step06 操作完成后，即可看到在文档中插入了【《姓名》】域，如图 5-76 所示。

图 5-76

Step07 使用相同的方法插入其他域，如图 5-77 所示。

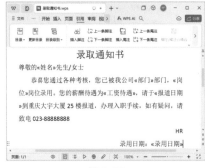

图 5-77

Step08 插入完成后，单击【邮件合并】选项卡中的【查看合并数据】命令，如图 5-78 所示。

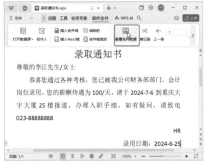

图 5-78

Step09 预览录取通知书的内容，单击【上一条】←或【下一条】→按钮，可以预览其他通知书的内容，如图 5-79 所示。

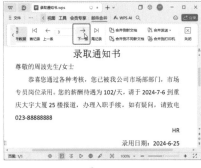

图 5-79

Step10 单击【邮件合并】选项卡中的【合并到新文档】命令，如图 5-80 所示。

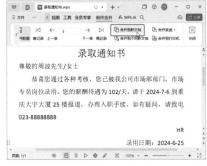

图 5-80

Step11 打开【合并到新文档】对话框，❶在【合并记录】栏单击【全部】单选框；❷单击【确定】按钮，如图 5-81 所示。

图 5-81

Step12 返回文档，即可看到所有通知书均已合并到新建文档中，如图 5-82 所示。

图 5-82

技术看板

如果单击【邮件合并】选项卡中的【合并到打印机】按钮，可以直接打印通知书。

5.5.2 管理收件人列表

导入数据源之后，如果需要管理收件人列表，操作方法如下。

Step01 单击【邮件合并】选项卡中的【收件人】命令，如图5-83所示。

图 5-83

Step02 打开【邮件合并收件人】对话框，①使用复选框添加或删除邮件合并的收件人；②单击【确定】按钮，如图5-84所示。

图 5-84

5.6 文档的审阅与修订

在工作中，文档编辑完成后通常并不能直接使用，还需要经过领导审阅或者大家讨论后才能够确定内容，在这一过程中需要在文档中添加一些修改批示。此时，可以使用审阅和修订功能，对文档进行批注、修订。

★重点 5.6.1 实战：为论文添加和删除批注

实例门类	软件功能

批注是指文章的编写者或审阅者为文档添加的注释或批语。在对文章进行审阅时，可以使用批注来对文档内容做出标注，说明意见和建议。

1. 添加批注

使用批注时，首先要在文档中插入批注框，然后在批注框中输入批注内容。为文档内容添加批注后，会在文档的文本中显示标记，批注标题和批注内容会显示在右页边距的批注框中，操作方法如下。

Step01 打开"素材文件\第5章\毕业论文.wps"文档，①选中文本或将光标定位到需要添加批注的位置；②单击【审阅】选项卡中的【插入批注】按钮，如图5-85所示。

图 5-85

Step02 批注框将显示在窗口右侧，且插入点会自动定位到批注框中，直接输入批注文字即可，如图5-86所示。

图 5-86

2. 删除批注

当编写者按照批注者的建议修改文档后，如果不需要再显示批注，可以将其删除，删除批注有以下几种方法。

（1）选中批注，单击【审阅】选项卡中的【删除批注】按钮，如图5-87所示。

图 5-87

（2）单击批注框右上角的【编辑批注】按钮 ≡，在弹出的下拉菜单中单击【删除】命令，如图5-88所示。

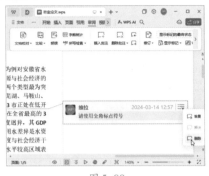

图 5-88

（3）右击批注框，在弹出的快捷菜单中单击【删除批注】命令，如图 5-89 所示。

图 5-89

（4）选中批注，单击【审阅】选项卡中的【删除批注】下拉按钮，在弹出的下拉菜单中单击【删除文档中的所有批注】命令，如图 5-90 所示。

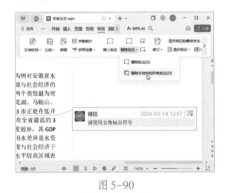

图 5-90

★重点 5.6.2 实战：修订论文文档

实例门类	软件功能

在实际工作中，文稿一般先由

编写者录入，然后由审阅者提出修改建议，最后再由编写者根据建议进行全面修改。一篇成熟的文稿，一般都需要经过多次修改才能定稿。

在审阅文档时，如果启用了修订功能，WPS 文字将根据修订内容的不同，以不同的修订格式显示修改后的内容。

默认状态下，增加的文字下方将添加下划线，删除的文字会改变颜色，并添加删除线，审阅者可以清楚地看到文档中哪些文字被修改了。

在对文档进行增、删、改的过程中，WPS 文字将会记录所有的操作内容，并以类似批注的形式显示出来，而且被修改的行左侧还会出现一条竖线，表示该行已经被修改。

如果需要在审阅状态下修订文档，首先需要启用修订功能，操作方法如下。

Step01 打开"素材文件\第5章\毕业论文.wps"文档，单击【审阅】选项卡中的【修订】按钮，如图 5-91 所示。

图 5-91

Step02 进入修订模式，对文档进行的修改会在右侧以类似批注框的形式显示，如图 5-92 所示。

图 5-92

5.6.3 实战：修订的更改和显示

实例门类	软件功能

修订功能被启用后，在文档中进行的所有编辑操作都会显示修订标记。审阅者可以更改修订的显示方式，如显示的状态、颜色等。

1. 设置修订的标记方式

有时我们可以对某些文本设置加粗、倾斜效果，以突出重点，操作方法如下。

Step01 接上一例操作，❶单击【审阅】选项卡中的【显示以供审阅】下拉按钮；❷在弹出的下拉菜单中单击【显示标记的原始状态】命令，如图 5-93 所示。

图 5-93

Step02 操作完成后，即可显示标记的原始状态，如图 5-94 所示。

图 5-94

2. 更改修订标记格式

默认情况下，插入的文本的修订标记线为下划线，被删除的文本标记线为删除线。如果多人对一篇文稿进行修订，修订痕迹很容易混淆。所以，WPS 文字为不同用户提供了不同的修订颜色，以便区分。更改修订标记的格式的操作方法如下。

Step 01 接上一例操作，❶单击【审阅】选项卡中的【修订】下拉按钮；❷在弹出的下拉菜单中单击【修订选项】命令，如图 5-95 所示。

图 5-95

Step 02 系统会打开【选项】对话框，并自动切换到【修订】选项卡，❶在【标记】栏设置【插入内容】和【删除内容】的样式和颜色；❷单击【确定】按钮，如图 5-96 所示。

图 5-96

Step 03 操作完成后，即可看到修订的标记格式已经修改完成，如图 5-97 所示。

图 5-97

★重点 5.6.4　实战：使用审阅功能审阅修订后的论文

实例门类	软件功能

当审阅者对文档进行修订后，原作者或其他审阅者可以决定是否接受修订意见，操作方法如下。

Step 01 接上一例操作，❶选中文档中需要接受的修订；❷单击【审阅】选项卡中的【接受】按钮，即可接受该修订，如图 5-98 所示。

图 5-98

Step 02 ❶选中文档中有误的修订；❷单击【审阅】选项卡中的【拒绝】按钮，即可拒绝该修订，如图 5-99 所示。

图 5-99

> **技能拓展——接受和拒绝全部修订**
>
> 如果要接受全部修订，单击【审阅】选项卡中的【接受】下拉按钮，在弹出的下拉菜单中单击【接受对文档所做的所有修订】命令即可；如果要拒绝全部修订，单击【审阅】选项卡中的【拒绝】下拉按钮，在弹出的下拉菜单中单击【拒绝对文档所做的所有修订】命令即可。

妙招技法

通过对前面知识的学习，相信读者已经掌握了 WPS 文字样式、模板、目录、邮件合并及审阅与修订的相关知识。下面将结合本章内容，给大家介绍一些实用技巧。

★AI功能 技巧01：使用AI优化文档内容

在审阅文档时，如果不知道如何修改文本，可以使用 WPS AI 功能优化文档内容，操作方法如下。

Step01 打开"素材文件\第5章\个人工作总结.docx"文档，❶选中所有文本，右击；❷在打开的浮动工具栏中单击【WPS AI】下拉按钮；❸在弹出的下拉菜单中单击【转换风格】命令；❹在弹出的子菜单中单击【口语化】命令，如图5-100所示。

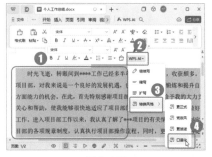

图 5-100

Step02 WPS AI将自动更改文本的行文风格，完成后单击【保留】按钮，如图5-101所示。

图 5-101

Step03 返回文档中，即可看到WPS AI优化后的文本，如图5-102所示。

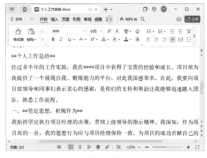

图 5-102

技巧02：根据样式提取目录

目录大多是根据大纲级别来提取的，如果有需要，也可以通过样式提取目录，操作方法如下。

Step01 打开"素材文件\第5章\毕业论文（样式提取目录）.wps"文档，❶单击【引用】选项卡中的【目录】下拉按钮；❷在弹出的下拉菜单中单击【自定义目录】命令，如图5-103所示。

图 5-103

Step02 打开【目录】对话框，单击【选项】按钮，如图5-104所示。

图 5-104

Step03 打开【目录选项】对话框，❶勾选【样式】复选框；❷在【目录级别】中设置需要提取的目录级别，不提取的目录样式保持空白；❸单击【确定】按钮，如图5-105所示。

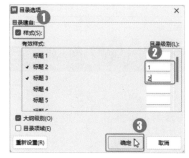

图 5-105

Step04 返回【目录】对话框，单击

【确定】按钮退出，如图5-106所示。

图 5-106

Step05 返回文档，即可看到已经根据样式提取的目录，如图5-107所示。

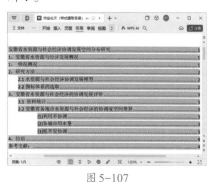

图 5-107

技巧03：将目录转换为普通文本

通过大纲或样式提取的目录是一种可更新的内容，当文档内容有所改变时，可以通过自动更新来更新目录。当文档编辑完成，不需要再更改时，可以将目录转换为普通文本，这样目录就不会再发生变化。将目录转换为普通文本，操作方法如下。

Step01 打开"素材文件\第5章\毕业论文（目录转换为普通文本）.wps"文档，选中整个目录，按【Ctrl+Shift+F9】组合键，如图5-108所示。

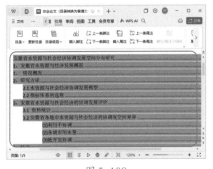

图 5-108

Step 02 操作完成后，即可看到目录

已被转换为普通文本，如图5-109
所示。

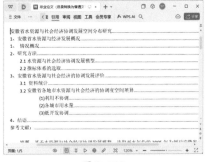

图 5-109

技术看板

将目录转换为普通文本后，若
再修改正文中的标题，就只能重新
创建目录，而不能将已转换为文本
的目录转换回原来的格式了。

本章小结

　　本章主要介绍了WPS文字的高级应用，主要包括应用样式和模板、插入封面和目录、使用邮件合并、审阅与
修订文档等相关知识。通过本章的学习，可以让读者提高工作效率，希望读者在实践中加以练习，从而快速掌握文
档高级编排的精髓。

第3篇

WPS 表格

WPS 表格是 WPS Office 中的另一个主要组件，具有强大的数据处理能力，主要用于制作电子表格。本篇主要讲解 WPS 表格在数据录入与编辑、数据分析、数据计算、数据管理等方面的应用。

第6章 WPS 表格数据的录入与编辑

➥ 怎样通过颜色来区分不同的工作表？

➥ 怎样在工作表中添加漏记的数据？

➥ 怎样在工作表中录入以 "0" 开头的数据？

➥ 怎样把多个单元格合并为一个？

➥ 怎样设置与众不同的表格样式？

➥ 怎样为单元格创建下拉列表？

本章将介绍WPS表格数据的录入与编辑方法，包括认识WPS表格、操作WPS表格、录入表格数据、美化表格和设置数据有效性等相关知识。通过对本章内容的学习，读者可以制作出专业的表格，并得到以上问题的答案。

6.1 认识WPS表格

在日常工作中，人们经常需要借助一些工具来对数据进行处理，WPS表格作为专业的数据处理工具，可以帮助人们将繁杂的数据转化为有效的信息。因为具有强大的数据计算、汇总和分析能力，WPS表格备受广大用户的青睐。

6.1.1 认识工作簿

WPS表格中的工作簿扩展名为.et，它是计算和存储数据的文件，是用户进行数据操作的主要对象和载体，也是WPS表格最基本的文件类型。

用户使用WPS表格创建表格、在表格中编辑数据，以及数据编辑完成后进行保存等一系列操作都是在工作簿中完成的。

一个工作簿可以由一个或多个工作表组成，默认情况下，新建的工作簿将以"工作簿1"命名，之后新建的工作簿将以"工作簿2""工作簿3"等依次命名。

通常，一个新工作簿中包含一个工作表，且该工作表被默认命名为"Sheet1"，如图6-1所示。

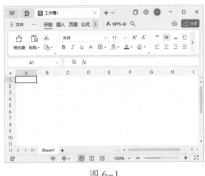

图 6-1

6.1.2　认识工作表

工作表是由单元格按照行列方式排列组成的，一个工作表由若干个单元格构成，它是工作簿的基本组成单位，也是WPS表格的工作平台。

工作表是工作簿的组成部分，如果把工作簿比作一本书，那么一个工作表就类似于书中的一页。工作簿中的每个工作表都以工作表标签的形式显示在工作簿的编辑区，方便用户切换。

在工作簿中，可以对工作表标签进行操作，如根据需要增减工作表，或改变工作表顺序。

6.1.3　认识行与列

我们常说的表格，是由许多横线和竖线交叉而成的一排排格子，在这些由线条围成的格子中填上数据，就是我们使用的表了。比如学生用的课程表、公司用的考勤表等。

WPS表格作为一个电子表格软件，最基本的操作形态就是由横线和竖线组成的标准表格。在WPS表格的工作表中，横线所间隔出来的区域称为行（Row），竖线分隔出来的区域称为列（Column），行和列交叉所形成的格子就称为单元格

（Cell）。

在窗口中，左侧一排垂直标签的阿拉伯数字是电子表格的行号标识，上方水平标签的英文字母是电子表格的列号标识，这两组标签分别被称为行号和列标，如图6-2所示。

图 6-2

6.1.4　工作簿的视图应用

在处理比较复杂的大型表格时，用户需要花费很多时间来切换工作簿或工作表，查找和浏览数据也比较麻烦。如果能够改变工作窗口的视图方式，就可以更快地查询和编辑内容，提高工作效率。

1. 创建新窗口

打开工作簿后，通常只有一个独立的工作簿窗口，并处于最大化显示状态。如果使用【新建窗口】命令为同一个工作簿创建多个窗口，就可以在不同的窗口中选择不同的工作表作为当前工作表，或者将窗口显示定位到同一个工作表中的不同位置，以满足浏览或编辑需求。

创建新窗口的方法很简单，操作方法如下。

Step01 打开"素材文件\第6章\销售数据.et"工作簿，在【视图】选项卡单击【新建窗口】按钮，如图6-3所示。

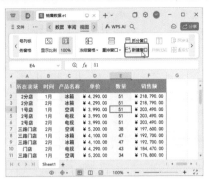

图 6-3

Step02 操作完成后，即可创建一个与当前工作簿相同的窗口，如图6-4所示。

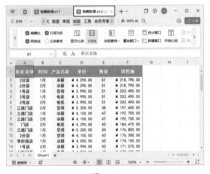

图 6-4

2. 使用阅读模式

使用阅读模式，可以通过高亮显示的方式将当前选中的单元格的行列位置标注出来，防止看错该数据所对应的行列。使用阅读模式的操作方法如下。

Step01 接上一例操作，在【视图】选项卡单击【阅读】按钮，如图6-5所示。

图 6-5

Step02 操作完成后，选中任意单元格，该单元格所在的行和列即可高亮显示，如图6-6所示。

图6-6

技术看板

单击【视图】选项卡中【阅读】右侧的下拉按钮，在弹出的下拉菜单中可以更改高亮的颜色。

3. 并排比较

当要对两个工作簿中的数据进行对比时，如果频繁地切换窗口进行对比，不仅效率低，而且容易出错。此时可以使用并排比较，将两个窗口并排显示，操作方法如下。

Step01 接上一例操作，打开"素材文件\第6章\销售数据2.et"工作簿，此时窗口中有两个需要比较的工作簿，在【视图】选项卡中单击【并排比较】按钮，即可进入并排查看状态，如图6-7所示。

图6-7

Step02 默认情况下，两个工作簿会同步滚动，方便对比查看。如果不需要同步滚动，可以单击【视图】选项卡中的【同步滚动】按钮，如图6-8所示。

图6-8

Step03 查看数据时，如果调整了各个窗口的大小和位置，单击【视图】选项卡中的【重设位置】按钮，可以将窗口恢复到默认的大小和位置，如图6-9所示。

图6-9

技术看板

如果打开的工作簿超过两个，会弹出【并排窗口】对话框，选择需要系统对比的工作簿，单击【确定】按钮，即可进入并排查看状态。如果要退出并排查看状态，再次单击【并排比较】即可。

4. 拆分窗口

当工作表中含有大量的数据信息，窗口显示不便于用户查看时，可以拆分工作表。拆分工作表是指把当前工作表拆分成两个或者多个窗口，每一个窗口可以利用滚动条显示工作表的一部分，用户可以通过多个窗口查看数据信息。

下面以拆分"销售数据"工作簿中的数据为例，介绍拆分工作表、调整拆分窗口大小及取消拆分状态的操作方法。

Step01 打开"素材文件\第6章\销售数据.et"工作簿，❶选中目标单元格；❷单击【视图】选项卡中的【拆分窗口】按钮，如图6-10所示。

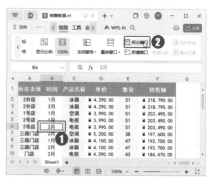

图6-10

Step02 将光标指向拆分条，当光标变为 ⇆ 或 ⇵ 形状时，按住鼠标左键拖动拆分条，即可调整各个拆分窗口的大小，如图6-11所示。

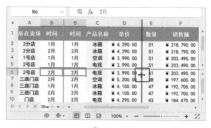

图6-11

Step03 单击【视图】选项卡中的【取消拆分】按钮，即可取消工作表的拆分状态，如图6-12所示。

图6-12

技术看板

将光标指向水平拆分条或垂直拆分条，光标呈 ÷ 或 ╬ 形状时，双击水平拆分条或垂直拆分条也可取消该拆分。

5. 冻结窗口

"冻结"工作表后，当工作表滚动时，窗口中被冻结的数据区域不会随工作表的其他部分一起移动，而是始终保持可见状态，这样可以更方便地查看工作表的数据信息。下面以冻结"销售数据"工作簿为例，介绍如何冻结工作表、取消冻结工作表，具体操作方法如下。

Step01 打开"素材文件\第6章\销售数据.et"工作簿，❶选中目标单元格，如D9单元格；❷单击【视图】选项卡中的【冻结窗格】下拉按钮；❸在弹出的下拉菜单中单击【冻结至第8行C列】命令，如图6-13所示。

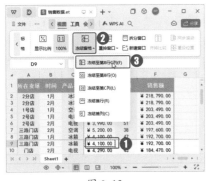

图 6-13

Step02 此时拖动垂直滚动条与水平滚动条，可见第8行C列之前的行与列保持不变，如图6-14所示。

图 6-14

Step03 如果要取消冻结窗格，❶单击【冻结窗格】下拉按钮；❷单击【取消冻结窗格】命令，即可取消冻结，如图6-15所示。

图 6-15

6. 缩放窗口

使用WPS表格时，可以根据工作表的内容、字体大小等将窗口放大或缩小，以便更好地编辑和查看表格内容。缩放窗口的操作方法如下。

Step01 在【视图】选项卡下单击【显示比例】按钮，如图6-16所示。

图 6-16

Step02 打开【显示比例】对话框，❶选择显示比例；❷单击【确定】按钮即可，如图6-17所示。

图 6-17

技术看板

在状态栏拖动显示比例滑动按钮 ─●─，或单击 ＋ 与 ━ 按钮，抑或在按住【Ctrl】键的同时滚动鼠标滚轮，都可以调整显示比例。

Step03 操作完成后，即可看到工作簿的显示比例已经按照所选比例更改，如图6-18所示。

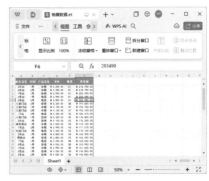

图 6-18

6.2 工作表的基本操作

工作表是由多个单元格组合而成的一个平面整体，是一个平面二维表格。要对工作表进行基本的操作，就要学会选择工作表、重命名工作表、新建与删除工作表、移动与复制工作表等基础操作方法。

★重点 6.2.1 新建与删除工作表

创建工作簿时系统默认工作簿中已经包含了一个名为"Sheet1"的工作表，可是在工作中，有时一个工作表并不能满足需求，需要及时新建与删除工作表。

1. 新建工作表

工作表的创建大致分为两种，一种是随着工作簿一同创建，还有一种是从现有的工作簿中创建新工作表，第二种方法应用得更多。下面介绍几种从现有的工作簿中创建新工作表的方法。

（1）单击【开始】选项卡中的【工作表】下拉按钮，在弹出的下拉菜单中单击【插入工作表】命令，如图6-19所示。

图6-19

（2）单击工作表标签右侧的【新建工作表】按钮 ＋，可以快速插入新工作表，如图6-20所示。

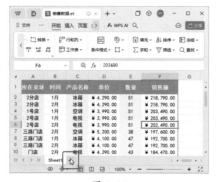

图6-20

（3）右击工作表标签，在弹出的快捷菜单中单击【插入工作表】命令，在弹出的【插入工作表】对话框中设置相关参数后，单击【确定】按钮，即可插入工作表，如图6-21所示。

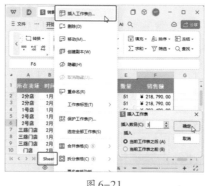

图6-21

2. 删除工作表

编辑工作簿时，如果发现工作簿中存在多余的工作表，可以将其删除。删除工作表的方法有以下几种。

（1）选中需要删除的工作表，在【开始】选项卡中单击【工作表】下拉按钮，在弹出的下拉菜单中单击【删除工作表】命令即可，如图6-22所示。

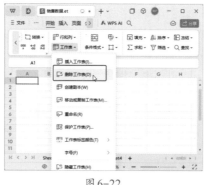

图6-22

（2）在工作簿窗口中，右击需要删除的工作表标签，在弹出的快捷菜单中单击【删除】命令即可，如图6-23所示。

图6-23

6.2.2 移动与复制工作表

移动与复制工作表是使用WPS表格管理数据时较常用的操作。工作表的移动与复制操作主要分两种情况，即在同一工作簿内操作与在不同工作簿内操作，下面将分别进行介绍。

1. 在同一工作簿内操作

在同一个工作簿中移动或复制工作表的方法很简单，主要是利用鼠标拖动来操作，操作方法如下。

Step01 打开"素材文件\第6章\家电年度汇总表.et"工作簿，将光标指向要移动的工作表，按住鼠标左键，将工作表标签拖动到目标位置后释放鼠标，如图6-24所示。

图6-24

Step02 操作完成后，即可看到工作表已经被移动到目标位置，如图6-25所示。

图 6-25

技能拓展——复制工作表

如果要复制工作表，可以将光标放置在要复制的工作表标签上，在拖动工作表的同时按住【Ctrl】键，拖至目标位置后释放鼠标即可。

2. 在不同工作簿内操作

在不同的工作簿间移动或复制工作表的方法较为复杂。例如，将"销售排名"工作簿中的"数据排名"工作表复制到"销售数据"工作簿中，方法如下。

Step01 打开"素材文件\第6章\销售数据.et"和"素材文件\第6章\销售排名.et"工作簿，❶在"销售排名"工作簿中右击"数据排名"工作表标签；❷在弹出的快捷菜单中单击【移动】命令，如图6-26所示。

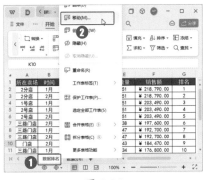

图 6-26

Step02 打开【移动或复制工作表】对话框，❶在【工作簿】下拉列表框中单击【销售数据】工作簿；❷在【下列选定工作表之前】列表框中，选择工作表移动后在工作簿中的位置；❸勾选【建立副本】复选

框；❹单击【确定】按钮即可，如图6-27所示。

图 6-27

技术看板

如果只需要跨工作簿移动工作表而不需要复制工作表，则在【移动或复制工作表】对话框中不勾选【建立副本】复选框。

★重点 6.2.3 重命名工作表

在默认情况下，工作表以"Sheet1""Sheet2""Sheet3"……依次命名。在实际应用中，为了区分工作表，可以根据表格名称、创建日期、表格编号等对工作表进行重命名，操作方法如下。

Step01 打开"素材文件\第6章\销售数据.et"工作簿，❶右击工作表标签；❷在弹出的快捷菜单中，单击【重命名】命令，如图6-28所示。

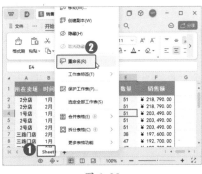

图 6-28

Step02 此时工作表标签呈可编辑状态，直接输入新的工作表名称，然后按【Enter】键确认即可，如图6-29所示。

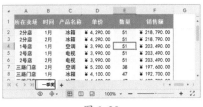

图 6-29

技术看板

双击工作表标签，此时工作表标签呈可编辑状态，直接输入新的工作表名称，也可以修改工作表名称。

★重点 6.2.4 隐藏和显示工作表

因为工作需要，有时需要将某些工作表隐藏起来，这时可以使用工作表的隐藏功能。

1. 隐藏工作表

如果要隐藏工作表，操作方法如下。

打开"素材文件\第6章\销售排名.et"工作簿，❶单击【开始】选项卡中的【工作表】下拉按钮；❷在弹出的下拉菜单中单击【隐藏工作表】命令，如图6-30所示。

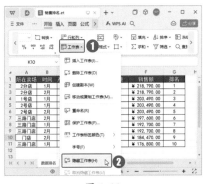

图 6-30

技术看板

右击工作表标签，在弹出的快捷菜单中单击【隐藏】命令可以快速隐藏工作表。

2. 显示工作表

隐藏了工作表之后，如果要查看该工作表，可以使用取消隐藏命令使工作表重新显示，操作方法如下。

Step 01 ❶单击【开始】选项卡中的【工作表】下拉按钮；❷在弹出的下拉菜单中单击【取消隐藏工作表】命令，如图6-31所示。

图6-31

Step 02 打开【取消隐藏】对话框，❶单击需要取消隐藏的工作表；❷单击【确定】按钮即可，如图6-32所示。

图6-32

技术看板

右击任意工作表标签，在弹出的快捷菜单中单击【取消隐藏】命令，在打开的【取消隐藏】对话框中选择需要取消隐藏的工作表，再单击【确定】按钮，也可取消隐藏工作表。

6.2.5 更改工作表标签颜色

当一个工作簿中存在很多工作表，不方便用户查找时，可以通过更改工作表标签颜色的方法来标记常用的工作表，使用户能够快速查找到需要的工作表。

更改工作表标签颜色的操作方法有以下两种。

（1）右击工作表标签，在弹出的快捷菜单中单击【工作表标签】命令，在弹出的子菜单中单击【标签颜色】命令，在展开的子菜单中选择需要的颜色即可，如图6-33所示。

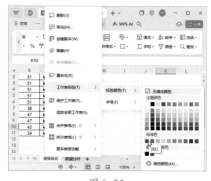

图6-33

（2）单击【开始】选项卡中的【工作表】下拉按钮，在弹出的下拉菜单中单击【工作表标签颜色】命令，在弹出的子菜单中选择需要的

颜色即可，如图6-34所示。

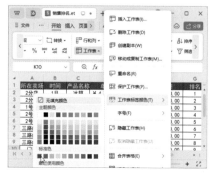

图6-34

技能拓展——更改工作表标签字号

右击工作表标签，在弹出的快捷菜单中单击【工作表标签】命令，在弹出的子菜单中单击【字号】命令，在弹出的子菜单中选择百分比，可以更改工作表标签的字号，如图6-35所示。

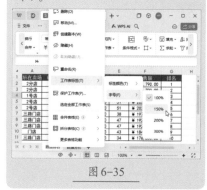

图6-35

6.3 行与列的基本操作

在工作表中可输入的数据类型有很多，要想快速输入不同类型的数据，需要掌握行、列、单元格及单元格区域操作的相关技巧，才能提高工作效率。

★重点6.3.1 选择行和列

制作电子表格时，有时需要选择工作簿中的行与列进行相应的操作，选择行和列包括选择单行或单列、选择相邻连续的多行或多列，以及选择不相邻的多行或多列。

1. 选择单行或单列

选择单行或单列的操作方法如下。

Step01 单击某个行号标签，即可选中该行，如图6-36所示。

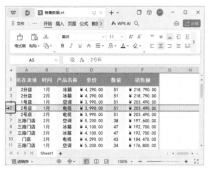

图6-36

Step02 单击某个列号标签，即可选中该列，如图6-37所示。

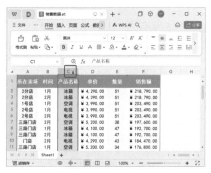

图6-37

技术看板

选中某行后，该行的行号标签会改变颜色，而所有列标签会加亮显示，此行的所有单元格也会加亮显示，以表示该行正处于选中状态。同样，选中某列之后也会有相似的变化。

2. 选择相邻的多行或多列

如果要选择相邻的多行或多列，操作方法如下。

Step01 单击某行的标签后，按住鼠标左键不放，向上或向下拖动，即可选中连续的多行，如图6-38所示。

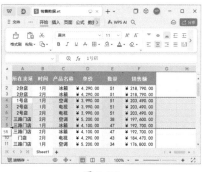

图6-38

Step02 选中多列的方法与选中多行相似，选中列之后向左或向右拖动鼠标即可，如图6-39所示。

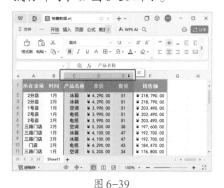

图6-39

3. 选定不相邻的多行或多列

如果要选择不相邻的多行或多列，操作方法如下。

选中单行或单列之后，按住【Ctrl】键不放，继续单击其他行或列的标签，直至选中所有需要选择的行或列，松开【Ctrl】键，如图6-40所示。

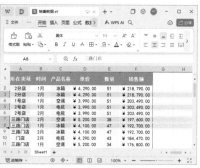

图6-40

★重点6.3.2 设置行高和列宽

在默认情况下，行高与列宽都是固定的，当单元格中的内容较多时，可能无法全部显示出来，这时就需要设置单元格的行高或列宽。

1. 精确设置行高和列宽

精确设置行高和列宽的操作方法如下。

Step01 ❶选中要设置的行或列；❷单击【开始】选项卡中【行和列】的下拉按钮；❸在弹出的下拉菜单中单击【行高】或【列宽】命令，如图6-41所示。

图6-41

Step02 ❶在弹出的【行高】/【列宽】对话框中输入精确的行高/列宽值；❷单击【确定】按钮，如图6-42所示。

图6-42

Step03 返回工作表中，即可看到设置行高后的效果，如图6-43所示。

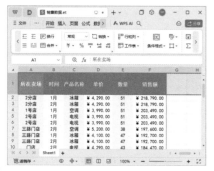

图6-43

在工作簿中选中需要调整的行或列，右击，在弹出的快捷菜单中单击【行高】/【列宽】按钮，在弹出的窗口中也可以精确设置行高或列宽。

2. 拖动鼠标改变行高和列宽

拖动鼠标改变行高和列宽的操作方法如下。

Step01 将光标移至行标的间隔线处，当光标变为 ✛ 形状时，按住鼠标左键不放，此时行标签上方会出现一个提示框，显示当前的行高。调整到合适的行高后，松开鼠标左键，即可完成对行高的设置，如图6-44所示。

图6-44

Step02 将光标移至列标的间隔线处，当光标变为 ✛ 形状时，按住鼠标左键不放，此时列标签上方会出现一个提示框，显示当前的列宽。当调整到合适的列宽时，松开鼠标左键，即可完成对列宽的设置，如图6-45所示。

图6-45

★重点 6.3.3 插入与删除行与列

一个工作表创建之后并不是固定不变的，用户可以根据实际情况重新设置工作表的结构。例如，根据实际情况插入或删除行与列，以满足使用需求。

1. 插入行与列

插入行与列，可以使用以下几种方法。

（1）右击要插入行所在的行号（列号），在弹出的快捷菜单中的【在上方插入行】或在【在下方插入行】（如果插入列，则是【在左侧插入列】【在右侧插入列】）命令右侧设置行数值或列数值，然后单击 ✓ 按钮即可，如图6-46所示。

图6-46

如果只需要插入一行或一列，可以在选中行或列后右击，在弹出的快捷菜单中单击【插入】按钮。

（2）选中要插入行或列所在的任意单元格，单击【开始】选项卡中的【行和列】下拉按钮，在弹出的下拉菜单中单击【插入单元格】命令，在弹出的子菜单中的【在上方插入行】【在下方插入行】【在左侧插入列】【在右侧插入列】命令右侧设置行数值或列数值，然后单击 ✓ 按钮即可，如图6-47所示。

图6-47

2. 删除行与列

如果要删除行与列，可以使用以下几种方法。

（1）右击要删除的行或列中的任意单元格，在弹出的快捷菜单中单击【删除】命令，在弹出的子菜单中单击【整行】或【整列】命令即可，如图6-48所示。

图6-48

（2）选中要删除的行或列中的任意单元格，单击【开始】选项卡中的【行和列】下拉按钮，在弹出的快捷菜单中单击【删除单元格】命令，在弹出的子菜单中单击【删除行】或【删除列】命令即可，如图6-49所示。

图 6-49

6.3.4 移动和复制行与列

在制作工作表时，经常需要更改表格内容的顺序，此时，可以使用移动或复制操作来实现。

1. 移动行与列

如果需要移动行或列，可以直接使用鼠标拖动，操作方法如下。

选中需要移动的行或列，将光标移动到选定行或列的绿色边框上，等光标呈 状态时按住鼠标左键拖动，此时可以看到一个虚线框，将该虚线框拖动到需要的位置后松开鼠标左键，该行或列就移动到目标位置了，如图6-50所示。

图 6-50

除通过拖动来移动行和列之外，

使用选项卡菜单和右键菜单也可以移动行和列，操作方法如下。

Step01 ❶选中需要移动的行或列；❷单击【开始】选项卡中的【剪切】按钮，如图6-51所示。

图 6-51

Step02 ❶选中需要移动的目标位置的下一行，右击；❷在弹出的快捷菜单中单击【插入已剪切的单元格】命令即可，如图6-52所示。

图 6-52

技术看板

如果要移动连续的多行或多列，则选中连续的多行或多列即可。非连续的多行或多列不能同时移动。

2. 复制行与列

复制行与列和移动行与列的操作方法类似，区别在于，前者保留了原有的行或列，而后者清除了原有的行或列。最常用也最简单的方法是拖动鼠标复制行与列。在复制行与列时，很可能会遇到需要保留数据和替换数据的情况。

→ 保留数据：复制时如果想要保留目标位置的数据，可以在选定行或列之后按【Ctrl+Shift】组合键，然后按住鼠标左键将其拖动到需要的位置，该行会以插入的方式出现在目标位置。

→ 替换数据：复制时如果想替换目标位置的数据，可以在选定行或列之后按【Ctrl】键，然后按住鼠标左键将其拖动到需要的位置，该行或列被移动到目标位置后，会覆盖原区域中的数据。

技术看板

如果目标行已有数据，或拖动鼠标的同时没有按住【Ctrl】键，在目标行松开鼠标左键后，会弹出对话框询问【是否替换目标单元格内容】，此处单击【确定】按钮，该行会移动并替换数据。

除用鼠标拖动来复制行或列外，也可以使用菜单来完成复制，操作方法如下。

Step01 ❶选中需要复制的行或列；❷单击【开始】选项卡中的【复制】按钮，如图6-53所示。

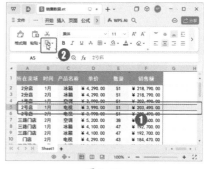

图 6-53

Step02 ❶选中需要复制的目标位置的下一行，然后右击；❷在弹出的快捷菜单中单击【插入复制单元格】命令即可，如图6-54所示。

图 6-54

★重点 6.3.5 隐藏和显示行列

在编辑工作表时，除了可以在工作表中插入或删除行和列，还可以根据需要隐藏或显示行和列。

1. 隐藏行和列

如果工作表中的某行或某列暂时用不到，或是不愿意被别人看见，可以将这些行或列隐藏，操作方法有以下两种。

（1）选中要隐藏的行或列中的任意单元格，单击【开始】选项卡中的【行和列】下拉按钮，在弹出的下拉菜单中单击【隐藏与取消隐藏】命令，在弹出的子菜单中单击【隐藏行】或【隐藏列】命令即可，如图 6-55 所示。

图 6-55

（2）选中要隐藏的行或列，右击，在弹出的快捷菜单中单击【隐藏】命令即可，如图 6-56 所示。

图 6-56

2. 显示行和列

如果想取消隐藏，即重新显示被隐藏的行或列，操作方法有以下三种。

（1）选中被隐藏的行或列邻近的行或列，单击【开始】选项卡中【行和列】的下拉按钮，在弹出的下拉菜单中单击【隐藏与取消隐藏】命令，在弹出的子菜单中单击【取消隐藏行】或【取消隐藏列】命令即可，如图 6-57 所示。

图 6-57

（2）选中被隐藏的行或列邻近的行或列，右击，在弹出的快捷菜单中单击【取消隐藏】命令即可，如图 6-58 所示。

图 6-58

（3）单击隐藏的行标或列标中的【展开隐藏的内容】按钮（ ⦂ 或 ↔ ）即可，如图 6-59 所示。

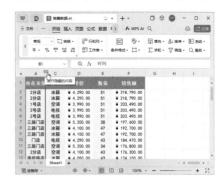

图 6-59

6.4 单元格的基本操作

单元格是工作表的基本元素，也是 WPS 表格的最小单位。单元格的基本操作包括选择单元格、插入单元格、删除单元格、移动与复制单元格等。

★重点 6.4.1 选择单元格

在 WPS 表格中对单元格进行编辑之前首先要将其选中，选中单元格主要有以下几种方法。

（1）选择单个单元格：将光标指向该单元格，单击即可，如图 6-60 所示。

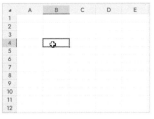

图 6-60

（2）选择连续的多个单元格：选中需要选择的单元格区域左上角的单元格，按住鼠标左键拖动到需要选择的单元格区域右下角的单元格后，松开鼠标左键即可，如图 6-61 所示。

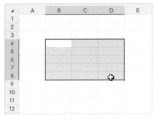

图 6-61

（3）选择不连续的多个单元格：按住【Ctrl】键，分别单击需要选择的单元格即可，如图 6-62 所示。

图 6-62

选中需要选择的单元格区域左上角的单元格，然后在按住【Shift】键的同时单击需要选择的单元格区域右下角的单元格，也可以选定连续的多个单元格。

★重点 6.4.2 实战：在销售数据中插入单元格

实例门类	软件功能

在工作中，我们常常需要在工作表中插入空白单元格。插入单元格的方法主要有以下两种。

1. 通过右键菜单插入

通过右键菜单插入单元格比较快捷，因此在实际应用中比较常用。下面以在 A1 单元格下方插入一个单元格为例，介绍其具体操作方法。

Step01 打开"素材文件\第6章\销售数据.et"工作簿，①选中A2单元格，然后右击；②在弹出的快捷菜单中单击【插入】命令；③在弹出的子菜单中单击【插入单元格，活动单元格下移】命令，如图6-63所示。

图 6-63

Step02 返回工作表，可见选中的单元格下移，同时在其上方插入了一个单元格，如图6-64所示。

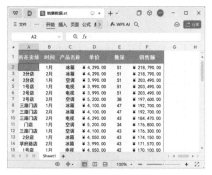

图 6-64

2. 通过功能区插入

除右键菜单外，还可以通过【开始】选项卡中的【行和列】下拉菜单中的【插入单元格】命令插入空白单元格。下面以在A1单元格前方插入一个空白单元格为例，介绍其具体操作方法。

Step01 打开"素材文件\第6章\销售数据.et"工作簿，①选中A1单元格；②在【开始】选项卡中单击【行和列】下拉按钮；③在弹出的下拉菜单中选择【插入单元格】命令；④在弹出的子菜单中单击【插入单元格】命令，如图6-65所示。

图 6-65

Step02 打开【插入】对话框，①单击【活动单元格右移】单选框；②单击【确定】按钮，如图6-66所示。

图 6-66

Step03 返回工作表，可见选中的单元格已经右移，同时在其左侧插入了一个单元格，如图6-67所示。

图6-67

6.4.3 删除单元格

与插入单元格的方法类似，用户也可以通过右键菜单或功能区删除不需要的单元格。

1. 通过右键菜单删除

通过右键菜单删除单元格的操作方法如下。

❶右击要删除的单元格；❷在弹出的快捷菜单中单击【删除】命令；❸在弹出的子菜单中单击【右侧单元格左移】或【下方单元格上移】命令即可，如图6-68所示。

图6-68

2. 通过功能区删除

通过功能区删除单元格的操作方法如下。

Step01 ❶选中要删除的单元格；❷在【开始】选项卡中单击【行和列】下

拉按钮；❸在弹出的下拉菜单中单击【删除单元格】命令；❹在弹出的子菜单中单击【删除单元格】命令，如图6-69所示。

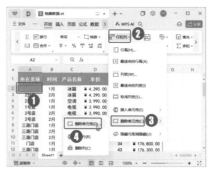

图6-69

Step02 打开【删除】对话框，❶单击【右侧单元格左移】或【下方单元格上移】单选框；❷单击【确定】按钮即可，如图6-70所示。

图6-70

6.4.4 移动与复制单元格

在WPS表格中，可以将选中的单元格移动或复制到同一个工作表的不同位置、不同的工作表甚至不同的工作簿中。通常可以通过剪贴板或鼠标拖动两种方式来移动或复制单元格，下面分别进行介绍。

1. 使用剪贴板

以在"销售数据"工作簿中移动单元格为例，使用剪贴板移动单元格的方法如下。

Step01 打开"素材文件\第6章\销售数据.et"工作簿，❶选中需要移动的单元格或区域；❷单击【开始】选项卡中的【剪切】按钮✂，如图6-71所示。

图6-71

Step02 ❶选中要移动到的目标位置；❷单击【开始】选项卡中的【粘贴】按钮，如图6-72所示。

图6-72

Step03 操作完成后，即可看到单元格区域已经移动到目标位置，如图6-73所示。

图6-73

🔧 技能拓展——复制单元格

如果要复制单元格，先选中要复制的单元格或区域，单击【开始】选项卡中的【复制】按钮，然后在目标位置执行【粘贴】操作即可。

2. 使用鼠标拖动

还可以使用鼠标移动或复制单元格，但这种方法比较适用于原区域与目标区域相距较近的情况，操作方法如下。

Step01 在工作簿中选中需要移动的单元格，将光标指向该单元格的边缘，当光标变为形状时按住鼠标左键拖动，此时会有一个线框指示移动的位置，将线框拖动到目标位置，释放鼠标左键，如图6-74所示。

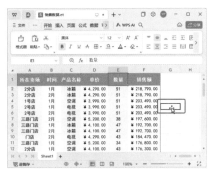

图 6-74

技术看板

如果目标单元格中已经有数据，则会弹出提示对话框，提示是否替换数据。单击【确定】按钮，可以替换数据；单击【取消】按钮，则取消移动操作。

Step02 操作完成后，即可看到所选单元格中的内容已经移动到目标单元格，如图6-75所示。

图 6-75

技能拓展——使用鼠标拖动复制

需要复制单元格时，选中要复制的单元格，在按住【Ctrl】键的同时拖动鼠标到目标位置，然后释放鼠标即可。

★重点6.4.5 实战：在销售数据中合并与取消合并单元格

实例门类	软件功能

合并单元格是指将两个或多个单元格合并为一个单元格，在WPS表格中，这是一个非常常用的功能。

1. 合并单元格

合并单元格的操作方法如下。

Step01 打开"素材文件\第6章\销售数据(合并单元格).et"工作簿，❶选中要合并的单元格区域；❷单击【开始】选项卡中的【合并】下拉按钮；❸在弹出的下拉菜单中单击【合并居中】命令，如图6-76所示。

图 6-76

Step02 操作完成后，即可看到所选单元格区域已经合并为一个单元格，且其中的文字为居中显示，如图6-77所示。

图 6-77

在合并居中下拉菜单中，有4

种合并方式，如图6-78所示，其含义如下。

图 6-78

➥ 合并居中：将选中的多个单元格合并为一个大的单元格，保留左上角单元格中的数据，并将其居中显示，如图6-79所示。

A	B	C	D
所在卖场	时间	产品名称	单价
2分店	1月	冰箱	￥ 4,290.00
	2月	冰箱	￥ 4,290.00
1号店	1月	空调	￥ 3,990.00
2号店	1月	电视	￥ 3,990.00
2号店	2月	电视	￥ 3,990.00
三路门店	2月	空调	￥ 5,200.00
三路门店	1月	冰箱	￥ 4,100.00
三路门店	2月	冰箱	￥ 4,100.00
门店	2月	电视	￥ 4,290.00
三路门店	1月	空调	￥ 5,200.00
2分店	1月	空调	￥ 4,100.00
学府路店	1月	冰箱	￥ 4,050.00

图 6-79

➥ 合并单元格：将选中的多个单元格合并为一个大的单元格，保留左上角单元格中的数据，如图6-80所示。

A	B	C	D
所在卖场	时间	产品名称	单价
2分店	1月	冰箱	￥ 4,290.00
	2月	冰箱	￥ 4,290.00
1号店	1月	空调	￥ 3,990.00
2号店	1月	电视	￥ 3,990.00
2号店	2月	电视	￥ 3,990.00
三路门店	2月	空调	￥ 5,200.00
三路门店	1月	冰箱	￥ 4,100.00
三路门店	2月	冰箱	￥ 4,100.00
门店	2月	电视	￥ 4,290.00
三路门店	1月	空调	￥ 5,200.00
2分店	1月	空调	￥ 4,100.00
学府路店	1月	冰箱	￥ 4,050.00

图 6-80

➥ 合并相同单元格：所选单元格区域中如果有数据相同的连续单元格，则自动合并，保留一格数据，如图6-81所示。

图 6-81

图 6-82

➡ 合并内容：合并单元格后，保留全部数据，如图6-82所示。

2. 取消合并单元格

取消合并单元格的操作方法如下。

❶ 选中要取消合并的单元格；

❷单击【开始】选项卡中的【合并居中】下拉按钮；❸在弹出的下拉菜单中单击【取消合并单元格】命令，即可取消合并单元格，如图6-83所示。

图 6-83

技术看板

如果单击【拆分并填充内容】命令，在合并单元格被拆分之后，会为拆分后的每一个单元格填充相同的内容。

6.5 输入表格数据

在WPS表格中，常见的数据类型有文本、数字、日期和时间等，不同的数据类型显示方式不同。默认情况下，输入的文本的对齐方式为左对齐，数字的对齐方式为右对齐，输入的日期与时间如果不是WPS表格中的日期与时间数据类型，WPS表格将无法识别。

★重点6.5.1 实战：在员工档案表中输入姓名

实例门类	软件功能

员工姓名属于文本，文本通常是指非数值性的文字、符号等，如公司职员的姓名、企业的产品名称、学生的考试科目等。除此之外，一些不需要进行计算的数字也可以保存为文本格式，如电话号码、身份证号码等。

Step 01 打开"素材文件\第6章\员工档案表.et"工作簿，选中需要输入文本的单元格，直接输入文本后按【Enter】键或单击其他单元格即可，如图6-84所示。

图 6-84

Step 02 继续输入文本数据，双击需输入文本的单元格，将光标插入其中，在单元格中输入文本，完成后按【Enter】键或单击其他单元格即可，如图6-85所示。

图 6-85

Step 03 继续输入文本数据，选中单元格，在编辑栏中输入文本，单元

格也会自动显示输入的文本，如图6-86所示。

图 6-86

Step 04 使用相同的方法继续输入文本数据，输入完成后的效果如图6-87所示。

图 6-87

在单元格中输入数据后，按【Tab】键，可以自动将光标定位到所选单元格右侧的单元格中。例如，在C1单元格输入数据后，按【Tab】键，光标将自动定位到D1单元格中。

★重点 6.5.2 实战：在员工档案表中输入员工编号

实例门类	软件功能

在工作表中，除了需要输入一些文本数据，还需要输入数值。数值是代表数量的数字形式，如工厂的生产利润、学生的成绩、个人的工资等。数值可以是正数，也可以是负数，其共同的特点是都可以用于数值计算，如加、减、求和、求平均值等。除数字外，还有一些特殊的符号也被WPS表格理解为数值，如百分号（%），货币符号（$）、科学计数符号（E）等。

除此之外，有时还需要输入一些特殊的数据。例如，输入以"0"开始的员工编号，如果直接输入，WPS表格会自动省略"0"，原本输入的"001"会在自动调整后显示为"1"。此时，就需要用特殊的方法来输入数据，操作方法如下。

Step01 接上一例操作，❶选中需要输入数值的单元格区域，右击；❷在弹出的快捷菜单中单击【设置单元格格式】命令，如图6-88所示。

图 6-88

Step02 打开【单元格格式】对话框，❶在【数字】选项卡的【分类】组中单击【文本】命令；❷单击【确定】按钮，如图6-89所示。

图 6-89

在输入以0开头的数据之前，先输入英文的单引号，也可以成功输入以0开头的数据。例如，如果要输入"001"，则需要输入"'001"。

Step03 返回工作表，在单元格中输入"001"，如图6-90所示。

图 6-90

Step04 按【Enter】键确认输入，可以看到以0开头的数据已经输入，如图6-91所示。

图 6-91

★重点 6.5.3 实战：在员工档案表中输入日期

实例门类	软件功能

在WPS表格中，日期和时间是以一种特殊的数值形式来储存的，这种数值形式被称为序列值。序列值是大于等于0，小于2958466的数值，所以，日期也可以理解为一个数值区间。

日期是以数值的形式存储的，因此它具有数值的所有运算功能，如日期数据可以参与加、减等数值运算。如果要计算两个日期之间相距的天数，可以直接在单元格中输入两个日期，再用减法运算公式来求得结果。

在输入日期和时间时，可以直接输入一般的日期和时间格式，也可以通过设置单元格格式输入多种不同类型的日期和时间格式。

1. 输入时间

在单元格中可以直接以时间格式输入时间，如输入"15:30:00"。在WPS表格中，系统默认的是24小时制，如果按照12小时制输入，就要在输入的时间后加上"AM"或者"PM"字样，表示上午或下午。

2. 输入日期

输入日期时需要在年、月、日之间用"/"或者"-"隔开。例如，在A2单元格中输入"23/9/1"，按【Enter】键后就会自动显示为日期格式"2023/9/1"。

3. 设置日期或时间格式

如果要使输入的日期或时间以其他格式显示，如输入日期"2023/9/1"后自动显示为"2023

年9月1日"，就需要对单元格格式进行设置。下面接上一例的素材输入日期并设置日期格式，操作方法如下。

Step 01 接上一例操作，❶选中需要输入日期的单元格区域，在选中的区域右击；❷在弹出的快捷菜单中单击【设置单元格格式】命令，如图6-92所示。

图6-92

Step 02 打开【单元格格式】对话框，❶在【数字】选项卡的分类列表框中单击【日期】命令；❷在【类型】列表框中选择一种日期格式，如【2001年3月7日】；❸单击【确定】按钮，如图6-93所示。

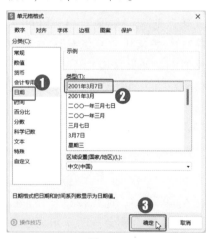

图6-93

Step 03 返回工作表中，使用常用的日期格式输入日期，如图6-94所示。

图6-94

Step 04 按【Enter】键，会发现输入日期"2023/9/1"后将自动显示为"2023年9月1日"，如图6-95所示。

图6-95

★重点6.5.4 在工作表中填充数据

在表格中输入数据时有很多技巧可以帮助用户提高工作效率，如使用填充柄填充数据、输入等差序列、输入等比序列、自定义填充序列等。

1. 使用填充柄填充数据

在编辑表格的过程中，有时需要在多个单元格中输入序号，此时可以通过拖动单元格右下角的填充柄来快速输入，操作方法如下。

Step 01 接上一例操作，❶选中C2单元格；❷将光标移到C2单元格右下角的填充柄上，当光标变为➕形状

时，按住鼠标左键不放并拖动至需要的位置，如图6-96所示。

图6-96

Step 02 释放鼠标左键，即可在C3到C7单元格中快速填充日期信息，如图6-97所示。

技能拓展——填充数字

如果要为单元格填充数字，使用填充柄下拉后，会自动填充数据序列。例如，输入数字"1"，使用填充柄会自动填充"2，3，4，……"。

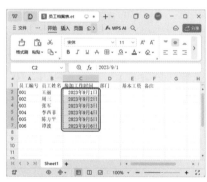

图6-97

2. 输入等差序列

在制作表格时，有时候需要输入等差序列，如1，3，5，7，……，此时，可以使用序列功能快速填充，操作方法如下。

Step 01 ❶在A1单元格输入起始数据；❷单击【开始】选项卡中的【填充】下拉按钮；❸在弹出的下拉菜单中单击【序列】命令，如图6-98所示。

图6-98

Step 02 打开【序列】对话框，❶在【序列产生在】栏中单击【列】单选框；❷在【类型】栏中单击【等差序列】单选框；❸在【步长值】数值框中输入步长值，如输入"2"，在【终止值】栏输入终止值，如"20"；❹单击【确定】按钮，如图6-99所示。

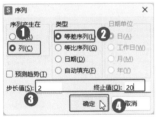

图6-99

Step 03 返回工作表，即可看到在A1单元格下的单元格区域中自动输入了设置的等差序列，如图6-100所示。

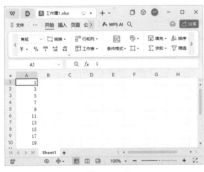

图6-100

技术看板

在单元格中输入等差序列的两

个起始数据后，选中两个起始数据所在的单元格区域，然后按住鼠标左键拖动填充柄至所需单元格，可以快速填充等差序列。

3. 输入等比序列

所谓等比序列数据是指成倍数关系的序列数据，如3，6，12，24，……，快速输入此类序列数据的方法如下。

Step 01 ❶在单元格中输入具有等比规律的前两个数据，如3、6，然后选中输入了起始数据的单元格区域；❷按住鼠标右键拖动填充柄至所需的单元格，在弹出的下拉菜单中单击【等比序列】命令，如图6-101所示。

图6-101

Step 02 此时，可以看到所选的单元格区域中已经快速填充了等比序列数据，如图6-102所示。

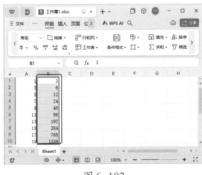

图6-102

在WPS表格中，除了可以填充数字序列，还可以填充日期序列，方法与填充数字序列一样。表6-1

中列出了初始值及由此生成的相应序列。

表6-1　常用日期填充序列举例

初始值	扩展序列
8:00	9:00，10:00，11:00
Mon	Tue，Wed，Thu
星期一	星期二，星期三，星期四
Jan	Feb，Mar，Apr
一月、四月	七月，十月，一月
Jan-96，Apr-96	Jul-96，Oct-96，Jan-97
1998，1999	2000，2001，2002
1月15日，4月15日	7月15日，10月15日，1月15日

4. 自定义填充序列

如果需要经常使用某个数据序列，可以将其创建为自定义序列，之后在使用时拖动填充柄便可快速输入，操作方法如下。

Step 01 打开"素材文件\第6章\员工档案表（自定义填充）.et"工作簿，❶单击【文件】下拉按钮；❷在弹出的下拉菜单中单击【选项】命令，如图6-103所示。

图6-103

Step 02 打开【选项】对话框，单击【自定义序列】选项，❶在【输入序列】列表中输入自定义序列；❷单击【添加】按钮；❸输入的序列将添加到【自定义序列】列表中，单击【确定】按钮，如图6-104所示。

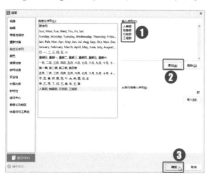

图6-104

Step03 返回工作表，输入序列初始数据，然后利用填充柄快速填充自定义序列，如图6-105所示。

图6-105

Step04 操作完成后，即可看到已经填充了自定义序列，如图6-106所示。

图6-106

6.5.5 导入数据与刷新数据

除手动输入数据外，还有一个重要的数据录入方式，就是在WPS表格中导入外部数据。数据导入后，如果原数据发生变化，我们可以直接在导入的数据中刷新数据。

1.导入数据

如果数据已经存储在文本文档中，可以直接导入到WPS表格中。例如，将"预约记录"文本文件数据导入WPS表格中，操作方法如下。

Step01 打开"素材文件\第6章\预约记录.et"，❶单击【数据】选项卡中的【获取数据】下拉按钮；❷在弹出的下拉菜单中单击【导入数据】命令，如图6-107所示。

图6-107

Step02 弹出提示对话框，如果确定导入数据，单击【确定】按钮，如图6-108所示。

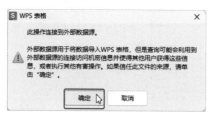

图6-108

Step03 打开【第一步：选择数据源】对话框，保持默认设置，单击【选择数据源】按钮，如图6-109所示。

图6-109

Step04 ❶打开【打开】对话框，选择"素材文件\第6章\预约记录.txt"文本文件；❷单击【打开】按钮，

如图6-110所示。

图6-110

Step05 打开【文件转换】对话框，保持默认设置，单击【下一步】按钮，如图6-111所示。

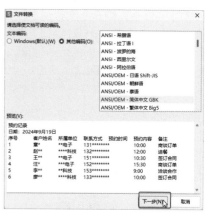

图6-111

Step06 打开【文本导入向导-3步骤之1】对话框，❶在【请选择最合适的文件类型】栏中单击【分隔符号】单选框；❷单击【下一步】按钮，如图6-112所示。

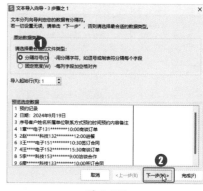

图6-112

Step07 打开【文本导入向导-3步骤之2】对话框，❶在【分隔符号】栏

中勾选【Tab键】复选框；❷单击【下一步】按钮，如图6-113所示。

图6-113

Step08 打开【文本导入向导–3步骤之3】对话框，❶在【列数据类型】栏中单击【常规】单选框；❷单击【完成】按钮，如图6-114所示。

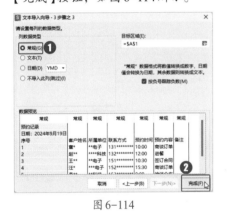

图6-114

Step09 返回工作表，可以看到系统

已经将文本文件中的数据导入工作表中，如图6-115所示。

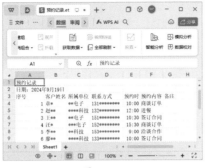

图6-115

2. 刷新数据

将数据导入工作表后，如果数据发生变化，可以刷新数据。例如，文本数据中的日期由"2024年9月19日"更改为"2024年12月19日"后，如果要刷新工作表中的数据，操作方法如下。

Step01 接上一例操作，单击【数据】选项卡中的【全部刷新】按钮，如图6-116所示。

图6-116

Step02 打开【打开文件】对话框，❶选择"素材文件\第6章\预约记录1.txt"文本文件；❷单击【打开】按钮，如图6-117所示。

图6-117

Step03 返回工作表，即可看到数据已经更新，如图6-118所示。

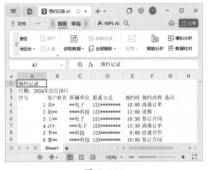

图6-118

6.6　设置表格样式

很多时候我们制作的表格都需要向别人展示，所以表格不仅要保证数据准确、有效，还要保证整体美观。对表格格式进行设置及使用对象美化表格，可以使制作出的表格更加美观大方。本节将详细介绍设置数据格式、边框和底纹，以及使用对象美化表格的相关知识。

6.6.1　实战：设置记录表文本格式

实例门类	软件功能

在WPS表格中输入的文本格式

默认为【宋体，11号，黑色】。为了使表格更美观，用户可以更改工作表中单元格或单元格区域中的字体、字号或字体颜色等文本格式，操作方法如下。

Step01 打开"素材文件\第6章\往来信函记录表.et"工作簿，❶选中A1单元格；❷单击【开始】选项卡中的【字体】下拉按钮｜；❸在弹出的下拉菜单中选择一种字体样式，如【黑体】，如图6-119所示。

图 6-119

Step02 保持单元格的选中状态，❶单击【开始】选项卡中的【字号】下拉按钮▼；❷在弹出的下拉菜单中选择合适的字号，如【20】，如图6-120所示。

图 6-120

技术看板

将光标定位到单元格中，选中单元格中的文本，然后在出现的浮动工具栏中也可以设置字体样式。

Step03 保持单元格的选中状态，❶单击【开始】选项卡中的【字体颜色】下拉按钮▲▼；❷在弹出的下拉菜单中选择字体颜色，如图6-121所示。

图 6-121

Step04 设置完成后，即可看到设置文本格式后的效果，如图6-122所示。

图 6-122

★重点6.6.2 实战：设置工资表的数据格式

实例门类	软件功能

在WPS表格中输入数字后可根据需要设置数字的格式，如常规格式、货币格式、会计专用格式、日期格式和分数格式等。如果要为数据设置数据格式，操作方法如下。

Step01 打开"素材文件\第6章\员工工资统计表.et"工作簿，❶选中要设置数据格式的单元格区域；❷单击【开始】选项卡中的【数字格式】下拉按钮▼；❸在弹出的下拉菜单中单击【货币】选项，如图6-123所示。

图 6-123

Step02 操作完成后，所选数据即可设置为货币格式，单击两次【开始】选项卡中的【减少小数位数】按

钮❸❸，如图6-124所示。

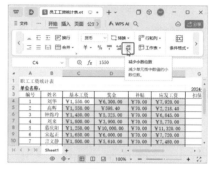

图 6-124

Step03 操作完成后，即可看到设置后的效果，如图6-125所示。

图 6-125

技术看板

选中单元格，然后在单元格上右击，在弹出的快捷菜单中单击【单元格格式】命令，在打开的【单元格格式】对话框中，也可以设置单元格的格式。

6.6.3 实战：设置工资表的对齐方式

实例门类	软件功能

在WPS表格的单元格中，文本默认为左对齐，数字默认为右对齐。为了保证工作表中的数据整齐，可以为数据重新设置对齐方式，操作方法如下。

Step01 接上一例操作，❶选中A1单元格；❷单击【开始】选项卡中的【水平居中】按钮，如图6-126所示。

图 6-126

Step02 操作完成后，所选单元格中的文本即以所选的方式对齐，如图6-127所示。

图 6-127

6.6.4 实战：设置工资表的边框和底纹样式

实例门类	软件功能

在编辑表格的过程中，可以通过添加边框和单元格背景色、为工作表设置背景图案，使表格轮廓更加清晰，整个表格更整齐美观，操作方法如下。

Step01 接上一例操作，❶选中要添加边框和底纹的单元格区域；❷单击【开始】选项卡中的【边框】下拉按钮田▾；❸在弹出的下拉菜单中单击【其他边框】命令，如图6-128所示。

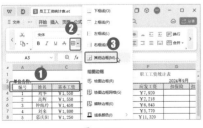

图 6-128

Step02 打开【单元格格式】对话框，❶在【线条】栏设置线条的样式和颜色；❷在【预置】栏单击【外边框】和【内部】按钮，如图6-129所示。

图 6-129

Step03 ❶在【图案】选项卡的【颜色】栏选择单元格底纹颜色；❷单击【确定】按钮，如图6-130所示。

图 6-130

Step04 返回工作表中，即可看到设置边框和底纹后的效果，如图6-131所示。

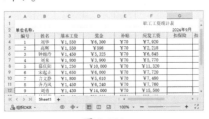

图 6-131

★新功能6.6.5 实战：为工资表应用单元格样式

实例门类	软件功能

WPS表格中内置了多种单元格样式，应用这些单元格样式可快速美化单元格，操作方法如下。

Step01 接上一例操作，❶选中A1单元格；❷单击【开始】选项卡中的【单元格样式】下拉按钮▾；❸在弹出的下拉菜单中选择一种单元格样式，如图6-132所示。

图 6-132

Step02 操作完成后，即可看到所选单元格已经应用了单元格样式，如图6-133所示。

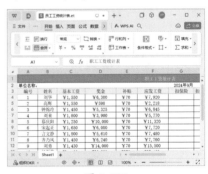

图 6-133

技术看板

单元格样式是应用于整个工作簿的文档主题的，如果将文档切换为另一主题，单元格样式会随之更新，以便与新主题相匹配。

★新功能6.6.6 实战：为工资表应用表样式

实例门类	软件功能

WPS表格中内置了多种表格样式，合理地应用这些表格样式，可以快速设置工作表的样式，美化工作表，操作方法如下。

Step01 接上一例操作，❶将光标定位到数据区域；❷单击【开始】选项卡中的【套用表格样式】下拉按钮🔽；❸在弹出的下拉列表中选择主题颜色；❹在上方选择一种预设的表格样式，如图6-134所示。

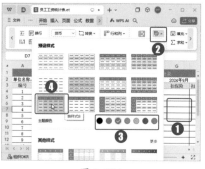

图6-134

Step02 打开【套用表格样式】对话框，直接单击【确定】按钮，如图6-135所示。

图6-135

Step03 返回工作簿中，即可看到表格已经套用了选定的表格样式，如图6-136所示。

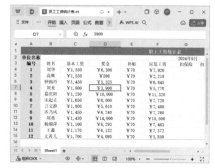

图6-136

6.7 设置数据有效性

数据有效性功能可以用来验证用户在单元格中输入的数据是否有效，以及限制输入数据的类型或范围等，减少输入错误，提高工作效率。在工作中，常用数据有效性来限制单元格中输入的文本长度、文本内容、数值范围等。

★重点6.7.1 实战：只允许在单元格中输入整数

实例门类	软件功能

在工作表中输入数据时，如果某列的单元格只能输入整数数字，则可以在该列中设置只能输入整数的限制，并设定最小值和最大值，操作方法如下。

Step01 打开"素材文件\第6章\冰箱销售统计.et"工作簿，❶选中要设置数据有效性的单元格区域；❷单击【数据】选项卡中的【有效性】下拉按钮；❸在弹出的下拉菜单中单击【有效性】命令，如图6-137所示。

图6-137

Step02 打开【数据有效性】对话框，❶在【允许】下拉列表中单击【整数】命令，在【数据】下拉列表中单击【介于】命令，在【最小值】文本框中输入允许输入的最小值，在【最大值】文本框中输入允许输入的最大数值；❷单击【确定】按钮，如图6-138所示。

图6-138

Step03 设置完成后，如果在单元格区域中输入非整数数值，则会弹出错误提示，如图6-139所示。

图 6-139

★重点 6.7.2　实战：为数据输入设置下拉列表

实例门类	软件功能

　　设置下拉列表后，可在输入数据时选择设置好的单元格内容，提高工作效率。为单元格设置下拉列表的方法有如下两种。

1. 使用【插入下拉列表】功能

　　使用【下拉列表】功能设置下拉列表的操作方法如下。

Step01 打开"素材文件\第6章\员工档案表1.et"工作簿，❶选中要设置下拉列表的单元格区域；❷单击【数据】选项卡中的【下拉列表】按钮，如图 6-140 所示。

图 6-140

Step02 打开【插入下拉列表】对话框，❶在列表框中输入下拉菜单的项目；❷单击 按钮添加新项目，如图 6-141 所示。

图 6-141

Step03 ❶使用相同的方法输入其他下拉菜单中的项目；❷单击【确定】按钮，如图 6-142 所示。

图 6-142

Step04 返回工作表，单击设置了下拉列表的单元格，其右侧会出现一个下拉箭头，单击该箭头，将弹出下拉列表，单击某个选项，即可在单元格中快速输入所选内容，如图 6-143 所示。

图 6-143

2. 使用【有效性】按钮

　　使用【有效性】按钮设置下拉列表的操作方法如下。

Step01 打开"素材文件\第6章\员工档案表1.et"工作簿，❶选中要设置下拉列表的单元格区域；❷单击【数据】选项卡中的【有效性】按钮，

如图 6-144 所示。

图 6-144

Step02 打开【数据有效性】对话框，❶在【允许】下拉列表中单击【序列】选项，在【来源】文本框中输入以英文逗号为间隔的序列内容；❷单击【确定】按钮，如图 6-145 所示。

图 6-145

Step03 返回工作表，单击设置了下拉列表的单元格，其右侧会出现一个下拉箭头，单击该箭头，将弹出一个下拉列表，单击某个选项，即可快速在该单元格中输入所选内容，如图 6-146 所示。

图 6-146

技术看板

设置下拉列表时，在【数据有效性】对话框的【设置】选项卡中，一定要确保【提供下拉箭头】为勾选状态（默认是勾选状态），否则，选中设置了数据有效性下拉列表的单元格时不会出现下拉箭头，无法弹出下拉列表供用户选择。

★新功能6.7.3 实战：限制重复数据的输入

实例门类	软件功能

在WPS表格中录入数据时，有时会要求某个区域的单元格数据具有唯一性，如身份证号码、发票号码等数据。为了防止错误输入相同数据，可以使用【拒绝录入重复项】功能防止重复输入，操作方法如下。

Step01 打开"素材文件\第6章\信息登记表.et"工作簿，❶选中要限制输入重复数据的单元格区域，本例选择的单元格区域为A3:A17；❷单击【数据】选项卡中的【重复项】下拉按钮；❸在弹出的下拉菜单中单击【拒绝录入重复项】命令，如图6-147所示。

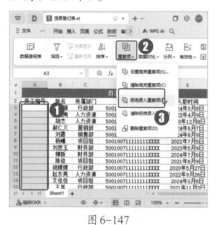

图 6-147

Step02 打开【拒绝重复输入】对话框，直接单击【确定】按钮，如图6-148所示。

图 6-148

Step03 返回工作表，当在A3:A17区域输入重复数据时，就会出现拒绝重复输入提示，如图6-149所示。

图 6-149

技术看板

如果要查找重复数据，可以在选中数据列之后单击【数据】选项卡中的【重复项】下拉按钮，在弹出的下拉菜单中单击【设置高亮重复项】命令，在弹出的对话框中单击【确定】按钮，可以高亮显示重复项。

6.7.4 设置输入信息提示

编辑工作表数据时，可以为单元格设置输入信息提示，提醒用户应该在单元格中输入什么样的内容。设置输入数据前的提示信息的操作方法如下。

Step01 打开"素材文件\第6章\信息登记表1.et"工作簿，选中要设置输入信息提示的单元格区域，本例选中D3:D17，打开【数据有效性】对话框，❶在【输入信息】选项卡

的【标题】和【输入信息】文本框中输入提示内容；❷单击【确定】按钮，如图6-150所示。

图 6-150

Step02 返回工作表，在D3:D17单元格区域选中任意单元格，都会出现提示信息，如图6-151所示。

图 6-151

6.7.5 设置出错警告提示

在单元格中设置了数据有效性后，当输入错误的数据时，系统会自动弹出警告信息。除系统默认的警告信息之外，我们还可以自定义警告信息。设置出错警告信息的操作方法如下。

Step01 打开"素材文件\第6章\商品定价表.et"工作簿，选中要设置出错警告提示的B3:B8单元格区域，打开【数据有效性】对话框，在【设置】选项卡中设置允许输入的内容信息，如图6-152所示。

图 6-152

Step02 ❶在【出错警告】选项卡的【样式】下拉列表中选择警告样式，如【停止】；❷在【标题】文本框中输入提示标题，在【错误信息】文本框中输入提示信息；❸完成设置后单击【确定】按钮，如图 6-153 所示。

图 6-153

Step03 返回工作表，在 B3:B8 单元格区域输入不符合条件的数据时，会出现自定义样式的警告信息，如图 6-154 所示。

图 6-154

6.8 WPS 表格的保护与打印

在工作中，如果不希望其他用户查看工作表内容，或者需要避免工作表中的内容因为误操作而被更改，可以对工作表和工作簿设置保护措施。工作表编辑完成后，可以对其进行页面设置，然后打印出来以供使用。

★重点 6.8.1 为工作簿设置保护密码

创建工作簿后，如果不希望他人对工作簿的结构进行更改，如创建新工作表、修改工作表名称等，可以为工作簿设置保护密码，操作方法如下。

Step01 打开"素材文件\第6章\信息登记表.et"工作簿，单击【审阅】选项卡中的【保护工作簿】命令，如图 6-155 所示。

图 6-155

Step02 打开【保护工作簿】对话框，

❶在【密码】文本框中输入密码（本例输入 "123"）；❷单击【确定】按钮，如图 6-156 所示。

图 6-156

Step03 弹出【确认密码】对话框，❶在【重新输入密码】文本框中再次输入密码；❷单击【确定】按钮，如图 6-157 所示。

图 6-157

Step04 为工作簿设置密码后，右击工作表标签，会发现【插入工作表】【删除】【重命名】等命令呈灰色状态，表示不能执行，如图 6-158 所示。

图 6-158

技能拓展——取消工作簿保护

如果要取消对工作簿的保护，可以单击【审阅】选项卡中的【撤销工作簿保护】按钮，在弹出的对话框中输入密码，取消保护即可。

★新功能 6.8.2 实战：为工作表添加页眉和页脚

实例门类	软件功能

在 WPS 表格中也可以添加页眉和页脚，页眉是显示在每一页顶部

的信息，通常包括表格名称等内容；页脚则是显示在每一页底部的信息，通常包括页数、打印日期等。添加页眉和页脚的操作方法如下。

Step01 打开"素材文件\第6章\公司销售业绩表.et"工作簿，单击【页面】选项卡中的【页眉页脚】按钮，如图6-159所示。

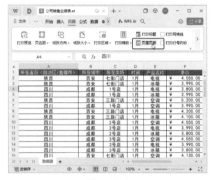

图6-159

Step02 打开【页面设置】对话框，❶在【页眉/页脚】选项卡的【页眉】下拉列表中选择一种页眉样式；❷单击【页脚】右侧的【自定义页脚】按钮，如图6-160所示。

图6-160

Step03 打开【页脚】对话框，❶将光标定位到【中】文本框中，输入页脚信息；❷将光标定位到【右】文本框中；❸单击【日期】按钮；❹单击【确定】按钮，如图6-161所示。

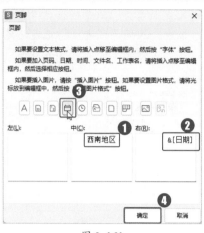

图6-161

Step04 返回【页面设置】对话框，在预览窗口中查看效果，确定后单击【确定】按钮即可，如图6-162所示。

图6-162

6.8.3 设置工作表的页面格式

表格制作完成后，可以对页面格式进行设置，如设置纸张大小、纸张方向、页边距等。

➥ 设置纸张大小：WPS表格默认的纸张大小为A4，如果需要使用其他的纸张大小，可以单击【页面】选项卡中的【纸张大小】下拉按钮，在弹出的下拉菜单中单击需要的纸张大小即可，如图6-163所示。

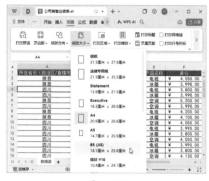

图6-163

➥ 设置纸张方向：默认的纸张方向为纵向，如果要更改纸张方向，可以单击【页面】选项卡中的【纸张方向】下拉按钮，在弹出的下拉菜单中单击【横向】命令，如图6-164所示。

图6-164

➥ 设置页边距：页边距是指打印在纸张上的内容与纸张上、下、左、右边界的距离。设置页边距时，单击【页面】选项卡中的【页边距】下拉按钮，在弹出的下拉菜单中单击需要的页边距即可，如图6-165所示。

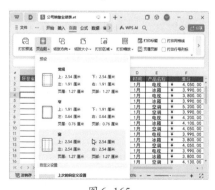

图6-165

★重点 6.8.4　实战：预览及打印工作表

实例门类	软件功能

通过 WPS 表格的打印预览功能，用户可以在打印工作表之前先预览工作表的打印效果，然后再进行打印，操作方法如下。

Step01 接上一例操作，单击【页面】选项卡中的【打印预览】按钮，如图 6-166 所示。

图 6-166

Step02 ❶进入打印预览视图，在该视图中可以看到设置的页眉和页脚，并可以在该页面设置打印的参数，如打印方式、打印份数、纸张方向等；❷设置完成后单击【打印】按钮，即可开始打印工作表，如图 6-167 所示。

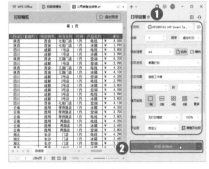

图 6-167

🔧 **技能拓展——退出打印预览窗口**

如果不再需要打印预览，可以单击【退出预览】按钮，返回工作表编辑界面。

妙招技法

通过前面知识的学习，相信读者朋友已经对 WPS 表格的数据录入与编辑有了一定的了解。下面结合本章内容，给大家介绍一些实用技巧。

★ AI功能 技巧01：设置 WPS AI 的唤起快捷方式

在启用 WPS AI 时，可以设置其唤醒的快捷方式，操作方法如下。

Step01 打开任意工作簿，❶单击【WPS AI】按钮；❷在弹出的下拉菜单中单击【设置】命令，如图 6-168 所示。

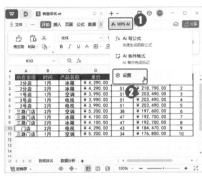

图 6-168

Step02 打开【WPS AI 设置】对话框，❶在【设置】栏选择快捷入口的触发方式；❷单击【关闭】按钮× 即可，如图 6-169 所示。

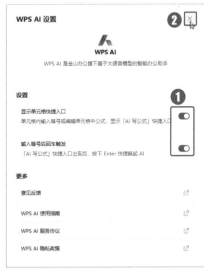

图 6-169

技巧02：巧妙输入位数较多的员工编号

在编辑工作表的时候，经常需要输入位数较多的员工编号、学号、证书编号等，如 LYG2014001、LYG2014002……此时会发现编号的部分字符是相同的，若重复录入不仅非常烦琐，且易出错。可以通过自定义数据格式的方式快速输入。例如，要输入员工编号"LYG2024001"，具体操作方法如下。

Step01 打开"素材文件\第6章\信息登记表.et"工作簿，选中要输入员工编号的单元格区域，打开【单元格格式】对话框，❶在【数字】选项卡的【分类】列表框中单击【自定义】命令；❷在右侧【类型】文本框中输入""LYG2024"000"（""LYG2024""是重复固定不变的内容）；❸单击【确定】按钮，如图 6-170 所示。

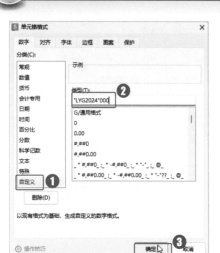

图 6-170

Step 02 返回工作表，在单元格区域输入固定编号后的序号，如"1"，如图 6-171 所示。

图 6-171

Step 03 按【Enter】键确认，即可显

示完整的编号，如图 6-172 所示。

图 6-172

技巧03：如何自动填充日期值

在编辑记账表格、销售统计等类型的工作表时，经常要输入连贯的日期值。除了手动输入外，还可以通过填充功能快速输入，以提高工作效率，具体操作方法如下。

Step 01 打开"素材文件\第6章\销售统计.et"工作簿，在A3单元格中输入起始日期，并选中该单元格，将光标指向单元格的右下角，当光标呈 ╋ 时按住鼠标右键不放并向下拖动，当拖动到目标单元格后释放鼠标右键，在弹出的快捷菜单中选择日期填充方式，如单击【以月填充】命令，如图 6-173 所示。

图 6-173

Step 02 操作完成后即可按月填充序列，如图 6-174 所示。

图 6-174

技能拓展——按天数填充日期

当光标呈 ╋ 时，若按住鼠标左键向下拖动，可直接按【以天数填充】方式填充日期值。

本章小结

本章主要介绍了在WPS表格录入数据和设置表格样式的方法，让读者了解录入各类型数据的方法、设置表格样式的方法，以及通过数据有效性控制数据的方法。通过本章的学习，希望读者可以根据需要创建出符合要求的工作表，并对工作表进行美化，做出数据详尽、美观大方的工作表。

第7章 对电子表格数据进行分析

- ➥ 怎样突出显示符合特定条件的单元格？
- ➥ 想要把数据形象地表现出来，可以将不同范围的值用不同的符号标出来吗？
- ➥ 想要将工作表中的数据从高到低，或者从低到高排列，如何操作？
- ➥ 默认的排序方式是以列排序，如果需要按行排序，应该如何设置？
- ➥ 表格制作完成后，如何将其中的一项数据筛选出来？
- ➥ 工作表中的特殊数据设置了单元格颜色后，怎样通过颜色来筛选数据？
- ➥ 如果想要筛选的数据有多个条件，应该怎样筛选？
- ➥ 要查看各地区的销量表，应该怎样汇总数据，以提高查看效率？
- ➥ 公司每个季度制作一张销量统计表，现在需要将全年的工作表进行合并计算，该怎样操作？

在日常工作中，人们经常需要借助一些工具来对数据进行处理，WPS 表格作为专业的数据处理工具，可以帮助人们将繁杂的数据转化为有效的信息。因为具有强大的数据计算、汇总和分析等功能，WPS 表格备受广大用户的青睐。学习了本章内容后，读者可以学到数据处理与分析的方法，快速掌握 WPS 表格的数据处理与分析技巧。

7.1 认识数据分析

利用 WPS 表格，我们可以完成绝大多数的数据整理、统计、分析工作，挖掘出隐藏在数据背后的信息，帮助我们做出正确的判断和决策。数据分析广泛应用于行政管理、市场营销、财务管理、人事管理和金融管理等诸多领域。在学习数据分析之前，我们先来了解与数据分析有关的知识。

7.1.1 数据分析

WPS 表格是重要的数据分析工具，利用它可以对数据进行排序、筛选、分类汇总和设置条件格式等操作。借助 WPS 表格，我们可以对收集到的大量数据进行统计和分析，并从中提取有用的信息，如图 7-1 所示。

图 7-1

数据分析的作用如下。

- ➥ 对数据进行有效整合，挖掘数据背后潜在的信息。
- ➥ 对数据整体中缺失的信息进行科学预测。
- ➥ 对数据所代表的系统趋势进行预测。
- ➥ 支持对数据所在系统的功能优化，对决策起到评估和支撑作用。

★重点 7.1.2 数据排序的规则

在 WPS 表格中，要让数据展现得更加直观，就必须有一个合理的排序。排序的规则包含以下几种。

1. 按列排序

在 WPS 表格中，默认的排序方向是按列排序，用户可以根据输入的列字段对数据进行排序，如图 7-2 所示。

图 7-2

2. 按行排序

除默认的按列排序之外，还可以将数据按行排序。有时候，为了让数据更美观或者出于工作的需要，表格的数据需要横向排列。

按行排序的操作方法与按列排序相似。在【排序选项】对话框的【方向】栏单击【按行排序】单选框，再单击【确定】按钮，就可以改变排序的方向。

3. 拼音排序

在WPS表格中，对汉字的排序方法默认是按拼音排序，即按第一个字的拼音字母在26个英文字母中出现的次序（从A至Z的顺序）对数据进行排序，第一个字相同则向后依次比较第二个字、第三个字等。

4. 笔画排序

在【排序选项】对话框的【方式】栏单击【笔画排序】单选框，就可以按汉字的笔画来排序。

按笔画排序，包括了以下几种情况。

（1）按汉字笔画的多少排序，同笔画数的汉字按起笔顺序（横、竖、撇、捺、折）排列。

（2）笔画数和起笔都相同的字，按字形结构排序，先左右，再上下，最后是整体字形。

（3）如果第一字相同，则依次按第二字、第三字排序，规则同第一字的排序。

5. 按数值排序

WPS表格中经常包含大量的数字，如数量、金额等。按数值排序，就是按数字的大小进行升序或降序排列。

6. 自定义排序

在某些情况下，WPS表格中的一些数据并没有明显的顺序特征，如产品名称、销售区域、业务员姓名、部门等信息。如果要对这些数据进行排序，已有的排序规则并不能满足需求，此时可以使用自定义排序。

在【排序】对话框中，单击【次序】下拉列表中的【自定义序列】选项，打开【自定义序列】对话框，在其中输入新的序列，并将其添加到【自定义序列】列表框中，如图7-3所示。

图7-3

添加自定义序列后，再次进行排序时，只要在【排序】对话框的【次序】下拉列表中选择自定义的新序列，即可按照自定义的序列排序。

7.1.3 数据筛选的几种方法

WPS表格提供了筛选的功能，通过这个功能，我们可以从成千上万的数据中筛选出我们需要的数据。

在WPS表格中筛选数据时，首先要执行【筛选】命令，进入筛选状态。此时，在每个字段右侧会出现一个下拉按钮，单击此按钮可以进行筛选，如图7-4所示。

图7-4

1. 单条件筛选

单条件筛选是WPS表格中最简单也最常用的筛选方法，它是针对一个字段的一个条件进行筛选，将不满足该条件的数据暂时隐藏起来，只显示符合条件的数据。

2. 多条件筛选

WPS表格也提供了多条件筛选的功能。

按照第一个字段进行数据筛选后，还可以使用其他的筛选字段继续进行数据筛选，这就形成了多条件筛选。

在筛选状态下，单击某个字段右侧的下拉按钮，在弹出的筛选列表中取消选中【全选】复选框，然后选中符合条件的复选框，单击【确定】按钮，可以筛选出该字段中符合某个单项条件的筛选，如图7-5所示。

图7-5

除使用文本筛选数据外，还可

以根据数字进行筛选，如金额、数量等。配合常用的数字符号，如等于、大于、小于等，可以对数据进行各种筛选操作，如图7-6所示。

图7-6

7.1.4　分类汇总的要点

在工作中，经常会接触到二维数据表格，需要根据表中的某列数据字段对数据进行分类汇总，得出汇总结果。此时，就需要使用分类汇总功能。

在进行分类汇总时，还需要注意以下要点。

1. 汇总前排序

在创建分类汇总之前，首先要对工作表中的数据进行排序。如果没有对汇总字段进行排序，数据汇总时就无法得出正确的结果。

2. 生成汇总表

对需要汇总的字段排序之后，就可以执行分类汇总命令，再设置分类汇总选项，就可以生成汇总表，如图7-7所示。

图7-7

3. 分级查看汇总数据

默认情况下，WPS 表格中的分类汇总表会显示全部的3级汇总结果。如果汇总结果较多，查看不方便，也可调整【汇总级别】，使汇总表只显示1级或2级汇总结果，如图7-8所示。

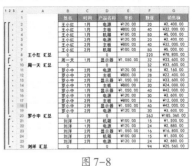

图7-8

4. 取消分类汇总

根据某个字段进行分类汇总之后，还可以取消分类汇总，还原到汇总前的状态。

在【分类汇总】对话框中，单击【全部删除】按钮，就可以删除所有的分类汇总结果，还原到汇总前的状态，如图7-9所示。

图7-9

7.2　使用条件格式

在编辑表格时，可以为表格设置条件格式。WPS 表格中提供了非常丰富的条件格式，并且，当单元格中的数据发生变化时，系统会自动评估并应用指定的格式。下面将详细讲解条件格式的使用方法。

★重点 7.2.1　实战：在销售表中突出显示符合条件的数据

实例门类	软件功能

如果要在 WPS 表格中突出显示一些数据，如大于某个值的数据、小于某个值的数据、等于某个值的数据等，可以使用突出显示单元格规则来实现。

1. 突出显示单元格规则的含义

在使用突出显示单元格规则之前，首先需要了解其中有哪些命令，各命令的具体含义又是什么，如图7-10所示。

图 7-10

➥【大于】命令：表示将大于某个值的单元格突出显示。

➥【小于】命令：表示将小于某个值的单元格突出显示。

➥【介于】命令：表示将位于某个数值范围内的单元格突出显示。

➥【等于】命令：表示将等于某个值的单元格突出显示。

➥【文本包含】命令：表示将包含所设置的文本信息的单元格突出显示。

➥【发生日期】命令：表示将单元格中与设置的日期相符合的信息突出显示。

➥【重复值】命令：表示将重复出现的单元格突出显示。

2. 突出显示单元格规则的使用方法

下面以在"空调销售表"工作簿中显示销售数量小于"20"的单元格为例，介绍突出显示单元格规则的使用方法。

Step01 打开"素材文件\第7章\空调销售表.xlsx"工作簿，❶选中D2:D10单元格区域；❷单击【开始】选项卡中的【条件格式】下拉按钮；❸在弹出的下拉菜单中选择【突出显示单元格规则】命令；❹在弹出的子菜单中单击【小于】命令，如图7-11所示。

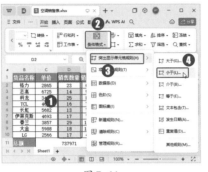

图 7-11

Step02 打开【小于】对话框，❶在数值框中输入"20"，在【设置为】下拉列表框中单击【浅红填充色深红色文本】命令；❷单击【确定】按钮，如图7-12所示。

图 7-12

Step03 返回工作簿中，即可看到D2:D10单元格区域中小于20的数值已经以浅红色填充色深红色文本的单元格格式突出显示，如图7-13所示。

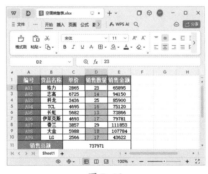

图 7-13

★重点 7.2.2 实战：在销售表中选取销售额前3的数据

实例门类	软件功能

如果要识别项目中最大或最小的百分数或数字所指定的项，或者指定大于平均值或小于平均值的单

元格，可以使用项目选取规则。

1. 项目选取规则的含义

在使用项目选取规则之前，首先需要了解其中有哪些命令，各命令的具体含义又是什么，如图7-14所示。

图 7-14

➥【前10项】命令：表示将突出显示值最大的10个单元格。

➥【前10%】命令：表示将突出显示值最大的10%的单元格。

➥【最后10项】命令：表示将突出显示值最小的10个单元格。

➥【最后10%】命令：表示将突出显示值最小的10%的单元格。

➥【高于平均值】命令：表示将突出显示值高于平均值的单元格。

➥【低于平均值】命令：表示将突出显示低于平均值的单元格。

2. 项目选取规则的使用方法

下面以在"空调销售表"工作簿中分别设置销售金额前3位和最后3位的单元格为例，介绍项目选取规则的使用方法。

Step01 打开"素材文件\第7章\空调销售表.xlsx"工作簿，❶选中E2:E10单元格区域；❷单击【开始】选项中的【条件格式】下拉按钮；❸在弹出的下拉菜单中选择【项目选取规则】命令；❹在弹出的子菜单中单击【前10项】命令，如图7-15所示。

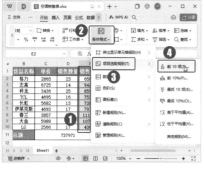

图7-15

Step02 打开【前10项】对话框，❶在数值框中输入"3"，在【设置为】下拉列表框中单击【浅红填充色深红色文本】命令；❷单击【确定】按钮，如图7-16所示。

图7-16

Step03 保持单元格区域的选中状态，❶单击【开始】选项卡中的【条件格式】下拉按钮；❷在弹出的下拉菜单中选择【项目选取规则】命令；❸在弹出的子菜单中单击【最后10项】命令，如图7-17所示。

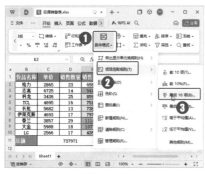

图7-17

Step04 打开【最后10项】对话框，❶在数值框中输入"3"，在【设置为】下拉列表框中单击【绿填充色深绿色文本】命令；❷单击【确定】

按钮，如图7-18所示。

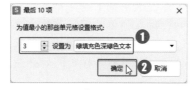

图7-18

Step05 返回工作簿中，即可看到已经对E2:E10单元格区域中销售金额前3的单元格和销售金额后3的单元格进行了设置，如图7-19所示。

图7-19

★重点7.2.3 实战：使用数据条、色阶和图标集显示数据

实例门类	软件功能

使用条件格式功能，可以根据条件使用数据条、色阶和图标集来突出显示相关单元格，强调异常值，实现数据的可视化。

1. 使用数据条设置条件格式

数据条可用于查看某个单元格中数据相对于其他单元格中数据的值。数据条的长度代表单元格中的值，数据条越长，表示值越大；数据条越短，表示值越小。使用数据条分析大量数据中的较大值和较小值非常方便。下面以在"空调销售表"工作簿中使用数据条来显示"销售数量"列的数值为例，介绍使用数据条设置条件格式的方法。

Step01 打开"素材文件\第7章\空调销售表.xlsx"工作簿，❶选中D2:D10单元格区域；❷单击【开始】选项中的【条件格式】下拉按钮；❸在弹出的下拉菜单中选择【数据条】命令；❹在弹出的子菜单中选择数据条样式，如图7-20所示。

图7-20

Step02 返回工作簿中即可看到D2:D10单元格区域已经根据数值大小填充了数据条，如图7-21所示。

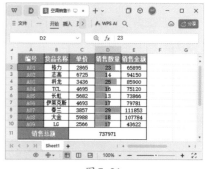

图7-21

2. 使用色阶设置条件格式

色阶可以帮助用户直观地了解数据的分布和变化情况。WPS表格默认使用双色刻度和三色刻度来设置条件格式，通过颜色的深浅程度来反映某个区域的单元格数据值的大小。下面以在C2:C10单元格区域使用色阶为例，介绍使用色阶设置条件格式的方法。

Step01 接上一例操作，❶选中C2:C10单元格区域；❷单击【开始】选项卡中的【条件格式】下拉按钮；❸在弹出的下拉菜单中选择【色阶】命令；❹在弹出的子菜单中选择一种色阶样式，如图7-22所示。

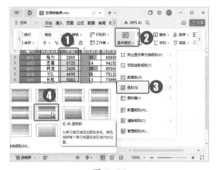

图7-22

Step❷ 返回工作簿中，即可看到C2:C10单元格区域已经根据数值大小填充了选定的颜色，如图7-23所示。

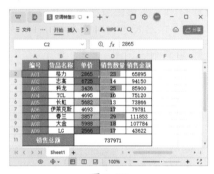

图7-23

3. 使用图标集设置条件格式

图标集用于对数据进行注释，并按值的大小将数据划分为3~5个类别，每个图标代表一个数据类别。例如，在"三向箭头"图标集中，绿色的上箭头表示较高的值，黄色的横向箭头表示中间值，红色的下箭头表示较低的值。下面，以为"空调销售表"工作簿中的销售金额设置图标集为例，介绍使用图标集设置条件格式的方法。

Step❶ 接上一例操作，❶选中

E2:E10单元格区域；❷单击【开始】选项卡中的【条件格式】下拉按钮；❸在弹出的下拉菜单中选择【图标集】命令；❹在弹出的子菜单中选择一种图标集样式，如图7-24所示。

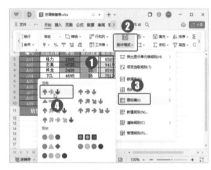

图7-24

Step❷ 返回工作簿中，即可看到E2:E10单元格区域已经根据数值大小设置了图标，如图7-25所示。

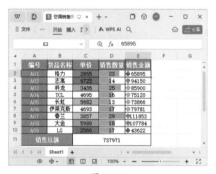

图7-25

★ AI功能7.2.4 实战：使用AI突出显示重点数据

实例门类	软件功能

如果要突出显示重点数据，可以使用WPS的AI条件格式功能，操作方法如下。

Step❶ 打开"素材文件\第7章\空调销售表.xlsx"工作簿，❶单击【WPS AI】按钮；❷在弹出的下拉菜单中单击【AI条件格式】命令，如图7-26所示。

图7-26

Step❷ 打开【AI条件格式】对话框，❶在文本框中输入需要WPS AI执行的操作；❷单击【发送】按钮➤，如图7-27所示。

图7-27

Step❸ WPS AI将根据描述的操作设置区域、规则和格式，确认无误后单击【完成】按钮，如图7-28所示。

图7-28

Step❹ 返回工作表中，即可看到已经按要求填充了单元格，如图7-29所示。

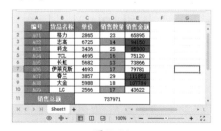

图7-29

7.3 排序数据

在WPS表格中，排序数据是指按照一定的规则对工作表中的数据进行排列，以便进一步处理和分析这些数据。WPS表格提供了多种方法对数据列表进行排序，用户可以根据需要按行或列、按升序或降序进行排序，也可以自定义排序条件。

★新功能7.3.1 实战：对成绩表进行简单排序

实例门类	软件功能

在WPS表格中，有时需要对数据进行升序或降序排列。升序是指对选择的数据按从小到大的顺序排序，降序是指对选择的数据按从大到小的顺序排序。

根据某个条件对数据进行升序或降序排序的方法很简单，下面以对"员工考核成绩表"中的总分进行降序排序为例，介绍按条件排序的方法。

Step01 打开"素材文件\第7章\员工考核成绩表.xlsx"工作簿，❶选中总分字段中的任意单元格；❷单击【开始】选项卡中的【排序】下拉按钮；❸在弹出的下拉菜单中单击【降序】命令，如图7-30所示。

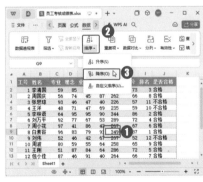

图 7-30

Step02 操作完成后，即可看到"总分"列的数据已经按照降序排列，如图7-31所示。

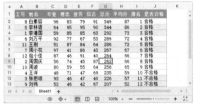

图 7-31

使用以下两个方法，也可以对数据进行简单排序。

（1）选中要排序的字段中的任意单元格，单击【开始】选项卡中的【排序】下拉按钮，在弹出的下拉菜单中单击【升序】或【降序】命令即可，如图7-32所示。

图 7-32

（2）右击要排序的字段，在弹出的快捷菜单中单击【排序】命令右侧的扩展按钮＞，在弹出的子菜单中单击【升序】或【降序】命令即可，如图7-33所示。

图 7-33

★重点7.3.2 实战：对成绩表进行多条件排序

实例门类	软件功能

多条件排序是指依据多列的数据规则对数据表进行排序。例如，在"员工考核成绩表"中要同时对"总分"列和"平均分"列进行【升序】排序，操作方法如下。

Step01 打开"素材文件\第7章\员工考核成绩表.xlsx"工作簿，❶选中数据区域的任意单元格；❷单击【数据】选项卡中的【排序】下拉按钮；❸在弹出的下拉菜单中单击【自定义排序】命令，如图7-34所示。

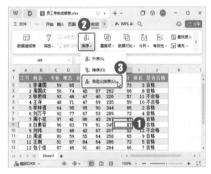

图 7-34

Step02 打开【排序】对话框，❶在【主要关键字】下拉列表框中单击【总分】，在【排序依据】下拉列表框中单击【数值】，在【次序】下拉列表框中单击【升序】；❷单击【添加条件】按钮，如图7-35所示。

图 7-35

Step 03 ❶在【次要关键字】下拉列表框中单击【综合】，在【排序依据】下拉列表框中单击【数值】，在【次序】下拉列表框中单击【升序】；❷单击【确定】按钮，如图7-36所示。

图7-36

Step 04 返回工作表，即可看到表中的数据已经按照设置的多个条件进行了排序，如图7-37所示。

图7-37

技术看板

多条件排序时，如果"总分"列的数据相同，则按"综合"列的数据排序。

7.3.3 在成绩表中自定义排序条件

如果工作表中没有合适的排序方式，我们还可以以自定义排序条件来进行排序。例如，在"员工考核成绩表"中，要将合格的数据排列在前方，操作方法如下。

Step 01 打开"素材文件\第7章\员工考核成绩表.xlsx"工作簿，打开【排序】对话框，❶在对话框中将【主要关键字】设为【是否合格】；❷单击【次序】下拉列表，在弹出的下拉列表框中单击【自定义序列】命令，如图7-38所示。

图7-38

Step 02 打开【自定义序列】对话框，❶在【输入序列】栏中输入需要的序列；❷单击【添加】按钮；❸单击【确定】按钮保存自定义序列的设置，如图7-39所示。

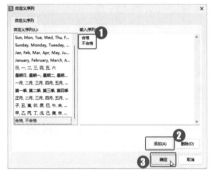

图7-39

Step 03 返回【排序】对话框，即可看到【次序】已经默认设置为自定义序列，单击【确定】按钮，如图7-40所示。

图7-40

Step 04 返回工作表中，即可看到表中的数据已经按照自定义的序列排列，如图7-41所示。

图7-41

7.4 筛选数据

在WPS表格中，数据筛选是指只显示符合用户设置条件的数据信息，同时隐藏不符合条件的数据信息。用户可以根据实际需要进行自动筛选、高级筛选或自定义筛选。

★重点7.4.1 实战：在销量表中进行自动筛选

实例门类	软件功能

在WPS表格中，自动筛选是按照指定的条件进行筛选，主要分为简单的条件筛选和对指定数据的筛选。下面介绍两种筛选的操作方法。

1. 简单的条件筛选

下面以在"一二月销售情况"工作表中筛选"1月"的销售情况为例，介绍进行简单的条件筛选的方法。

Step 01 打开"素材文件\第7章\一二月销售情况.xlsx"工作簿，❶将光标定位到工作表的数据区域；❷单击【数据】选项卡中的【筛选】按钮，如图7-42所示。

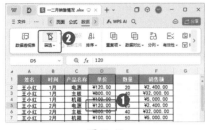

图 7-42

Step02 此时工作表数据区域的字段名右侧会出现下拉按钮，❶单击"时间"字段名右侧的下拉按钮▼；❷在弹出的下拉列表中的【名称】列表框中勾选【1月】复选框；❸单击【确定】按钮，如图7-43所示。

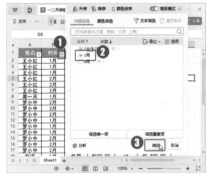

图 7-43

Step03 返回工作表，即可看到工作表只显示了符合筛选条件的数据信息，同时"时间"右侧的下拉按钮变为▼形状，如图7-44所示。

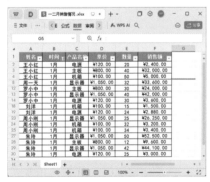

图 7-44

2. 对指定数据的筛选

例如，要在"一二月销售情况"工作簿中筛选出员工"销售额"的5个最大值，操作方法如下。

Step01 打开"素材文件\第7章\一二月销售情况.xlsx"工作簿，❶将光标定位到工作表的数据区域中；❷单击【开始】选项卡中的【筛选】按钮，如图7-45所示。

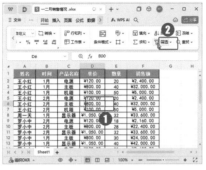

图 7-45

Step02 进入筛选状态，单击"销售额"字段名右侧的下拉按钮▼，❶在打开的下拉列表中单击【数字筛选】按钮；❷在打开的下拉菜单中单击【前十项】命令，如图7-46所示。

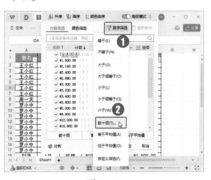

图 7-46

Step03 打开【自动筛选前10个】对话框，❶在【显示】组合框中根据需要进行选择，如选择显示【最大】的【5】项数据；❷单击【确定】按钮，如图7-47所示。

图 7-47

Step04 返回工作表，即可看到工作表中的数据已经按照"销售额"

字段的最大前5项进行筛选，如图7-48所示。

图 7-48

★重点 7.4.2　实战：在销量表中自定义筛选

实例门类	软件功能

在筛选数据时，可以通过WPS表格提供的自定义筛选功能来进行更复杂、更具体的筛选，使数据筛选更具灵活性。例如，要筛选出销售数量在30～50的数据，操作方法如下。

Step01 打开"素材文件\第7章\一二月销售情况.xlsx"工作簿，进入筛选状态，❶单击"数量"字段名右侧的下拉按钮▼；❷在打开的下拉列表中单击【数字筛选】选项；❸在打开的下拉菜单中单击【自定义筛选】命令，如图7-49所示。

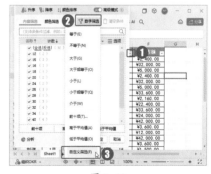

图 7-49

Step02 打开【自定义自动筛选方式】对话框，❶在【数量】组合框中设置筛选条件；❷单击【确定】按钮，如图7-50所示。

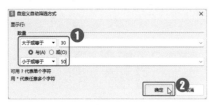

图7-50

Step03 返回工作表，即可看到符合条件的数据已经被筛选出来，如图7-51所示。

图7-51

7.4.3 实战：在销量表中进行高级筛选

实例门类	软件功能

在实际工作中，有时需要筛选的数据区域中数据信息很多，同时筛选的条件又比较复杂，这时使用高级筛选能够极大地提高工作效率。

例如，要在"一二月销售情况"工作簿中筛选出"主板"数量">20"，"机箱"数量">30"和"显示器"数量">40"的数据，操作方法如下。

Step01 打开"素材文件\第7章\一二月销售情况.xlsx"工作簿，❶在数据区域下方创建筛选条件区域；❷选中数据区域内的任意单元格；❸单击【数据】选项卡中的【筛选】下拉按钮；❹在弹出的下拉菜单中单击【高级筛选】命令，如图7-52所示。

所示。

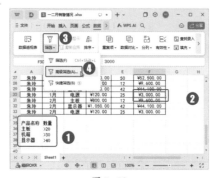

图7-52

Step02 打开【高级筛选】对话框，❶在【方式】栏单击【在原有区域显示筛选结果】单选框；❷【列表区域】中自动设置了参数区域（若有误，需手动修改），将光标插入点定位在【条件区域】参数框中，单击【折叠】按钮，如图7-53所示。

图7-53

Step03 ❶在工作表中拖动鼠标选中参数区域；❷单击【展开】按钮，如图7-54所示。

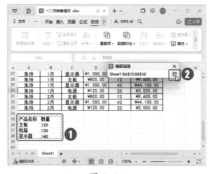

图7-54

Step04 返回【高级筛选】对话框，直接单击【确定】按钮，如图7-55所示。

图7-55

Step05 返回工作表，即可看到表格中显示了所有符合条件的筛选结果，如图7-56所示。

图7-56

技能拓展——将筛选结果复制到其他位置

如果要将筛选结果显示到其他位置，可以在【高级筛选】对话框的【方式】栏选中【将筛选结果复制到其他位置】单选框，然后在【复制到】文本框中输入要保存筛选结果的单元格区域的第一个单元格地址。

7.4.5 取消筛选

筛选完成之后需要继续编辑工作表时，可以取消筛选。取消筛选又分为两种情况，一种是退出筛选状态；另一种是保留筛选状态，只清除筛选结果。

1. 退出筛选状态

要直接退出筛选状态，主要有以下几种方法。

（1）单击【开始】选项卡中的【筛选】按钮，可以取消筛选，如图7-57所示。

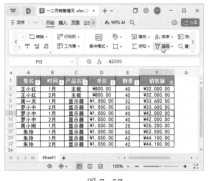

图 7-57

（2）单击【数据】选项卡中的【筛选】按钮，可以取消筛选，如图7-58所示。

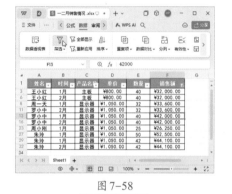

图 7-58

（3）右击数据区域，在弹出的快捷菜单中单击【筛选】命令，即可退出筛选状态，如图7-59所示。

图 7-59

2. 保留筛选状态

如果需要保留筛选状态，只清除筛选结果，操作方法有以下几种。

（1）在【开始】选项卡中单击【筛选】下拉按钮，在弹出的下拉菜单中单击【全部显示】命令，如图7-60所示。

图 7-60

（2）在【数据】选项卡中单击【全部显示】按钮，如图7-61所示。

图 7-61

（3）单击筛选后的下拉按钮，在弹出的下拉菜单中选择【全选】复选框，然后单击【确定】按钮，如图7-62所示。

图 7-62

（4）右击数据区域，在弹出的快捷菜单中单击【筛选】命令，在弹出的子菜单中单击【全部显示】命令，如图7-63所示。

图 7-63

7.5 分类汇总数据

用户可以通过WPS表格提供的分类汇总功能对表格中的数据进行分类，把性质相同的数据汇总到一起，使表格的结构更清晰，更便于查找数据信息。下面将介绍创建简单分类汇总、高级分类汇总和嵌套分类汇总的方法。

★重点7.5.1 实战：对业绩表进行简单分类汇总

实例门类	软件功能

简单分类汇总常用于对数据清单中的某一列进行排序，然后进行分类汇总，操作方法如下。

Step 01 打开"素材文件\第7章\销售业绩表.xlsx"工作簿，❶将光标定位到【所在省份】列的任意单元格中；❷单击【数据】选项卡中的【排序】按钮，该列将按升序排序，如图7-64所示。

图7-64

Step 02 在【数据】选项卡中单击【分类汇总】按钮，如图7-65所示。

图7-65

Step 03 打开【分类汇总】对话框，❶在【分类字段】下拉列表中单击【所在省份】命令；❷在【汇总方式】下拉列表中单击【求和】命令；❸在【选定汇总项】列表框中勾选

【销售额】复选框；❹单击【确定】按钮，如图7-66所示。

图7-66

Step 04 返回工作表，即可看到表中数据已经按照设置进行了分类汇总，并分组显示了分类汇总的数据信息，如图7-67所示。

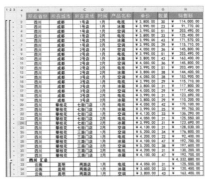

图7-67

⚙️ 技能拓展——分页存放汇总结果

如果希望将分类汇总后的每组数据分页存放，可以在【分类汇总】对话框中勾选【每组数据分页】复选框。

7.5.2 实战：对业绩表进行高级分类汇总

实例门类	软件功能

高级分类汇总主要用于对数据

清单中的某一列进行两次不同方式的汇总。相对于简单分类汇总而言，高级分类汇总的结果更加清晰，更便于用户分析数据信息，操作方法如下。

Step 01 打开"素材文件\第7章\销售业绩表.xlsx"工作簿，❶将光标定位到【所在省份】列的任意单元格中；❷单击【开始】选项卡中的【排序】按钮，该列将按升序排序，如图7-68所示。

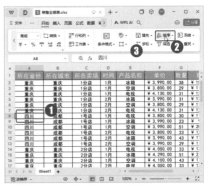

图7-68

Step 02 在【数据】选项卡中单击【分类汇总】按钮，如图7-69所示。

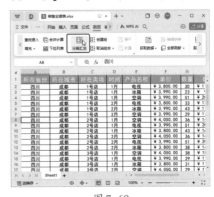

图7-69

Step 03 打开【分类汇总】对话框，❶在【分类字段】下拉列表中单击【所在省份】命令；❷在【汇总方式】下拉列表中单击【求和】命令；❸在【选定汇总项】列表框中勾选【销售额】复选框；❹单击【确定】按钮，如图7-70所示。

图 7-70

Step 04 返回工作表，将光标定位到数据区域中，再次执行【分类汇总】命令，如图 7-71 所示。

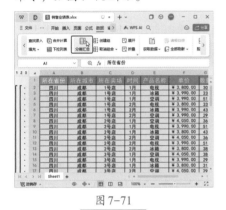

图 7-71

Step 05 打开【分类汇总】对话框，❶在【分类字段】下拉列表中单击【所在省份】命令；❷在【汇总方式】下拉列表中单击【平均值】命令；❸在【选定汇总项】列表框中勾选【销售额】复选框；❹取消勾选【替换当前分类汇总】复选框；❺单击【确定】按钮，如图 7-72 所示。

图 7-72

Step 06 返回工作表，即可看到表中数据已经按照前面的设置进行分类汇总，并分组显示了分类汇总的数据信息，如图 7-73 所示。

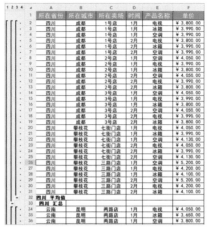

图 7-73

技能拓展——将汇总项显示在数据上方

默认情况下，对表格数据进行分类汇总后，汇总项会显示在数据的下方，如果需要将汇总项显示在数据的上方，可以取消勾选【汇总结果显示在数据下方】复选框（默认为勾选状态）。

7.5.3 对业绩表进行嵌套分类汇总

嵌套分类汇总是对数据清单中两列或者两列以上的数据信息同时进行汇总，进行嵌套分类汇总的操作方法如下。

Step 01 打开"素材文件\第7章\销售业绩表.xlsx"工作簿，❶将光标定位到【所在省份】列的任意单元格中；❷单击【数据】选项卡中的【排序】按钮，该列将按升序排序，如图 7-74 所示。

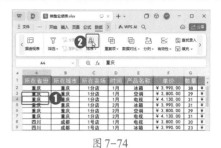

图 7-74

Step 02 在【数据】选项卡中单击【分类汇总】按钮，如图 7-75 所示。

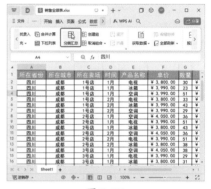

图 7-75

Step 03 打开【分类汇总】对话框，❶在【分类字段】下拉列表中单击【所在省份】命令；❷在【汇总方式】下拉列表中单击【求和】命令；❸在【选定汇总项】列表框中勾选【销售额】复选框；❹单击【确定】按钮，如图 7-76 所示。

图 7-76

Step 04 返回工作表，将光标定位到数据区域中，再次执行【分类汇总】命令，如图 7-77 所示。

图 7-77

Step05 打开【分类汇总】对话框，❶在【分类字段】下拉列表中单击【所在城市】命令；❷在【汇总方式】下拉列表中单击【求和】命令；

❸在【选定汇总项】列表框中勾选【销售额】复选框；❹取消勾选【替换当前分类汇总】复选框；❺单击【确定】按钮，如图7-78所示。

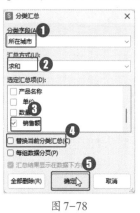

图 7-78

Step06 返回工作表，即可看到表中数据已经按照前面的设置进行了分类汇总，并分组显示了分类汇总的数据信息，如图7-79所示。

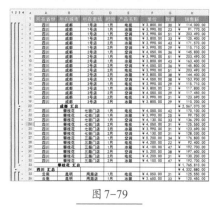

图 7-79

7.6 合并计算数据

合并计算是指将多个相似格式的工作表或数据区域，按指定的方式进行自动匹配计算。使用合并计算，可以快速计算多个工作表中的数据，提高工作效率。

7.6.1 实战：合并计算销售情况表

实例门类	软件功能

如果所有数据在同一张工作表中，则可以在同一张工作表中进行合并计算，操作方法如下。

Step01 打开"素材文件\第7章\家电销售情况表.xlsx"工作簿，❶选中存放汇总数据的起始单元格；❷单击【数据】选项卡中的【合并计算】按钮，如图7-80所示。

图 7-80

Step02 打开【合并计算】对话框，❶在【函数】下拉列表中选择计算方式，如单击【求和】命令；❷将插入点定位到【引用位置】参数框，在工作表中拖动鼠标选中参与计算的数据区域；❸完成选择后，单击【添加】按钮，将选中的数据区域添加到【所有引用位置】列表框中；❹在【标签位置】栏中勾选【首行】和【最左列】复选框；❺单击【确定】按钮，如图7-81所示。

图 7-81

Step03 返回工作表，即可完成合并计算，如图7-82所示。

图 7-82

★重点 7.6.2 实战：合并计算销售汇总表的多个工作表

实例门类	软件功能

在制作销售报表、汇总报表等类型的表格时，经常需要对多张工作表的数据进行合并计算，以便更好地查看数据，操作方法如下。

Step01 打开"素材文件\第7章\家电年度汇总表.xlsx"工作簿，❶在要存放结果的工作表中，选中存放汇总数据的起始单元格；❷单击【数据】选项卡中的【合并计算】按钮，如图7-83所示。

图 7-83

Step02 打开【合并计算】对话框，❶在【函数】下拉列表中选择汇总方式，如单击【求和】命令；❷将光标插入点定位到【引用位置】参数框，如图 7-84 所示。

图 7-84

Step03 ❶单击参与计算的工作表的

标签；❷在工作表中拖动鼠标选中参与计算的数据区域，如图 7-85 所示。

图 7-85

Step04 完成选择后，单击【添加】按钮，将选中的数据区域添加到【所有引用位置】列表框中，如图 7-86 所示。

图 7-86

Step05 ❶参照上述方法，添加其他需要参与计算的数据区域；❷勾选【首行】和【最左列】复选框；❸单击【确定】按钮，如图 7-87 所示。

图 7-87

Step06 返回工作表，即可完成对多张工作表的合并计算，如图 7-88 所示。

图 7-88

妙招技法

通过对前面知识的学习，相信读者已经对电子表格数据的分析方法有了一定的了解。下面结合本章内容，给大家介绍一些实用技巧。

★ AI 功能 技巧 01：通过 WPS AI 设置数据条且不显示单元格数值

在编辑工作表时，为了能一目了然地查看数据的大小情况，可使用数据条功能。使用数据条显示单元格数值后，还可以根据需要，设

置让数据条不显示单元格数值。下面我们通过 WPS AI 来为数据添加数据条，并设置不显示数值，操作方法如下。

Step01 打开"素材文件\第 7 章\各级别职员工资总额对比 .xlsx"文档，单击【WPS AI】进入【WPS AI】窗格，单击【AI 条件格式】命令，如

图 7-89 所示。

图 7-89

Step02 打开【AI条件格式】对话框，❶在文本框中输入需要WPS AI执行的操作；❷单击【发送】按钮➤，如图7-90所示。

图 7-90

Step03 ❶WPS AI将根据描述设置区域、规则、格式，单击【格式】下拉按钮∨；❷在弹出的下拉菜单中选择一种数据条的格式；❸单击【完成】按钮，如图7-91所示。

图 7-91

Step04 返回工作表中，即可看到已经按要求为单元格设置了数据条，并隐藏了单元格值，如图7-92所示。

图 7-92

技巧02：只在不合格的单元格上显示图标集

在使用图标集时，默认会为选中的单元格区域都添加上图标集，如果只在特定的某些单元格上添加图标集，可以使用公式来实现。

例如，只需要在不合格的单元格上显示图标集，操作方法如下。

Step01 打开"素材文件\第7章\行业资格考试成绩表.xlsx"文档，❶选中B3:D16单元格区域；❷单击【开始】选项卡中的【条件格式】下拉按钮；❸在弹出的下拉列表中单击【新建规则】命令，如图7-93所示。

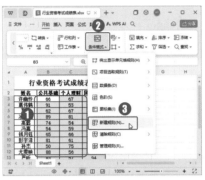

图 7-93

Step02 打开【新建格式规则】对话框，❶在【选择规则类型】列表框中单击【基于各自值设置所有单元格的格式】命令；❷在【编辑规则说明】列表框中，在【基于各自值设置所有单元格的格式】栏的【格式样式】下拉列表中单击【图标集】命令；❸在【图标样式】下拉列表中选择一种打叉的样式；❹在【根据以下规则显示各个图标】栏设置【类型】为【数字】，在【值】文本框中设置等级参数，其中第一个【值】参数框可以输入大于60的任意数字，第二个【值】参数框必须输入"60"；❺相关参数设置完成后单击【确定】按钮，如图7-94所示。

图 7-94

Step03 返回工作表，保持B3:D16单元格区域的选中状态，❶单击【条件格式】下拉按钮；❷在弹出的下拉列表中单击【新建规则】命令，如图7-95所示。

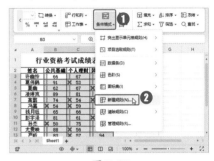

图 7-95

Step04 打开【新建格式规则】对话框，❶在【选择规则类型】列表框中单击【使用公式确定要设置格式的单元格】命令；❷在【只为满足以下条件的单元格设置格式】文本框中输入公式"=B3>=60"；❸不设置任何格式，直接单击【确定】按钮，如图7-96所示。

图 7-96

Step05 保持B3:D16单元格区域的选中状态，❶单击【条件格式】下拉按钮；❷在弹出的下拉列表中单击【管理规则】命令，如图7-97所示。

图 7-97

Step⑥ 打开【条件格式规则管理器】对话框，❶在列表框中单击【公式：=B3>=60】选项，保证其优先级最高，勾选右侧的【如果为真则停止】复选框；❷单击【确定】按钮，如图7-98所示。

图7-98

Step⑦ 返回工作表，可看到只有不及格的成绩才有打叉的图标集，而及格的成绩没有图标集，也没有改变格式，如图7-99所示。

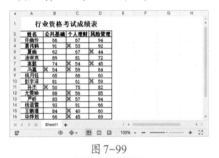

图7-99

技能拓展——什么是【如果为真则停止】

当同一单元格区域中同时存在多个条件格式规则时，从优先级高的规则开始逐条执行，直到所有规则执行完毕。但是，若用户使用了【如果为真则停止】规则，一旦优先级较高的规则条件被满足后，则不再执行其优先级之下的规则。使用【如果为真则停止】规则，可以对数据集中的数据进行有条件的筛选。

技巧03：利用筛选功能快速删除空白行

从外部导入的表格有时可能会包含大量的空白行，整理数据时需将其删除。若按照常规的方法一个一个删除会非常烦琐，此时可以通过筛选功能先筛选出空白行，然后统一进行删除，操作方法如下。

Step⑴ 打开"素材文件\第7章\电脑销售清单.xlsx"文档，❶单击选中A列；❷单击【开始】选项卡中的【筛选】按钮，如图7-100所示。

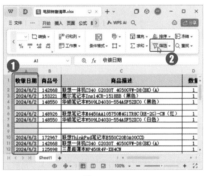

图7-100

Step⑵ 打开筛选状态，❶单击A列中的自动筛选下拉按钮；❷将光标指向空白选项，右侧将出现按钮，单击【筛选空白】按钮，如图7-101所示。

图7-101

Step⑶ 系统将自动筛选出所有空白行，❶选中所有空白行；❷单击【开始】选项卡中的【行和列】下拉按钮；❸在弹出的下拉菜单中单击【删除单元格】命令；❹在弹出的子菜单中单击【删除行】命令，如图7-102所示。

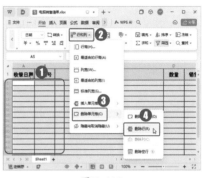

图7-102

Step⑷ 单击【开始】选项卡中的【筛选】按钮关闭筛选状态，即可看到所有空白行已经被删除，如图7-103所示。

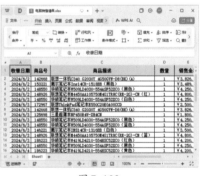

图7-103

本章小结

本章主要介绍了在WPS表格中进行数据分析的方法。本章的重点是数据的统计与分析，主要包括使用条件格式分析数据、排序数据、筛选数据、分类汇总数据和合并计算数据等。希望读者在查看表格时，可以熟练地使用本章介绍的统计与分析的操作方法，对数据进行快速分类查看和分析，提高工作效率。

第8章

使用公式和函数计算数据

➥ 利用公式计算数据时，想要引用其他工作表中的数据，应该如何操作？

➥ 在制作预算表时设置了计算公式，但又担心公式不小心被他人更改，应该如何保护公式？

➥ 如何为单元格自定义名称，并使用自定义名称进行公式计算？

➥ 使用公式时发生错误，怎样解决？

➥ 怎样使用SUM函数对销售表的预算进行求和？

➥ 怎样使用AVERAGE函数在销量表中计算月销量平均值？

➥ 公司要对销量靠前的员工进行奖励，怎样使用RANK函数计算排名？

➥ 不知道怎样编写函数时，应该怎样使用WPS AI完成计算？

本章将学习WPS表格中的公式和函数的相关知识，希望通过对本章内容的学习，能帮助读者解决以上问题，并掌握更多函数的使用技巧。

8.1 认识公式与函数

公式是对工作表中的数值执行计算的等式，是以"="开头的计算表达式，包含数值、变量、单元格引用、函数和运算符等。下面将介绍公式的组成、运算符的种类和优先级、自定义公式和复制公式等知识。

8.1.1 认识公式

公式是以等号（＝）为引导，通过运算符按照一定的顺序组合进行数据运算处理的等式。函数则是按特定算法执行计算时产生的一个或一组结果的预定义的特殊公式。

使用公式是为了有目的地计算结果，或根据计算结果改变其所作用的单元格的条件格式、设置规划求解模型等。因此，WPS表格的公式必须返回一个或几个值。

1. 公式的基本结构

公式的组成要素为等号（＝）、运算符和常量、单元格引用、函数、名称等，常见公式的组成有以下几种。

➥ =52+65+78+54+53+89：包含常量运算的公式。

➥ =B4+C4+D4+E4+F4+G4：包含单元格引用的公式。

➥ =SUM(B5:G5)：包含函数的公式。

➥ =单价*数量：包含名称的公式。

2. 公式的规定

在WPS表格中输入公式，需要遵守以下规则。

➥ 输入公式之前，必须先选择存放运算结果的单元格。

➥ 公式通常以"="开始，"="之后是计算的元素。

➥ 参加计算的单元格地址表示方法：列标+行号，如B3、F5等。

➥ 参加计算的单元格区域的地址表示方法：左上角的单元格地址：右下角的单元格地址，如B5:G5、A2:A10等。

技术看板

在实际工作中，通常通过引用数值所在的单元格或单元格区域进行数据计算，很少使用直接输入的方法。通过鼠标选择或拖动可以直接引用数值所在的单元格或单元格区域，不仅方便，而且不容易出错。

★重点 8.1.2 认识运算符

运算符是连接公式中的基本元素并完成特定计算的符号，如+、/等，不同的运算符可以完成不同的运算。

在WPS表格中，有4种运算符类型，分别是算术运算符、比较运算符、文本运算符和引用运算符。

1. 算术运算符

算术运算符用于完成基本的数据运算，其主要分类和含义如表8-1所示。

表8-1　算术运算符

算术运算符	含义	示例
+	加号	300+100
-	减号	360-120
*	乘号	56*96
/	除号	96/3
^	乘幂号	9^5
%	百分号	50%

2. 比较运算符

比较运算符用于比较两个值。当使用运算符比较两个值时，结果是逻辑值TRUE或FALSE，其中TRUE表示真，FALSE表示假。比较运算符的主要分类和含义如表8-2所示。

表8-2　比较运算符

比较运算符	含义	示例
=	等于	A1=B1
<>	不等于	A1<>B1
<	小于	A1<B1
>	大于	A1>B1
<=	小于或等于	A1<=B1
>=	大于或等于	A1>=B1

3. 文本运算符

文本运算符用"&"表示，用于将两个文本连接起来合并成一个文本。例如，"北京市"&"朝阳区"的计算结果就是"北京市朝阳区"。

4. 引用运算符

引用运算符主要用于标明工作表中的单元格或单元格区域，包括":"（冒号）、","（逗号）和" "（空格）。

➡ ":"冒号为区域运算符，用于对两个引用之间包括两个引用在内的所有单元格进行引用，如B5:G5。

➡ ","逗号为联合操作符，用于将多个引用合并为一个引用，如SUM(B5:B10,D5:D10)。

➡ " "空格为交叉运算符，用于对两个引用区域中共有的单元格进行运算，如SUM(A1:B8 B1:D8)。

5. 运算符的优先级

公式中众多的运算符在进行运算时，有着不同的优先顺序。例如，数学运算中，*、/运算符优先于+、-，在公式计算中，运算符的优先顺序如表8-3所示。

表8-3　运算符的优先级

优先顺序	运算符	说明
1	:（冒号） ,（逗号） （空格）	引用运算符
2	-	作为负号使用，如-9
3	%	百分比运算
4	^	乘幂运算
5	*和/	乘和除运算
6	+和-	加和减运算
7	&	连接两个文本字符串
8	=、<、>、<>、<=、>=	比较运算符

★重点8.1.3　认识函数

WPS表格中的函数其实是一些预定义的公式，它们使用一些被称为参数的特定数值，并按特定的顺序或结构进行计算。用户可以直接用函数对某个区域内的数值进行一系列运算，如分析和处理日期值、时间值，确定贷款的支付额，确定单元格中的数据类型，计算平均值，排序显示和运算文本数据等。

WPS表格中的函数只有唯一的名称，且不区分大小写，每个函数都有特定的功能和作用。

1. 函数的结构

函数是预先编写的公式，可以将其当作一种特殊的公式。它一般具有一个或多个参数，可以更加简单、便捷地进行多种运算，并返回一个或多个值。函数与公式的使用方法有很多相似之处，如需要先输入函数才能使用函数进行计算。输入函数前，还需要了解函数的结构。

函数作为公式的一种特殊形式，也是以"="开始的，右侧依次是函数名称、左括号、以半角逗号分隔的参数和右括号。具体结构如图8-1所示。

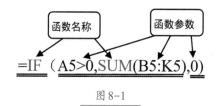

图8-1

2. 函数的分类

根据函数的功能，可将函数划分为11种类型。在使用函数的过程中，一般也是依据这个分类进行选择的。因此，学习函数知识，必须了解函数的分类。11种函数的具体介绍如下。

➡ 财务函数：WPS表格中提供了非常丰富的财务函数，使用这些函数，可以完成大部分的财务统计和计算工作。例如，DB 函数可返回固定资产的折旧值，IPMT 函数可返回投资回报的利息部分等。财务人员如果能够正确、灵活地运用WPS表格中的财务函数进行计算，可以大大减少日常工作中有关指标计算的工作量。

➡ 逻辑函数：该类型的函数用于测试某个条件，总是返回逻辑值 TRUE 或 FALSE。逻辑函数与数值的关系：在数值运算中，TRUE=1，FALSE=0；在逻辑判断中，0=FALSE，所有非 0 数值=TRUE。

➡ 文本函数：在公式中处理文本字符串的函数叫作文本函数，其主要功能包括截取、查找或搜索文本中的某个特殊字符或提取某些字符，也可以改变文本的编写状态。例如，TEXT 函数可将数值转换为文本，LOWER 函数可将文本字符串的所有字母转换成小写形式。

➡ 日期和时间函数：用于分析或处理公式中的日期和时间值。例如，TODAY 函数可以返回当前系统日期。

➡ 查找与引用函数：用于在数据清单或工作表中查询特定的数值，或查询某个单元格引用的函数。常见的示例是税率表，使用 VLOOKUP 函数可以确定某一收入水平的税率。

➡ 数学和三角函数：该类型的函数包括很多种，主要用于进行各种数学计算和三角计算，如 RADIANS 函数可以把角度转换为弧度。

➡ 统计函数：这类函数可以对一定范围内的数据进行统计学分析。

例如，可以计算平均值、模数、标准偏差等统计数据。

➡ 工程函数：这类函数常用于工程计算。它可以处理复杂的数字，在不同的计数体系和测量体系之间转换。例如，可以将十进制数转换为二进制数。

➡ 多维数据集函数：用于返回多维数据集中的相关信息，如返回多维数据集中成员属性的值。

➡ 信息函数：这类函数有助于确定单元格中数据的类型，还可以使单元格在满足一定的条件时返回逻辑值。

➡ 数据库函数：用于对存储在数据清单或数据库中的数据进行分析，判断其是否符合某些特定的条件。这类函数在汇总符合某一条件的列表中的数据时十分有用。

技能拓展——什么是 VBA 函数

WPS表格中还有一类函数是使用VBA创建的自定义工作表函数，称为【用户定义函数】。这些函数可以像WPS表格的内部函数一样运行，但不能在【插入函数】对话框中显示每个参数的描述。

3. 函数的输入方法

要使用函数，首先要输入函数，如果对函数不太熟悉，可以通过【插入函数】对话框来查找并插入函数，如图 8-2 所示。

图 8-2

在【插入函数】对话框中，可以搜索想要的函数，打开【函数参数】对话框，设置函数参数。输入函数的方法如下，读者可以根据需要选择。

（1）将光标定位到需要输入函数的单元格，单击【公式】选项卡中的【插入】按钮，打开【插入函数】对话框，在【选择函数】列表框中选择函数，打开【函数参数】对话框，选择函数计算的单元格区域，如图 8-3 所示。

图 8-3

（2）将光标定位到需要输入函数的单元格，单击编辑栏中的【插入函数】按钮 f_x，打开【插入函数】对话框，在【选择函数】列表框中选择函数，打开【函数参数】对话框，选择函数计算的单元格区域，如图 8-4 所示。

图 8-4

（3）将光标定位到需要输入函数的单元格，在【公式】选项卡中选择需要的函数类型，如【常用】，在打开的下拉菜单中选择需要的函数，可以打开【函数参数】对话框，如图 8-5 所示。

图 8-5

（4）如果对函数比较熟悉，可以直接输入函数，将光标定位到单元格中，输入"="后依次输入函数。在输入的过程中，下方会有相应的函数提示，可以直接输入，也可以双击下方提示的函数进行输入，如图 8-6 所示。

图 8-6

（5）启动 WPS AI，在文本框中输入计算需求，WPS AI 将自动生成公式与函数，单击【完成】按钮即可输入公式，如图 8-7 所示。

图 8-7

8.1.4　认识数组公式

数组公式在 WPS 表格中的应用十分频繁，是 WPS 表格对公式和数组的一种扩充。换句话说，数组公式是 WPS 表格公式在以数组为参数时的一种应用。

数组公式可以看成有多重数值的公式，与单值公式的不同之处在于，它可以产生多个结果。一个数组公式可以占用一个或多个单元格，数组的元素可多达 6500 个。在输入数组公式时，必须遵循相应的规则，否则公式会出错，无法计算出数据的结果。

1. 确认输入数组公式

当数组公式输入完毕之后，按【Ctrl+Shift+Enter】组合键后，在公式的编辑栏中可以看到公式的两侧出现括号，表示该公式是一个数组公式。需要注意的是，括号是输入数组公式之后由 WPS 表格自动添加的，如果用户手动添加，会被系统以为输入的是文本。

2. 删除数组公式的规则

在数组公式涉及的区域当中，不能编辑、插入、删除或移动任何一个单元格。这是因为数组公式所涉及的单元格区域是一个整体。

3. 编辑数组公式的方法

如果需要编辑或删除数组公式，需要选中整个数组公式所涵盖的单元格区域，并激活编辑栏，然后在编辑栏中修改或删除数组公式。编辑完成后，按【Ctrl+Shift+Enter】组合键，计算出新的数据结果。

4. 移动数组公式

如需将数组公式移动至其他位置，需要先选中整个数组公式所涵盖的单元格范围，然后将整个区域放置到目标位置；也可以通过【剪切】和【粘贴】命令进行数组公式的移动。

8.2　认识单元格引用

单元格的引用，是指在 WPS 表格公式中使用单元格的地址来代替单元格及其数据。下面将介绍相对引用、绝对引用和混合引用的相关知识，以及在同一工作簿中引用或跨工作簿引用单元格的方法。

★重点 8.2.1　实战：相对引用、绝对引用和混合引用

实例门类	软件功能

使用公式或函数时经常会涉及单元格的引用，在 WPS 表格中，单元格地址引用的作用是指明公式中所使用的数据的地址。在编辑公式和函数时，需要对单元格的地址进行引用，一个引用地址代表工作表中的一个或者多个单元格或单元格区域。单元格引用包括相对引用、绝对引用和混合引用。具体操作方法如下。

1. 相对引用

相对引用是指公式中引用的单元格以它的行、列地址为它的引用名，如A1、B2等。

在相对引用中，如果公式所在单元格的位置改变，引用也随之改变。如果多行或多列地复制或填充公式，引用会自动调整。默认情况下，新公式常使用相对引用。下面以实例来讲解单元格的相对引用。

在工资表中，绩效工资等于加班小时数乘以加班价格，此公式中的单元格引用就要使用相对引用。因为复制一个单元格中的工资数据到其他合计单元格时，引用的单元格要随着公式位置的变化而变化。

Step 01 打开"素材文件＼第8章＼工资表.xlsx"工作簿，❶在F2单元格中输入计算公式"=C2*D2"；❷单击编辑栏中的【输入】按钮 √ ，如图8-8所示。

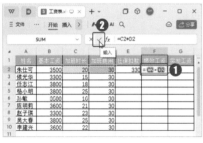

图8-8

Step 02 选中F2单元格，按住鼠标左键不放向下拖动填充公式，如图8-9所示。

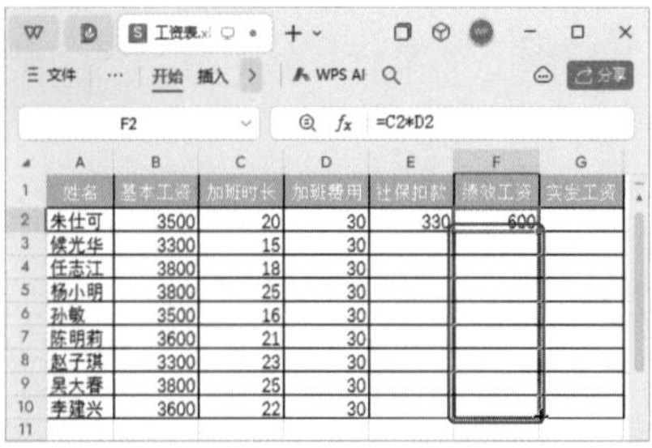

图8-9

Step 03 操作完成后可以发现，其他单元格的引用地址自动发生了变化，如图8-10所示。

图8-10

2. 绝对引用

绝对引用是指公式中引用的单元格的行地址、列地址前都加上一个美元符"$"作为它的名字。例如，A1是单元格的相对引用，而$A$1则是单元格的绝对引用。在WPS表格中，绝对引用指的是某一确定的位置，如果公式所在单元格的位置改变，绝对引用将保持不变；多行或多列地复制或填充公式，绝对引用也同样不做调整。

默认情况下，新公式常使用相对引用，读者也可以根据需要将相对引用转换为绝对引用。下面以实例来讲解单元格的绝对引用。

在工资表中，由于每个员工所扣除的社保金额是相同的，在一个固定单元格中输入数据即可，所以社保扣款公式的引用要使用绝对引用，而不同员工的基本工资和绩效工资是不同的，因此基本工资和绩效工资的单元格采用相对引用，该例操作方法如下。

Step 01 接上一例操作，❶在G2单元格中输入计算公式"=B2+F2-$E$2"；❷单击编辑栏中的【输入】按钮 √ ，如图8-11所示。

图8-11

Step 02 选中G2单元格，按住鼠标左键不放向下拖动填充公式，如图8-12所示。

图8-12

Step 03 操作完成后可以发现，虽然其他单元格的引用地址随之发生了变化，但绝对引用的E2单元格不会发生变化，如图8-13所示。

图8-13

3. 混合引用

混合引用是指公式中引用的单元格同时有绝对列和相对行或绝对行和相对列。绝对引用列采用如$A1、$B1等形式命名；绝对引用行采用A$1、B$1等形式命名。

如果公式所在的单元格的位置发生改变，则相对引用改变，而绝对引用不变。如果多行或多列地复制公式，相对引用自动调整，而绝对引用不做调整。

例如，某公司准备今后10年内，每年年末从利润中提取10万元存入银行，10年后这笔存款将用于建造员工福利性宿舍。假设银行存款年利率为2.5%，那10年后一共可以积累多少资金？假设年利率变为3%、3.5%、4%，又可以累积多少资金呢？

下面使用混合引用单元格的方法计算年金终值，操作方法如下。

Step01 打开"素材文件\第8章\计算普通年金终值.xlsx"工作簿，在C4单元格中输入计算公式"=$A$3*(1+C$3)^$B4"。此时，绝对引用为公式中的A3单元格，混合引用为公式中的C3单元格和B4单元格，如图8-14所示。

图8-14

Step02 按【Enter】键得出计算结果，然后选中C4单元格，向下填充公式至C13单元格，如图8-15所示。

图8-15

Step03 选中其他引用公式的单元格，可以发现，多列复制公式时，引用会自动调整。随着公式

所在单元格的位置的改变，混合引用中的列标也会随之改变。例如，C13单元格中的公式将变为"=$A$3*(1+C$3)^$B13"，如图8-16所示。

图8-16

Step04 选中C4单元格，向右填充公式至F4单元格，如图8-17所示。

图8-17

Step05 操作完成后可以发现，多行复制公式时，引用会自动调整，随着公式所在单元格的位置改变，混合引用中的列标也会随之改变。例如，单元格F4中的公式变为"=$A$3*(1+F$3)^$B4"，如图8-18所示。

图8-18

Step06 使用相同的方法，将公式填充到其他空白单元格，此时可以计算出在不同利率条件下，不同年份的年金终值，如图8-19所示。

图8-19

Step07 在C14单元格中输入公式"=SUM(C4:C13)"，并将公式填充到右侧的单元格，即可计算出不同利率条件下，10年后的年金终值，如图8-20所示。

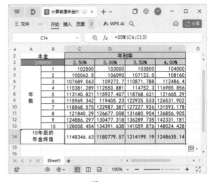

图8-20

技能拓展——普通年金终值介绍

普通年金终值是指最后一次支付时的本息和，它是每次支付的复利终值之和。假设每年的支付金额为A，利率为i，期数为n，则按复利计算的普通年金终值S如下。

$$S=A+A\times(1+i)+A\times(1+i)^2+\cdots+A\times(1+i)^{n-1}.$$

★重点8.2.2 实战：同一工作簿中引用单元格

实例门类	软件功能

WPS表格不仅可以在同一工作表中引用单元格或单元格区域中的数据，还可引用同一工作簿中多张工作表上的单元格或单元格区域中的数据。在同一工作簿不同工作表中引用单元格的格式为"工作表名称!单元格地址"，如"Sheet1!F5"即为"Sheet1"工作表中的F5单元格，"!"用来分隔工作表与单元格。

下面以在"职工工资统计表"工作簿的"调整后工资表"工作表中引用"工资表"工作表中的单元格为例，介绍操作方法。

Step01 打开"素材文件\第8章\职工工资统计表.xlsx"工作簿，在"调整后工资表"工作表的E3单元格中输入"="，如图8-21所示。

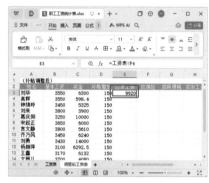

图8-21

Step02 切换到"工资表"工作表，选中F4单元格，如图8-22所示。

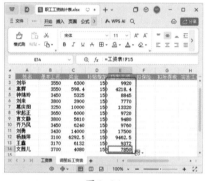

图8-22

Step03 此时按【Enter】键，即可将"工资表"工作表的F4单元格中的数据引用到"调整后工资表"工作表的E3单元格中，如图8-23所示。

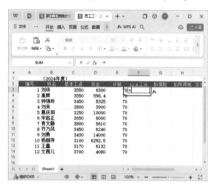

图8-23

Step04 选中E3单元格，将公式填充到本列的其他单元格中，如图8-24所示。

图8-24

8.2.3 引用其他工作簿中的单元格

跨工作簿引用数据，即引用其他工作簿中工作表的单元格数据，方法与引用同一工作簿不同工作表的单元格数据方法类似。

以在"员工工资表"的"Sheet1"工作表中引用"职工工资统计表"工作簿的"调整后工资表"工作表中的单元格数据为例，操作方法如下。

Step01 打开"素材文件\第8章\职工工资统计表1.xlsx"和"员工工资表.xlsx"工作簿，在"员工工资表"的"Sheet1"工作表中选中F3单元格，输入"="，如图8-25所示。

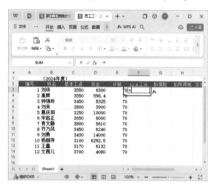

图8-25

Step02 切换到"职工工资统计表"工作簿的"调整后工资表"工作表，选中E3单元格，如图8-26所示。

图8-26

Step03 此时按【Enter】键，即可将"职工工资统计表"工作簿的"调整后工资表"工作表中E3单元格内的数据，引用到"员工工资表"的"Sheet1"工作表的F3单元格中，如图8-27所示。

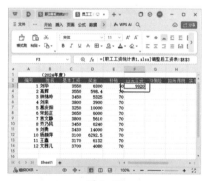

图8-27

Step04 因为默认的引用是绝对引用，这里将公式中E3单元格的绝对引用"$E$3"更改为相对引用"E3"，如图8-28所示。

图 8-28

Step05 选中F3单元格，将公式填充到其他单元格，如图8-29所示。

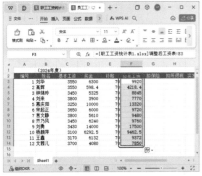

图 8-29

技术看板

跨工作簿引用的简单表达式为"[工作簿名称]工作表名称!单元格地址"，如[职工工资统计表.xlsx]调整后工资表!E14。

8.2.4 定义名称代替单元格地址

在WPS表格中，可以用定义名称来代替单元格地址，并将其应用到公式计算中，以提高工作效率，减少计算错误。为单元格区域定义

名称并将其应用到公式计算中的方法如下。

Step01 打开"素材文件\第8章\螺钉销售情况.xlsx"工作簿，单击【公式】选项卡中的【名称管理器】按钮，如图8-30所示。

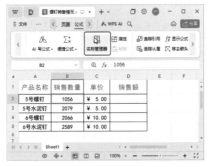

图 8-30

Step02 打开【名称管理器】对话框，单击【新建】按钮，如图8-31所示。

图 8-31

Step03 打开【新建名称】对话框，❶在【名称】文本框中输入要创建的名称；❷在【引用位置】栏设置要引用的单元格区域；❸单击【确定】按钮，如图8-32所示。

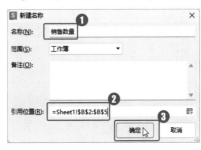

图 8-32

Step04 ❶返回【名称管理器】对话框，即可查看定义的单元格名称，使用相同的方法再定义一个单元格名称；❷单击【关闭】按钮，如图8-33所示。

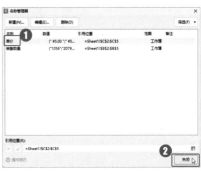

图 8-33

Step05 为"销售数量"和"单价"定义名称后，在D2单元格中输入公式"=销售数量*单价"，如图8-34所示。

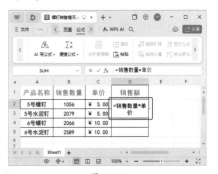

图 8-34

Step06 按【Enter】键确认，即可得到计算结果，并自动填充到下方的单元格中，如图8-35所示。

图 8-35

8.3 使用公式计算数据

在使用WPS表格管理数据时，经常会遇到加、减、乘、除等基本运算。如何在表格中添加这些公式进行运算呢？下面就来学习如何使用公式计算数据。

★ AI功能8.3.1 实战：在销量表中输入公式

实例门类	软件功能

除单元格格式设置为文本的单元格之外，在单元格中输入等号（=）的时候，WPS表格将自动切换为输入公式的状态。如果在单元格中输入加号（+）、减号（-）等，系统也会自动在前面加上等号，切换为输入公式状态。

WPS表格中除了可以手动输入和使用鼠标辅助输入公式外，还可以通过WPS AI功能帮助用户编写公式，下面分别进行介绍。

1. 手动输入

例如，要在"自动售货机销量"工作簿中计算销售总额，操作方法如下。

Step01 打开"素材文件\第8章\自动售货机销量.xlsx"工作簿，在H3单元格内输入公式"=B3+C3+D3+E3+F3+G3"，如图8-36所示。

图 8-36

Step02 输入完成后，按【Enter】键，即可在H3单元格中显示计算结果，如图8-37所示。

图 8-37

2. 使用鼠标辅助输入

在引用单元格较多的情况下，比起手动输入公式，有些用户更习惯使用鼠标辅助输入公式，操作方法如下。

Step01 接上一例操作，❶在H4单元格中输入"="；❷单击B4单元格，此时该单元格周围会出现闪动的虚线边框，可以看到B4单元格已经被引用到公式中，如图8-38所示。

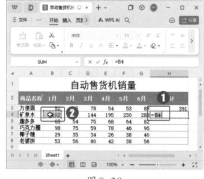

图 8-38

Step02 在H4单元格中输入运算符"+"，然后单击C4单元格，此时C4单元格也被引用到了公式中，如图8-39所示。

图 8-39

Step03 使用同样的方法引用其他单元格，如图8-40所示。

图 8-40

Step04 完成后按【Enter】键确认输入，即可得到计算结果，如图8-41所示。

图 8-41

3. 使用AI写公式

如果不知道应该怎样编写公式，可以使用WPS AI来完成，操作方法如下。

Step01 接上一例操作，在H5单元格中输入"="，单击出现的【AI生成公式】按钮 ，如图8-42所示。

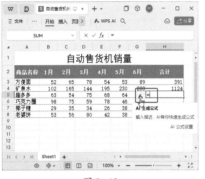

图 8-42

Step02 ❶在文本框中输入提问，如"帮我写一个公式，让B5:G5相加"；❷单击【发送】按钮 ，如图8-43所示。

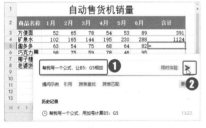

图 8-43

Step03 WPS AI将根据提问编写公式，编写完成后单击【完成】按钮，如图8-44所示。

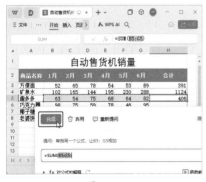

图 8-44

Step04 返回工作表，即可看到WPS AI编写的公式已经插入单元格，并根据公式计算出了答案，如图8-45所示。

图 8-45

★重点8.3.2　公式的填充与复制

在WPS表格中创建公式后，如果其他单元格需要使用相同的计算公式，可以通过填充或复制的方法进行操作。

1. 填充公式

例如，要将上一小节中"自动售货机销量"工作簿H5单元格中的公式"=SUM(B5:G5)"填充到H6:H8单元格区域中，可以使用以下两种方法。

（1）拖曳填充柄：选中H5单元格，光标指向该单元格右下角，当光标变为黑色十字填充柄时，按住鼠标左键向下拖曳至H8单元格即可，如图8-46所示。

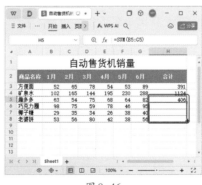

图 8-46

（2）双击填充柄：选中H5单元格，然后双击单元格右下角的填充柄，公式将会向下填充至其相邻列的第一个空单元格的上一行，即H8单元格，如图8-47所示。

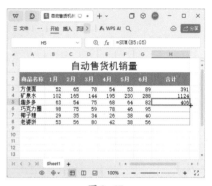

图 8-47

2. 复制公式

例如，要将上一小节中"自动售货机销量"工作簿H5单元格中的公式"=SUM(B5:G5)"复制到H6:H8单元格区域中，可以使用以下两种方法。

（1）选择性粘贴：选中H5单元格，然后单击【开始】选项卡中的【复制】按钮，或按【Ctrl+C】组合键，再选中H6:H8单元格区域，单击【开始】选项卡中的【粘贴】下拉按钮，在弹出的快捷菜单中单击【公式】按钮，如图8-48所示。

图 8-48

（2）多单元格同时输入：单击

H5单元格，然后按住【Shift】键单击H8单元格，选中该单元格区域，再单击编辑栏中的公式，按【Ctrl+Enter】组合键，H6:H8单元格区域中将输入相同的公式，如图8-49所示。

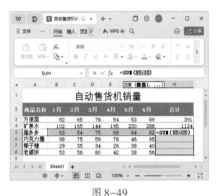

图8-49

8.3.3 公式的编辑与删除

如果发现公式输入错误，可以对其进行修改，如果不再需要公式，也可以将其删除。

1. 编辑公式

如果输入的公式需要修改，可以通过以下方法进入单元格编辑状态。

（1）选中公式所在的单元格，并按【F2】键，可进入编辑状态，如图8-50所示。

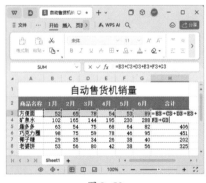

图8-50

（2）双击公式所在的单元格，可进入编辑状态。

（3）选中公式所在的单元格，单击上方的编辑栏，可以编辑公式，如图8-51所示。

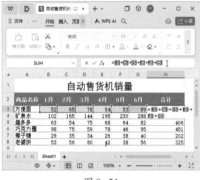

图8-51

2. 编辑公式

如果不再需要该公式，可以通过以下方法将其删除。

（1）选中公式所在的单元格，按【Delete】键即可清除单元格中的全部内容。

（2）进入单元格编辑状态后，将光标定位在某个位置，使用【Delete】键删除光标后面的公式或使用【Backspace】键删除光标前面的公式内容。

（3）如果需要删除多单元格数组公式，需要选中其所在的全部单元格，再按【Delete】键。

8.3.4 使用数组公式计算数据

在WPS表格中，可以使用数组公式计算出单个或多个结果。操作的方法基本一致，都必须先创建好数组公式，然后将创建好的数组公式运用到简单的公式计算或函数计算中，最后按【Ctrl+Shift+Enter】组合键显示出数组公式计算的结果。

1. 利用数组公式计算单个结果

数组公式可以代替多个公式，例如，表格中记录了多种水果产品

的单价及销售数量，使用数组公式可以一次性计算出所有水果的销售总额，具体操作方法如下。

Step01 打开"素材文件\第8章\水果销售统计表.xlsx"工作簿，选中存放结果的D11单元格，输入公式"=SUM(B3:B10*C3:C10)"，如图8-52所示。

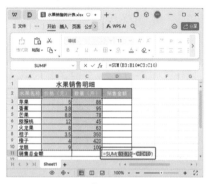

图8-52

Step02 输入数据后，按【Ctrl+Shift+Enter】组合键，即可得出计算结果，如图8-53所示。

图8-53

2. 利用数组公式计算多个结果

在WPS表格中，某些公式和函数可能会返回多个值，有一些函数也可能需要一组或多组数据作为参数。如果要使数组公式计算出多个结果，则必须将数组公式输入到与数组参数具有相同列数和行数的单元格区域中。

例如，应用数组公式分别计算

出每一种水果的销售额的方法如下。

Step01 接上一例操作，❶选中存放结果的D3:D10单元格区域；❷在编辑栏中输入公式"=B3:B10*C3:C10"，如图8-54所示。

图 8-54

Step02 输入数据后，按【Ctrl+Shift+Enter】组合键确认计算多个结果，如图8-55所示。

图 8-55

⚙ 技能拓展——数组的扩充功能

在创建数组公式时，将数组公式置于大括号"{}"中，或在公式输入完成后按【Ctrl+Shift+Enter】组合键，数组公式可以执行多项计算并返回一个或多个结果。数组公式对两组或多组数组参数的值执行运算时，每个数组参数都必须有相同数量的行和列。除用【Ctrl+Shift+Enter】组合键输入公式外，创建数组公式的方法与创建其他公式的方法相同。某些内置函数也是数组公式，使用这些公式时必须作为数组输入才能获得正确的结果。

8.3.5　编辑数组公式

当创建的数组公式出现错误时，计算出的结果也会出错，这时便需要对数组公式进行编辑。由于数组公式计算出的一组数据是一个整体，用户不能对结果中的任何一个单元格的公式或结果做出更改和删除操作。如果要修改数组公式，需要先选中数组公式所有的结果单元格，再在编辑栏中修改公式内容；如果要删除数组公式结果，同样需要先选中整个数组公式的所有结果单元格，才能进行删除。具体操作方法如下。

Step01 打开"素材文件\第8章\水果销售统计表（编辑数组公式）.xlsx"工作簿，❶选中要修改数组公式的D3:D10单元格区域；❷将光标定位到编辑栏中，输入正确的数组计算公式，如"=B3:B10*C3:C10"，如图8-56所示。

图 8-56

Step02 修改完成后，按【Ctrl+Shift+Enter】组合键，即可得到正确的数据结果，如图8-57所示。

图 8-57

8.4　使用公式的常见问题

如果工作表中的公式错误，不仅不能计算出正确的结果，还会自动显示出错误值，如####、#NAME?等。为了避免发生错误，在使用公式前，需要了解公式的常见问题。

★重点 8.4.1　####错误

如果工作表的列宽比较窄，使单元格无法完全显示数据，或者使用的日期或时间为负数，便会出现####错误。解决####错误的方法

如下。

（1）当列宽不足以显示内容时，直接调整列宽即可。

（2）当日期和时间为负数时，可使用以下方法解决。

➡ 如果用户使用的是1900日期系统，那么WPS表格中的日期和时间必须为正值。

➡ 如果需要对日期和时间进行减法运算，应确保建立的公式是正确的。

➡ 如果公式正确，但结果仍然是负值，可以通过将该单元格的格式设置为非日期或时间格式来显示该值。

8.4.2 NULL! 错误

如果函数表达式中使用了不正确的区域运算符或指定了两个并不相交的区域的交点，便会出现#NULL! 错误。

解决 #NULL! 错误的方法如下。

➡ 使用了不正确的区域运算符：若要引用连续的单元格区域，应使用冒号对引用区域中的第一个单元格和最后一个单元格进行分隔；若要引用不相交的两个区域，应使用联合运算符，即逗号","。

➡ 区域不相交：更改引用以使其相交。

8.4.3 #NAME? 错误

当 WPS 表格无法识别公式中的文本时，将出现#NAME? 错误。

解决 #NAME? 错误的方法如下。

➡ 区域引用中漏掉了冒号":"：给所有区域引用添加冒号":"。

➡ 在公式中输入文本时没有使用双引号：公式中输入的文本必须用双引号引起来，否则 WPS 表格会把输入的文本内容看作名称。

➡ 函数名称拼写错误：更正函数拼写，若不知道正确的拼写，打开【插入函数】对话框，插入正确的函数即可。

➡ 使用了不存在的名称：打开【名称管理器】对话框，查看是否有当前使用的名称，若没有，定义一个新名称即可。

8.4.4 #NUM! 错误

当公式或函数中使用了无效的数值时，便会出现#NUM! 错误。

解决 #NUM! 错误的方法如下。

➡ 在需要数字参数的函数中使用了无法接收的参数：请确保函数中使用的参数是数字，而不是文本、时间或货币等其他格式。

➡ 输入公式后得出的数字太大或太小：在WPS表格中更改单元格中的公式，使运算的结果介于【$-1*10^{308}$】～【$1*10^{308}$】。

➡ 使用了迭代的工作表函数，且函数无法得到结果：为工作表函数设置不同的起始值，或者更改WPS表格迭代公式的次数。

技能拓展——更改 WPS 表格迭代公式次数

更改WPS表格迭代公式次数的方法：在WPS表格中打开【选项】对话框，在【重新计算】选项卡中勾选【启用迭代计算】复选框，在下方设置最多迭代次数和最大误差，然后单击【确定】按钮。

8.4.5 #VALUE! 错误

使用的参数或数字的类型不正确时，便会出现#VALUE! 错误。

解决 #VALUE! 错误的方法如下。

➡ 输入或编辑数组公式后，按【Enter】键确认：完成数组公式的输入后，需要按【Ctrl+Shift+Enter】组合键确认。

➡ 公式需要数字或逻辑值，却输入了文本：确保公式或函数所需的操作数或参数正确无误，且公式引用的单元格中包含有效的值。

8.4.6 #DIV/0! 错误

当数字除以零时，便会出现#DIV/0! 错误。

解决 #DIV/0! 错误的方法如下。

➡ 将除数更改为非零值。

➡ 作为被除数的单元格不能为空白单元格。

8.4.7 #REF! 错误

当单元格引用无效时，如函数引用的单元格（区域）被删除、链接的数据不可用等，便会出现#REF! 错误。

解决 #REF! 错误的方法如下。

➡ 更改公式，或者在删除或粘贴单元格后立即单击【撤销】按钮，以恢复工作表中的单元格。

➡ 启动使用的对象链接和嵌入（OLE）链接所指向的程序。

➡ 确保使用正确的动态数据交换（DDE）主题。

➡ 检查函数以确定参数是否引用了无效的单元格或单元格区域。

8.4.8 #N/A 错误

当数值对函数或公式不可用时，便会出现#N/A错误。

解决 #N/A 错误的方法如下。

➡ 确保函数或公式中的数值可用。

➡ 确保函数中的lookup_value参数赋予了正确的值：当为MATCH、HLOOKUP、LOOKUP或VLOOKUP函数的lookup_value参数赋予了不正确的值时，将出现#N/A错误，此时确保lookup_value参数的值的类型正确即可。

➡ 将函数中的参数输入完整：当使用内置函数或自定义工作表函数时，若省略了一个或多个必需的函数，便会出现#N/A错误，此时将函数中的所有参数输入完整即可。

8.5 使用函数计算数据

使用WPS表格中的函数对数据进行计算与分析，可以大大提高办公效率。在前文中，我们已经了解了什么是函数，本节将介绍一些常用的函数，如自动求和函数、平均值函数、最大值函数、最小值函数等。

★AI功能 8.5.1 实战：使用WPS AI计算总销售额

实例门类	软件功能

如果想快速输入公式，可以使用WPS AI功能。下面我们将使用WPS AI功能计算出6个月的合计金额，具体操作方法如下。

Step01 打开"素材文件\第8章\上半年销售情况.xlsx"工作簿，❶选中H2单元格；❷单击【WPS AI】下拉按钮；❸在弹出的下拉菜单中单击【AI写公式】命令，如图8-58所示。

图 8-58

Step02 打开WPS AI窗口，❶在文本框中提出问题，例如"帮我写一个公式，计算B2:G2单元格中的合计"；❷单击【发送】按钮▷，如图8-59所示。

图 8-59

Step03 WPS AI将根据提问编写公式，编写完成后单击【完成】按钮，如图8-60所示。

图 8-60

Step04 选中H2单元格，按住鼠标左键不放向下拖动填充公式，即可为所选单元格计算并填充合计金额，如图8-61所示。

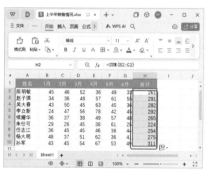

图 8-61

★重点 8.5.2 实战：使用AVERAGE 函数计算平均销售额

实例门类	软件功能

AVERAGE函数的作用是返回参数的平均值，表示对选中的单元格或单元格区域进行算术平均值运算。

函数语法为AVERAGE (number1, number2,...)，参数number1,

number2,... 表示要计算平均值的1到255个参数。

例如，计算各产品1月至6月的平均销售额，具体操作方法如下。

Step01 打开"素材文件\第8章\上半年销售情况1.xlsx"工作簿，❶选中B11单元格；❷单击编辑栏中的【插入函数】按钮fx，如图8-62所示。

图 8-62

Step02 打开【插入函数】对话框，❶在【选择函数】列表框中单击【AVERAGE】函数；❷单击【确定】按钮，如图8-63所示。

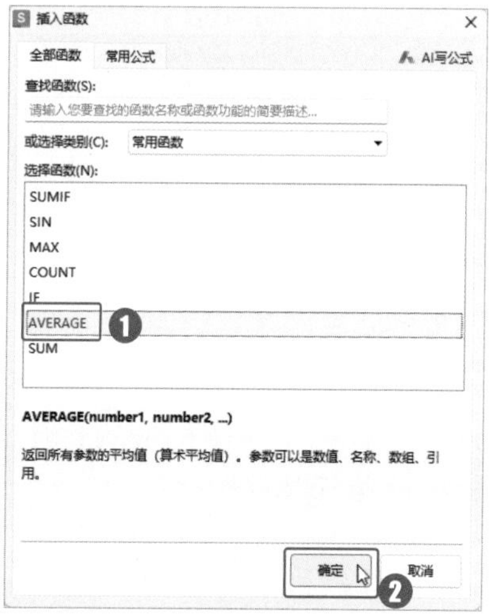

图 8-63

Step03 打开【函数参数】对话框，❶在【数值1】文本框中设置需要计算平均值的单元格区域；❷单击【确定】按钮，如图8-64所示。

图8-64

Step04 返回工作表，即可查看数值区域的平均值结果，如图8-65所示。

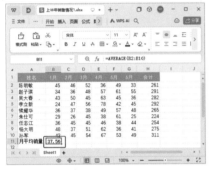

图8-65

Step05 选中B11单元格，按住鼠标左键向右拖动填充公式，即可为所选单元格计算并填充平均值，如图8-66所示。

图8-66

8.5.3 实战：使用COUNT函数统计单元格个数

实例门类	软件功能

在统计表格中的数据时，经常

需要统计包含某个数值的单元格个数及参数列表中数字的个数，此时就可以使用COUNT函数来完成。语法结构：COUNT(value1, value2,...)。各参数的含义介绍如下。

➜ value1：必选项。表示要计算其中数字的个数的第一个项、单元格引用或区域。

➜ value2：可选项。表示要计算其中数字的个数的其他项、单元格引用或区域，最多可包含255个。

例如，要计算销售数据的单元格个数，操作方法如下。

Step01 打开"素材文件\第8章\上半年销售情况2.xlsx"工作簿，❶选中F11单元格；❷单击【公式】选项卡中的【常用】下拉按钮；❸在弹出的下拉菜单中单击【COUNT】函数，如图8-67所示。

图8-67

Step02 打开【函数参数】对话框，❶在【数值1】文本框中设置要计算的区域；❷单击【确定】按钮，如图8-68所示。

图8-68

Step03 返回工作表，即可查看计算

出的销售数据的单元格个数，如图8-69所示。

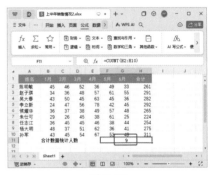

图8-69

★重点8.5.4 实战：使用MAX函数计算销量最大值

实例门类	软件功能

MAX函数用于返回一组数据中的最大值，函数参数为需要求最大值的数值或单元格引用，多个参数间使用逗号分隔。如果要计算连续单元格区域中的最大值，参数中可直接引用单元格区域。

语法：MAX(number1,number2,...)。参数number1,number2,...表示要计算最大值的1～255个参数。

例如，要在"上半年销售情况3"工作簿中，计算出每月的最高销量和合计的最高销量，具体操作方法如下。

Step01 打开"素材文件\第8章\上半年销售情况3.xlsx"工作簿，❶选中B11单元格；❷单击【公式】选项卡中的【求和】下拉按钮；❸在下拉列表中单击【最大值】命令，如图8-70所示。

图8-70

Step 02 ❶WPS表格将自动选中所选单元格上方的单元格区域（如果没有自动选择，或自动选择错误，可以手动重新选择）；❷单击编辑栏中的【输入】按钮 ✓，如图8-71所示。

图8-71

Step 03 选中B11单元格，按住鼠标左键向右拖曳填充计算公式，即可得到每月最高销量和上半年最高销量，如图8-72所示。

图8-72

8.5.5　实战：使用MIN函数计算销量最小值

实例门类	软件功能

MIN函数用于返回一组数据中的最小值，其使用方法与MAX函数相同，函数参数为要求最小值的数值或单元格引用，多个参数间使用逗号分隔。如果要计算连续单元格区域中的最小值，参数中可直接引用单元格区域。

语法：MIN(number1,number2,...)。参数number1,number2,...表示要计算最小值的1～255个参数。

例如，在"上半年销售情况4"工作簿中，计算6个月中各月最低销量和合计的最低销量，具体操作方法如下。

Step 01 打开"素材文件\第8章\上半年销售情况4.xlsx"工作簿，❶选中B11单元格；❷单击【公式】选项卡中的【插入】按钮，如图8-73所示。

图8-73

Step 02 打开【插入函数】对话框，❶在【查找函数】文本框中输入最小值，按【Enter】键查找；❷在【选择函数】列表框中单击【MIN】函数；❸单击【确定】按钮，如图8-74所示。

图8-74

Step 03 打开【函数参数】对话框，❶在【数值1】文本框中设置要计算的区域；❷单击【确定】按钮，如图8-75所示。

图8-75

Step 04 选中B11单元格，按住鼠标左键向右拖曳填充计算公式，即可得到每月最低销量和上半年最低销量，如图8-76所示。

图8-76

★重点8.5.6 实战：使用RANK函数计算排名

实例门类	软件功能

RANK函数用于返回某个数值在一组数值中的排名，即将指定的数据与一组数据进行比较，将比较的名次返回到目标单元格中。

语法结构：=RANK (number,ref, order)。各参数的含义如下。

➡ number：表示要在数据区域中进行比较的指定数据。

➡ ref：表示包含一组数值的数组或引用，其中的非数值型参数将被忽略。

➡ order：表示指定数字排名的方式。如果order为0或省略，则按降序排列的数据清单进行排序；如果order不为0，则按升序排列的数据清单进行排序。

例如，使用RANK函数计算销售总量的排名，具体操作方法如下。

Step01 打开"素材文件\第8章\销售业绩.xlsx"工作簿，选中要存放结果的单元格，如F3，输入函数"=RANK(E3,$E$3:$E$10,0)"，按【Enter】键，即可得出计算结果，如图8-77所示。

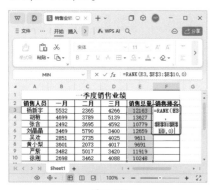

图 8-77

Step02 使用填充功能向下复制函数，

即可计算出每位员工销售总量的排名，如图8-78所示。

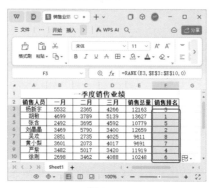

图 8-78

8.5.7 实战：使用PMT函数计算定期支付金额

实例门类	软件功能

PMT函数可以基于固定利率及等额分期付款的方式，计算贷款的每期付款额。PMT函数的语法：=PMT(rate,nper,pv,fv,type)，各参数的含义介绍如下。

➡ rate：贷款利率。

➡ nper：该项贷款的付款总期数。

➡ pv：现值，或一系列未来付款的当前值的累积和，也称为本金。

➡ fv：未来值。

➡ type：用以指定各期的付款时间是在期初（1）还是期末（0或省略）。

例如，某公司因购买写字楼向银行贷款500万元，贷款年利率为4.75%，贷款期限为10年（120个月），现计算每月应偿还的金额，具体操作方法如下。

Step01 打开"素材文件\第8章\写字楼贷款计算表.xlsx"工作簿，选中要存放结果的单元格B5，输入函数"=PMT(B4/12,B3,B2)"，如图8-79所示。

图 8-79

Step02 按【Enter】键，即可得出计算结果，如图8-80所示。

图 8-80

★重点8.5.8 实战：使用IF函数进行条件判断

实例门类	软件功能

IF函数的功能是根据指定的条件计算结果为TRUE或FALSE，从而返回不同的结果。使用IF函数可对数值和公式执行条件检测。

IF函数的语法结构：IF(logical_test,value_if_true,value_if_false)。各个函数参数的含义如下。

➡ logical_test：表示计算结果为TRUE或FALSE的任意值或表达式。例如，"B5>100"是一个逻辑表达式，若单元格B5中的值大于100，则表达式的计算结果为TRUE，否则为FALSE。

➡ value_if_true：logical_test参数为

TRUE时返回的值。例如，若此参数是文本字符串"合格"，而且logical_test参数的计算结果为TRUE，则返回结果"合格"；若logical_test为TRUE，而value_if_true被省略时，则返回0（零）。

→ value_if_false：logical_test为FALSE时返回的值。例如，若此参数是文本字符串"不合格"，而logical_test参数的计算结果为FALSE，则返回结果"不合格"；若logical_test为FALSE而value_if_false被省略，即value_if_true后面没有逗号，则会返回逻辑值FALSE；若logical_test为FALSE且value_if_false为空，即value_if_true后面有逗号且紧跟着右括号，则会返回值0（零）。

例如，以表格中的总分为关键字，80分以上（含80分）的为"录用"，其余的则为"淘汰"，具体操作方法如下。

Step01 打开"素材文件\第8章\新员工考核表.xlsx"工作簿，选中存放结果的单元格G4，输入函数"=IF(F4>=80,"录用","淘汰")"，按【Enter】键。此时，如果F4大于或等于80，则显示录用；如果F4小于80，显示淘汰，如图8-81所示。

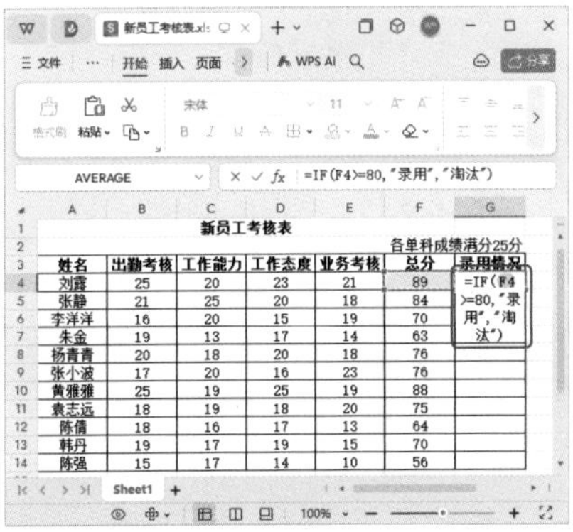

图8-81

Step02 将公式填充到其他单元格，

即可计算出所有新进员工的录用情况，如图8-82所示。

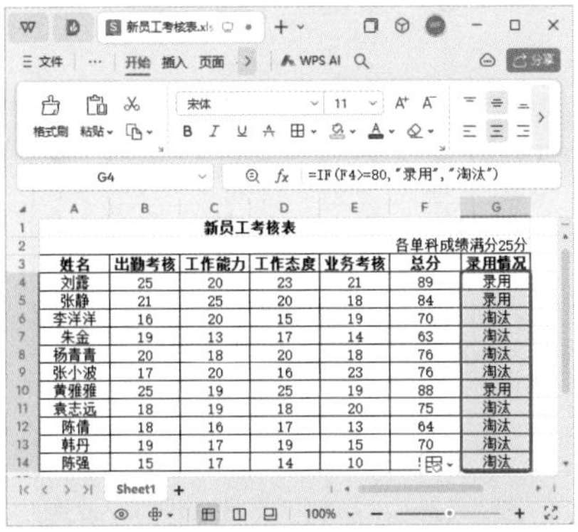

图8-82

技术看板

在实际应用中，一个IF函数可能无法满足工作需求，这时可以使用多个IF函数进行嵌套。IF函数嵌套的语法：IF（logical_test,value_if_true,IF（logical_test,value_if_true,IF（logical_test,value_if_true,...,value_if_false）））。通俗地讲，可以理解成"如果（某条件，条件成立返回的结果，（某条件，条件成立返回的结果，（某条件，条件成立返回的结果，......，条件不成立返回的结果）））"。例如，在本例中，表格中的总分为关键字，80分以上（含80分）的为"录用"，70分以上（含70分）的为"有待观察"，其余的则为"淘汰"，G4单元格的函数表达式就为"=IF(F4>=80,"录用",IF(F4>=70,"有待观察","淘汰"))"。

★重点8.5.9 根据身份证号码智能提取生日和性别

实例门类	软件功能

管理员工信息的过程中，有时需要建立一份电子档案，档案中一般会包含身份证号码、性别、出生年月等信息。当员工人数太多时，

逐个输入非常烦琐。为了提高工作效率，我们可以在【插入函数】对话框【常用公式】选项卡的【公式列表】框中选择公式，从身份证号中快速提取出生日期和性别，操作方法如下。

Step01 打开"素材文件\第8章\员工档案表.xlsx"工作簿，①选中要存放结果的单元格E3；②单击【公式】选项卡中的【插入】按钮，如图8-83所示。

图8-83

Step02 打开【插入函数】对话框，①在【常用公式】选项卡的【公式列表】框中单击【提取身份证生日】命令；②在【参数输入】栏的【身份证号码】右侧的文本框中输入要引用的单元格；③单击【确定】按钮，如图8-84所示。

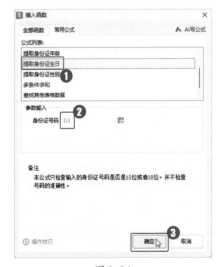

图8-84

Step03 返回工作表，即可看到使用公式提取的身份证号码中的生日。填充公式到下方的单元格区域，如图8-85所示。

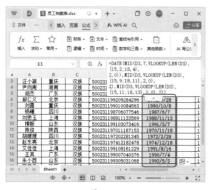

图8-85

Step04 选中F3单元格，使用相同的方法打开【插入函数】对话框，❶在【常用公式】选项卡的【公式列表】框中单击【提取身份证性别】命令；❷在【参数输入】栏的【身份证号码】右侧的文本框中输入要引用的单元格；❸单击【确定】按钮，如图8-86所示。

图8-86

Step05 返回工作表，即可看到工作表中已经使用公式提取了身份证号码中的性别。填充公式到下方的单元格区域，如图8-87所示。

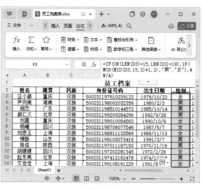

图8-87

★ 新功能8.5.10 实战：使用UNIQUE和VSTACK函数垂直合并多天的加班数据

实例门类	软件功能

UNIQUE函数是用于提取唯一值的函数。UNIQUE函数的语法结构：=UNIQUE(array, [by_col], [exactly_once])，各参数的含义介绍如下。

➡ array：代表要从中提取数据的区域或数组。

➡ by_col：指定是比较列还是行，设置为TRUE时，函数会比较列并返回唯一的列；设置为FALSE或省略时，函数会比较行并返回唯一的行。

➡ exactly_once：指定是否仅提取出现一次的值，设置为TRUE时，函数会返回仅出现一次的所有非重复行或列；设置为FALSE或省略时，则返回所有不同的行或列。

VSTACK函数可以将不同来源的数据合并到一个统一的组。VSTACK函数的语法结构：=VSTACK (array1, [array2],...)，其中array1、array2代表要合并的数组。

例如，有三天的加班数据，存放在不同工作表中。需要从三个工作表中提取出不重复的员工名单，具体操作方法如下。

Step01 打开"素材文件\第8章\加班数据表.xlsx"工作簿，选中9月1日工作表中的D2单元格，输入函数"=UNIQUE(VSTACK (A2:A11, '9月2日'!A2:A12,'9月3日'!A2:A13))"，如图8-88所示。

图8-88

Step02 按【Enter】键，即可得出计算结果，如图8-89所示。

图8-89

技术看板

本例先使用VSTACK函数将三个工作表中的姓名区域合并为一个垂直方向的数组，再使用UNIQUE函数从中提取出不重复记录。

★新功能8.5.11 实战：使用TAKE函数提取年龄最小的三位员工

实例门类	软件功能

TAKE函数可以从一个数组或数据范围中提取特定数量的行和列。TAKE函数的语法结构：=TAKE(array,rows,[columns])，各参数的含义介绍如下。

➥ array：代表要从中提取数据的区域或数组。

➥ rows：指定要从数组中提取的行数。

➥ columns：指定要提取的列数，默认值为1，如果未指定，则默认提取一列。

例如，人事部需要在人员名单中提取出"技术部"年龄最小的三位员工的信息，具体操作方法如下。

Step01 打开"素材文件\第8章\员工年龄统计表.xlsx"工作簿，选中要存放结果的E1单元格，输入函数"=VSTACK(A1:C1,TAKE(SORT(FILTER(A2:C21,B2:B21="技术部"),3),3))"，如图8-90所示。

图8-90

Step02 按【Enter】键，即可看到符合条件的员工信息，并按年龄进行了升序排序，如图8-91所示。

图8-91

★新功能8.5.12 实战：使用CHOOSECOLS函数提取对应员工信息

实例门类	软件功能

CHOOSECOLS函数可以返回数组中的部分列。CHOOSECOLS函数的语法结构：=CHOOSECOLS(array,col_num1,[col_num2],…)，各参数的含义介绍如下。

➥ array：代表要从中选择列的数据区域。

➥ col_num1：表示要选择的第一列的索引号。

➥ col_num2：表示要选择的第二列的索引号。

例如，要从目标数据中提取出"人力资源部"的员工姓名以及对应的年龄信息，具体操作方法如下。

Step01 打开"素材文件\第8章\员工年龄统计表.xlsx"工作簿，选中要存放结果的E2单元格，输入函数"=CHOOSECOLS(FILTER(A2:C21,B2:B21="人力资源部"),{1,3})"，如图8-92所示。

图8-92

Step02 按【Enter】键，即可提取出"人力资源部"员工的年龄信息，如图8-93所示。

图8-93

★新功能8.5.13 实战：使用WRAPROWS函数将姓名列数据转为两列

实例门类	软件功能

WRAPROWS函数可以将一维数据（行或列）转换成二维数据表格。WRAPROWS函数的语法结构：=WRAPROWS(vector,crap_count,[pad_with])，各参数的含义介绍如下。

➥ vector：单行或单列的数组。如果提供的数据区域不是单行或单列，函数将返回#VALUE!错误。

➥ crap_count：指定要将数据转换成的列数。

➥ pad_with：可选参数。如果不设置，在数据不足以填满所有列时，默认用#N/A填充；如果设置，则使用提供的值来填充剩余的单元格。

例如，需要将一列的姓名数据转换为两列，具体操作方法如下。

Step01 打开"素材文件\第8章\员工名单.xlsx"工作簿，选中要存放结果的C2单元格，输入函数"=WRAPROWS(A2:A17,2,"")"，如图8-94所示。

图 8-94

Step 02 按【Enter】键，即可将目标数据转换为两列，如图 8-95 所示。

图 8-95

★新功能 8.5.14 实战：使用 TOROW 和 EXPAND 函数插入空行

实例门类	软件功能

TOROW 函数可以将数组转换为一行，其语法结构为：=TOROW(array,[ignore],[scan_by_column])，

各参数的含义介绍如下。

➡ array：需要转换的数组。

➡ ignore：指定在转换过程中需要忽略的元素。

➡ scan_by_column：表示是否按列扫描数组。默认为 FALSE，即按行扫描。如果设置为 TRUE，则按列扫描。

EXPAND 函数可以将数组扩展到指定维度。EXPAND 函数的语法结构：=EXPAND(array, rows, [columns])，各参数的含义介绍如下。

➡ array：要扩展的原始数组。

➡ rows：指定要将数组扩展到的行数。

➡ columns：指定要将数组扩展到的列数。如果未提供列数或者该参数被省略，则默认值为数组参数中的列数。

例如，要在"员工年龄统计表"中，每隔一行插入一个空行，具体操作方法如下。

Step 01 打开"素材文件\第8章\员工年龄统计表.xlsx"工作簿，选中

要存放结果的 E1 单元格，输入函数 "=VSTACK(A1:C1,WRAPROWS (TOROW(EXPAND(A2:C21,,6, "")),3))"，如图 8-96 所示。

图 8-96

Step 02 按【Enter】键，即可得出每隔一行插入一个空行的结果，如图 8-97 所示。

图 8-97

妙招技法

通过前面知识的学习，相信读者已经对公式和函数计算有了一定的了解，下面结合本章内容，给大家介绍一些实用技巧。

★ AI功能 技巧01：使用WPS AI计算员工年龄

当知道身份证号码时，可以通过身份证号码计算年龄。下面使用 WPS AI 计算员工档案表中的员工年龄，操作方法如下。

Step 01 打开"素材文件\第8章\员工档案表1.xlsx"工作簿，在 F3 单

元格中输入"="，然后单击【AI生成公式】按钮，如图 8-98 所示。

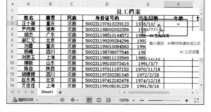

图 8-98

Step 02 ❶在文本框中输入提问，如"请通过D3提取年龄"；❷单击【发送】按钮，如图 8-99 所示。

图 8-99

Step03 WPS AI将根据提问编写公式，编写完成后单击【完成】按钮，如图8-100所示。

图 8-100

Step04 返回工作表，即可看到WPS AI编写的公式已经插入单元格，并根据公式计算出了答案。填充公式到下方的单元格区域，如图8-101所示。

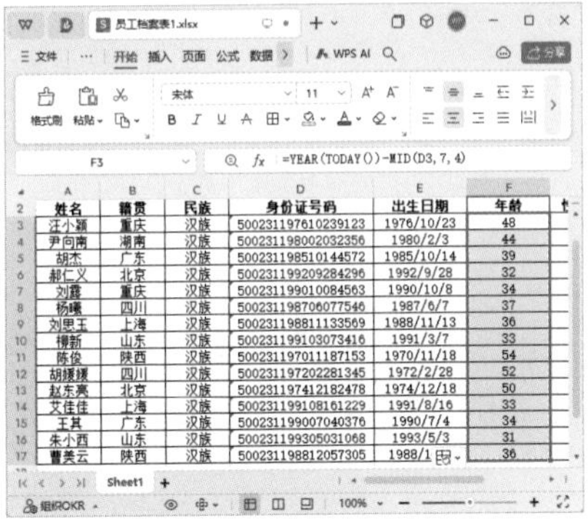

图 8-101

技能拓展——查看公式解释

使用WPS AI生成了公式之后，单击下方的【对公式的解释】命令，可以查看公式解释。

★AI功能　技巧02：使用WPS AI计算相同商品的销售总额

在日常工作中，经常会需要计算某一产品的销售总额，此时可以使用WPS AI来完成计算，具体操作方法如下。

Step01 打开"素材文件\第8章\4月销量表.xlsx"工作簿，❶选中要存放结果的H2单元格；❷单击【公式】选项卡中的【AI写公式】按钮，如图8-102所示。

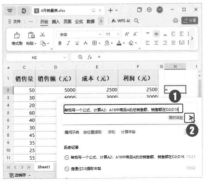

图 8-102

Step02 ❶在文本框中输入提问，如"帮我写一个公式，计算A2:A16中商品A的总销售额，销售额在D2:D16"；❷单击【发送】按钮 ➤，如图8-103所示。

图 8-103

Step03 WPS AI将根据提问编写公式，编写完成后单击【完成】按钮，如图8-104所示。

图 8-104

Step04 返回工作表，即可看到WPS

AI编写的公式已经插入单元格，并根据公式计算出了答案，如图8-105所示。

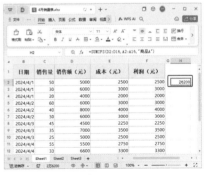

图 8-105

技巧03：用错误检查功能检查公式

当公式计算结果出现错误时，可以使用错误检查功能来逐一对错误值进行检查。例如，要在"工资表1"中检查错误公式，具体操作方法如下。

Step01 打开"素材文件\第8章\工资表1.xlsx"工作簿，❶在数据区域中选中要检查错误的起始单元格；❷单击【公式】选项卡中的【错误检查】按钮，如图8-106所示。

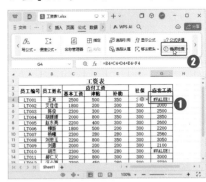

图 8-106

Step02 系统开始从起始单元格进行检查，当检查到有错误公式时，会弹出【错误检查】对话框，并指出出错的单元格及错误原因。若要修改，单击【在编辑栏中编辑】按钮，如图8-107所示。

图 8-107

Step 03 ❶在工作表的编辑栏中输入正确的公式；❷在【错误检查】对话框中单击【继续】按钮，继续检查工作表中的其他错误公式，如图 8-108 所示。

图 8-108

Step 04 使用以上方法继续检查和修改公式，如图 8-109 所示。

图 8-109

本章小结

　　本章的重点在于掌握 WPS 表格中公式和函数的使用方法，主要包括认识公式、输入公式、使用 WPS AI 编写公式、编辑公式、常见的公式错误、认识函数、输入函数、编辑函数和常见函数的应用等知识点。通过对本章内容的学习，希望读者能够熟练地掌握公式和函数的使用方法，在分析数据时，能够快速地计算出相关数据。

第9章 使用图表统计与分析数据

➡ 认真挑选合适的数据源创建了图表后，却发现图表类型不适合，这时需要删除图表重新创建吗？

➡ 制作了一个饼图，想要将其中一部分突出显示，如何操作？

➡ 除了常规的系列，能不能用图片代替数据系列？

➡ 在图表中分析数据时，如何添加辅助线？

➡ 默认图表的颜色太普通，如何更改图表颜色？

➡ 想要小巧的图表跟随数据，辅助查看数据，应该用什么图表？

制作表格是为了将数据更直观地展现出来，便于分析和查看数据，而图表则是直观展现数据的一大"利器"。本章内容可以帮助读者解决以上问题，并让读者掌握图表制作与应用的技巧。

9.1 认识图表

初次接触图表时，难免会疑惑：什么是图表？图表可以做什么？怎样根据实际情况选择合适的图表？带着这些疑问，我们一起来认识图表。

9.1.1 认识图表的组成

WPS 表格提供了 8 种标准的图表类型，每一种图表类型都分为几种子类型，包括二维图表和三维图表。虽然图表的种类不同，但每一种图表的绝大部分组件是相同的，默认的图表组件包括图表区、绘图区、图表标题、数据系列、坐标轴和坐标轴标题、图例、网格线等，如图 9-1 和表 9-1 所示。

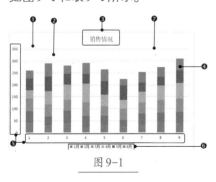

图 9-1

表 9-1

序号	说明
❶	图表区：图表中最大的白色区域，是其他图表元素的容器
❷	绘图区：图表区中的一部分，即显示图形的矩形区域
❸	图表标题：用来说明图表内容的文字，它可以在图表中任意移动并对图表进行修饰（如设置字体、字形及字号等）
❹	数据系列：在数据区域中，同一列或同一行数值数据的集合会构成一组数据系列，也就是图表中相关数据点的集合。图表中可以有一组或多组数据系列，多组数据系列之间通常采用不同的图案、颜色或符号来区分。在图 9-1 中，一季度到四季度的运营额统计就是数据系列，它们以不同的颜色来区分

续表

序号	说明
❺	坐标轴和坐标轴标题：坐标轴是标识数值大小及分类的水平线和垂直线，上面有数据值的标志（刻度）。一般情况下，水平轴（X轴）表示数据的分类
❻	图例：图例指出了图表中的符号、颜色或形状定义数据系列所代表的内容。图例由两部分构成，图例标识代表数据系列的图案，即不同颜色的小方块；图例项是与图例标识对应的数据系列名称，一种图例标识只能对应一种图例项
❼	网格线：贯穿绘图区的线条，用于作为估算数据系列所示值的标准

★重点 9.1.2 图表的类型

WPS 表格中的图表类型主要包

括柱形图、折线图、饼图、条形图、面积图、XY（散点）图、股价图、雷达图和组合图，下面分别介绍。

1.柱形图

柱形图是常用的图表，也是WPS表格的默认图表，主要用于反映一段时间内的数据变化或显示不同项目间的对比情况，如图9-2所示。

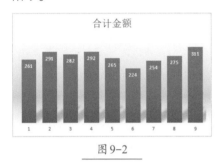

图9-2

柱形图的子类型包括簇状柱形图、堆积柱形图和百分比堆积柱形图，如图9-3所示。

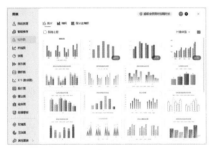

图9-3

➡ 簇状柱形图：以二维柱形显示值。

➡ 堆积柱形图：使用二维堆积柱形显示值，在有多个数据系列并希望强调总计时使用此图表。

➡ 百分比堆积柱形图：用堆积表示百分比的二维柱形显示值。如果图表具有两个或两个以上的数据系列，并且要强调每个值占整体的百分比，尤其是当各类别的总数相同时，可使用此图表。

2.折线图

在工作表中以列或行的形式排列的数据可以绘制为折线图。在折线图中，类别数据沿水平轴均匀分布，所有值数据沿垂直轴均匀分布。折线图可在按比例缩放的坐标轴上显示一段时间内的连续数据，因此非常适合显示相等时间间隔（如月度、季度或年度）下数据的趋势，如图9-4所示。

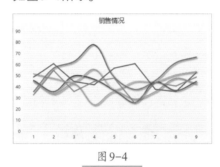

图9-4

为了让读者更好地了解折线图，下面对各折线图进行详细介绍。

折线图的子类型包括折线图、折线图-标记、堆积、堆积-标记、百分比堆积和百分比堆积-标记，如图9-5所示。

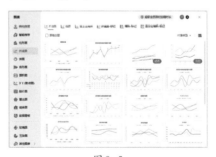

图9-5

➡ 折线图和折线图-标记：用于显示一段时间的变化情况或均匀分布的类别的趋势，在显示时可带有指示单个数据值的标记，也可以不带标记。注意：如果工作表中有许多类别或数据值大小接近，请使用无数据点折线图。

➡ 堆积折线图和堆积-标记：堆积折线图显示时可带有标记以指示各个数据值，也可以不带标记。这两种折线图都可以显示每个值所占大小随时间或均匀分布的类别而变化的趋势。

➡ 百分比堆积折线图和百分比堆积-标记：百分比堆积折线图可带有标记以指示各个数据值，也可以不带标记。百分比堆积折线图用于显示每个值所占的百分比随时间或均匀分布的类别而变化的趋势。注意：如果工作表中存在许多类别或数据值大小接近，请使用无数据点百分比堆积折线图。

3.饼图

在工作表中以列或行的形式排列的数据可以绘制为饼图。饼图显示了一个数据系列中各项的大小与其各项总和的比例。饼图中的数据点显示为整个饼图的百分比，如图9-6所示。

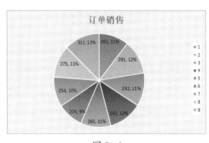

图9-6

如果要创建的图表只有一个数据系列、数据中的值没有负值、数据中的值几乎没有零值或类别不超过7个，就可以使用饼图来查看数据。

饼图的子类型包括饼图、三维饼图、复合饼图、复合条饼图和圆环图，如图9-7所示。

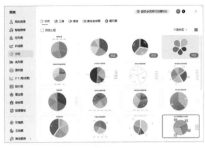

图 9-7

➥ 饼图：以二维格式显示每个值占总计的比例。可以手动拉出饼图的扇区来加以强调。

➥ 三维饼图：以三维格式显示每个值占总计的比例。与二维饼图相比，三维饼图的扇区具有立体感。

➥ 复合饼图和复合条饼图：特殊的饼图，其中一些较小的值被拉出为次饼图或堆积条形图，从而使其更易于区分。

➥ 圆环图：仅排列在工作表的列或行中的数据可以绘制为圆环图。像饼图一样，圆环图也反映了部分与整体的关系，但圆环图可以包含多个数据系列，如图 9-8 所示。

图 9-8

4. 条形图

在工作表中以列或行的形式排列的数据可以绘制为条形图。条形图用于对各个项目的数据进行比较。通常条形图的垂直坐标轴为类别，水平坐标轴为值，如图 9-9 所示。

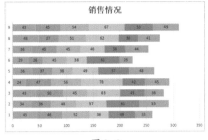

图 9-9

条形图的子类型包括簇状条形图、堆积条形图和百分比堆积条形图，如图 9-10 所示。

图 9-10

➥ 簇状条形图：以二维格式显示数值大小情况。

➥ 堆积条形图：以二维条形显示单个项目与整体的关系。

➥ 百分比堆积条形图：显示二维条形，这些条形跨类别比较每个值占总计的百分比。

5. 面积图

在工作表中以列或行的形式排列的数据可以绘制为面积图。面积图可用于绘制随时间而变化的量，用于引起人们对总值趋势的关注。面积图还可以显示部分与整体的关系，如图 9-11 所示。

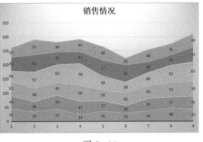

图 9-11

面积图的子类型包括面积图、堆积面积图和百分比堆积面积图，如图 9-12 所示。

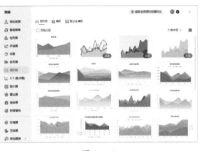

图 9-12

➥ 面积图：用于显示值随时间或其他类别数据而变化的趋势。

➥ 堆积面积图：以二维格式显示每个值所占大小随时间或其他类别数据变化的趋势。

➥ 百分比堆积面积图：显示每个值所占百分比随时间或其他类别数据而变化的趋势。

技术看板

在工作中，通常应首先考虑使用折线图而不是堆积面积图，因为如果使用后者，一个系列中的数据可能会被另一系列中的数据遮住。

6. XY（散点）图

在工作表中以列或行的形式排列的数据可以绘制为 XY（散点）图。在一行或一列中输入 X 值，然后在相邻的行或列中输入对应的 Y 值。

散点图一共有两个数值轴：水平（X）数值轴和垂直（Y）数值轴，如图 9-13 所示。散点图将 X 值和 Y 值合并为单一数据点并按不均匀的间隔或簇来显示它们。散点图通常用于显示和比较数值，如科学数据、统计数据、工程数据等。

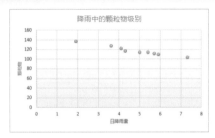

图 9-13

散点图的子类型包括散点图、带平滑线和标记的散点图、带平滑线的散点图、带直线和标记的散点图、带直线的散点图、气泡图和三维气泡图，如图9-14所示。

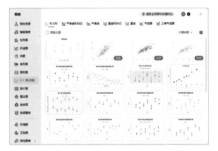

图 9-14

➥ 散点图：通过数据点来比较数值，但是不连接线。

➥ 带平滑线和标记的散点图、带平滑线的散点图：这两种图表的数据点之间有相连的平滑曲线，平滑线可以带标记，也可以不带标记。如果有多个数据点，则使用不带标记的平滑线。

➥ 带直线和标记的散点图、带直线的散点图：这两种图表的数据点之间有相连的直线，直线可以带标记，也可以不带。

➥ 气泡图和三维气泡图：这两种气泡图都包括三个值而非两个值，并以二维或三维格式显示气泡（不使用垂直坐标轴）。第三个值指定气泡标记的大小。

7. 股价图

以特定顺序排列在工作表的列或行中的数据可以绘制为股价图。顾名思义，股价图可以显示股价的波动，不过这种图表也可以显示其他数据（如日降雨量和每年温度）的波动。必须按正确的顺序组织数据才能创建股价图。

例如，要创建一个简单的盘高－盘低－收盘股价图，需要根据按盘高、盘低和收盘次序输入的列标题来排列数据，如图9-15所示。

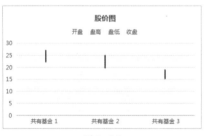

图 9-15

股价图的子类型包括盘高－盘低－收盘股价图、开盘－盘高－盘低－收盘股价图、成交量－盘高－盘低－收盘股价图、成交量－开盘－盘高－盘低－收盘股价图，如图9-16所示。

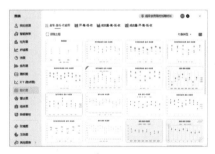

图 9-16

➥ 盘高－盘低－收盘股价图按照以下顺序使用三个值系列：盘高、盘低和收盘股价。

➥ 开盘－盘高－盘低－收盘股价图

按照以下顺序使用四个值系列：开盘、盘高、盘低和收盘股价。

➥ 成交量－盘高－盘低－收盘股价图按照以下顺序使用四个值系列：成交量、盘高、盘低和收盘股价。它在计算成交量时使用了两个数值轴：一个是用于计算成交量的列，另一个是用于显示股票价格的列。

➥ 成交量－开盘－盘高－盘低－收盘股价图按照以下顺序使用五个值系列：成交量、开盘、盘高、盘低和收盘股价。

8. 雷达图

在工作表中以列或行的形式排列的数据可以绘制为雷达图，用于比较若干数据系列的聚合值，如图9-17所示。

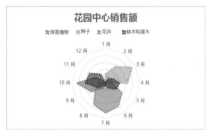

图 9-17

雷达图的子类型包括雷达图、带数据标记的雷达图和填充雷达图，如图9-18所示。

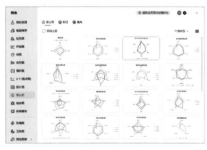

图 9-18

➥ 雷达图、带数据标记的雷达图：

无论单独的数据点有无标记，雷达图都显示值相对于中心点的变化。

➡ 填充雷达图：在填充雷达图中，数据系列覆盖的区域有填充颜色。

9. 组合图

以列和行的形式排列的数据可以绘制为组合图。组合图将两种或多种图表类型组合在一起，让数据更容易理解，特别是数据变化范围较大时，由于采用了次坐标轴，所以这种图表更容易看懂。本示例使用柱形图来显示一月到六月的房屋销售量数据，然后使用折线图来使读者更容易快速看清每月的平均销售价格，如图9-19所示。

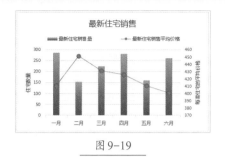

图 9-19

组合图的子类型包括簇状柱形图-折线图、簇状柱形图-次坐标轴上的折线图、堆积面积图-簇状柱形图和自定义组合，如图9-20所示。

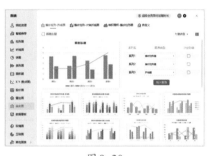

图 9-20

➡ 簇状柱形图-折线图、簇状柱形图-次坐标轴上的折线图：这两种图表综合了簇状柱形图和折线图，在同一个图表中将部分数据系列显示为柱形，将其他数据系列显示为线。这两种图表不一定带有次坐标轴。

➡ 堆积面积图-簇状柱形图：这种图表综合了堆积面积图和簇状柱形图，在同一个图表中将部分数据系列显示为堆积面积，将其他数据系列显示为柱形。

➡ 自定义组合：这种图表用于组合需要在同一个图表中显示的多种图表。

技术看板

WPS会员可以选择使用设计更精美的玫瑰图、玉块图、漏斗图、水波图等图表。

9.2 创建与编辑图表

如果 WPS 表格中只有数据，那么看起来会十分枯燥。图表功能可以帮助用户快速创建各种各样的图表，以增强视觉效果，同时更直观地展示出表格中各数据之间的复杂关系，更易于理解，也起到了美化表格的作用。

★重点9.2.1 实战：为销售表创建图表

实例门类	软件功能

创建图表的方法非常简单，只需选择要创建为图表的数据区域，然后选中需要的图表样式即可。在选择数据区域时，可根据需要选择整个数据区域，也可选择部分数据区域。

例如，要为部分数据源创建一个柱形图，具体操作方法如下。

Step01 打开"素材文件\第9章\上半年销售情况.xlsx"工作簿，❶选

中要创建为图表的数据区域；❷单击【插入】选项卡中的【全部图表】按钮，如图9-21所示。

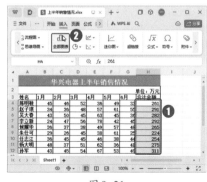

图 9-21

Step02 打开【图表】对话框，❶在左侧的列表中单击【柱形图】选项卡；

❷在右侧单击【簇状】选项卡；❸在下方的缩略图中选择一种柱形图样式，如图9-22所示。

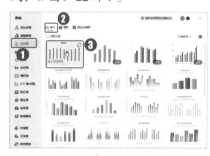

图 9-22

Step03 操作完成后，即可看到工作表中已经插入了图表，如图9-23所示。

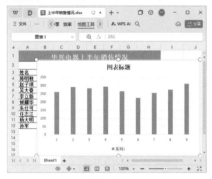

图 9-23

除以上方法外，选中数据区域之后，单击【插入】选项卡中的【插入柱形图】按钮，在弹出的下拉菜单中选择一种柱形图样式，也可以插入柱形图，如图9-24所示。

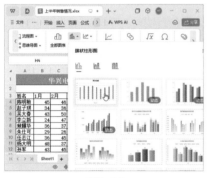

图 9-24

技术看板

在使用图表时，有一些功能并不支持.et格式的工作簿，所以如果要创建图表，在创建工作簿时可以将其保存为.xlsx格式。

9.2.2 实战：移动销售表图表位置

实例门类	软件功能

创建图表之后，为了方便查看数据，可以将图表移动到其他位置。有时为了强调图表数据的重要性，或更便捷地分析图表中的数据，需

要将图表放大并单独作为一张工作表，此时，可以使用移动图表功能。

例如，要将图表单独制作成一张工作表，操作方法如下。

Step01 接上一例操作，❶选中图表；❷单击【图表工具】选项卡中的【移动图表】按钮，如图9-25所示。

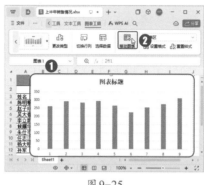

图 9-25

Step02 打开【移动图表】对话框，❶选中【新工作表】单选框，在右侧的文本框中输入工作表名称；❷单击【确定】按钮，如图9-26所示。

图 9-26

Step03 完成后，即可在工作簿中创建放置图表的新工作表，并将图表移动到新工作表中，如图9-27所示。

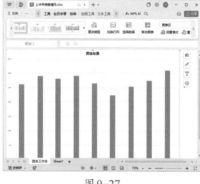

图 9-27

技术看板

如果是在同一个工作表中移动图表，可以将光标移动到图表上，当光标变为 形状时，按住鼠标左键，将其拖动到需要的位置后松开即可。

9.2.3 实战：调整销售表图表的大小

实例门类	软件功能

创建图表之后，其默认大小并不一定适合查看数据，此时可以调整图表的大小。

选中图表，会发现图表的四周分布着6个控制柄，使用鼠标拖动6个控制柄中的任意一个，都可以改变图表的大小，操作方法如下。

Step01 打开"素材文件\第9章\上半年销售情况1.xlsx"工作簿，将光标移动到图表右下角的控制柄上，此时光标将变为双向箭头，如图9-28所示。

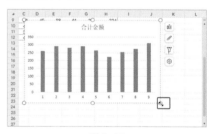

图 9-28

Step02 按住鼠标左键进行拖曳，如图9-29所示。

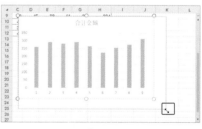

图 9-29

Step03 拖动到合适的大小后，松开鼠标左键，即可调整图表的大小，如图9-30所示。

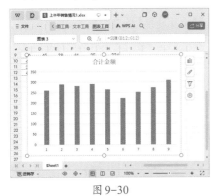

图 9-30

★新功能9.2.4　实战：更改销售表图表的类型

实例门类	软件功能

　　创建图表之后发现所选图表类型不合适，可以更改图表类型。更改图表的类型并不需要重新插入图表，可以直接对已经创建的图表进行更改，操作方法如下。

Step01 接上一例操作，❶选中图表；❷单击【图表工具】选项卡中的【更改类型】按钮，如图9-31所示。

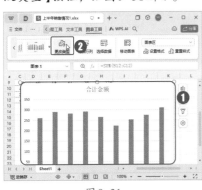

图 9-31

Step02 打开【更改图表类型】对话框，重新选择图表样式，如图9-32所示。

图 9-32

Step03 返回工作表，即可看到原来的柱形图已经更改为条形图，如图9-33所示。

图 9-33

9.2.5　实战：更改销售表图表数据源

实例门类	软件功能

　　在制作图表时，如果引用的数据源错误，可以更改数据源。如果需要重新选择工作表中的数据作为数据源，图表中的相应数据系列也会发生变化。

　　下面以更改"上半年销售情况1"工作表中A3:G12单元格区域的数据源为例，介绍具体的操作方法。

Step01 打开"素材文件\第9章\上半年销售情况1.xlsx"工作簿，❶选中图表；❷单击【图表工具】选项卡中的【选择数据】按钮，如图9-34所示。

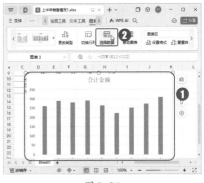

图 9-34

Step02 打开【编辑数据源】对话框，单击【图表数据区域】文本框后的【折叠】按钮，如图9-35所示。

图 9-35

Step03 ❶拖动鼠标，在工作表中选中A3:G12单元格区域；❷单击【展开】按钮，如图9-36所示。

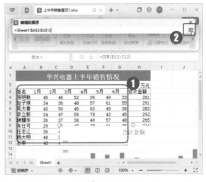

图 9-36

Step04 返回【编辑数据源】对话框，单击【确定】按钮，如图9-37所示。

图 9-37

Step05 返回工作簿，即可看到数据源已经更改，如图9-38所示。

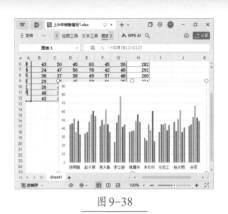

图9-38

9.3 调整图表的布局

在 WPS 表格中，可以通过添加图表标签、趋势线、数据表等图表元素，或更改图表的颜色，来优化图表的整体布局，使图表内容和结构更加合理、美观。

★重点9.3.1 实战：为销售图表添加数据标签

实例门类	软件功能

为了使所创建的图表更加清晰、明了，可以添加并设置图表标签，操作方法如下。

Step01 打开"素材文件\第9章\上半年销售情况2.xlsx"工作簿，❶选中图表；❷单击【图表工具】选项卡中的【添加元素】下拉按钮；❸在弹出的下拉菜单中选择【数据标签】命令；❹在弹出的子菜单中单击数据标签的位置，如【数据标签外】，如图9-39所示。

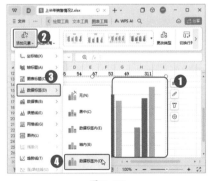

图9-39

Step02 操作完成后，即可看到已经为数据系列添加了数据标签，如图9-40所示。

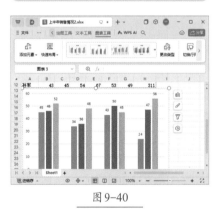

图9-40

★重点9.3.2 实战：为销售图表添加趋势线

实例门类	软件功能

创建图表后，为了能更加便捷地对系列中的数据变化趋势进行分析与预测，我们可以为数据系列添加趋势线，操作方法如下。

Step01 接上一例操作，❶选中图表后，单击出现的【图表元素】按钮；❷在弹出的窗格中将光标移动到趋势线右侧，单击出现的三角形按钮；❸在弹出的子菜单中单击趋势线的类型，如【线性】，如图9-41所示。

图9-41

Step02 打开【添加趋势线】对话框，❶在【添加基于系列的趋势线】列表中单击要添加趋势线的系列，本例中单击【2月】；❷单击【确定】按钮，如图9-42所示。

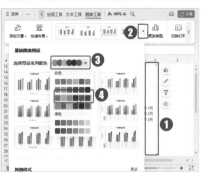

图 9-42

Step03 返回工作表，即可看到趋势线已经添加，如图 9-43 所示。

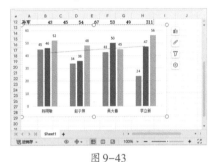

图 9-43

9.3.3 实战：快速布局销售图表

| 实例门类 | 软件功能 |

使用快速布局功能可以更改图表的布局，操作方法如下。

Step01 打开"素材文件\第9章\上半年销售情况2.xlsx"工作簿，❶选中图表；❷单击【图表工具】中的【快速布局】下拉按钮；❸在弹出的下拉菜单中选择一种布局，如图 9-44 所示。

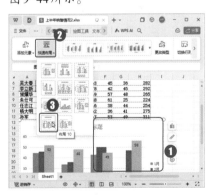

图 9-44

Step02 操作完成后，即可看到图表的布局已经改变，本例中添加了图表标题和图例，如图 9-45 所示。

图 9-45

Step03 将光标定位到标题文本框中，删除占位文字后，重新命名标题，如图 9-46 所示。

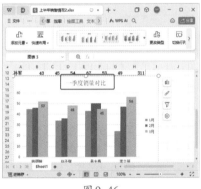

图 9-46

9.3.4 实战：更改销售图表的颜色

| 实例门类 | 软件功能 |

创建图表后，还可以更改图表中的颜色来美化图表，操作方法如下。

Step01 接上一例操作，❶选中图表；❷单击【图表工具】选项卡中的⬇下拉按钮；❸在弹出的下拉菜单中单击【选择预设系列配色】右侧的下拉按钮⌄；❹在弹出的下拉菜单中选择一种配色方案，如图 9-47 所示。

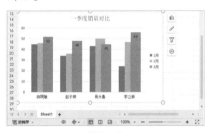

图 9-47

Step02 操作完成后，即可看到图表的系列颜色已经更改，如图 9-48 所示。

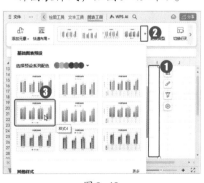

图 9-48

★新功能 9.3.5 实战：为销售图表应用图表样式

| 实例门类 | 软件功能 |

WPS 表格为用户提供了多种内置的图表样式，如果要为图表应用样式，操作方法如下。

Step01 接上一例操作，❶选中图表；❷单击【图表工具】选项卡中的⬇按钮；❸在打开的下拉列表中选择一种图表样式，如图 9-49 所示。

图 9-49

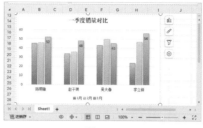

图 9-50

Step 02 操作完成后，即可为图表应用样式，如图9-50所示。

9.4 创建与编辑迷你图

在数据可视化的世界中，迷你图是一种强大而简洁的工具，能够以紧凑的形式展示数据的趋势和变化。迷你图通常由小型的折线图、柱状图或面积图组成，可以让用户在有限的空间内快速识别关键数据趋势。

★新功能 9.4.1 实战：为销量表创建迷你图

实例门类	软件功能

创建迷你图的方法非常简单，只需选择要创建为图表的数据区域，然后选择需要的图表样式即可。在选择数据区域时，可根据需要选择整个数据区域，也可选择部分数据区域。

1. 创建单个迷你图

WPS 表格提供了折线图、柱形图和盈亏图3种类型的迷你图，用户可根据需要进行选择。例如，要在"一季度销量表"工作簿中创建折线迷你图，操作方法如下。

Step 01 打开"素材文件\第9章\一季度销量表.xlsx"工作簿，❶选中E3单元格；❷单击【插入】选项卡中的【迷你图】下拉按钮；❸在弹出的下拉菜单中单击【折线】命令，如图9-51所示。

图 9-51

Step 02 打开【创建迷你图】对话框，【位置范围】已经选择了E3单元格，单击【数据范围】右侧的 🔢 按钮，如图9-52所示。

图 9-52

Step 03 ❶在工作表中选中B3:D3单元格区域；❷单击【创建迷你图】对话框中的 🔢 按钮，如图9-53所示。

图 9-53

Step 04 返回【创建迷你图】对话框，直接单击【确定】按钮，如图9-54所示。

图 9-54

Step 05 返回工作表，即可看到E3单元格中已经成功创建了迷你图，如图9-55所示。

图 9-55

Step 06 使用相同的方法创建其他迷你图即可，如图9-56所示。

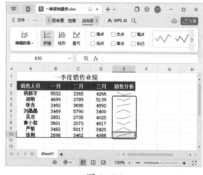

图 9-56

而一次创建的多个迷你图，即为一个迷你图组。

2. 创建多个迷你图

在创建迷你图时会发现，逐个创建非常烦琐，为了提高工作效率，我们可以一次性创建多个迷你图。

例如，要在"一季度销量表"工作簿中创建多个柱形迷你图，操作方法如下。

Step 01 打开"素材文件\第9章\一季度销量表.xlsx"工作簿，❶选中E3:E10单元格区域；❷单击【插入】选项卡中的【迷你图】下拉按钮；❸在弹出的下拉菜单中单击【柱形】命令，如图9-57所示。

图9-57

Step 02 打开【创建迷你图】对话框，❶在【数据范围】文本框中选中B3:D10单元格区域；❷单击【确定】按钮，如图9-58所示。

图9-58

Step 03 返回工作表中，即可看到已经成功创建了多个迷你图，如

图9-59所示。

图9-59

> **技能拓展——组合与取消组合迷你图**
>
> 如果要将单个的迷你图组合为迷你图组，可以选中要组合的迷你图，然后单击【迷你图工具】选项卡中的【组合】按钮即可。如果要取消组合，可以选中迷你图组中的任意迷你图所在单元格，然后单击【迷你图工具】选项卡中的【取消组合】按钮即可。

★新功能9.4.2 实战：编辑迷你图

实例门类	软件功能

迷你图创建完成后，还可以对其进行更改图表类型、设置高低点，以及使用内置样式美化迷你图的操作。

1. 更改迷你图类型

如果创建的迷你图类型不是自己需要的，可以更改迷你图类型，操作方法如下。

Step 01 打开"素材文件\第9章\一季度销量表1.xlsx"工作簿，❶选中任意迷你图；❷单击【迷你图工具】选项卡中的【柱形】按钮，如图9-60所示。

图9-60

Step 02 操作完成后即可更改迷你图的类型，如图9-61所示。

图9-61

2. 设置迷你图中不同的点

在单元格中插入迷你图后，可以根据不同数据设置突出点，如高点、低点、首点、尾点等。

例如，在要在"一季度销量表1"工作簿中设置高点和低点，然后设置图表的颜色，最后分别设置高点和低点的颜色，操作方法如下。

Step 01 接上一例操作，❶选中任意迷你图；❷勾选【迷你图工具】选项卡中的【高点】和【低点】复选框，即可在迷你图中显示高点和低点，如图9-62所示。

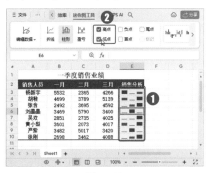

图9-62

Step02 ❶单击【迷你图工具】选项卡中的【迷你图颜色】下拉按钮；❷在弹出的下拉菜单中选择一种颜色，如图9-63所示。

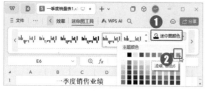

图9-63

Step03 ❶单击【迷你图工具】选项卡中的【标记颜色】下拉按钮；❷在弹出的下拉菜单中选择【高点】命令；❸在弹出的子菜单中选择高点的颜色，如图9-64所示。

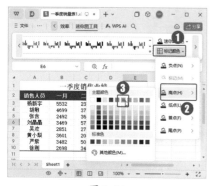

图9-64

Step04 ❶再次单击【标记颜色】下拉按钮；❷在弹出的下拉菜单中选择【低点】命令；❸在弹出的子菜单中选择低点的颜色，如图9-65所示。

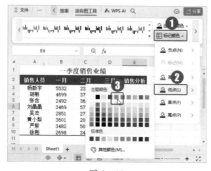

图9-65

Step05 操作完成后即可看到最终效果，如图9-66所示。

图9-66

3. 使用内置样式美化迷你图

如果对于自己选择的颜色搭配没有信心，也可以使用内置样式快速美化迷你图，操作方法如下。

Step01 接上一例操作，选中任意迷你图，在【迷你图工具】选项卡中选择一种迷你图样式，如图9-67所示。

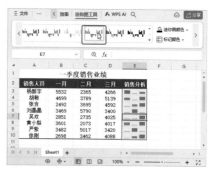

图9-67

Step02 操作完成后，即可看到迷你图应用了内置样式后的效果，如图9-68所示。

图9-68

妙招技法

通过对前面知识的学习，相信读者对图表的统计与分析有了一定的了解，下面结合本章内容，给大家介绍一些实用技巧。

技巧01：设置条件变色的数据标签

条件变色的数据标签，是指根据一定的条件，将各个数据标签的文字显示为不同的颜色，以便区分和查看图表中的数据，操作方法如下。

Step01 打开"素材文件\第9章\笔记本销量.xlsx"工作簿，❶单击选中任意数据标签，然后右击任意数据标签；❷在弹出的快捷菜单中单击【设置数据标签格式】命令，如图9-69所示。

图9-69

Step02 打开【属性】窗格，❶在【标签】选项卡的【标签选项】组中，在【数字】栏设置【类别】为【自定义】；❷在【格式代码】文本框中输入"[蓝色][<1000](0);[红色][>1500]0;0"；❸单击【添加】按钮，如图9-70所示。

图 9-70

Step03 返回工作表，即可看到图表中的数据标签已经根据设定的条件自动显示为不同的颜色，如图 9-71 所示。

图 9-71

技巧 02：将精美小图标应用于图表

普通的图表容易让人产生审美疲劳，在制作数据分析报告时，如果将图表的数据系列更换为贴近主题、活泼有趣的精美小图标，可以更好地表现数据。

例如，在"男女购买方式调查"工作簿中，我们可以分别使用男、女的小图标来代替数据条，操作方法如下。

Step01 打开"素材文件\第 9 章\男女购买方式调查.xlsx"工作簿，❶ 选中任意空白单元格，单击【插

入】选项卡中的【图片】按钮；❷ 在弹出的下拉菜单中单击【本地图片】命令，如图 9-72 所示。

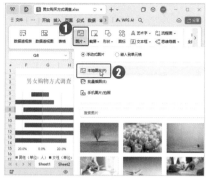

图 9-72

Step02 打开【插入图片】对话框，❶ 选择"素材文件\第 9 章\男.png"图片；❷ 单击【打开】按钮，如图 9-73 所示。

图 9-73

Step03 ❶ 选择插入的图片；❷ 单击【开始】选项卡中的【复制】按钮 🗍，如图 9-74 所示。

图 9-74

Step04 ❶ 选中图表的数据系列，右击；❷ 在弹出的快捷菜单中单击【设置数据系列格式】选项，如

图 9-75 所示。

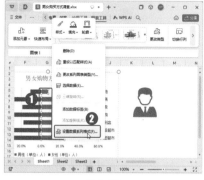

图 9-75

Step05 打开【属性】窗格，❶ 在【填充与线条】选项卡中单击【填充】组中的【图片或纹理填充】单选框；❷ 在【图片填充】下拉菜单中单击【剪贴板】命令，如图 9-76 所示。

图 9-76

Step06 在下方的菜单中单击【层叠】单选框，如图 9-77 所示。

图 9-77

Step07 使用相同的方法设置"女"的数据系列，如图 9-78 所示。

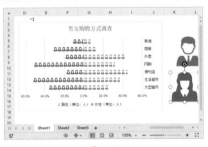

图 9-78

Step08 ❶选中纵坐标轴，右击；❷在弹出的快捷菜单中单击【设置坐标轴格式】命令，如图 9-79 所示。

图 9-79

Step09 打开【属性】窗格，❶在【填充与线条】选项卡的【线条】组中单击【颜色】下拉按钮；❷在弹出的下拉列表中选择一种合适的颜色，如图 9-80 所示。

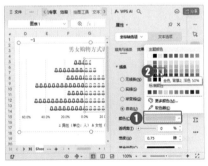

图 9-80

Step10 使用相同的方法为横坐标轴设置线条样式，如图 9-81 所示。

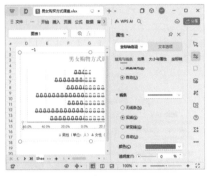

图 9-81

Step11 设置完成后的图表效果如图 9-82 所示。

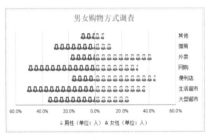

图 9-82

技巧 03：让扇形区独立于饼图之外

在制作饼图时，为了突出显示某一系列数据，可以使其独立于饼图之外，操作方法如下。

Step01 打开"素材文件\第 9 章\文具销售统计.xlsx"工作簿，❶选中需要独立的饼图系列，右击；❷在弹出的快捷菜单中单击【设置数据点格式】命令，如图 9-83 所示。

图 9-83

Step02 打开【属性】窗格，❶设置【系列】选项卡的【点爆炸型】微调框数值为【30%】；❷单击【关闭】按钮 × 关闭【属性】窗格，如图 9-84 所示。

图 9-84

Step03 返回工作表，即可查看饼图分离后的效果，如图 9-85 所示。

图 9-85

本章小结

本章的重点在于掌握 WPS 表格中图表的创建和编辑，主要包括创建图表、调整图表的大小和位置、修改图表类型、修改图表布局和添加趋势线等知识点。通过对本章内容的学习，读者可以掌握图表的创建方法和编辑方法，尤其要掌握图表的编辑和美化技巧，这样在制作工作表时可以让数据更加直观地展示出来。

第10章 使用数据透视表和数据透视图

- ➜ 工作表中的数据混乱，怎样整理出标准的数据源？
- ➜ 创建数据透视表之后，能否在其中筛选数据？
- ➜ 如果数据源中的数据改变，数据透视表中的数据能不能随之更改？
- ➜ 使用切片器筛选数据方便又简单，怎样将切片器插入数据透视表？
- ➜ 为了更直观地查看数据，能否使用数据透视表中的数据创建数据透视图？
- ➜ 创建数据透视图后，能否在数据透视图中筛选数据？

很多时候需要从不同的角度或不同的层次来分析数据，而图表无法直接实现，此时就需要用到数据透视表。另外，根据数据透视表也可以生成数据透视图，这非常适合对大量数据进行汇总分析与统计。

10.1 认识数据透视表

数据透视表是WPS表格中具有强大分析功能的工具。面对包含大量数据的表格，利用数据透视表可以更直观地查看数据，并对数据进行对比和分析。在使用数据透视表之前，需要透彻地了解数据透视表。本节将对数据透视表的基础知识进行讲解。

10.1.1 什么是数据透视表

数据透视表是WPS表格中强大的数据处理分析工具，通过数据透视表，用户可以快速对海量数据进行分类汇总、筛选、比较。

如果把WPS表格中的海量数据看作一个数据库，那么数据透视表就是根据数据库生成的动态汇总报表，这个报表可以存放在当前工作表中，也可以存放在外部的数据文件中。

在工作中，如果遇到含有大量数据、结构复杂的工作表，可以使用数据透视表快速整理出需要的报表。

为工作表创建数据透视表之后，用户就可以插入专门的公式执行新的计算，从而快速制作出需要的数据报告。

虽然我们也可以通过其他方法制作出相同的数据报告，但使用数据透视表，只需要拖动字段，就可以轻松改变报表的布局结构，从而创建出多份具有不同意义的报表。如果有需要，还可以为数据透视表快速应用一些样式，使报表更加赏心悦目。数据透视表最大的优点在于，只需要通过鼠标操作就可以统计、计算数据，从而避开公式和函数的使用，避免了不必要的错误。

如果仅凭文字还不能理解数据透视表带来的便利，那么通过一个小例子，相信读者就能了解数据透视表的神奇之处了。例如，在"销售业绩表"工作簿中计算出每一个城市的总销售额。使用公式和函数来计算，操作方法如下。

首先，选中J2单元格，在编辑栏输入数组公式"{=LOOKUP(2,1/((B\$2:B\$61<>"")*NOT(COUNTIF(J\$1:J1,B\$2:B\$61))),B\$2:B\$61)}"，提取不重复的城市名称。使用填充柄向下复制公式，直到出现单元格错误提示，如图10-1所示。

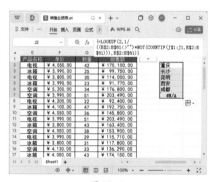

图10-1

选中K2单元格，在编辑栏中输入数组公式"{=SUM(IF(\$B:\$B=J2,\$H:\$H))}"，使用填充柄向下复制公式，即可计算出公司在各城市的总销售额，如图10-2所示。

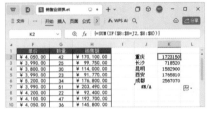

图10-2

如使用数据透视表计算，只需要先选中数据源，以其为根据创建数据透视表，然后根据需要进行字段勾选。本例勾选【所在城市】和【销售额】字段，即可快速统计出公司在各城市的总销售额，如图10-3所示。

图10-3

10.1.2　图表与数据透视图的区别

数据透视图是基于数据透视表生成的数据图表，它随着数据透视表数据的变化而变化，如图10-4所示。

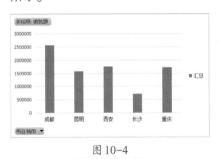

图10-4

普通图表的基本格式与数据透

视图有所不同，如图10-5所示。

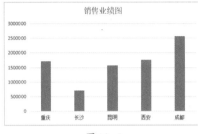

图10-5

图表中的数据以图形的方式呈现出来，数据看起来更加直观。透视图更像是分类汇总，可以按分类字段把数据汇总出来。

数据透视图和普通图表的具体区别主要有以下几点。

（1）交互性不同。数据透视图可以通过更改报表布局或显示的明细数据，以不同的方式交互查看数据。普通图表中的每组数据只能对应生成一张图表，这些图表之间不存在交互性。

（2）数据源不同。数据透视图可以基于相关联的数据透视表中几组不同的数据类型创建，普通图表则可以直接连接到工作表单元格中。

（3）图表元素不同。数据透视图除包含与标准图表相同的元素外，还包括字段和项，可以通过添加、旋转或删除字段和项来显示数据的不同视图。普通图表中的分类、系列和数据分别对应数据透视图中的分类字段、系列字段和值字段，并包含报表筛选。这些字段中都包含项，这些项在普通图表中显示为图例中的分类标签或系列名称。

（4）格式不同。刷新数据透视图时，会保留大多数格式，包括元素、布局和样式，但是不保留趋势线、数据标签、误差线及数据系列等其他更改。普通图表只要应用了

这些格式，即使刷新这些格式也不会丢失。

★重点10.1.3　透视表数据源设计4大准则

数据透视表是在数据源的基础上创建的，如果数据源设计不规范，那么创建的数据透视表就会漏洞百出。所以，在制作数据透视表之前，首先要了解数据源的规范。

如果要创建数据透视表，对数据源就会有一些要求，并非任何数据源都可以创建出有效的数据透视表。

1. 数据源第一行必须包含各列的标题

如果数据源的第一行没有包含各列的标题，如图10-6所示，那么创建数据透视表之后，在字段列表中，每个分类字段使用的是数据源中各列的第一个数据，无法显示每一列数据的分类含义，如图10-7所示，这样的数据无法进行下一步操作。

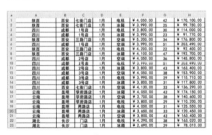

图10-6

图10-7

所以，如果要创建用于制作数

据透视表的数据源，数据源的第一行必须包含各列的标题。只有这样，才能在创建数据透视表后正确显示出分类明确的标题，也才能进行后续的排序和筛选等操作。

2. 数据源中不能包含同类字段

创建制作数据透视表的数据源时，在数据源的不同列中不能包含同类字段。同类字段即类型相同的数据，如图10-8所示的数据源中，B列到F列代表5个连续的年份，这样的数据表又被称为二维表，是数据源中包含多个同类字段的典型。

	A	B	C	D	E	F
1	地区	2020年	2021年	2022年	2023年	2024年
2	重庆	800	850	900	950	1000
3	成都	600	650	700	750	775
4	昆明	750	780	810	840	870
5	西安	900	920	940	960	980

图 10-8

如果使用图10-8中的数据源创建数据透视表，由于每个分类字段使用的都是数据源中各列的第一个数据，在如图10-9所示的【数据透视表】窗格中可以看到，数据透视表生成的分类字段无法代表每一列数据的分类含义。面对这样的数据透视表，我们很难进行进一步的分析工作。

图 10-9

技能拓展——什么是维

一维表和二维表里的【维】是指分析数据的角度。简单地说，一维表中的每个指标对应一个取值。而在二维表里，以图10-9所示的数据源为例，列标签中填充的是2020年、

2021年和2022年等年份数据，它们本身就同属一类，是父类别【年份】对应的数据。

3. 数据源中不能包含空行和空列

当数据源中存在空行或空列时，在默认情况下，我们将无法使用完整的数据区域来创建数据透视表。

例如，图10-10所示的数据源中存在空行，那么在创建数据透视表时，系统将默认以空行为分隔线，忽略空行下方的数据区域。这样创建出的数据透视表无法包含完整的数据区域。

图 10-10

当数据源中存在空列时，同样无法使用完整的数据区域来创建数据透视表。例如，图10-11所示的数据源中存在空列，那么在创建数据透视表时，系统将默认以空列为分隔线，忽视空列右侧的数据区域。

图 10-11

4. 数据源中不能包含空单元格

与空行和空列导致的问题不同，即使数据源中包含空单元格，也可以创建出包含完整数据区域的数据透视表。但是，如果数据源中包含空单元格，在创建数据透视表后进行进一步处理时，很容易出现问题，导致无法获得有效的数据分析结果。

如果数据源中不可避免地出现了空单元格，可以使用同类型的默认值来填充，例如，在数值类型的空单元格中填充0。

10.1.4 如何制作标准的数据源

数据源是数据透视表的基础。为了创建出有效的数据透视表，数据源必须符合以下几项默认的原则。对于不符合要求的数据源，我们可以加以整理。

1. 将表格从二维变一维

当数据源的第一行中没有包含各列的标题时，解决的方法很简单，添加一行列标题即可。

如果数据源的不同列中包含同类字段，我们可以将这些同类的字段重组，使其存在于同一个父类别之下，然后调整与其相关的数据即可。

简单来说，如果我们的数据源是用二维形式储存的，那么可以先将二维表调整为一维表，然后再进行数据透视表的创建，如图10-12所示。

	A	B	C
1	地区	年份	销售量
2	重庆	2020年	800
3	成都	2020年	600
4	昆明	2020年	750
5	西安	2020年	900
6	重庆	2021年	850
7	成都	2021年	650
8	昆明	2021年	780
9	西安	2021年	920
10	重庆	2022年	900
11	成都	2022年	700
12	昆明	2022年	810
13	西安	2022年	940
14	重庆	2023年	950
15	成都	2023年	750
16	昆明	2023年	840
17	西安	2023年	960
18	重庆	2024年	1000
19	成都	2024年	775
20	昆明	2024年	870
21	西安	2024年	980

图 10-12

2. 删除数据源中的空行和空列

若数据源中含有空行或空列，会导致创建的数据透视表不能包含全部数据，所以在创建数据透视表之前，需要先将空行或空列删除。

当空行或空列较少时，我们可以按住【Ctrl】键，依次单击需要删除的空行或空列，全部选中后，右击，在弹出的快捷菜单中单击【删除】命令。

一般情况下，即便是包含大量数据记录的数据源，其中空行或空列的数量也不会太多，可以手动删除。如果空行或空列的数量较多，手动删除比较麻烦，此时可以使用手动排序的方法加以处理。

Step01 打开"素材文件\第10章\公司销售业绩.xlsx"工作簿，❶选中A列，右击；❷在弹出的快捷菜单中单击【在左侧插入列】命令，插入空白列，如图10-13所示。

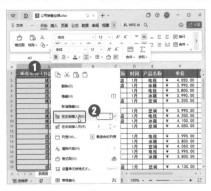

图 10-13

Step02 在A1和A2单元格中输入起始数据，将光标指向A2单元格右下角，当光标变为十字形状时，按住鼠标左键不放，使用填充柄向下拖动填充序列，如图10-14所示。

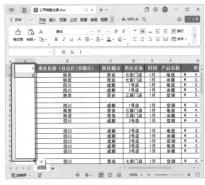

图 10-14

Step03 ❶光标定位到D列任意单元格；❷单击【数据】选项卡中的【排序】按钮，为数据排序，如图10-15所示。

图 10-15

Step04 得到排序结果，所有空行将

集中显示在底部，❶选中所有要删除的行，右击；❷在弹出的快捷菜单中单击【删除】命令，如图10-16所示。

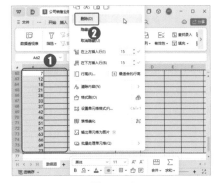

图 10-16

Step05 ❶将光标定位到A列任意单元格；❷单击【数据】选项卡中的【排序】按钮，为数据排序，使数据源中的数据内容恢复最初的顺序，如图10-17所示。

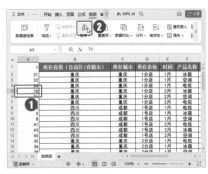

图 10-17

Step06 ❶选中A列，右击；❷在弹出的快捷菜单中单击【删除】命令即可，如图10-18所示。

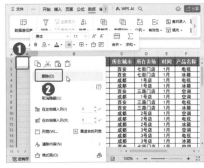

图 10-18

3. 填充数据源中的空单元格

如果数据源中存在空白单元格，创建的数据透视表中也会有行或列出现空白，而值的汇总方式也会因为存在空白单元格，从默认的求和变为计数。为了避免发生错误，可以在数据源的空单元格中输入"0"。

Step01 打开"素材文件\第10章\公司产品销售情况.xlsx"工作簿，❶选中工作表的整个数据区域；❷在【开始】选项卡中单击【查找】下拉按钮；❸在弹出的下拉菜单中单击【定位】命令，如图10-19所示。

图10-19

Step02 打开【定位】对话框，❶单击【空值】单选框；❷单击【确定】按钮，如图10-20所示。

图10-20

Step03 返回工作表，可以看到数据区域中的所有空白单元格都被自动选中。保持单元格的选中状态不变，输入"0"，如图10-21所示。

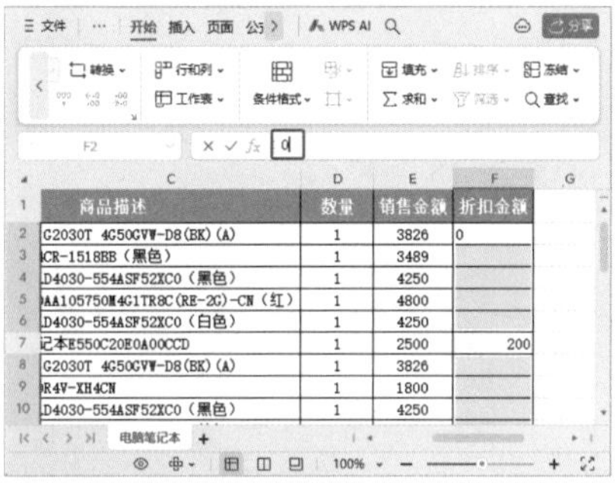

图10-21

Step04 按【Ctrl+Enter】组合键，即可将"0"填充到选中的所有空白单元格中，完成对数据源的填充工作，如图10-22所示。

图10-22

10.2 创建数据透视表

数据透视表是从WPS表格的数据库中产生的一个动态汇总表格，它具有强大的透视和筛选功能，在分析数据信息时经常使用。下面介绍创建数据透视表、调整数据透视表的布局、为数据透视表应用样式等操作。

★重点 10.2.1 实战：为业绩表创建数据透视表

实例门类	软件功能

通过数据透视表可以深入分析数据并了解一些表面观察不到的数据问题。

使用数据透视表之前，首先要创建数据透视表，再对其进行设置。要创建数据透视表，需要连接到一个数据源，并输入报表位置，创建的方法如下。

Step01 打开"素材文件\第10章\销售业绩表.xlsx"工作簿，❶选中要作为数据透视表数据源的任意单元格；❷单击【插入】选项卡中的【数据透视表】命令，如图10-23所示。

图10-23

Step02 打开【创建数据透视表】对话框，❶在【请选择要分析的数据】框中，已经自动选中数据源区域；❷在【请选择放置数据透视表的位置】栏单击【新工作表】单选框；❸单击【确定】按钮，如图10-24所示。

图 10-24

Step03 此时系统将自动在当前工作表中创建一个空白数据透视表，并打开【数据透视表】窗格，如图 10-25 所示。

图 10-25

Step04 在【数据透视表】窗格【字段列表】的【将字段拖动至数据透视表区域】列表框中，勾选相应字段前的复选框，即可创建带有数据的数据透视表，如图 10-26 所示。

图 10-26

★重点 10.2.2 调整业绩透视表的布局

布局数据透视表，就是在【字段列表】列表框中添加数据透视表

中的数据字段，并将其添加到数据透视表相应的区域中。

布局数据透视表的方法很简单，只需要在【字段列表】列表框中选中需要的字段名称对应的复选框，将这些字段放置在数据透视表的默认区域中即可。如果要调整数据透视表的区域，可以使用以下方法。

（1）通过拖动鼠标调整：在【数据透视表区域】栏中直接使用鼠标将需要调整的字段名称拖动到相应的列表框中，即可更改数据透视表的布局，如图 10-27 所示。

图 10-27

（2）通过菜单调整：在【数据透视表区域】栏下方的4个列表框中，选中需要调整的字段名称按钮，在弹出的下拉菜单中选择移动到其他区域的命令，如【添加到行标签】【添加到列标签】等命令，即可在不同的区域之间移动字段，如图 10-28 所示。

图 10-28

（3）通过快捷菜单调整：在【字段列表】栏的列表框中，右击需要调整的字段名称，在弹出的快捷菜单中单击【添加到行标签】【添加到列标签】等命令，即可将该字段的数据添加到数据透视表的某个特定区域中，如图 10-29 所示。

图 10-29

★新功能 10.2.3 实战：为业绩透视表应用样式

系统默认的数据透视表样式比较单调，为了美化数据透视表，可以套用数据透视表样式库中的样式，操作方法如下。

Step01 打开"素材文件\第10章\销售业绩表1.xlsx"工作簿，❶选中数据透视表中的任意单元格；❷单击【设计】选项卡中的【其他】命令▽；❸在弹出的下拉菜单中选择一种主题颜色；❹在上方的【预设样式】中选择一种主题样式，如图 10-30 所示。

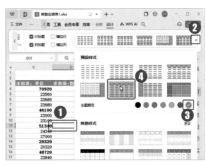

图 10-30

Step 02 选择完成后，即可为数据透视表应用相应的表格样式，如图 10-31 所示。

图 10-31

10.3　在数据透视表中分析数据

在数据透视表中分析数据，与在普通的数据列表中分析数据的方法类似，排序和筛选的规则完全相同，所以分析数据透视表中的数据其实很简单。

★重点 10.3.1　实战：在业绩透视表中排序数据

实例门类	软件功能

使用数据透视表，让我们在面对烦琐的数据时能够更快捷地得到想要的数据。面对庞大的数据库，适当的排序可以让数据处理更加方便。数据透视表已经对数据进行了一些处理，所以，在对数据透视表中的数据进行排序时操作比较简单。

例如，要对"销售业绩表 1"工作簿中的数据透视表按【时间】进行降序排列，操作方法如下。

Step 01 打开"素材文件\第 10 章\销售业绩表 1.xlsx"工作簿，❶在数据透视表中选中任意【时间】字段，右击；❷在弹出的快捷菜单中单击【排序】命令；❸在弹出的子菜单中单击【降序】命令，如图 10-32 所示。

图 10-32

Step 02 数据透视表中的数据将按【时间】字段降序排列，如图 10-33 所示。

图 10-33

★重点 10.3.2　实战：在业绩透视表中筛选数据

实例门类	软件功能

在数据透视表中筛选数据的方法与在普通数据列表中筛选数据的方法相似。例如，要在"销售业绩表 1"工作簿中筛选出部分卖场的销售数据，操作方法如下。

Step 01 打开"素材文件\第 10 章\销售业绩表 1.xlsx"工作簿，❶在数据透视表中单击【所在卖场】标签右侧的下拉按钮▼；❷在弹出的下拉列表中勾选需要筛选的卖场复选框；❸单击【确定】按钮，如图 10-34

所示。

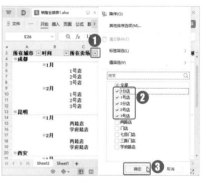

图 10-34

Step 02 操作完成后，即可将所选卖场的销售数据筛选出来，如图 10-35 所示。

图 10-35

★新功能 10.3.3　实战：使用切片器筛选数据

实例门类	软件功能

在数据透视表中使用切片器可以更快速地筛选数据。切片器会清

晰地标记出已应用的筛选器，使其他用户能够轻松、准确地了解数据透视表中已经筛选的内容。

下面以在"销售业绩表1"中使用切片器筛选数据为例，介绍切片器的使用方法。

1. 插入切片器

在使用切片器之前，要先插入切片器，插入切片器的操作方法如下。

Step01 打开"素材文件\第10章\销售业绩表1.xlsx"工作簿，❶选中数据透视表中的任意单元格；❷单击【分析】选项卡中的【插入切片器】按钮，如图10-36所示。

图10-36

Step02 打开【插入切片器】对话框，❶在列表框中勾选需要创建切片器的字段对应的复选框；❷单击【确定】按钮，如图10-37所示。

图10-37

Step03 返回工作表，即可看到为所选字段创建切片器后的效果，如图10-38所示。

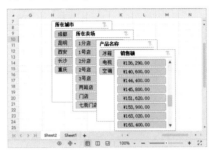

图10-38

> **技术看板**
>
> 选中数据透视表中的任意单元格后，在【插入】选项卡中单击【插入切片器】按钮，也可以打开【插入切片器】对话框。

2. 使用切片器筛选数据

使用切片器筛选数据透视表中数据的方法非常简单，只需单击切片器中的一个或多个按钮即可，操作方法如下。

Step01 在【所在城市】切片器中单击【昆明】按钮，此时切片器中将突出显示关于【昆明】的卖场、产品名称和销售额，同时，数据透视表中也会筛选出【昆明】的销售情况，如图10-39所示。

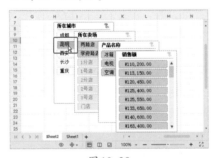

图10-39

Step02 单击【所在卖场】和【产品名称】切片器中的相关数据字段，即可筛选出相应的数据，且数据透视表中的数据也会随之发生变化，如图10-40所示。

图10-40

3. 清除切片器筛选条件

切片器的每个切片右上角都有一个【清除筛选器】按钮，默认情况下该按钮为灰色，且处于不可用状态。当用户在该切片中设置筛选条件后，该按钮才可用。单击相应切片器上的【清除筛选器】按钮，或选中切片器后按【Alt+C】组合键，即可清除该切片器的筛选条件，如图10-41所示。

图10-41

10.4 创建数据透视图

数据透视图是数据透视表的图形表达方式，其图表类型与前文介绍的一般图表类型类似，主要有柱形图、条形图、折线图、饼图等。下面将介绍创建数据透视图、在数据透视图中筛选数据、隐藏数据透视图的字段按钮等操作。

★重点 10.4.1 实战：创建数据透视图

实例门类	软件功能

在WPS表格中，如果使用数据创建数据透视图，同时也会创建数据透视表。而如果在数据透视表中创建数据透视图，则可以直接将数据透视图显示出来。创建数据透视图的操作方法如下。

Step01 打开"素材文件\第10章\销售业绩表.xlsx"工作簿，❶选中数据区域的任意单元格；❷单击【插入】选项卡中的【数据透视图】按钮，如图10-42所示。

图 10-42

Step02 打开【创建数据透视图】对话框，❶【请选择单元格区域】框中已自动选择了数据区域中的单元格；❷单击【新工作表】单选框；❸单击【确定】按钮，如图10-43所示。

图 10-43

Step03 操作完成后，即可创建一个空的数据透视表和空的数据透视图，如图10-44所示。

图 10-44

Step04 在【字段列表】列表框中添加需要显示的透视图字段，如图10-45所示。

图 10-45

10.4.2 实战：在数据透视图中筛选数据

实例门类	软件功能

创建数据透视图后，可以在数据透视图中筛选数据。例如，要筛选出2月的销售情况，操作方法如下。

Step01 接上一例操作，❶单击【数据透视图】中的【时间】按钮；❷在弹出的下拉菜单中勾选【2月】复选框，将出现【仅筛选此项】按钮，单击该按钮，如图10-46所示。

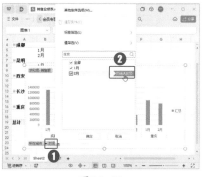

图 10-46

Step02 设置完成后，数据透视图即可筛选出所选数据，如图10-47所示。

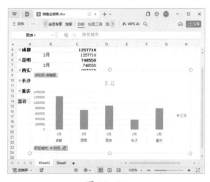

图 10-47

10.4.3 隐藏数据透视图的字段按钮

创建数据透视图并为其添加字段后，透视图中会显示字段按钮。如果觉得字段按钮会影响数据透视图的美观，可以将其隐藏，操作方法如下。

Step01 接上一例操作，❶在数据透视图中，右击任意一个字段按钮；❷在弹出的快捷菜单中单击【隐藏图表上的所有字段按钮】命令，如图10-48所示。

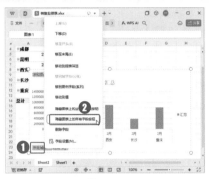

图 10-48

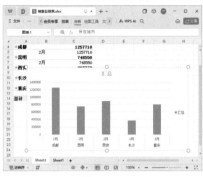

图 10-49

字段；❷在弹出的下拉菜单中单击【显示图表上的所有字段按钮】命令即可，如图 10-50 所示。

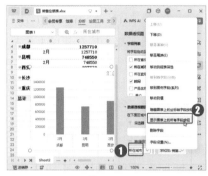

图 10-50

Step⓪2 操作完成后，即可看到数据透视图上的字段按钮已经隐藏，如图 10-49 所示。

Step⓪3 如果要重新显示字段按钮，❶在右侧的【数据透视图】窗格的【数据透视图区域】栏中单击任意

妙招技法

通过对前面知识的学习，相信读者已经对 WPS 表格中的数据透视表和数据透视图有了一定的了解。下面结合本章内容，给大家介绍一些实用技巧。

★ AI功能 技巧01：使用智能分析工具分析数据

除了可以使用数据透视表分析表格数据外，还可以使用智能分析工具快速生成图表并得到分析结果，操作方法如下。

Step⓪1 打开"素材文件\第10章\销售业绩表.xlsx"工作簿，单击【数据】选项卡中的【智能分析】按钮，如图 10-51 所示。

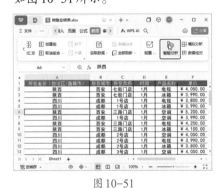

图 10-51

Step⓪2 打开的【数据解读】窗格中推荐了多个解读结果，选择其中一个结果，单击下方的【深入分析】按

钮，如图 10-52 所示。

图 10-52

Step⓪3 将智能深入分析数据，❶分析完成后单击【插入】下拉按钮；❷在弹出的下拉菜单中单击【插入到新工作表】命令，如图 10-53 所示。

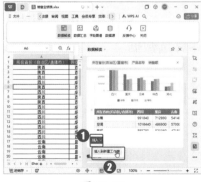

图 10-53

Step⓪4 分析结果将插入新建工作表中，如图 10-54 所示。

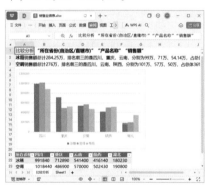

图 10-54

技巧02：在数据透视表中显示各数据占总和的百分比

在数据透视表中，如果希望显示各数据占总和的百分比，则需要更改数据透视表的值的显示方式。例如，要将"全年销售统计"工作簿中数据透视表的"销售总量"以百分比的形式显示，操作方法如下。

Step⓪1 打开"素材文件\第10章\全

年销售统计.xlsx"工作簿，❶选中销售总量中的任意单元格；❷单击【分析】选项卡中的【字段设置】按钮，如图10-55所示。

图10-55

Step02 打开【值字段设置】对话框，❶在【值显示方式】选项卡的【值显示方式】下拉列表中单击需要的百分比方式，如【总计的百分比】；❷单击【确定】按钮，如图10-56所示。

图10-56

Step03 返回数据透视表，即可看到该列中各数据占总和的百分比，如图10-57所示。

图10-57

技巧03：在每个项目之间添加空白行

创建数据透视表后，有时为了使层次更加清晰明了，需要在各个项目之间使用空行进行分隔，操作方法如下。

Step01 打开"素材文件\第10章\销售业绩表1.xlsx"工作簿，❶选中数据透视表中的任意单元格；❷在【设计】选项卡中单击【空行】下拉按钮；❸在弹出的下拉菜单中单击【在每个项目后插入空行】命令，如图10-58所示。

图10-58

Step02 操作完成后，每个项目后都将插入一行空行，如图10-59所示。

图10-59

技能拓展——删除每个项目后的空行

在【设计】选项卡中单击【空行】下拉按钮，在弹出的下拉菜单中单击【删除每个项目后的空行】命令，可以删除每个项目后的空行。

本章小结

本章的重点在于掌握数据透视表的创建、编辑和美化等基本操作，主要包括创建数据透视表、更改数据透视表的布局、设置数据透视表的外观、使用切片器、分析数据透视表的数据和数据透视图等知识点。

数据透视图与数据透视表一样具有数据透视能力，灵活选择数据透视方式，可以帮助读者从多个角度分析数据。因此，读者在学习本章知识时，需要重点掌握如何透视数据。切片器是数据透视表和数据透视图中特有的高效数据筛选"利器"，操作也很简单，相信读者可以轻松掌握。

第 **4** 篇　WPS 演示

WPS 演示是用于制作会议演讲、产品上市发布、项目宣传展示和教学培训等内容的电子演示文稿，俗称 PPT。PPT 制作完成后可通过计算机或投影仪等器材进行播放，以便更好地辅助演说或演讲。当今职场工作中，学会制作 PPT 也是一项必备技能。

第 **11** 章　演示文稿的创建与编辑

- ➥ 想要利用已经制作好的演示文稿，除复制和粘贴之外，还有什么更好的办法？
- ➥ 思路不畅，怎样利用 WPS AI 快速创建演示文稿？
- ➥ 演示文稿中图片较多，导致整体文件较大，如何通过压缩图片来调整演示文稿大小？
- ➥ 在演示文稿中插入媒体文件后，如何裁剪编辑？
- ➥ 想要制作出图文搭配合理的演示文稿，如何设计文字和图片布局？

WPS 演示是制作和演示幻灯片的软件，被广泛应用于多个办公领域。要想通过 WPS 演示制作出优秀的幻灯片，不仅需要掌握 WPS 演示的基础操作知识，还需要掌握一些设计知识，如排版、布局和配色等。本章将介绍 WPS 演示中幻灯片制作与设计的相关知识，包括演示文稿的基本元素、制作时的注意事项、版面的布局设计、颜色搭配，以及如何美化幻灯片、如何插入音频与视频等内容。

11.1　怎样才能做好演示文稿

专业、精美的演示文稿更容易引起观众的共鸣，具有极强的说服力。好的演示文稿是策划出来的，不同的演示目的、演示风格、受众对象、使用环境，演示文稿的结构、色彩、节奏和动画效果也各不相同。

11.1.1　演示文稿的组成元素与设计理念

演示文稿的组成元素通常包括文字、图形、表格、图片、图表、动画等，如图 11-1 所示。

专业的演示文稿可以体现出结构化的思维。通过形象化的表达，让观众获得视觉、听觉上的享受。要想制作出专业的演示文稿，一定要注意以下几点。

图 11-1

1. 制作演示文稿的目的在于有效沟通

优秀的演示文稿是视觉化和逻辑化的产品，不仅能够吸引观众的注意力，还能实现与观众之间的有效沟通，如图 11-2 所示。

图 11-2

能够被观众接受的演示文稿才是最好的演示文稿，无论是使用简单的文字、形象化的图片，还是逻辑化的思维，最终目的都是与观众建立有效的沟通，如图 11-3 所示。

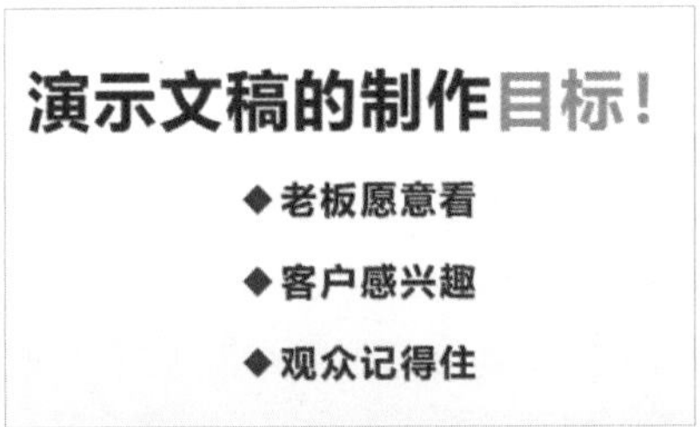

演示文稿的制作目标！
◆ 老板愿意看
◆ 客户感兴趣
◆ 观众记得住

图 11-3

2. 演示文稿应该具有良好的视觉化效果

在认知过程中，视觉化的事物更加容易被接受。例如，个性的图片、简单的文字、专业的模板，都能够让演示文稿"说话"，对观众产生更大的吸引力，如图 11-4 和图 11-5 所示。

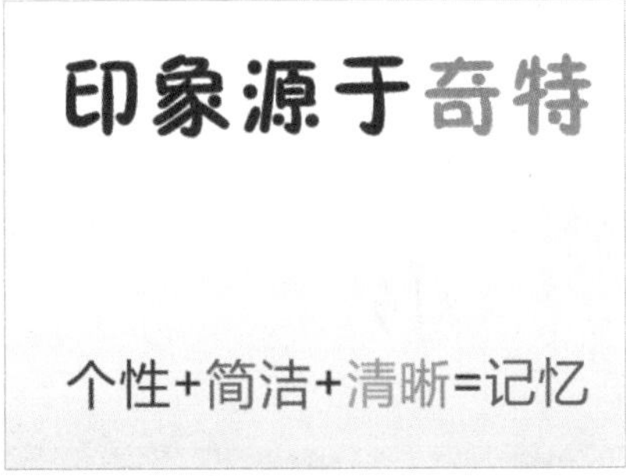

印象源于奇特

个性+简洁+清晰=记忆

图 11-4

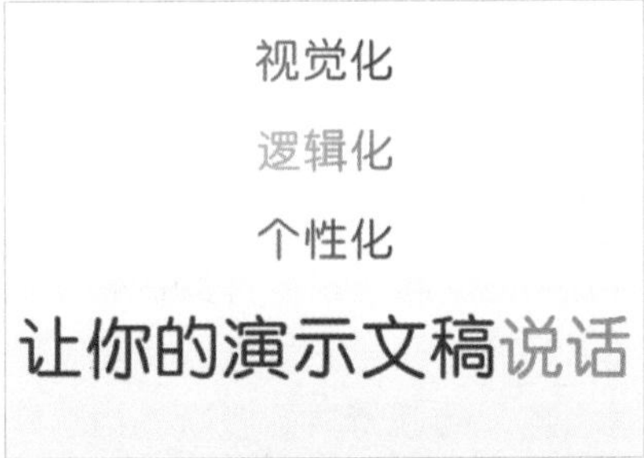

视觉化
逻辑化
个性化
让你的演示文稿说话

图 11-5

3. 演示文稿应该逻辑清晰

逻辑化的事物通常更具条理性和层次性。逻辑化的演示文稿应该像讲故事一样，让观众有看电影般的感觉，如图 11-6 和图 11-7 所示。

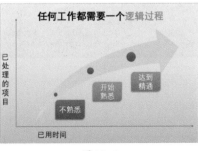

图 11-6

图 11-7

11.1.2 演示文稿图文并存的设计技巧

图文就如同演示文稿的血肉，没有血肉的演示文稿干瘪苍白，而血肉过剩的演示文稿则臃肿不堪。图文处理得好坏，决定了演示文稿的"气色"与"身段"。

演示文稿的图文布局，主要有以下几种情况。

1. 小图与文字的编排

小图的运用相对来说可能难度大一些，因为图片占据的空间较少，页面中大部分内容为文字。编排好小图与文字，可以使演示文稿的整个版面和谐而富有生气。如图 11-8 所示，该页内容文字较多，插入的图片并没有占据右侧所有的空间，文字的下方有留白。文字虽多，但也并不显拥挤。适当的留白可以使版面显得清爽，左侧较多的文字与右侧的图片实现了平衡。

图 11-8

2. 中图与文字的编排

中图通常是指占到页面一半左右的图片，常规的编排方式根据图片的放置方向分为横向、纵向和不规则形状。横向图片出现的可能位置有上、中、下；纵向图片出现的可能位置有左、中、右；不规则形状则需要更有创意，根据具体情况进行具体分析。

如图11-9所示，该页演示文稿采用纵向构图法，将图片放在页面的左边，在右侧添加了标题和正文文字。

图11-9

3. 大图与文字编排

大图通常是指页面以图为主，80%以上的区域由图片占据，仅有很少一部分空间用来书写文字。大图与文字的位置关系通常较为单一，文字只能出现在图以外的空白区域，如图的左侧、右侧、上方或下方。

如图11-10所示，图片占据页面大部分区域，在下方刚好留出一行文字的区域，可以输入标题文字。

图11-10

4. 全图与文字的编排

全图演示文稿中，图片占据了整个演示文稿页面，并且通常不是将图片插入演示文稿中，而是直接将图片设置为演示文稿背景。

将图片直接设置为演示文稿背景的好处是可以避免图片位置发生偏移，但是，在图片上添加文字却比较麻烦，因为有的图片颜色较深，直接在图片上输入文字可读性很差，这时就需要采用其他方法使图片上的文字清晰可读，如遮罩法。当然，如果图片背景本身就是比较浅的颜色，或有大片空白的区域，也可以直接将文字添加在浅色的区域内，如图11-11所示。

图11-11

如果图片没有空白区域，直接在图片上插入文字会降低文字的可读性，这时可以在图片的适当位置插入一个矩形或文本框，将其填充为白色，然后为其设置适当的透明度，再在其中输入文字。这样既不遮挡背景图片，又能使添加的文字清晰可读，如图11-12所示。

图11-12

如果遮挡图片中的部分内容不会对图片造成影响，也可以在图片中打个"补丁"来添加文字。如图11-13所示，直接在图片中间绘制一个矩形，填充颜色后输入文字，或直接插入一个带图钉的小纸条图片。

图11-13

★重点11.1.3 演示文稿的布局设计

演示文稿的不同布局可以给观众带来不同的视觉感受，如紧张、困惑、压迫及焦虑等。

在布局演示文稿时，不能把所有的内容都堆砌到一张演示文稿上，那样会淹没重点。合理的演示文稿布局应该突出关键点，重点展示关键信息，弱化次要信息，才能吸引观众的眼球。

1. 专业演示文稿的布局原则

专业演示文稿的合理布局要遵循以下几个原则。

（1）对比性：通过对比，观众可以快速发现事物之间的不同之处，并在此集中注意力。

（2）流程性：让观众清晰地了解信息传达的次序。

（3）层次性：让观众看到元素之间的关系。

（4）一致性：让观众明白信息之间存在一致性。

（5）距离感：让观众从元素的分布中理解其意义。

（6）适当留白：给观众留下视觉上的呼吸空间。

2. 常用的演示文稿布局版式

布局是演示文稿的一个重要环节，布局设置不好，信息表达效果会大打折扣。下面为大家介绍几种常用的演示文稿布局版式。

（1）标准型布局。标准型布局是最常见、最简单的版面编排类型，一般按照从上到下的顺序，对图片、图表、标题、说明文字、标志图形等元素进行排列。自上而下的排列方式符合人们的思维活动逻辑，可以使演示文稿效果更好，如图11-14所示。

图 11-14

（2）左置型布局。左置型布局也是一种非常常见的版面编排类型，它常将纵长型图片或图片和标题放在版面的左侧，使之与横向排列的文字形成对比。这种版面编排类型符合人们的视线流动顺序，如图11-15所示。

图 11-15

（3）斜置型布局。斜置型布局是指在构图时，全部构成要素向右边

或左边适当倾斜，使视线上下流动，让画面更有动感，如图11-16所示。

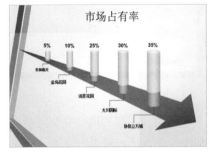

图 11-16

（4）圆图型布局。圆图型布局是指在设计版面时以正圆或半圆构成版面中心，在此基础上按照标准型顺序安排标题、说明文字和标志图形。这种布局在视觉上非常引人注目，如图11-17所示。

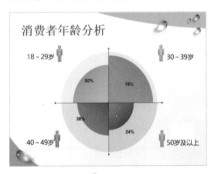

图 11-17

（5）中轴型布局。中轴型布局是一种对称的布局形态。标题、图片、说明文字与标志图形放在轴心线的两侧，具有良好的平衡感。根据视觉流程的规律，在设计时要把诉求重点放在左上方或右下方，如图11-18所示。

图 11-18

（6）棋盘型布局。棋盘型布局是指在设计版面时将版面全部或部分分割成若干个方块形态，各方块间区别明显，如棋盘一样，如图11-19所示。

图 11-19

（7）文字型布局。文字型布局是指以文字为版面主体，图片仅仅是点缀。文字型布局一定要加强文字本身的感染力，同时字体设置要便于阅读，并使图形起到锦上添花、画龙点睛的作用，如图11-20所示。

图 11-20

（8）全图型布局。全图型布局是指由一张图片占据整个版面的布局，图片可以是人物，也可以是创意所需的特定场景。在图片适当位置加入标题、说明文字或标志图形，如图11-21所示。

图 11-21

（9）字体型布局。字体型布局是指在设计时，对商品的品名或标志性图形进行放大处理，使其成为版面上主要的视觉要素。这种布局在设计时要力求简洁、巧妙，要突出主题，使观众印象深刻，如图11-22所示。

图11-22

（10）散点型布局。散点型布局是指在设计时，将构成要素在版面上不规则地排放，形成随意、轻松的视觉效果。要注意统一各要素风格，对色彩或图形进行相似处理，避免造成版面布局杂乱无章；同时又要突出主体，使其符合视觉流程的规律，从而获得最佳效果，如图11-23所示。

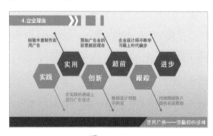

图11-23

（11）水平型布局。水平型布局是指将版面上的元素按水平方向编排，这是一种安静而平稳的编排形式。同样的元素，竖放与横放会产生不同的视觉效果，如图11-24所示。

图11-24

（12）交叉型布局。交叉型布局是指将图片与标题进行叠置，既可交叉形成十字，也可以有一定的倾斜。交叉布局增加了版面的层次感，如图11-25所示。

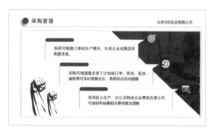

图11-25

（13）重复型布局。重复型布局的特点是具有较强的吸引力，可以使版面产生节奏感，增加画面的趣味性，如图11-26所示。

图11-26

（14）指示型布局。指示型布局是指版面的设计在结构上有着明显的指向性。这种布局的构成要素既可以是箭头型的指向构成，也可以是图片动势指向文字内容，重点是发挥指向作用，如图11-27所示。

图11-27

布局是一种设计、一种创意，一千份演示文稿，可以有一千种不同的布局设计。我们在设计演示文稿的时候，要注意保证演示文稿的清晰、简约、美观。

★重点 11.1.4 演示文稿的色彩搭配

一般而言，观众在观看PPT时，首要关注点是颜色，然后是版式，最后才是内容。所以，演示文稿的颜色搭配与观众的阅读兴趣息息相关，在设计演示文稿之前，必须先学习演示文稿的色彩搭配。

1. 基本色彩理论

演示文稿中的颜色通常采用RGB模式或HSL模式。

RGB模式使用红（R）、绿（G）、蓝（B）这3种颜色，每一种颜色根据饱和度和亮度的不同分成256种颜色，并且可以调整色彩的透明度。

HSL模式是工业界的一种颜色标准，它通过色调（H）、饱和度（S）、亮度（L）这3个颜色通道的变化，以及它们相互之间的叠加来得到各式各样的颜色，是目前运用最广的颜色模式之一。

（1）三原色。在所有颜色中，只有红、黄、蓝不是由其他颜色调和而成的，但它们可以调和出其他所有颜色，如图 11-28 所示。

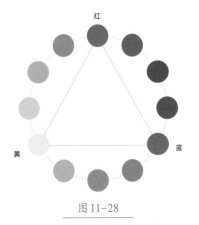

图 11-28

三原色同时使用的情况比较少，但是，红黄搭配非常受欢迎，应用也很广。在图表设计中，我们经常会看到将这两种颜色同时使用。

红蓝搭配也很常见，但只有当两者的区域分离时，效果才会吸引人。

（2）二次色。每一种二次色都是由离它最近的两种原色等量调和而成的，它处于两种三原色中间的位置，如图 11-29 所示。

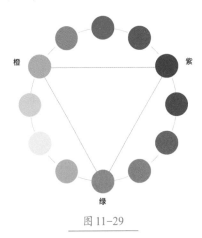

图 11-29

二次色都拥有一种共同的颜色，其中两种共同拥有蓝色，两种共同拥有黄色，两种共同拥有红色，所

以它们搭配起来很协调。如果将 3 种二次色同时使用，画面会具有更丰富的色调，显得很舒适。二次色同时具有的颜色深度及广度，在其他颜色关系上很难找到。

（3）三次色。三次色由相邻的两种二次色调和而成，如图 11-30 所示。

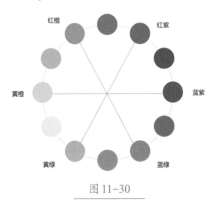

图 11-30

（4）色环。每种颜色都拥有部分相邻的颜色，如此循环组成一个色环。共同的颜色是颜色关系的基本要点，如图 11-31 所示。

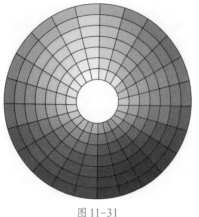

图 11-31

色环通常包括 12 种不同的颜色，这 12 种常用颜色组成的色环称为 12 色环。

（5）互补色。在色环上直线相对的两种颜色称为互补色。如图 11-32 所示，红色和绿色互为补色，具有强烈的对比效果。

图 11-32

要使互补色达到最佳的效果，最好使其中一种颜色面积比较小，另一种颜色面积比较大。例如，在一个蓝色的区域里搭配橙色的小圆点。

（6）类比色。相邻的颜色称为类比色。类比色都拥有共同的颜色，这种颜色搭配对比度较低，具有悦目、和谐的美感。类比色非常丰富，应用这种颜色搭配可以产生不错的视觉效果，如图 11-33 所示。

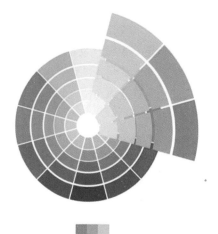

图 11-33

（7）单色。由暗、中、明 3 种色调组成的颜色是单色。单色在搭配上并没有形成颜色的层次，但形成了明暗的层次，这种搭配在设计应用时，效果比较好，如图 11-34 所示。

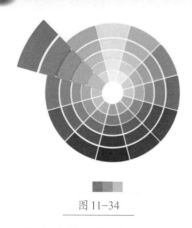

图 11-34

2. 在演示文稿中搭配色彩

色彩搭配是演示文稿设计的主要工作。在选择色彩时，需要为演示文稿选择正确的主色，准确把握视觉冲击的中心点，同时还要合理搭配辅助色，减轻观众的视觉疲劳，以达到一定的视觉分散效果。

（1）使用预定义的颜色组合。在演示文稿中，可以使用预定义的、合理搭配的颜色方案来设置演示文稿的格式。一些颜色的组合对比度较高，便于人们阅读。图 11-35 所示的背景色和文字颜色的组合就很合适：紫色背景绿色文字、黑色背景白色文字、黄色背景紫红色文字，以及红色背景蓝绿色文字。

图 11-35

如果要使用图片，可以尝试将图片中的一种或多种颜色作为文字颜色，使文字与图片更协调，如图 11-36 所示。

图 11-36

（2）背景色选取原则。选择背景色的一个原则是，在选择背景色的基础上再选择3种文字颜色可以获得最佳的效果。可以同时考虑使用背景色和纹理，有时具有适当纹理的淡色背景比纯色背景效果更好，如图 11-37 所示。

图 11-37

（3）颜色使用原则。不要使用过多的颜色，否则会使观众眼花缭乱，影响效果。相似的颜色可能产生不同的作用，颜色的细微差别可能会使内容的格调发生变化，如图 11-38 所示。

图 11-38

（4）注意颜色的可读性。根据调查显示，5% ～ 8% 的人有不同程度的色盲，其中红绿色盲占大多数。因此，请尽量避免使用红色、绿色的对比来突出显示内容。避免依靠颜色来表达信息内容，应该尽量做到让所有用户，包括色盲和视觉稍有障碍的人都能获取所有信息。

11.2 幻灯片的基本操作

幻灯片是演示文稿的主体，要想使用 WPS Office 制作演示文稿，必须掌握制作幻灯片的一些基本操作，如新建、移动、复制和删除幻灯片等。下面将对幻灯片的基本操作进行介绍。

★AI功能 11.2.1 实战：创建演示文稿

实例门类	软件功能

使用 WPS 演示编辑幻灯片之前，首先需要创建演示文稿。除新建空白演示文稿之外，还可以通过模板或 WPS AI 创建演示文稿。

1. 创建空白演示文稿

创建空白演示文稿的操作方法如下。

Step❶ 启动 WPS Office，❶ 单击【新建】按钮；❷ 在弹出的快捷菜单中单击【演示】命令，如图 11-39 所示。

图 11-39

Step 02 在【新建演示文稿】界面中单击【空白演示文稿】命令，即可创建空白演示文稿，如图11-40所示。

图 11-40

2. 通过模板创建演示文稿

WPS演示提供了多种类型的模板，利用这些模板，用户可以快速创建各种专业的演示文稿。根据模板创建演示文稿的具体操作方法如下。

Step 01 启动WPS Office，单击【新建】按钮，在弹出的快捷菜单中单击【演示】命令，进入【新建演示文稿】界面，❶在搜索文本框中输入关键字；❷单击【搜索】按钮，如图11-41所示。

图 11-41

Step 02 输入关键词后，下方将展示与关键词相关的模板，单击模板缩略图，如图11-42所示。

图 11-42

技术看板

直接单击模板缩略图上的【免费使用】按钮，可以直接通过该模板创建幻灯片。

Step 03 在打开的窗口中可以浏览模板效果，如果确定使用，可以直接单击【免费使用】按钮，如图11-43所示。

图 11-43

Step 04 操作完成后，即可根据选中的模板创建一个名为"演示文稿1"的演示文稿，单击快速访问工具栏中的【保存】按钮🖫，如图11-44所示。

图 11-44

技术看板

WPS Office为用户提供了精美的收费模板，可以根据需要购买会员使用。

Step 05 打开【另存为】对话框，❶设置保存路径、文件名和文件类型；❷单击【保存】按钮即可，如图11-45所示。

图 11-45

3. 通过WPS AI创建演示文稿

通过WPS AI功能可以快速生成有内容的幻灯片。下面分别介绍输入内容生成演示文稿和上传文档生成演示文稿的操作方法。

（1）输入内容生成演示文稿。

如果只有一个思路，没有大纲和详细的方案，可以让WPS AI通过输入的内容生成演示文稿，操作方法如下。

Step 01 单击【新建】按钮，在弹出的快捷菜单中单击【演示】命令，在【新建演示文稿】界面中单击【WPS AI】按钮，如图11-46所示。

图 11-46

Step 02 打开【WPS AI】对话框，

❶在【输入内容】选项卡的文本框中输入演示文稿的主题；❷单击【开始生成】按钮，如图11-47所示。

图11-47

Step03 ❶WPS AI将根据输入的内容智能生成大纲内容；❷查看大纲内容后单击【挑选模板】按钮，如图11-48所示。

图11-48

Step04 ❶在打开的页面中选择要采用的演示文稿模板；❷单击【创建幻灯片】按钮，如图11-49所示。

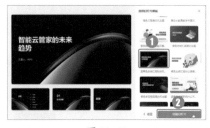

图11-49

Step05 操作完成后，即可根据WPS AI生成的大纲创建演示文稿，如图11-50所示。

图11-50

（2）通过文件内容生成演示文稿。

如果要通过已有的文件内容生成演示文稿，可以上传文件来进行生成，操作方法如下。

Step01 单击【新建】按钮，在弹出的快捷菜单中单击【演示】命令，在【新建演示文稿】界面中单击【WPS AI】按钮，如图11-51所示。

图11-51

Step02 打开【WPS AI】对话框，❶切换到【上传文档】选项卡；❷单击【选择文档】按钮，如图11-52所示。

图11-52

Step03 打开【打开文档】对话框，❶选择"素材文件\第11章\智能医疗机器人的发展.doc"演示文稿；❷单击【打开】按钮，如图11-53所示。

图11-53

Step04 打开【选择大纲生成方式】对话框，❶选择一种大纲的生成方式；❷单击【生成大纲】按钮，如图11-54所示。

图11-54

Step05 WPS AI将根据文档内容生成幻灯片大纲，完成后单击【挑选模板】按钮，如图11-55所示。

图11-55

Step06 ❶在打开的页面中选择要采用的演示文稿模板；❷单击【创建幻灯片】按钮，如图11-56所示。

图 11-56

Step07 操作完成后，即可根据文档创建演示文稿，如图 11-57 所示。

图 11-57

11.2.2　选择幻灯片

对幻灯片进行相关操作前必须先将其选中。选中要操作的幻灯片时，可以选择单张幻灯片、多张幻灯片或全部幻灯片。

1. 选择单张幻灯片

选择单张幻灯片的方法主要有以下两种。

（1）在视图窗格中单击某张幻灯片的缩略图，即可选中该幻灯片，同时会在幻灯片编辑区中显示该幻灯片。

（2）在视图窗格中单击某张幻灯片相应的标题或序列号，即可选中该幻灯片，同时会在幻灯片编辑区中显示该幻灯片。

> **技术看板**
>
> 在幻灯片编辑区右侧的滚动条上下两端有两个按钮，单击 ▲ 按钮

可以选中当前幻灯片的上一张；单击 ▼ 按钮可选中当前幻灯片的下一张。

2. 选择多张幻灯片

选择多张幻灯片时，有以下两种情况。

（1）选择多张连续的幻灯片：在视图窗格中选中第一张幻灯片后按住【Shift】键不放，同时单击要选择的最后一张幻灯片，即可选中从第一张到最后一张的所有幻灯片。

（2）选择多张不连续的幻灯片：在视图窗格中选中要选择的第一张幻灯片，然后按住【Ctrl】键不放，依次单击其他需要选择的幻灯片即可。

3. 选择全部幻灯片

在视图窗格中按住【Ctrl+A】组合键，即可选中当前演示文稿中的全部幻灯片。

★重点 11.2.3　添加和删除演示文稿中的幻灯片

在默认情况下，新建的空白演示文稿中只有一张幻灯片，而一篇演示文稿通常需要使用多张幻灯片来表达需要演示的内容，这时就需要在演示文稿中添加新的幻灯片。演示文稿编辑完成后，如果在后期检查中发现有多余的幻灯片，需要将其删除。

1. 添加幻灯片

添加幻灯片时，主要有以下几种方法。

（1）在幻灯片视图窗格中选中某张幻灯片后按【Enter】键，可快速在该幻灯片后添加一张幻灯片。

（2）在幻灯片视图窗格中选中

某张幻灯片后，在【开始】选项卡中单击【新建幻灯片】按钮，可在该幻灯片后添加一张幻灯片，如图 11-58 所示。

图 11-58

> **技术看板**
>
> 在新建幻灯片时，如果选择的是【标题】版式的幻灯片，则会默认创建一张【标题和内容】版式的幻灯片。如果是其他版式的幻灯片，则会创建一张与该幻灯片同样版式的幻灯片。

（3）在幻灯片视图窗格中选中某张幻灯片后，在【插入】选项卡中直接单击【新建幻灯片】按钮，可在该幻灯片后添加一张幻灯片，如图 11-59 所示。

图 11-59

（4）将光标移动到幻灯片视图窗格的幻灯片缩略图中，在出现的【新建幻灯片】按钮 ⊕ 上单击，即可在该幻灯片后添加一张幻灯片，

如图11-60所示。

图11-60

（5）在幻灯片视图窗格的底部单击【新建幻灯片】按钮 **+**，可在当前幻灯片后添加一张幻灯片，如图11-61所示。

图11-61

（6）在幻灯片视图窗格中右击某张幻灯片，在弹出的快捷菜单中单击【新建幻灯片】命令，即可在当前幻灯片后添加一张幻灯片，如图11-62所示。

图11-62

（7）单击【开始】选项卡中的【新建幻灯片】下拉按钮，在弹出的下拉列表中切换到【版式】选项卡，单击需要的版式，即可在当前幻灯片后添加一张所选版式的幻灯片，如图11-63所示。

图11-63

2. 删除幻灯片

在编辑演示文稿的过程中，对于多余的幻灯片，可将其删除，操作方法如下。

（1）选中需要删除的幻灯片，右击，在弹出的快捷菜单中单击【删除幻灯片】命令，如图11-64所示。

图11-64

（2）选中要删除的幻灯片，按【Delete】键即可将其删除。

11.2.4 移动和复制演示文稿中的幻灯片

在编辑演示文稿时，可将某张幻灯片移动或复制到同一演示文稿的其他位置或其他演示文稿中，从

而提高制作幻灯片的效率。

1. 移动幻灯片

在WPS演示中，我们可以通过以下几种方法对演示文稿中的某张幻灯片进行移动操作。

（1）在幻灯片窗格中选中需要移动的幻灯片，按住鼠标左键不放并拖动鼠标，当拖动到需要的位置后释放鼠标左键即可，如图11-65所示。

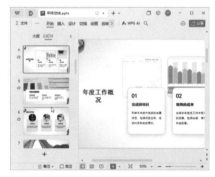

图11-65

（2）在幻灯片浏览视图模式中，选中要移动的幻灯片，按住鼠标左键不放并拖动鼠标，当拖动到需要的位置后释放鼠标左键即可，如图11-66所示。

图11-66

（3）选中要移动的幻灯片，按【Ctrl+X】组合键进行剪切，将光标定位在需要移动的目标幻灯片前，再按【Ctrl+V】组合键进行粘贴即可。

2. 复制幻灯片

如果要在演示文稿的其他位置或其他演示文稿中插入一页已制作完成的幻灯片，可通过复制操作提高工作效率。复制幻灯片的操作方法如下。

Step 01 ❶选中需要复制的幻灯片；❷在【开始】选项卡中单击【复制】按钮进行复制，如图11-67所示。

图11-67

Step 02 ❶在幻灯片窗格中选中目标幻灯片位置；❷在【开始】选项卡中单击【粘贴】按钮，即可将幻灯片粘贴至所选的幻灯片之后，如图11-68所示。

图11-68

★新功能 11.2.5 更改演示文稿中的幻灯片版式

WPS演示中内置了多种母版版式和推荐版式，如果用户对当前的版式不满意，可以更改幻灯片的版式，操作方法如下。

Step 01 打开"素材文件\第11章\年终总结.pptx"演示文稿，❶选中要更改版式的幻灯片；❷单击【开始】选项卡中的【版式】下拉按钮，如图11-69所示。

图11-69

Step 02 ❶在弹出的下拉列表的【推荐排版】选项卡中选择一种合适的版式；❷屏幕上方将显示缩略图，如果确定应用该版式，则单击【应用】按钮，如图11-70所示。

图11-70

Step 03 操作完成后，即可看到版式已经更改，如图11-71所示。

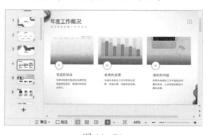

图11-71

> **技能拓展——更改幻灯片母版版式**
>
> 在【版式】下拉列表中，切换到【母版版式】选项卡，便可在其中选择母版版式。

11.3 幻灯片的编辑与美化

创建演示文稿后，可以根据需要设置幻灯片的大小、主题、配色、背景等，以便快速创建出精美的演示文稿，让幻灯片更吸引观众。

11.3.1 设置演示文稿的幻灯片大小

WPS演示中的幻灯片大小包括标准（4:3）、宽屏（16:9）和自定义3种模式。默认的幻灯片大小是宽屏（16:9），如果需要调整为其他大

小，可以通过以下方法来设置。

Step 01 打开"素材文件\第11章\年终总结.pptx"演示文稿，❶单击【设计】选项卡中的【幻灯片大小】下拉按钮；❷在弹出的下拉菜单中单击【标准（4:3）】命令，如图11-72所示。

图11-72

Step 02 打开【页面缩放选项】对话框，单击【确保适合】命令，如图11-73所示。

图 11-73

Step03 返回演示文稿，即可看到幻灯片的大小已经更改为【标准（4:3）】，如图 11-74 所示。

图 11-74

★新功能 11.3.2　更改演示文稿的幻灯片配色

配色是一门高深的学问，刚接触演示文稿的用户可能对配色有一些力不从心，此时，可以使用 WPS 演示内置的配色方案，操作方法如下。

Step01 打开"素材文件\第 11 章\商业计划书.pptx"演示文稿，❶单击【设计】选项卡中的【配色方案】下拉按钮；❷在弹出的下拉菜单中选择一种预设配色方案，如图 11-75 所示。

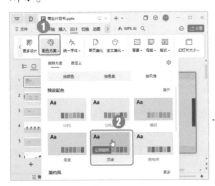

图 11-75

Step02 操作完成后，即可看到演示文稿已经应用了所选配色方案，如图 11-76 所示。

图 11-76

11.3.3　实战：更改演示文稿的幻灯片背景

实例门类	软件功能

WPS 演示中幻灯片的背景默认是黑白渐变，如果只使用默认的背景，难免单调乏味。此时可以为其设置背景格式，操作方法如下。

Step01 接上一例操作，选择要更改背景的幻灯片，❶单击【设计】选项卡中的【背景】下拉按钮；❷在弹出的下拉菜单中单击【背景填充】命令，如图 11-77 所示。

图 11-77

Step02 ❶在打开的【对象属性】窗格中单击【填充】组中的【图片或纹理填充】单选框；❷在【图片填充】下拉菜单中单击【本地文件】命令，如图 11-78 所示。

图 11-78

Step03 打开【选择纹理】对话框，❶选中"素材文件\第 11 章\背景.jpeg"背景图片；❷单击【打开】按钮，如图 11-79 所示。

图 11-79

Step04 在【对象属性】窗格中拖动【透明度】滑块到合适的位置，如"35%"，如图 11-80 所示。

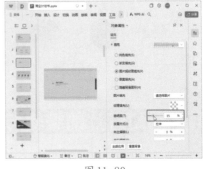

图 11-80

Step05 单击【全部应用】按钮，将背景应用到所有幻灯片中，如图 11-81 所示。

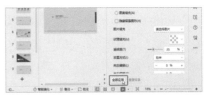

图 11-81

★新功能11.3.4　为演示文稿应用设计方案

WPS演示中内置了众多设计方案，如果对自己设计的幻灯片样式不满意，可以使用设计方案快速美化幻灯片，操作方法如下。

Step01 打开"素材文件\第11章\年度工作总结.pptx"演示文稿，单击【设计】选项卡中的【更多设计】按钮，如图11-82所示。

图11-82

Step02 打开【全文美化】窗口，在【全文换肤】选项卡中单击想要应用的设计方案缩略图对应的【预览换肤效果】按钮，如图11-83所示。

图11-83

Step03 在窗口右侧可以查看该设计方案的整体效果，如果确定应用该方案，单击【应用美化】按钮，如图11-84所示。

图11-84

Step04 操作完成后，即可看到演示文稿已经应用了所选设计方案，如图11-85所示。

图11-85

11.4　在幻灯片中插入对象

在制作幻灯片时，为了让演示文稿更美观、更有说服力，可以在幻灯片中添加图片、表格和图表，让人更容易接受和理解，此外还可以添加多媒体内容为幻灯片增色。

★重点11.4.1　实战：在商品介绍幻灯片中插入图片

实例门类	软件功能

在制作幻灯片时，图片是必不可少的元素，图文并茂的幻灯片不仅形象生动，更容易引起观众的兴趣，而且能更准确地表达演讲人的思想。若图片运用得当，可以更直观、准确地表达事物之间的关系。

1. 插入图片

在制作幻灯片时，可以通过多种方法插入图片。例如，要插入计算机中的本地图片，操作方法如下。

Step01 打开"素材文件\第11章\商品介绍.pptx"演示文稿，❶选中要插入图片的幻灯片；❷单击【插入】选项卡中的【图片】下拉按钮；❸在弹出的下拉菜单中单击【本地图片】选项，如图11-86所示。

图11-86

技能拓展——使用手机传图

在【图片】下拉菜单中，单击【手机图片/拍照】命令，在打开的窗口中使用手机扫描二维码，可以很方便地把手机中的图片插入WPS演示中。

Step02 打开【插入图片】对话框，❶按住【Ctrl】键选择"素材文件\第11章\商品图片\墙纸1.jpg、墙纸2.jpg、墙纸3.jpg、墙纸4.jpg、墙纸5.jpg、墙纸6.jpg"；❷单击【打开】按钮，如图11-87所示。

图 11-87

Step03 返回演示文稿，即可看到插入的图片，如图 11-88 所示。

图 11-88

2. 设置图片轮播

在制作幻灯片时，如果一张幻灯片中有多张图片，可以设置图片轮播，操作方法如下。

Step01 接上一例操作，选中幻灯片中的任意图片，❶单击【图片工具】选项卡中的【多图轮播】下拉按钮；❷在弹出的下拉菜单中选择需要的多图动画并单击【套用轮播】按钮，如图 11-89 所示。

图 11-89

Step02 操作完成后，即可为图片设置轮播效果，如图 11-90 所示。

图 11-90

3. 对图片进行创意裁剪

在幻灯片中插入图片后，图片会保持默认的形状，为了让图片更具艺术效果，我们可以对图片进行创意裁剪，操作方法如下。

Step01 接上一例操作，在第4张幻灯片中插入"素材文件\第11章\图片7"图片，❶选中图片；❷单击【图片工具】选项卡中的【裁剪】下拉按钮；❸在弹出的下拉菜单中单击【创意裁剪】命令；❹在弹出的子菜单中选择一种创意形状，如图 11-91 所示。

图 11-91

Step02 操作完成后，即可看到图片已经按照所选样式被裁剪了，如图 11-92 所示。

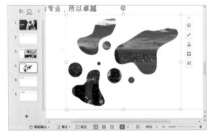

图 11-92

4. 压缩图片

当演示文稿中插入了大量的图片后，为了节省磁盘空间，可以压缩图片减少文件大小，操作方法如下。

Step01 接上一例操作，❶在幻灯片中选中任意图片；❷单击【图片工具】选项卡中的【压缩图片】按钮，如图 11-93 所示。

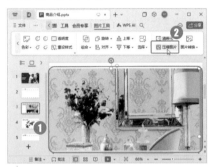

图 11-93

Step02 打开【图片压缩】对话框，❶单击【全选】单选框；❷在右侧设置压缩参数；❸单击【完成压缩】按钮，如图 11-94 所示。

图 11-94

技术看板

如果只想压缩选中的图片，在【图片压缩】对话框中勾选需要的图片即可。

★重点 11.4.2 实战：在商品介绍幻灯片中插入智能图形

实例门类	软件功能

智能图形是信息和观点的视觉

表现形式，用不同形式和布局的图形代替枯燥的文字，可以快速、轻松、有效地传达信息。这些图形包括列表、流程、循环、层次结构、关系、矩阵和棱锥等多种分类，操作方法如下。

Step01 接上一例操作，❶选择第2张幻灯片；❷单击【插入】选项卡中的【智能图形】按钮，如图11-95所示。

图11-95

Step02 打开【智能图形】对话框，选择一种智能图形样式，如图11-96所示。

图11-96

Step03 ❶在形状中输入文本；❷选中最后一个形状；❸单击【添加项目】按钮；❹在弹出的下拉菜单中单击【在后面添加项目】命令，如图11-97所示。

图11-97

Step04 ❶在添加的形状中输入文本，然后选中添加的智能图形；❷单击【设计】选项卡中的【更改颜色】下拉按钮；❸在弹出的下拉菜单中选择一种颜色方案，如图11-98所示。

图11-98

Step05 保持图形的选中状态，在【设计】选项卡中选择一种智能图形的样式，如图11-99所示。

图11-99

Step06 设置完成后，即可查看添加智能图形后的效果，如图11-100所示。

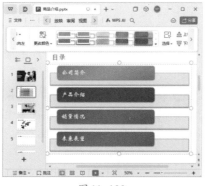

图11-100

★重点11.4.3 实战：在商品介绍幻灯片中插入表格

实例门类	软件功能

在幻灯片中，有些信息或数据不能单纯用文字或图片来表示，在信息或数据比较繁多的情况下，可以将数据分门别类地存放在表格中，使数据信息一目了然。

WPS演示的表格功能十分强大，并且提供单独的表格工具模块，使用该模块不但可以创建各种样式的表格，还可以对创建的表格进行编辑。插入和编辑表格的操作方法如下。

Step01 接上一例操作，❶选择第5张幻灯片；❷单击占位符中的【插入表格】按钮，如图11-101所示。

图11-101

Step02 打开【插入表格】对话框，❶分别设置【行数】和【列数】；❷单击【确定】按钮，如图11-102所示。

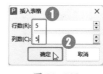

图11-102

Step03 在表格中输入文本，将光标置于列分隔线上，当光标变为✛形状时，按住鼠标左键拖动到合适的位置后释放鼠标，可以调整表格的列宽，如图11-103所示。

图11-103

Step04 将光标置于表格边框的控制点上，此时光标会变成双向箭头↖，按住鼠标左键拖动至合适的位置后释放鼠标，可以调整表格的大小，如图11-104所示。

图11-104

Step05 ❶选中表格；❷单击【表格工具】选项卡中的【居中对齐】≡和【水平居中】≡按钮，可以设置表格的对齐方式，如图11-105所示。

图11-105

Step06 在【表格样式】选项卡中选择

一种表格样式，如图11-106所示。

图11-106

Step07 将光标移动到表格的边框处，当光标变为⊹形状时按住鼠标左键拖动到合适位置后释放鼠标即可移动表格，如图11-107所示。

图11-107

11.4.4 实战：在商品介绍幻灯片中插入图表

实例门类	软件功能

使用图表可以轻松地描述数据之间的关系。因此，为了便于对数据进行分析比较，可以使用WPS演示提供的图表功能，在幻灯片中插入图表，操作方法如下。

Step01 接上一例操作，❶选中第6张幻灯片；❷单击【插入】选项卡中的【图表】按钮，如图11-108所示。

图11-108

Step02 打开【图表】对话框，❶单击需要插入的图表类型；❷在右侧选择一种图表样式，如图11-109所示。

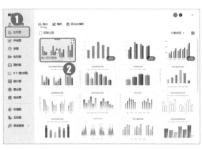

图11-109

Step03 返回演示文稿，即可看到所选择的图表已经插入到幻灯片中。单击【图表工具】选项卡中的【编辑数据】按钮，如图11-110所示。

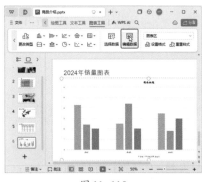

图11-110

Step04 ❶打开WPS表格，删除系统数据，输入要在图表中显示的数据，然后拖动原本数据右下角的双向箭头↖选择图表要显示的数据区域；❷选择完成后单击【关闭】按钮×

关闭WPS表格，如图11-111所示。

图11-111

Step 05 返回演示文稿，❶选中图表；❷单击【图表工具】选项卡中的【快速布局】按钮；❸在弹出的下拉列表中选择一种图表布局，如图11-112所示。

图11-112

Step 06 设置完成后，即可看到图表的最终效果，如图11-113所示。

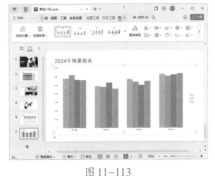

图11-113

11.4.5　在幻灯片中插入音频和视频

实例门类	软件功能

演示文稿是一个全方位展示信息的平台，我们可以在幻灯片中添加各种文字、图形和多媒体内容，

其中，多媒体内容包括音频、视频或Flash动画等类型。添加各种声情并茂的素材，可以为幻灯片锦上添花。

1. 插入音频

为了增强演示文稿的感染力，经常需要在演示文稿中加入背景音乐。WPS演示支持多种格式的声音文件，如MP3、WAV、WMA、AIF和MID等，下面介绍如何在幻灯片中插入外部音频文件。

Step 01 打开"素材文件\第11章\楼盘简介.pptx"演示文稿，❶单击【插入】选项卡中的【音频】下拉按钮；❷在弹出的下拉菜单中单击【嵌入音频】命令，如图11-114所示。

图11-114

Step 02 打开【插入音频】对话框，❶选择"素材文件\第11章\音频.mp3"音频文件；❷单击【打开】按钮，如图11-115所示。

图11-115

Step 03 返回演示文稿，即可看到插入的音频图标。选中该图标，将其移动到合适的位置，如图11-116

所示。

图11-116

Step 04 单击【音频工具】选项卡中的【设为背景音乐】按钮，将其设置为背景音乐即可，如图11-117所示。

图11-117

🔲 技术看板

如果要在幻灯片中插入音频文件，在保存时需要选择.pptx格式，以避免音频文件丢失。

2. 插入视频

在WPS演示中，不仅可以插入音频文件，还可以添加视频文件，使演示文稿变得更加生动有趣。在WPS演示中插入视频的方法与插入声音的方法类似，具体操作如下。

Step 01 接上一例操作，❶选中第3张幻灯片；❷单击【插入】选项卡中的【视频】下拉按钮；❸在弹出的下拉菜单中单击【嵌入视频】命令，如图11-118所示。

图 11-118

Step02 打开【插入视频】对话框，❶选择"素材文件\第11章\视频.avi"视频文件；❷单击【打开】按钮，如图11-119所示。

图 11-119

Step03 ❶选中插入的视频文件；❷单击【图片工具】选项卡中的【边框】下拉按钮；❸在弹出的下拉菜单中选择一种轮廓颜色，如图11-120所示。

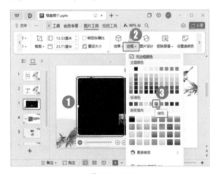

图 11-120

Step04 保持视频的选中状态，❶单击【图片工具】选项卡中的【边框】下拉按钮；❷在弹出的下拉菜单中单击【线型】命令；❸在弹出的子菜单中单击【6磅】命令，如图11-121所示。

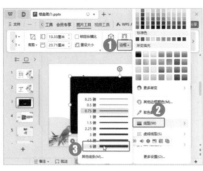

图 11-121

Step05 保持视频的选中状态，❶单击【图片工具】选项卡中的【效果】下拉按钮；❷在弹出的下拉菜单中单击【倒影】命令；❸在弹出的子菜单中选择一种倒影变体，如图11-122所示。

图 11-122

Step06 拖动视频，将其移动到合适的位置，如图11-123所示。

图 11-123

Step07 单击视频浮动工具栏中的【播放】按钮▶，如图11-124所示。

图 11-124

Step08 当播放到合适的位置时，单击【暂停】按钮Ⅱ，如图11-125所示。

图 11-125

Step09 此时将弹出【将当前画面设为视频封面】提示框，单击【设为视频封面】按钮，如图11-126所示。

图 11-126

Step10 操作完成后，即可看到视频的封面已经被更改为所选画面，如图11-127所示。

图 11-127

11.5　WPS演示的母版设计

母版是演示文稿中重要的组成部分，使用母版可以让整个演示文稿具有统一的风格和样式。使用母版时，无须再对幻灯片进行设置，在相应的位置输入需要的内容即可，可减少重复性工作，提高工作效率。

★重点11.5.1　实战：创建幻灯片的母版

实例门类	软件功能

幻灯片母版可用来为所有幻灯片设置默认的版式和格式，在WPS演示中有3种母版，分别为幻灯片母版、讲义母版和备注母版。设置演示文稿的母版既可以在创建演示文稿后进行，也可以在将所有幻灯片的内容和动画都设置完成后再进行。

1. 创建幻灯片母版

幻灯片母版是用于存储模板信息的设计模板，这些模板信息包括字形、占位符大小和位置、背景设计和配色方案等。下面以制作一个简单样式的母版为例，讲解幻灯片母版的制作方法，具体操作方法如下。

Step01 新建一个空白演示文稿，单击【视图】选项卡中的【幻灯片母版】按钮，如图11-128所示。

图11-128

Step02 此时，系统会自动切换到幻灯片母版视图，如图11-129所示。

图11-129

Step03 ❶选中主母版；❷单击【插入】选项卡中的【形状】下拉按钮；❸在弹出的下拉列表中单击需要的形状，本例单击【直角三角形】，如图11-130所示。

图11-130

Step04 在幻灯片底端绘制一个直角三角形，如图11-131所示。

图11-131

Step05 ❶复制三角形；❷单击【绘图工具】选项卡中的【旋转】下拉

按钮；❸在弹出的下拉菜单中单击【水平翻转】命令，如图11-132所示。

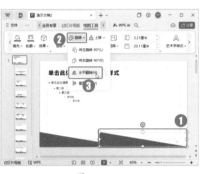

图11-132

Step06 在【绘图工具】选项卡中设置两个三角形的颜色，如图11-133所示。

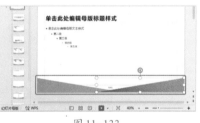

图11-133

Step07 ❶选中【标题幻灯片】母版；❷单击标题占位符将其选中；❸在【开始】选项卡中设置文本格式；❹选中副标题占位符，使用同样的方法设置文本格式，如图11-134所示。

图11-134

Step08 ❶选中【标题和内容】母版，使用与上一步相同的方法设置文本格式；❷选中正文文本；❸单击【文本工具】选项卡中的功能扩展按钮 ↘ ，如图11-135所示。

图11-135

Step09 打开【段落】对话框，❶在【缩进】栏设置【特殊格式】为【首行缩进】，并设置合适的度量值；❷单击【确定】按钮，如图11-136所示。

图11-136

Step10 返回幻灯片母版，单击【幻灯片母版】选项卡中的【关闭】按钮，如图11-137所示。

图11-137

Step11 返回幻灯片编辑界面，❶打开【另存为】对话框，设置文件类型和文件名；❷单击【保存】按钮，如图11-138所示。

图11-138

2. 创建讲义母版

讲义是演讲者在进行演讲时使用的纸稿，纸稿中显示了每张幻灯片的大致内容、要点等。讲义母版用于设置该内容在纸稿中的显示方式。创建讲义母版主要包括设置每页纸张上显示的幻灯片数量、排列方式及页眉和页脚等信息。下面介绍创建讲义母版的方法。

Step01 接上一例操作，在【视图】选项卡中单击【讲义母版】按钮，如图11-139所示。

图11-139

Step02 此时，系统会自动切换到讲义母版视图，❶单击【每页张数】下拉按钮；❷在弹出的下拉菜单中单击【2张幻灯片】命令，如图11-140所示。

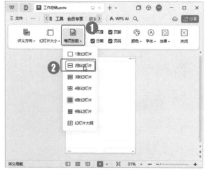

图11-140

Step03 ❶在【讲义母版】选项卡中取消勾选【日期】【页脚】【页码】复选框；❷拖动【页眉区】文本框到幻灯片上方中间位置，如图11-141所示。

图11-141

Step04 在【文本工具】选项卡中设置字体格式和段落样式，如图11-142所示。

图11-142

Step05 单击【讲义母版】选项卡中的【关闭】按钮即可，如图11-143所示。

图11-143

3. 创建备注母版

备注是指演讲者在幻灯片下方输入的内容，演讲者可以根据需要将这些内容打印出来。为了让备注内容更具特色，需要设置备注母版。创建备注母版的操作方法如下。

Step01 接上一例操作，单击【视图】选项卡中的【备注母版】按钮，如图11-144所示。

图 11-144

Step 02 此时，系统会自动切换到备注母版视图，①选中页面下方占位符中的所有文字；②在【文本工具】选项卡中设置字体格式，如图11-145所示。

图 11-145

Step 03 单击【备注母版】选项卡中的【关闭】按钮，如图11-146所示。

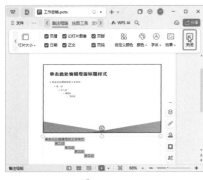

图 11-146

Step 04 返回演示文稿编辑界面，单击状态栏中的【隐藏或显示备注面板】按钮，如图11-147所示。

图 11-147

Step 05 在下方的备注框中输入备注内容，如图11-148所示。

图 11-148

Step 06 幻灯片制作完成后，在【视图】选项卡中单击【备注页】按钮，即可看到备注内容，如图11-149所示。

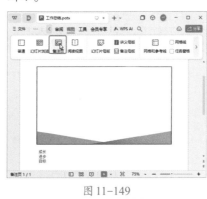

图 11-149

11.5.2 为幻灯片母版应用主题

WPS演示为用户提供了多种主题，在创建幻灯片母版时，可以使用主题快速美化幻灯片母版，操作

方法如下。

Step 01 接上一例操作，进入幻灯片母版视图，①单击【幻灯片母版】选项卡中的【主题】下拉按钮；②在弹出的下拉菜单中选择一种主题样式，如图11-150所示。

图 11-150

Step 02 ①单击【幻灯片母版】选项卡中的【颜色】下拉按钮；②在弹出的下拉菜单中选择一种配色方案，如图11-151所示。

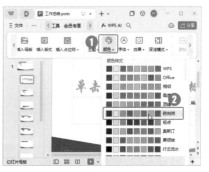

图 11-151

Step 03 操作完成后，即可看到幻灯片母版中的颜色已经更改，如图11-152所示。

图 11-152

11.5.3 实战：使用幻灯片母版创建演示文稿

实例门类	软件功能

创建并保存幻灯片母版之后，就可以使用幻灯片母版创建演示文稿了，操作方法如下。

Step01 打开 WPS Office，❶单击【文件】下拉按钮；❷在弹出的下拉菜单中单击【新建】命令；❸在弹出的子菜单中单击【本机上的模板】命令，如图 11-153 所示。

图 11-153

Step02 打开【模板】对话框，❶在【常规】选项卡中选择需要的母版文件；❷单击【确定】按钮，如图 11-154 所示。

图 11-154

🗠 技能拓展——设置默认模板

在【模板】对话框中，勾选【设为默认模板】复选框，可以将该模板设置为默认模板。

Step03 操作完成后，即可使用该模板创建新的演示文稿，如图 11-155 所示。

图 11-155

Step04 在标题幻灯片的占位符中输入标题和副标题，如图 11-156 所示。

图 11-156

Step05 新建一张幻灯片，默认为标题和内容版式，输入标题和正文文本即可，如图 11-157 所示。

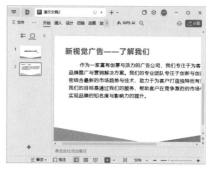

图 11-157

妙招技法

通过对前面知识的学习，相信读者已经对 WPS 演示文稿的创建与编辑有了一定的了解。下面结合本章内容，给大家介绍一些实用技巧。

★AI功能 技巧01：使用WPS AI智能美化演示文稿

在美化演示文稿时，如果不知道怎样统一风格，可以使用 WPS AI 智能美化，操作方法如下。

Step01 打开"素材文件\第11章\商务咨询方案.pptx"演示文稿，单击【会员专享】选项卡中的【智能模板】按钮，如图 11-158 所示。

图 11-158

Step02 打开【智能模板】对话框，❶单击【免费】链接；❷在下方的模板中选择一种合适的模板样式，如图 11-159 所示。

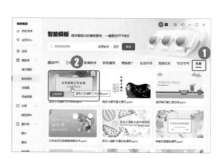

图 11-159

Step03 查看模板的具体样式，如果合适可单击【应用本风格】按钮，如图111-160所示。

图 11-160

Step04 返回演示文稿，即可看到美化后的效果，如图11-161所示。

图 11-161

技巧02：自定义声音图标

默认的声音图标比较单调，如果有需要，可以将其更改为自定义图标，操作方法如下。

Step01 打开"素材文件\第11章\楼盘简介2.pptx"演示文稿，❶右击声音图标；❷在弹出的快捷菜单中单击【更改图片】命令；❸在弹出的子菜单中单击【本地图片】命令，如图11-162所示。

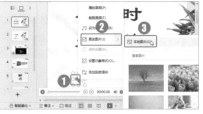

图 11-162

Step02 打开【更改图片】对话框，❶选择"素材文件\第11章\声音.png"图片；❷单击【打开】按钮，如图11-163所示。

图 11-163

Step03 返回演示文稿，即可看到声音图标已经更改，如图11-164所示。

图 11-164

技巧03：在幻灯片中裁剪视频文件

在幻灯片中插入视频后，可以使用裁剪功能删除视频多余的部分，使视频更加简洁，具体操作方法如下。

Step01 打开"素材文件\第11章\楼盘简介1.pptx"演示文稿，❶选中视频文件；❷单击【视频工具】选项卡中的【裁剪视频】按钮，如图11-165所示。

图 11-165

Step02 打开【裁剪视频】对话框，❶在播放进度栏中，拖动左侧的绿色滑块到视频裁剪的起始位置（或在【开始时间】微调框中设置裁剪视频的起始时间）；❷在播放进度栏中拖动右侧的红色滑块（或在【结束时间】微调框中输入时间，设置视频裁剪的终点位置）；❸完成后单击【确定】按钮即可，如图11-166所示。

图 11-166

> ⚙️ **技能拓展——裁剪音频文件**
>
> 在【音频工具】选项卡中单击【裁剪音频】按钮，在打开的对话框中可以裁剪音频。

本章小结

本章主要介绍了在WPS演示中创建幻灯片、编辑幻灯片、插入幻灯片对象和制作幻灯片母版的方法。通过本章的学习，希望大家可以对幻灯片的制作有一定的了解，利用现有的素材，制作出图文并茂的精美幻灯片。优秀幻灯片的制作没有捷径，只有通过不断的练习，才可以做出有感染力的演示文稿。

第12章 演示文稿的动画设置

➤ 不设置动画，一样可以放映幻灯片，那为什么要设置动画呢？

➤ 动画有哪些种类？为幻灯片添加动画时需要注意什么？

➤ 在讲解幻灯片的内容时，经常需要从目录页跳转至某个正文页，怎样实现快速跳转？

➤ 为幻灯片中的对象添加动画可以丰富视觉体验，怎样为同一个对象添加多个动画？

➤ 想要突出重点内容，应怎样设置闪烁文字吸引观众的目光？

➤ 切换幻灯片时，默认切换不带任何效果，如果想要应用推门打开的效果应该如何设置？

本章将为读者介绍设置幻灯片动画的相关知识。为幻灯片中的对象添加动画效果后，还需要对动画的效果选项、播放顺序及动画的计时等进行设置，使幻灯片中各段动画的衔接更自然，播放更流畅。

12.1 添加动画的作用

专业的演示文稿不仅要内容精美，还要有绚丽的动画作为点缀，WPS演示为用户提供了丰富的动画功能。添加动画效果，可以使演示文稿更加生动活泼，还可以控制信息演示流程，并突出关键数据，帮助用户制作出更具吸引力和说服力的演示文稿。

12.1.1 设置动画的原因

动画在幻灯片中起着十分重要的作用，主要包括以下3个方面。

1. 清晰展示事物关系

我们制作演示文稿，是为了更准确地传递信息，让观众更简单、直接地理解信息。

在演示文稿中，无论是文字、图片还是图形等元素，都是为了将信息更加清晰地展示出来。静态的内容远不如动态的信息更直观准确，让人可以一眼看出事物之间的关系。

例如，为幻灯片对象设置【飞入】的动画效果，可以让目录的脉络更清晰，让观众立刻明白演讲的先后顺序，如图12-1所示。

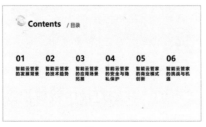

图 12-1

2. 增强表现力

演示文稿中包含了很多信息，其中有一些是需要观众特别注意的重点内容。虽然我们可以用字体、色彩、排版来突出内容的重要性，但设置动画效果更能增加幻灯片的表现力。

注意，在为对象应用强调效果时，并非使用越华丽的动画效果越好，而是要根据内容的需要合理使用动画，才能起到画龙点睛的作用。

3. 使幻灯片更美观

虽然为幻灯片设置动画之后的内容与之前并没有差别，但在放映幻灯片时，让一阵春风带着各种元素徐徐进入，无疑比平铺直叙更能吸引观众的注意力。

★重点 12.1.2 分清动画的种类

WPS演示提供了多种动画效果，包括进入、强调、退出、动作路径以及页面切换等。为幻灯片添加这些动画效果，可以使幻灯片具有和Flash动画一样绚丽的效果。

1. 进入动画

动画是演示文稿的精华，而动画的精华则是进入动画。进入动画可以实现多种对象从无到有、陆续出现的效果，主要包括出现、飞入、渐入、下降、放大、飞旋、字幕式等形式，如图12-2所示。

图 12-2

2. 强调动画

强调动画是通过放大/缩小、闪烁、陀螺旋等方式显示对象的一种动画，主要包括彩色波纹、对比色、闪动、闪现、爆炸、波浪型等形式，如图12-3所示。

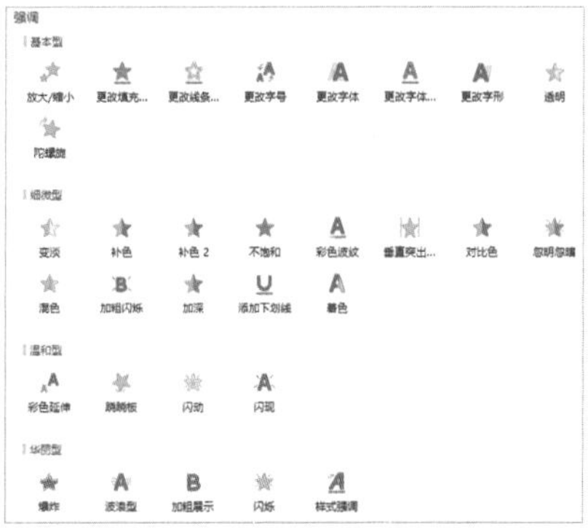

图 12-3

3. 退出动画

退出动画是让对象从有到无、逐渐消失的一种动画效果。退出动画实现了转换的连贯过渡，是不可或缺的动画效果，主要包括擦除、飞出、轮子、收缩、渐出、下沉、旋转、折叠等效果，如图12-4所示。

图 12-4

4. 动作路径动画

动作路径动画是让对象按照绘制的路径运动的一种高级动画效果，可以让幻灯片的展示千变万化，主要包括菱形、心形、S形曲线、向下、向下转、心跳、花生、三角结等形式，如图12-5所示。还可以使用自定义路径来绘制动画路径，主要包括直线、曲线、任意多边形、自由曲线等数。

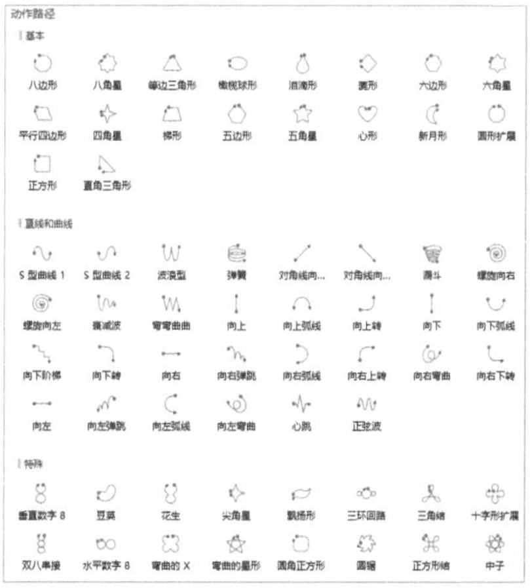

图 12-5

5. 页面切换动画

页面切换动画是幻灯片切换时的一种动画效果。为页面添加了切换动画后，不仅可以轻松实现幻灯片之间的自然切换，还可以使幻灯片真正动起来。页面切换动画主要包括淡出、擦除、溶解、轮辐、百叶窗、分割、棋盘等形式，如图12-6所示。

图 12-6

12.1.3　添加动画的注意事项

说到幻灯片的制作，一定绕不开动画的设置，这是因为动画不仅能为幻灯片增色，还可以增强幻灯片的表现力。WPS演示为用户提供了简单易学的动画设置功能，让新手用户也可以轻松制作出绚丽的动画。

在WPS演示中制作动画，需要注意以下几点。

1. 掌握一定的动画设计理念

新入门的用户总是疑惑，为什么同样的幻灯片，我做出来的总是不好看？会发出这样的疑问，很可能是因为根本不知道自己需要什么样的动画效果。

如果拥有一定的动画设计知识，在面对幻灯片中的各个元素时，就可以在脑海中呈现出各种动画搭配效果。

要掌握动画设计知识，没有捷径可走，只能多看多学。在优秀作品的熏陶下，借鉴他人的动画设计思路，久而久之，就能对什么样的幻灯片使用哪种动画效果做到心中有数。

2. 掌握动画的本质

动画归根结底是为了吸引观众的眼球。幻灯片的组成元素大多是静态的，而动画是按时间顺序播放、利用人的视觉残留造成动起来的假象。

在制作动画时，最重要的是把握好速度。幻灯片中的所有动画都是可以自定义速度的，要熟悉在之前播放、在之后播放的概念，要了解慢、慢速、非常慢的速度等的播放效果。

在幻灯片中，还有一个与时间有关的概念——触发器。所谓触发器，就是当你单击某个对象时，会触发一个动作，再设置动作触发的时间和效果，就可以形成连贯的动画效果。

3. 注意动画的方向和路径

动画的方向很好理解，可是路径的概念对于新手来说却比较模糊。简单来讲，路径就是幻灯片对象的运动轨迹，路径可以根据需要进行自定义，也可以用自由曲线、直线、圆形等轨迹表现。

4. 动画效果不是越多越好

用户可以对整张幻灯片或某个对象应用动画效果。幻灯片的对象包括文本框、图表、艺术字和图画等。动画效果并不是用得越多，画面就越绚丽。恰到好处的动画效果可以起到画龙点睛的作用，而过多的闪烁和运动画面会让观众注意力分散，甚至感到烦躁。

12.2 设置幻灯片的切换效果

幻灯片的切换效果是指在放映幻灯片时，一张幻灯片从屏幕上消失，另一张幻灯片接着显示在屏幕上的一种动画效果。一般在为对象添加动画后，可以通过【切换】选项卡来设置幻灯片的切换效果。

★重点 12.2.1 实战：选择幻灯片的切换效果

实例门类	软件功能

幻灯片切换效果是从一张幻灯片切换到下一张幻灯片时出现的动画效果。为幻灯片添加切换效果的具体操作方法如下。

Step01 打开"素材文件\第12章\智能云管家的未来趋势.pptx"演示文稿，❶单击【切换】选项卡中的下拉按钮▾；❷在弹出的下拉菜单中选择一种动画效果，如【轮辐】，如图12-7所示。

图 12-7

Step02 ❶单击【效果选项】下拉按钮；❷在弹出的下拉菜单中单击【轮辐】的数量，如【4根】，如

图 12-8 所示。

图 12-8

Step03 单击【切换】选项卡中的【应用到全部】按钮，即可将切换方式应用于所有幻灯片，如图12-9所示。

图 12-9

★新功能 12.2.2 设置幻灯片切换速度和声音

在进行幻灯片切换时，不同的动画选项会有不同的速度，而声音则默认为无。我们可以自己设定切换速度和声音，操作方法如下。

Step01 接上一例操作，在【切换】选项卡的【速度】微调框中，设置幻灯片的切换速度，如图12-10所示。

图 12-10

Step02 ❶单击【切换】选项卡中的【声音】下拉按钮∨；❷在弹出的下拉菜单中选择一种声音即可，如图12-11所示。

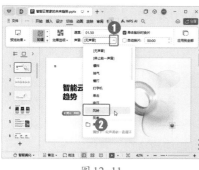

图 12-11

图 12-12

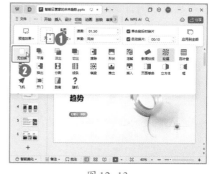

图 12-13

12.2.3　实战：设置幻灯片切换方式

实例门类	软件功能

幻灯片的默认切换方式是【单击鼠标时切换】，如果要设置其他切换方式，如定时切换，操作方法如下。

在【切换】选项卡中勾选【自动换片】复选框，在右侧的微调框中设置切换的时间即可，如图 12-12 所示。

12.2.4　实战：删除幻灯片的切换效果

实例门类	软件功能

如果不需要动感地切换动画，也可以删除切换效果，操作方法如下。

Step 01 ❶单击【切换】选项卡中的下拉按钮▾；❷在弹出的下拉菜单中单击【无切换】命令，如图 12-13 所示。

Step 02 如果要删除所有幻灯片的切换效果，单击【切换】选项卡的【应用到全部】按钮即可，如图 12-14 所示。

图 12-14

12.3　设置对象的切换效果

一个好的演示文稿，除了要有丰富的文本内容、合理的排版设计，以及合理的色彩搭配，得体的动画效果可以让演示文稿更具吸引力。本节将对对象的切换效果进行讲解。

★重点 12.3.1　实战：添加对象进入动画效果

实例门类	软件功能

所谓对象进入动画，就是在幻灯片放映时，利用动画的方式将对象添加进来，也就是一个对象从无到有的过程。

WPS 演示提供了多种预设的进入动画效果，用户可以在【动画】选项卡中选择需要的进入动画效果，操作方法如下。

Step 01 打开"素材文件\第12章\智能云管家的未来趋势.pptx"演示文稿，❶选中要设置进入动画的对象；❷在【动画】选项卡中单击▾下拉按钮，如图 12-15 所示。

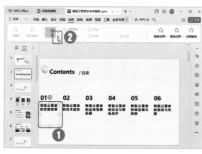

图 12-15

Step 02 在弹出的下拉列表中，选择一种动画效果，如图 12-16 所示。

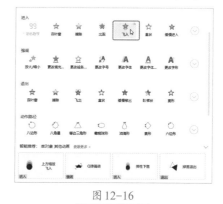

图 12-16

Step 03 ❶单击【动画】选项卡中的

【动画属性】下拉按钮；❷在弹出的下拉菜单中单击【自左侧】命令，如图12-17所示。

图12-17

Step 04 ❶单击【动画】选项卡中的【文本属性】下拉按钮；❷在弹出的下拉菜单中单击【逐字播放】命令，如图12-18所示。

图12-18

技术看板

如果为文字之外的其他对象设置动画效果，则【文本属性】按钮呈灰色不可用状态。

Step 05 ❶选中应用了动画的对象；❷双击【动画】选项卡中的【动画刷】按钮，如图12-19所示。

图12-19

Step 06 当光标变为 形状时，在需要应用动画的对象上单击即可复制

动画效果，如图12-20所示。

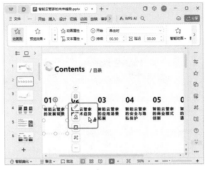

图12-20

技术看板

单击【动画刷】按钮，可以复制一次动画效果，双击【动画刷】按钮，可以锁定动画刷，多次复制动画效果。复制完成后，按【Esc】键可以取消动画刷。

Step 07 为当前页面的其他对象复制动画效果后，单击【动画】选项卡中的【动画窗格】按钮，如图12-21所示。

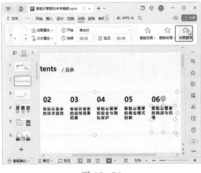

图12-21

Step 08 在打开的【动画窗格】中，可以看到已经应用的动画效果，如图12-22所示。

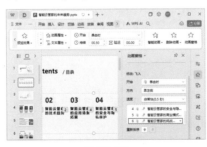

图12-22

★AI功能12.3.2 实战：为对象添加智能动画效果

实例门类	软件功能

在为对象添加动画时，如果不知道怎样选择动画效果，可以使用智能动画功能，具体操作方法如下。

Step 01 接上一例操作，❶选中要添加动画的对象；❷单击【动画】选项卡中的【智能动画】按钮，如图12-23所示。

图12-23

Step 02 在弹出的下拉列表中，WPS AI将为选择的对象匹配合适的动画，选择想要的动画效果，单击出现的【免费下载】按钮即可，如图12-24所示。

图12-24

★新功能12.3.3 实战：为同一对象添加多个动画效果

实例门类	软件功能

在播放产品展示等PPT时，十

分讲究画面的流畅感，同时添加多种动画效果就能表现出这种逻辑性，也能让幻灯片中对象的动画效果更加丰富、自然。例如，要为已经添加了进入动画的对象添加退出动画，具体操作方法如下。

Step01 接上一例操作，❶选中要添加动画的对象；❷单击【动画】选项卡中的【动画窗格】按钮，如图12-25所示。

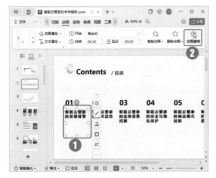

图12-25

Step02 打开【动画窗格】，单击【添加效果】下拉按钮，如图12-26所示。

图12-26

Step03 在弹出的下拉菜单中选择一种退出动画，如图12-27所示。

图12-27

Step04 ❶在【动画窗格】的动画列表中选择上一步设置的退出动画；❷在【方向】下拉列表中单击【到右侧】命令，如图12-28所示。

图12-28

Step05 在动画列表中，选中序号为【7】的动画，将其拖动到序号为【1】的动画下方，如图12-29所示。

图12-29

Step06 使用相同的方法为其他对象添加退出动画，并调整动画顺序，如图12-30所示。

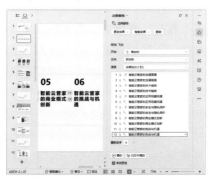

图12-30

★新功能 12.3.4　编辑动画效果

为对象设置动画后，还可以编辑动画效果，操作方法如下。

Step01 接上一例操作，打开【动画窗格】，❶单击动画列表中序号为【1】动画右侧的下拉按钮▼；❷在弹出的下拉菜单中单击【效果选项】命令，如图12-31所示。

图12-31

Step02 打开【飞入】对话框，在【效果】选项卡的【声音】下拉列表中单击【打字机】命令，如图12-32所示。

图12-32

Step03 ❶在【计时】选项卡的【开始】下拉列表中单击【在上一动画之后】命令；❷在【速度】下拉列表中单击【中速（2秒）】命令；❸单击【确定】按钮，如图12-33所示。

图12-33

Step04 此时，动画列表中原本的序号【1】变为了【0】，❶单击动画列表中序号【1】（原为【2】）右侧的下拉按钮 ▼；❷在弹出的下拉菜单中单击【效果选项】命令，如图12-34所示。

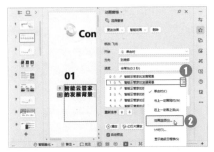

图 12-34

Step05 打开【飞出】对话框，在【效果】选项卡的【声音】下拉列表中单击【风铃】命令，如图12-35所示。

图 12-35

Step06 ❶在【计时】选项卡的【开始】下拉列表中单击【在上一动画之后】命令；❷在【速度】下拉列表中单击【中速（2秒）】命令；❸单击【确定】按钮，如图12-36所示。

图 12-36

Step07 使用相同的方法编辑其他动画，设置完成后，单击【播放】按钮进入播放状态，查看动画的播放效果，如图12-37所示。

图 12-37

技术看板

设置动画效果选项时，WPS演示提供了3种动画的开始方式，包括单击时、与上一动画同时、在上一动画之后。

（1）单击时，是指单击即可开始播放动画。

（2）与上一动画同时，是指当前动画与上一段动画同时播放。

（3）在上一动画之后，是指上一段动画播放完毕后，开始播放当前动画。选择不同的动画开始方式，会引起动画序号的变化。

★重点 12.3.5 删除幻灯片的动画效果

实例门类	软件功能

为对象添加了动画效果后，如果不满意，重新选择其他的动画效果即可删除已设置的动画效果，应用新的动画效果。如果不想使用任何动画效果，也可以使用以下方法删除已经添加的动画效果。

（1）选中要删除动画的对象，然后单击【动画】选项卡中的【删除动画】下拉按钮，在弹出的下拉菜单中选择【删除选中对象的所有动画】命令，如图12-38所示。

图 12-38

技术看板

在【删除动画】下拉菜单中，单击【删除选中幻灯片的所有动画】命令，可以删除当前幻灯片中的所有动画；单击【删除演示文稿中的所有动画】命令，可以删除当前演示文稿中的所有动画。

（2）选中要删除动画的对象，然后在【动画窗格】中单击【删除】按钮，如图12-39所示。

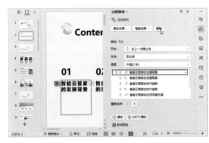

图 12-39

（3）在【动画窗格】的动画列表中，单击要删除的动画对象右侧的下拉按钮 ▼，在弹出的下拉菜单中单击【删除】命令即可，如图12-40所示。

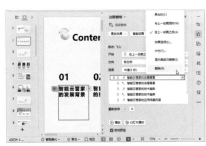

图 12-40

12.4 设置幻灯片的交互效果

编辑幻灯片时，可通过设置超链接、设置单击某个对象时运行指定的应用程序等操作，创建交互式幻灯片，以便在放映时从某一个页面跳转到其他位置。下面介绍制作交互式幻灯片的技巧。

12.4.1 实战：在幻灯片中插入其他文件

实例门类	软件功能

在制作幻灯片时，有时候需要将其他文件插入幻灯片中，操作方法如下。

Step01 打开"素材文件\第12章\上半年销售报告.pptx"演示文稿，单击【插入】选项卡中的【对象】按钮，如图12-41所示。

图12-41

Step02 打开【插入对象】对话框，❶单击【由文件创建】单选框；❷单击【浏览】按钮，如图12-42所示。

图12-42

Step03 打开【浏览】对话框，❶选择"素材文件\第12章\上半年销售情况.xlsx"文件；❷单击【打开】按钮，如图12-43所示。

图12-43

Step04 返回【插入对象】对话框，可以看到在【由文件创建】文本框中引用了插入路径，单击【确定】按钮，如图12-44所示。

图12-44

Step05 返回演示文稿，即可看到对象已经插入，如图12-45所示。

图12-45

★新功能 12.4.2 在幻灯片中插入超链接

在编辑幻灯片时，可以对文本、图片、表格等对象创建超链接，链接位置可以是当前文稿、其他现有文稿或网页等。对某对象创建超链接后，放映过程中单击该对象可跳转到指定的链接位置。

为幻灯片创建超链接的具体操作方法如下。

Step01 打开"素材文件\第12章\智能云管家的未来趋势.pptx"演示文稿，❶选中要插入超链接的对象；❷单击【插入】选项卡中的【超链接】下拉按钮；❸在弹出的下拉菜单中单击【本文档幻灯片页】命令，如图12-46所示。

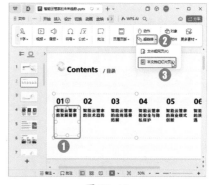

图12-46

Step02 打开【插入超链接】对话框，❶在左侧的列表框中单击【本文档中的位置】命令；❷在右侧的【请选择文档中的位置】列表框中单击要链接到的幻灯片；❸单击【确定】按钮，如图12-47所示。

图12-47

Step03 设置超链接后，当播放幻灯片时，将光标移动到设置了超链接的位置，光标会变为手形图标 🖑，此时单击该文本可跳转到指定的链接位置，如图 12-48 所示。

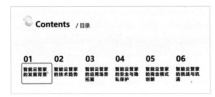

图 12-48

12.4.3 编辑和删除超链接

对某对象创建超链接后，还可根据需要修改指定的链接位置，也可以删除超链接，操作方法如下。

Step01 接上一例操作，❶右击要修改超链接的对象；❷在弹出的快捷菜单中单击【超链接】命令；❸在弹出的子菜单中单击【编辑超链接】命令，如图 12-49 所示。

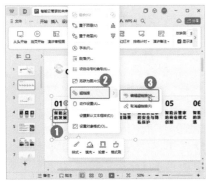

图 12-49

Step02 打开【编辑超链接】对话框，❶重新设置链接的目标位置；❷单击【屏幕提示】按钮，如图 12-50 所示。

图 12-50

Step03 打开【设置超链接屏幕提示】对话框，❶在【屏幕提示文字】文本框中输入提示文字；❷单击【确定】按钮；❸返回【编辑超链接】对话框，单击【确定】按钮，如图 12-51 所示。

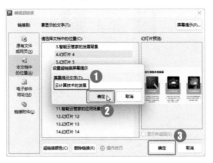

图 12-51

Step04 当再次播放幻灯片时，将光标移动到设置了超链接的位置，页面将显示提示文字，如图 12-52 所示。

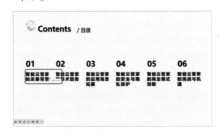

图 12-52

Step05 如果要删除超链接，❶右击插入了超链接的对象；❷在弹出的快捷菜单中单击【超链接】命令；❸在弹出的子菜单中单击【取消超链接】命令即可删除超链接，如图 12-53 所示。

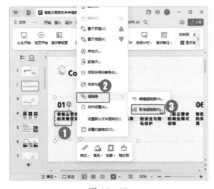

图 12-53

技术看板

在【编辑超链接】对话框中单击【删除链接】按钮，也可以删除超链接。

12.4.4 通过动作按钮创建链接

在制作幻灯片时，通常需要在内容与内容之间添加过渡页，以此来引导观众思路。但是过渡页偶尔也会出现重复的情况，此时不需要重复制作过渡页，直接利用动作按钮返回之前标题索引所在的幻灯片即可，操作方法如下。

Step01 打开"素材文件\第12章\智能云管家的未来趋势.pptx"演示文稿，❶在【插入】选项卡中单击【形状】下拉按钮；❷在弹出的下拉菜单的【动作按钮】组中选择一种图标样式，如任意形状，如图 12-54 所示。

图 12-54

Step02 在目标幻灯片中拖动鼠标绘制图标，如图 12-55 所示。

图 12-55

Step03 自动打开【动作设置】对话框，❶单击【超链接到】单选框，然后单击下方的下拉按钮；❷在弹出的下拉列表中单击【幻灯片】命令，如图12-56所示。

图12-56

Step04 打开【超链接到幻灯片】对话框，❶选中需要链接到的幻灯片名称；❷单击【确定】按钮，如图12-57所示。

图12-57

Step05 返回【动作设置】对话框，在【超链接到】下方的下拉列表框中将显示所选择的幻灯片，直接单击【确定】按钮，如图12-58所示。

图12-58

Step06 添加完成后，在播放幻灯片时单击动作按钮，即可返回到设置的链接页面，如图12-59所示。

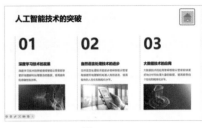

图12-59

技术看板

　　如果在【形状】下拉菜单中没有选择【动作按钮】组中的形状，将不会自动打开【动作设置】对话框。用户可以在绘制形状后选中形状，在【插入】选项卡中单击【动作】按钮，在打开的【动作设置】对话框中进行设置。

妙招技法

　　通过对前面知识的学习，相信读者已经对演示文稿的动画设置有了一定的了解。下面结合本章内容，给大家介绍一些实用技巧。

技巧01：制作自动消失的字幕

　　在欣赏MTV时，字幕从屏幕底部出现，停留一定的时间后便自动消失。要制作类似的自动消失的字幕，通过动画效果功能可以轻松实现，操作方法如下。

Step01 打开"素材文件\第12章\制作自动消失的字幕.pptx"演示文稿，❶选中文本中的第一句；❷单击【动画】选项卡中的【动画窗格】按钮，如图12-60所示。

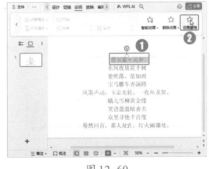

图12-60

Step02 ❶打开【动画窗格】，单击【添加效果】下拉按钮；❷在弹出的下拉菜单中单击【下降】动画，如图12-61所示。

图12-61

Step03 ❶再次单击【添加效果】下拉按钮；❷在弹出的下拉菜单中单击【强调动画】组中的【彩色波纹】动画，如图12-62所示。

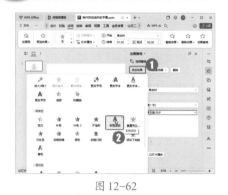

图 12-62

Step04 ❶再次单击【添加效果】下拉按钮；❷在弹出的下拉菜单中单击【退出动画】组中的【上升】动画，如图 12-63 所示。

图 12-63

Step05 ❶选中添加的第一个动画效果，右击；❷在弹出的快捷菜单中单击【效果选项】命令，如图 12-64 所示。

图 12-64

Step06 打开【下降】参数设置对话框，❶在【计时】选项卡中设置播放参数；❷单击【确定】按钮，如图 12-65 所示。

图 12-65

Step07 选中第二个动画，打开【彩色波纹】参数设置对话框，在【效果】选项卡中设置波纹的颜色，如图 12-66 所示。

图 12-66

Step08 ❶切换到【计时】选项卡设置播放参数；❷单击【确定】按钮，如图 12-67 所示。

图 12-67

Step09 选中第三个动画，打开【上升】对话框，❶在【计时】选项卡中设置播放参数；❷单击【确定】按钮，如图 12-68 所示。

图 12-68

Step10 使用相同的方法为其他文字设置相同的进入、强调和退出动画效果，如图 12-69 所示。

图 12-69

Step11 单击【动画】选项卡中的【预览效果】按钮，即可查看动画效果，如图 12-70 所示。

图 12-70

技巧02：制作拉幕式幻灯片

拉幕式幻灯片是指幻灯片中的对象（如图片）按照从左往右或者从右往左的方向依次向右或向左运动，形成一种拉幕的效果，操作方法如下。

Step01 新建一个演示文稿，❶单击

【开始】选项卡中的【版式】下拉按钮；②在弹出的下拉菜单中单击【空白】版式，如图12-71所示。

图12-71

Step 02 ①单击【设计】选项卡中的【背景】下拉按钮；②在弹出的下拉菜单中选择一种填充颜色，如图12-72所示。

图12-72

Step 03 ①在幻灯片中插入一张图片，将其移动到工作区右侧的空白处；②单击【动画】选项卡中的下拉按钮▾，如图12-73所示。

图12-73

Step 04 在弹出的下拉菜单中单击【飞

入】命令，如图12-74所示。

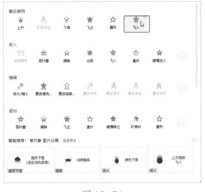

图12-74

Step 05 ①单击【动画】选项卡中的【动画属性】下拉按钮；②在弹出的下拉列表中单击【自左侧】命令，如图12-75所示。

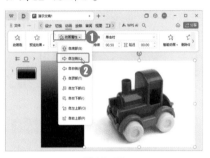

图12-75

Step 06 在【开始】下拉列表中单击【在上一动画之后】命令，如图12-76所示。

图12-76

Step 07 在【持续】微调框中设置时间为【5秒】，如图12-77所示。

图12-77

Step 08 参照上述操作步骤，插入其他图片，并将这些图片移动到第一

张图片处，使其与第一张图片重合，这样图片运动时会在同一水平线上。对其设置与第一张图片相同的动画效果及播放参数，如图12-78所示。

图12-78

Step 09 添加完成后，按【F5】键即可查看最终效果，如图12-79所示。

图12-79

技巧03：使用叠加法逐步填充表格

在演示文稿中，常用表格来展示大量的数据。如果需要将数据根据讲解的进度逐步填充到表格中，可以通过设置动画的方法实现，具体操作方法如下。

Step 01 打开"素材文件\第12章\填充表格.pptx"演示文稿，在其中插入一张5行4列的表格，并在第一行输入第一次需要出现的字符，如图12-80所示。

图12-80

Step02 ❶单击【动画】选项卡中的【动画窗格】按钮；❷在打开的【动画窗格】中选中表格；❸单击【添加效果】下拉按钮，如图12-81所示。

图12-81

Step03 在弹出的下拉菜单中选择一种进入动画效果，如【向内溶解】，如图12-82所示。

图12-82

Step04 ❶设置【开始】方式为【在上一动画之后】；❷设置【速度】为【非常慢（5秒）】，如图12-83所示。

所示。

图12-83

Step05 选中表格，按【Ctrl+C】组合键进行复制，然后按【Ctrl+V】组合键进行粘贴。在第二张表格中，保留原有内容，并在相应的单元格中输入第二次需要出现的字符，然后对第二张表格进行移动操作，使其与第一张表格重叠在一起，如图12-84所示。

图12-84

技术看板

复制表格后，其动画效果也会被一起复制，因为要对第二张工作表设置与第一张工作表相同的动画效果，因此无须再单独设置动画。

Step06 根据表格的实际情况，重复上述操作，将表格复制若干份，并调整位置使其重叠，如图12-85所示。

图12-85

Step07 按【F5】键即可查看最终效果，如图12-86所示。

品名	2022年	2023年	2024年
五粮液	2000	2500	3000
泸州老窖	2650	2690	2900
茅台	2500	2900	3400

图12-86

本章小结

本章的重点在于掌握WPS演示中设置切换和动画效果的方法，主要包括设置幻灯片的切换动画、对象的切换动画、幻灯片的链接等。希望读者通过对本章内容的学习，能够熟练地掌握为幻灯片设置切换和动画效果的方法，正确地选择合适的动画效果。

第13章　演示文稿的放映与输出

➥ 在播放演示文稿时，若不想播放所有的幻灯片，如何只播放指定的几张幻灯片？

➥ 怎样设置幻灯片自动播放？

➥ 怎样用红色的笔标注幻灯片的重点内容？

➥ 放映幻灯片的时候不想显示光标，应该如何隐藏？

➥ 要把演示文稿制作为视频，应该怎么操作？

➥ 需要将幻灯片复制到其他计算机中播放，又担心其他计算机没有安装WPS Office，能否将演示文稿转换为图片？

　　因为幻灯片中添加的多媒体文件、超链接、动画等内容只有在放映演示文稿时才能看到整体效果，所以放映演示文稿是必不可少的。本章将学习在WPS演示中放映与输出演示文稿的相关知识，通过设置放映方式、输出演示文稿等操作，来进一步掌握演示文稿的相关知识。在学习的过程中，以上问题也将一一得到解答。

13.1　了解演示文稿的放映与输出

　　制作演示文稿的最终目的是放映和演示，本节主要介绍与演示文稿放映相关的设置，如放映中的操作技巧等。

13.1.1　了解演示文稿的放映方式

　　演示文稿的放映方式主要包括演讲者放映（全屏幕）和在展台自动循环放映（全屏幕）两种。在放映幻灯片时，用户可以根据不同的场所设置不同的放映方式，如图13-1所示。

图13-1

1. 演讲者放映（全屏幕）

　　演讲者放映（全屏幕）是最常用的放映方式，在放映过程中，将全屏显示幻灯片。演示者能够控制幻灯片的放映速度、暂停演示文稿、添加会议细节、录制旁白等。

　　使用演讲者放映（全屏幕），演示者对幻灯片的放映过程有完全的控制权，如图13-2所示。

图13-2

2. 在展台自动循环放映（全屏幕）

　　在展台自动循环放映（全屏幕）是最简单的放映方式，这种方式将自动全屏放映幻灯片，并且循环放映演示文稿。

　　在放映过程中，除了通过超链接或动作按钮进行切换外，其他的功能都不能使用。

　　设置以在展台自动循环放映（全屏幕）方式放映幻灯片后，鼠标将无法控制幻灯片，只能按【Esc】键退出放映状态，如图13-3所示。

图13-3

★重点 13.1.2　做好放映前的准备

　　在放映幻灯片之前，还需要做一些准备工作。完善的准备工作，可以让演示者更加完美地展示演示文稿的精髓。一般来说，放映前的准备工作包括以下几点。

1. 检查

检查幻灯片时，需要站在观众的角度检查自己制作的幻灯片有没有出现错别字、语法是否正确、逻辑是否顺畅等。也可以在【审阅】选项卡中执行【拼写检查】，以确定用词是否正确，如图13-4所示。

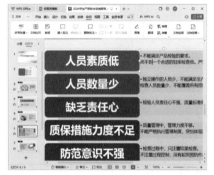

图 13-4

2. 资料准备

在放映幻灯片时，有时候除了展示幻灯片中的内容，还有一些文件内容需要展示给观众，此时，就需要提前准备好相关资料。

将需要展示的资料存放在同一个目录中，或者复制到U盘中进行备份都是不错的选择。

3. 音、视频测试

如果要在幻灯片中插入音频或视频，需要将音频或视频文件放在同一个目录中，再执行插入音频或视频的操作。

在插入音频和视频后，一定要测试音频和视频的播放情况，避免现场出错。

4. 保存格式

WPS演示常用的保存格式是DPS和PPTX。如果制作的幻灯片需要做现场演示，则需将其保存为PPSX格式，如图13-5所示。

图 13-5

当使用其他模式打开幻灯片时，观众会看到你打开和关闭页面的过程，如图13-6所示。

图 13-6

而PPSX格式的幻灯片，在打开后直接开始播放，不会出现操作界面，如图13-7所示。

图 13-7

5. 现场测试

即使幻灯片的设计没有问题，检查也没有问题，仍需提前到现场进行测试。因为偶尔可能会有一些不可预见的小状况出现，如投影仪连接故障、计算机连接线不符等，所以必须提前进行现场测试，以免发生意外情况。

13.2 演示文稿的放映设置

在放映演示文稿时，如果播放流程没有时间限制，可以对幻灯片设置放映时间或旁白，从而创建自动运行的演示文稿。

★重点 13.2.1 实战：设置演示文稿的放映方式

实例门类	软件功能

演示文稿的放映方式主要包括演讲者放映（全屏幕）和在展台自动循环放映（全屏幕）两种，我们可以根据需要设置放映方式，操作方法如下。

Step01 打开"素材文件\第13章\2024年生产质检与总结报告.pptx"演示文稿，单击【放映】选项卡中的【放映设置】按钮，如图13-8所示。

图 13-8

Step02 打开【设置放映方式】对话框，❶在【放映类型】组中单击一种放映方式；❷单击【确定】按钮即可，如图13-9所示。

图 13-9

13.2.2 指定播放的幻灯片

在放映幻灯片之前，用户可以根据需要设置放映幻灯片的数量，如放映全部幻灯片、放映指定的幻灯片，操作方法如下。

1. 指定幻灯片的播放

如果需要播放的几张幻灯片是连续的，可通过设置幻灯片放映的起始页和结束页来指定需要播放的幻灯片，操作方法如下。

打开【设置放映方式】对话框，❶在【放映幻灯片】栏单击【从……到……】单选框，在微调框中设置幻灯片放映的范围；❷单击【确定】按钮即可，如图13-10所示。

图13-10

技能拓展——隐藏幻灯片

选择幻灯片后，单击【放映】选项卡中的【隐藏幻灯片】命令，可以将不需要播放的幻灯片隐藏。

2. 自定义幻灯片的播放

针对不同场合或不同的观众群，演示文稿的放映顺序或内容也可能会随之变化，因此，放映者可以自定义放映顺序及内容，操作方法如下。

Step01 单击【放映】选项卡的【自定义放映】按钮，如图13-11所示。

图13-11

Step02 打开【自定义放映】对话框，单击【新建】按钮，如图13-12所示。

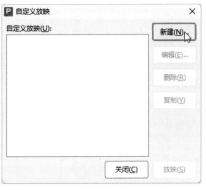

图13-12

Step03 打开【定义自定义放映】对话框，❶在【幻灯片放映名称】文本框中输入该自定义放映的名称；❷在【在演示文稿中的幻灯片】列表框中选择需要放映的幻灯片，通过单击【添加】按钮将其添加到右侧的【在自定义放映中的幻灯片】列表框中；❸设置好后单击【确定】按钮，如图13-13所示。

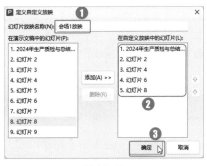

图13-13

Step04 返回【自定义放映】对话框，单击【关闭】按钮即可，如图13-14所示。

图13-14

13.2.3 设置幻灯片的换片方式

WPS演示的换片方式主要有两种，分别是手动和排练时间。

（1）手动：放映时可以单击换片，或每隔一定时间自动播放，或右击进行切换；如果使用快捷菜单中的【上一页】【下一页】或【定位】选项，WPS演示会忽略默认的排练计时，但不会删除，如图13-15所示。

图13-15

（2）排练时间：使用预设的排练时间自动放映。如果幻灯片没有预设排练时间，就算选择了此选项，仍然需要手动进行换片操作，如图13-16所示。

图 13-16

★重点 13.2.4 设置幻灯片的放映时间

默认情况下，在放映演示文稿时需要单击，才会播放下一个动画或下一张幻灯片，这种方式叫手动放映。如果希望当前动画或幻灯片播放完毕后自动播放下一个动画或下一张幻灯片，可以对幻灯片设置放映时间。

1. 手动设置放映时间

手动设置放映时间就是逐一对每张幻灯片设置播放时间，操作方法如下。

❶选中要设置放映时间的幻灯片；❷在【切换】选项卡中勾选【自动换片】复选框，在右侧的微调框中设置换片时间，如图 13-17 所示。

图 13-17

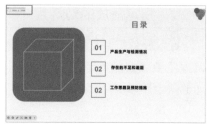

图 13-19

技能拓展——将设置应用于所有幻灯片

对每张幻灯片设置播放时间后，此后放映演示文稿时会根据设置的时间自动放映。此外，当前幻灯片的放映时间设置好后，如果希望将该设置应用到所有幻灯片中，可单击【应用到全部】按钮。

2. 设置排练计时

排练计时就是在正式放映前用手动的方式进行换片，演示文稿能够自动把手动换片的时间记录下来，如果应用这个时间，那么以后便可以按照这个时间自动进行放映，无须人为控制，具体操作方法如下。

Step01 单击【放映】选项卡中的【排练计时】按钮，如图 13-18 所示。

图 13-18

Step02 单击该按钮后，将会出现幻灯片放映视图，同时出现【预演】工具栏，当放映时间到达预设时间后，单击【下一项】按钮 ▼ 切换到下一张幻灯片，单击【暂停】按钮 ⑪ 暂停录制，单击【重复】按钮 ⟲ 重复操作，如图 13-19 所示。

Step03 到达幻灯片末尾时，出现信息提示框，单击【是】按钮，以保存排练时间。下次播放时即按照记录的时间自动播放幻灯片，如图 13-20 所示。

图 13-20

Step04 保存排练计时后，演示文稿将退出排练计时状态，以幻灯片浏览视图模式显示，可以看到各幻灯片的播放时间，如图 13-21 所示。

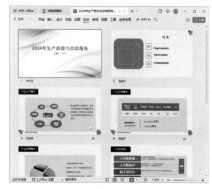

图 13-21

13.3 演示文稿的放映控制

在放映幻灯片时，用户还需要掌握放映过程中的控制技巧，如定位幻灯片、跳转到指定幻灯片页及隐藏声音或光标等技巧。

★新功能 13.3.1 实战：以不同方式放映总结报告演示文稿

实例门类	软件功能

幻灯片的放映方式主要有5种，分别是从头开始、从当页开始、自定义放映和使用【手机遥控】功能放映。

1. 从头开始

如果希望从第一张幻灯片开始依次放映演示文稿中的幻灯片，可通过以下几种方法实现。

（1）单击【放映】选项卡中的【从头开始】按钮，如图13-22所示。

图 13-22

（2）单击状态栏中的【从当前幻灯片开始播放】按钮右侧的下拉按钮，在弹出的下拉菜单中单击【从头开始】命令，如图13-23所示。

图 13-23

（3）按【F5】键即可从头开始播放幻灯片。

2. 从当页开始

如果希望从当前选中的幻灯片开始放映演示文稿，可以使用以下几种方法。

（1）单击【放映】选项卡中的【当页开始】按钮，如图13-24所示。

图 13-24

（2）单击任务栏中的【从当前幻灯片开始播放】按钮，如图13-25所示。

图 13-25

（3）单击状态栏中的【从当前幻灯片开始播放】按钮右侧的下拉按钮，在弹出的下拉菜单中单击【当页开始】命令，如图13-26所示。

图 13-26

（4）按【Shift+F5】组合键，即可从当前幻灯片开始放映。

3. 自定义放映

为幻灯片设置自定义放映时，只需要简单操作，就可以播放自定义的幻灯片，操作方法如下。

打开【设置放映方式】对话框，❶在【放映幻灯片】栏单击【自定义放映】单选框；❷在下方的下拉列表中选择要设置的自定义放映幻灯片名称；❸单击【确定】按钮，返回幻灯片中，再按【F5】键播放即可，如图13-27所示。

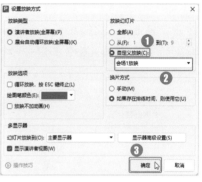

图 13-27

4. 使用【手机遥控】功能放映

通过手机遥控功能，我们可以方便地控制幻灯片的放映，操作方法如下。

Step 01 在【放映】选项卡中单击【手机遥控】按钮，如图13-28所示。

图 13-28

Step 02 打开【手机遥控】对话框，提示【使用手机WPS Office扫一扫】，如图13-29所示。

图 13-29

Step03 打开手机WPS Office，点击搜索框右侧的【扫一扫】按钮，如图13-30所示。

图 13-30

Step04 使用手机扫描 Step 02 中的二维码，即可进入手机遥控，点击【播放】按钮开始放映，如图13-31所示。

图 13-31

Step05 在播放时，❶通过点击屏幕或向左右滑动控制翻页；❷放映完成后，点击右上角的【关闭】按钮，如图13-32所示。

图 13-32

Step06 弹出提示对话框，点击【确定】按钮，即可退出手机遥控，如图13-33所示。

图 13-33

★重点13.3.2 实战：在放映幻灯片时控制播放过程

实例门类	软件功能

在放映幻灯片时，用户也可以对幻灯片播放过程进行控制。

1. 换片控制

在播放幻灯片的过程中，可以随时切换幻灯片，操作方法如下。

Step01 在放映幻灯片时，右击，在弹出的快捷菜单中可以通过单击【上一页】【下一页】【第一页】和【最后一页】命令来切换幻灯片，如图13-34所示。

图 13-34

Step02 如果要定位到某张幻灯片，❶右击，单击【定位】命令；❷在弹出的子菜单中单击【按标题】命令；❸在弹出的子菜单中单击需要播放的幻灯片，如图13-35所示。

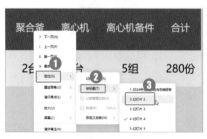

图 13-35

2. 在放映过程中使用画笔标识屏幕内容

在放映幻灯片时，为了配合演讲，可能需要标注出某些重点内容，此时可使用鼠标进行勾画，操作方法如下。

Step01 ❶右击，在弹出的快捷菜单中单击【墨迹画笔】命令；❷在弹出的子菜单中单击需要的指针，如【水彩笔】，如图13-36所示。

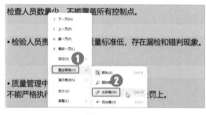

图 13-36

Step02 此时鼠标将变为形状，按住鼠标左键划动即可标识幻灯片内容，如图13-37所示。

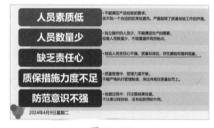

图 13-37

Step03 ❶再次右击，在弹出的快捷菜单中单击【墨迹画笔】命令；❷在弹出的子菜单中单击【墨迹颜色】命令；❸在弹出的【颜色】选择框中单击所需的颜色，如图13-38所示。

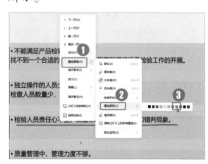

图 13-38

Step04 按住鼠标左键进行拖动，可以绘制出该颜色的线条。如果不再需要使用画笔来标注，可以按【Esc】键退出鼠标标注模式，如图13-39所示。

图 13-39

Step05 ❶如果要清除标注痕迹，可以右击，在弹出的快捷菜单中单击【墨迹画笔】命令；❷在弹出的子菜单中单击【擦除幻灯片上的所有墨迹】命令，如图13-40所示。

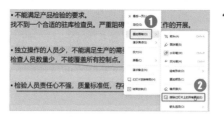

图 13-40

Step06 或者当幻灯片播放结束，会弹出提示对话框【是否保留墨迹注释？】，单击【保留】按钮可以保留墨迹，单击【放弃】按钮可以清除墨迹，如图13-41所示。

图 13-41

3. 使用放大镜查看幻灯片

在放映幻灯片时，可以使用放大镜放大或缩小幻灯片，操作方法如下。

Step01 在放映幻灯片时右击，在弹出的快捷菜单中单击【放大】命令，如图13-42所示。

图 13-42

Step02 进入放大镜模式，单击 ➕ 按钮可以放大幻灯片；单击 ➖ 按钮可以缩小幻灯片；单击 ▬ 按钮恢复原始大小，完成后按【Esc】键可退出放大镜模式，如图13-43所示。

图 13-43

13.4 演示文稿的输出和打印

有时候一份演示文稿需要在多台计算机上播放，这时就需要用到输出功能。如果有需要，还可以将演示文稿打印出来。

★重点13.4.1 实战：将演示文稿输出为视频文件

实例门类	软件功能

将演示文稿制作成视频文件后，可以使用常用的视频播放软件进行播放，并能保留演示文稿中的动画、切换效果和多媒体等信息。

1. 保存为视频文件

将演示文稿保存为视频文件，操作方法如下。

Step01 打开"素材文件\第13章\2024年生产质检与总结报告.pptx"演示文稿，❶单击【文件】下拉按钮；❷在弹出的下拉菜单中单击【另存为】命令；❸在弹出的子菜单中单击【输出为视频】命令，如图13-44所示。

图 13-44

Step02 打开【另存为】对话框，❶设置保存路径和文件名，并将保存类型设置为【WEBM视频】；❷单击【保存】按钮，如图13-45所示。

图 13-45

Step03 弹出提示对话框，提示正在输出视频，如图13-46所示。

图 13-46

Step04 视频输出完成后，可以单击【打开视频】按钮打开视频，如图13-47所示。

图 13-47

Step05 即可查看幻灯片转换为视频后的效果，如图13-48所示。

图 13-48

2.录制屏幕

保存为视频文件仅仅是演示文稿格式的转变，并没有演讲者的参与。使用录制屏幕功能可以同步录音，将演讲过程全部录制下来，操作方法如下。

Step01 单击【放映】选项卡中的【屏幕录制】按钮，如图13-49所示。

图 13-49

Step02 打开【屏幕录制】对话框，❶单击【全屏】命令；❷单击【开始录制】按钮，如图13-50所示。

图 13-50

Step03 进入录制状态，开始播放幻灯片，并进行演讲。【录制屏幕】对话框将缩小到右侧，单击【暂停】按钮，可以暂停录制，如图13-51所示。

图 13-51

Step04 单击【聚光灯】按钮，可以重点显示屏幕上的部分位置，如图13-52所示。

图 13-52

Step05 ❶单击【涂鸦】按钮；❷在弹出的工具列表中选择一种涂鸦工具，如【画笔】，如图13-53所示。

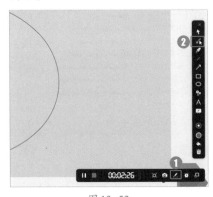

图 13-53

Step06 在幻灯片中按住鼠标左键进行拖动，可以勾画重点，如图13-54所示。

图 13-54

Step07 录制完成后，单击【停止】按钮，如图13-55所示。

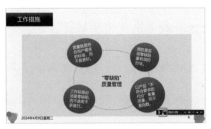

图 13-55

Step08 自动打开【屏幕录制】对话框，可以查看录制的视频文件，如图13-56所示。

图 13-56

13.4.2 实战：将演示文稿输出为图片文件

实例门类	软件功能

幻灯片制作完成后，可以直接将幻灯片以图片文件的形式进行保存，如JPG、PNG等。保存为图片文件的方法如下。

Step01 打开"素材文件\第13章\2024年生产质检与总结报告.pptx"演示文稿，❶右击标题栏；❷在弹出的快捷菜单中单击【另存为】命令，如图13-57所示。

图 13-57

Step02 打开【另存为】对话框，❶设置保存路径和文件名，并设置【文件类型】为【JPEG文件交换格式（*.jpg）】；❷单击【保存】按钮，如图13-58所示。

图 13-58

Step03 弹出提示对话框，选择要导出的幻灯片，本例单击【每张幻灯片】按钮，如图13-59所示。

图 13-59

Step04 输出完成后弹出提示对话框，单击【确定】按钮，如图13-60所示。

图 13-60

Step05 打开保存的文件夹，即可看到所有幻灯片已经保存为图片文件的形式，如图13-61所示。

图 13-61

13.4.3　实战：将演示文稿输出为PDF文件

实例门类	软件功能

PDF是一种流行的电子文档格式，将演示文稿保存成PDF文档后，就无须再用WPS演示进行打开和查看了，可以使用专门的PDF阅读软件打开，便于文稿的阅读和传播，操作方法如下。

Step01 打开"素材文件\第13章\2024年生产质检与总结报告.pptx"演示文稿，单击【会员专享】选项卡中的【输出为PDF】按钮，如图13-62所示。

图 13-62

Step02 打开【输出为PDF】对话框，单击【保存位置】右侧的 ⋯ 按钮，如图13-63所示。

图 13-63

Step03 打开【选择路径】对话框，选择保存的文件夹位置，单击【选择文件夹】按钮，如图13-64所示。

图 13-64

Step04 返回【输出为PDF】对话框，单击【开始输出】按钮，如图13-65所示。

图 13-65

Step05 输出完成后，状态栏会提示【输出成功】。单击【打开文件】按钮 ，如图13-66所示。

图 13-66

Step06 打开转换后的PDF文件，即可查看最终效果，如图13-67所示。

图 13-67

技术看板

将PPT转换为PDF文件之后，打开PDF文件，在操作界面的右上角会出现一个【提取表格】按钮 ，将光标移动到该按钮上，会弹出【转为Word】【转为Excel】【转为PPT】【转为CAD】按钮，可以直接单击这些按钮将PDF文件转换为其他格式。

★重点13.4.4　**实战：将演示文稿转为WPS文字文档**

实例门类	软件功能

演示文稿也可以转为WPS文字文档，操作方法如下。

Step01 打开"素材文件\第13章\2024年生产质检与总结报告.pptx"演示文稿，❶单击【文件】下拉按钮；❷在弹出的下拉菜单中单击【另存为】命令；❸在弹出的子菜单中单击【转为WPS文字文档】命令，如图13-68所示。

图 13-68

Step02 打开【转为WPS文字文档】

对话框，保持默认设置，单击【确定】按钮即可，如图13-69所示。

图 13-69

Step03 打开【保存】对话框，❶设置保存路径、文件名和保存类型；❷单击【保存】按钮，如图13-70所示。

图 13-70

Step04 转换完成后单击【打开文件】按钮，如图13-71所示。

图 13-71

Step05 打开WPS文字文档，即可查看转换后的效果，如图13-72所示。

图 13-72

技术看板

将PPT转换为WPS文字文档后，排版和显示效果都会有所变化，需要重新调整。

★重点13.4.5　**实战：打包演示文稿**

实例门类	软件功能

如果制作的演示文稿中包含了链接的数据、特殊字体、视频或音频文件等，为了保证能在其他计算机上正常播放，最好将演示文稿打包存放，操作方法如下。

Step01 打开"素材文件\第13章\2024年生产质检与总结报告.pptx"演示文稿，❶单击【文件】下拉按钮；❷在弹出的下拉菜单中单击【文件打包】命令；❸在弹出的子菜单中单击【将演示文档打包成文件夹】命令，如图13-73所示。

图 13-73

Step02 打开【演示文件打包】对话框，❶设置【文件夹名称】和【位置】；❷单击【确定】按钮，如图13-74所示。

图 13-74

技术看板

勾选【演示文件打包】对话框中的【同时打包成一个压缩文件】复选框，可以在打包文件的同时，将演示文稿压缩打包成另一个独立的压缩文件。

Step03 打包完成后，在弹出的对话框中单击【关闭】按钮即可，如图13-75所示。

图13-75

13.4.6 实战：打印演示文稿

实例门类	软件功能

在一些非常重要的演讲场合，为了让与会人员了解演讲内容，通常会将演示文稿像WPS文字文档一样打印在纸张上做成讲义。在打印演示文稿前需要进行一些设置，包括页面设置和打印设置等，操作方法如下。

Step01 打开"素材文件\第13章\2024年生产质检与总结报告.pptx"演示文稿，❶单击【文件】下拉按钮；❷在弹出的下拉菜单中单击【打印】命令；❸在弹出的子菜单中单击【打印预览】命令，如图13-76所示。

图13-76

Step02 进入【打印预览】界面，勾选【幻灯片加框】复选框，为幻灯片添加边框，如图13-77所示。

图13-77

Step03 单击【页眉页脚】按钮，如图13-78所示。

图13-78

Step04 打开【页眉和页脚】对话框，❶勾选【日期和时间】复选框；❷在【自动更新】下拉列表中选择一种日期格式，如图13-79所示。

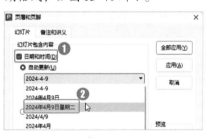

图13-79

技术看板

如果不需要日期自动更新，则勾选下方的【固定】单选框，然后再选择日期格式。

Step05 ❶勾选【幻灯片编号】和【标题幻灯片不显示】复选框；❷单击【全部应用】按钮，如图13-80所示。

图13-80

Step06 设置完成后单击【打印】按钮，即可开始打印演示文稿，如图13-81所示。

图13-81

妙招技法

通过对前面知识的学习，相信读者已经对演示文稿的放映与输出有了一定的了解。下面结合本章内容，给大家介绍一些实用技巧。

技巧01：隐藏声音图标

如果在制作幻灯片时插入了声音文件，幻灯片中会显示一个声音图标，且在默认情况下，放映时幻灯片中也会显示声音图标。为了实现完美放映，可通过设置使幻灯片放映时自动隐藏声音图标，操作方法如下。

打开"素材文件\第13章\楼盘简介.pptx"演示文稿，在幻灯片中选中声音图标，在【音频工具】选项卡中勾选【放映时隐藏】复选框即可，如图13-82所示。

图 13-82

技巧02：在放映幻灯片时如何隐藏光标

在放映幻灯片的过程中，如果不需要使用鼠标进行操作，则可以通过设置将光标隐藏起来，操作方法如下。

在放映过程中，❶右击任意位置，在弹出的快捷菜单中单击【墨迹画笔】命令；❷在弹出的子菜单中单击【箭头选项】命令；❸在弹出的子菜单中单击【隐藏】命令，使【隐藏】命令呈勾选状态即可，如图13-83所示。

图 13-83

技巧03：为幻灯片设置黑/白屏

在幻灯片放映开始之前和放映过程中，若需要观众暂时将目光集中在其他地方，可以为幻灯片设置显示颜色，让内容暂时消失，操作方法如下。

❶在幻灯片上右击，在弹出的快捷菜单中单击【屏幕】命令；❷在弹出的子菜单中单击【黑屏】或【白屏】命令即可，如图13-84所示。

图 13-84

本章小结

通过对本章知识的学习，相信读者已经掌握了放映和输出 WPS 演示文稿的操作方法。在放映演示文稿时，要想有效控制幻灯片的放映过程，就需要演示者合理地进行操作。通过对本章内容的学习，希望大家能够熟练地放映演示文稿，并可以快速将演示文稿输出为其他格式。

WPS Office 的在线智能文档是一款基于人工智能技术的云端办公工具，旨在为用户提供高效、便捷的文档编辑和协作体验。该工具不仅能够满足用户在文档编辑方面的基本需求，还能够通过 WPS AI 技术为用户提供更加智能化的服务。

第 14 章　WPS Office 在线智能文档的使用

➥ 不知道文档应该如何编写时，怎样使用模板？

➥ 想要通过文档回答问题，怎样才能找到答案？

➥ 想要与他人一起编辑文档，应该如何分享？

➥ 面对表格数据，如何快速计算？

➥ 面对海量数据，如何从中提取有效信息？

➥ 收集数据时，怎样使用表单来完成？

➥ 他人填写了表单后，应该怎样查看填写的数据？

　　本章将介绍在线智能文档的使用方法，通过在线智能文档，能够完美实现与他人的协作，轻松完成编辑文档、分析文档和收集数据等相关工作。

14.1　创建在线智能文档

　　用户创建的在线智能文档会自动保存在云文档中，可以在不同设备的客户端随时访问创建的文件，还能分享给他人一起协作编辑文档。

★ AI 功能 14.1.1　实战：创建在线通知文档

实例门类	软件功能

　　在创建通知文档时，如果不想自主输入文本内容，可以通过 WPS AI 生成，并插入推荐图片，方便快捷。

1. 使用 WPS AI 生成放假通知

　　使用 WPS AI 功能，可以根据描述快速生成文档内容，操作方法如下。

Step 01 启 动 WPS Office，❶ 单击【新建】按钮；❷ 在弹出的下拉菜单中单击【智能文档】命令，如图 14-1 所示。

图 14-1

Step02 打开【新建智能文档】界面，单击【空白智能文档】按钮，如图 14-2 所示。

图 14-2

Step03 ❶在标题栏中输入文档标题；❷在下方的正文栏输入"/"；❸在弹出的下拉菜单中单击【AI帮我写】命令，如图 14-3 所示。

图 14-3

Step04 启动【WPS AI】对话框，❶在文本框中输入"通知"；❷下方将出现提示信息，单击【放假通知】命令，如图 14-4 所示。

图 14-4

Step05 启动放假通知模板，❶根据情况填写通知的相关信息；❷单击【发送】按钮➤，如图 14-5 所示。

图 14-5

Step06 ❶WPS AI将自动生成通知内容；❷查看通知内容并确认无误后，单击【保留】按钮，如图 14-6 所示。

图 14-6

Step07 返回在线智能文档，叫以看到放假通知已经成功创建，如图 14-7 所示。

图 14-7

Step08 右击标题栏，在弹出的快捷菜单中单击【重命名】命令，为文件重命名即可，如图 14-8 所示。

图 14-8

2. 使用WPS AI润色文档内容

文档创建完成后，可以对文档内容进行润色，操作方法如下。

Step01 接上一例操作，❶选中要润色的文本，右击，在弹出的快捷菜单中单击【AI帮我改】命令；❷在弹出的子菜单中单击【润色】命令；❸在弹出的子菜单中单击【古文风】命令，如图 14-9 所示。

图 14-9

Step02 AI将根据命令对文档进行润色，完成后单击【替换】按钮，如图 14-10 所示。

图 14-10

Step **03** 返回文档中，即可看到润色后的效果，如图 14-11 所示。

图 14-11

★新功能 14.1.2　实战：设置智能文档封面

实例门类	软件功能

智能文档默认没有添加封面，为了美化文档，可以为其添加封面，操作方法如下。

Step **01** 接上一例操作，将光标移动到标题区域，单击出现的【添加封面】按钮，如图 14-12 所示。

图 14-12

Step **02** 文档将添加默认封面，将光标移动到封面图片上，单击出现的【更换】按钮，如图 14-13 所示。

图 14-13

Step **03** 在打开的下拉列表中选择封面图片，如图 14-14 所示。

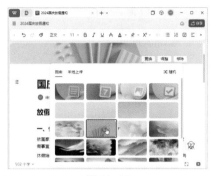

图 14-14

Step **04** 单击【调整】按钮，如图 14-15 所示。

图 14-15

Step **05** 拖动图片将其调整到合适的位置，然后单击【保存】按钮，如图 14-16 所示。

图 14-16

技术看板

如果不再需要封面，可以单击封面上的【移除】按钮，删除封面。

★新功能 14.1.3　实战：通过模板创建文档内容

实例门类	软件功能

如果不知道应该如何撰写文档，可以通过模板创建文档内容，操作方法如下。

Step **01** 启动 WPS Office，进入【新建智能文档】页面，选择一种模板样式，如【AI模板】中的【写工作周报初稿】模板，如图 14-17 所示。

图 14-17

Step **02** 以模板创建默认内容，并自动打开【AI模板设置】窗格；❶设置文档的主要内容；❷单击【开始生成】按钮，如图 14-18 所示。

图 14-18

Step **03** WPS AI 将开始生成文档内容，生成完成后弹出提示对话框，单击【确定】按钮，如图 14-19 所示。

图 14-19

233

Step04 WPS AI生成的文档内容将替换默认文档，单击【完成】按钮，如图14-20所示。

图14-20

Step05 操作完成后，即可查看生成的文档，如图14-21所示。

图14-21

★ AI功能14.1.4 实战：使用WPS AI根据文档内容回答问题

实例门类	软件功能

在阅读文档时，如果需要知道文档中的某些内容，可以使用WPS AI功能提取有关信息，操作方法如下。

Step01 接上一例操作，❶单击【WPS AI】按钮；❷在弹出的下拉菜单中单击【AI文档问答】命令，如图14-22所示。

图14-22

Step02 打开【AI文档问答】窗格，❶在文本框中输入提问；❷单击【发送】按钮➤，如图14-23所示。

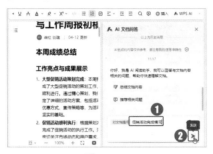

图14-23

Step03 WPS AI将根据所提问题分析文档，并显示回答内容。如果想要查看回答内容的出处，可以单击【相关原文】中的链接，如【原文1】，如图14-24所示。

图14-24

Step04 将跳转至原文内容，查看分析依据，如图14-25所示。

图14-25

★ AI功能14.1.5 实战：与他人协作编辑智能文档

实例门类	软件功能

在编写文档时，如果需要和他

人协作完成，可以将文档分享给他人一起编辑，操作方法如下。

Step01 接上一例操作，单击页面右上角的【分享】按钮，如图14-26所示。

图14-26

Step02 打开【协作】窗格，单击微信图标◉，如图14-27所示。

图14-27

技术看板

在【协作】窗格中单击【复制链接】按钮，将链接发送给他人，对方也可以打开分享的文档。

Step03 弹出【通过小程序发送给微信好友】对话框，使用手机扫描屏幕上的二维码，如图14-28所示。

图14-28

Step04 在手机屏幕上点击【分享给好友】按钮，如图14-29所示。

图 14-29

Step05 选择需要分享的好友，单击

【发送】按钮，如图 14-30 所示。

图 14-30

Step06 好友收到邀请后，单击邀请链接，即可进入文档协同编辑，在

【分享】按钮左侧将显示正在参与协作的好友，如图 14-31 所示。

图 14-31

技术看板

将光标移动到【分享】按钮上停留片刻，将打开下拉列表，单击列表中的【管理协作者】，可以设置协作者的编辑权限。

14.2 创建在线智能表格

在线创建的智能表格不仅让数据处理变得便捷高效，而且还提供了丰富的功能和特性，进一步提升了用户体验。除了可以自动识别和整理数据外，在线智能表格还允许多个用户同时编辑同一个表格，所有的改动都会实时同步，确保团队成员之间的信息沟通畅通无阻。

★AI功能 14.2.1 通过 WPS AI 模板创建在线智能表格

创建在线智能表格时，既可以创建空白表格，也可以通过模板创建，下面以通过模板创建在线智能表格为例讲解操作方法。

Step01 启动 WPS Office，❶单击【新建】按钮；❷在弹出的下拉菜单中单击【智能表格】命令，如图 14-32 所示。

图 14-32

Step02 打开【新建智能表格】界面，单击【空白智能表格】按钮，如

图 14-33 所示。

图 14-33

Step03 ❶在表格中输入表头，在输入"性别"后，单击该列列标右侧的 ··· 按钮；❷在弹出的下拉菜单中单击【列类型】中的【下拉列表】按钮，如图 14-34 所示。

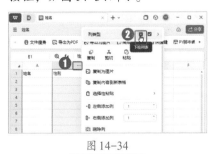

图 14-34

Step04 打开【插入下拉列表】对话框，❶在文本框中输入需要的下拉列表选项；❷单击【确定】按钮，如图 14-35 所示。

图 14-35

技术看板

默认添加了两个列表选项，如果需要更多的列表选项，可以单击【新增选项】命令。

Step05 设置完成后，在该列的单元格中即可通过下拉列表输入文本，如图 14-36 所示。

图 14-36

Step06 ❶ 使用相同的方法输入其他表格内容，完成后右击标题栏；❷ 在弹出的快捷菜单中单击【重命名】命令，如图 14-37 所示。

图 14-37

Step07 在文本框中重新输入表格标题，然后按【Enter】键即可，如图 14-38 所示。

图 14-38

★AI功能 14.2.2　使用 WPS AI 计算工龄

在智能表格中，可以使用 WPS AI 功能快速计算表格中的数据，操作方法如下。

Step01 接上一例操作，❶ 选中要放置计算结果的单元格，如 M2；❷ 单击【WPS AI】按钮；❸ 在弹出的下拉菜单中单击【AI 写公式】命令，如图 14-39 所示。

图 14-39

Step02 ❶ 在打开的【WPS AI】文本框中输入公式要求；❷ 单击【发送】按钮，如图 14-40 所示。

图 14-40

Step03 WPS AI 将根据描述编写公式，编写完成后单击【完成】按钮，如图 14-41 所示。

图 14-41

技术看板

编写公式的要求应尽量描述清楚，以便于 WPS AI 理解。

Step04 返回表格中，即可看到根据 WPS AI 编写的公式得到的计算结果，如图 14-42 所示。

图 14-42

Step05 将公式填充到下方的单元格，如图 14-43 所示。

图 14-43

★AI功能 14.2.3　使用 WPS AI 标记符合条件的数据

在智能文档的数据选项卡中，可以使用条件格式标记数据，使用方法与在 WPS 表格中相同。除此之外，还可以使用 WPS AI 功能标记数据。例如，要标记符合条件的数据，操作方法如下。

Step01 接上一例操作，❶ 单击【WPS AI】下拉按钮；❷ 在弹出的下拉菜单中单击【AI 条件格式】命令，如图 14-44 所示。

图 14-44

Step02 打开【AI 条件格式】对话框，❶ 在文本框中输入需要标记的条件；❷ 单击【发送】按钮，如图 14-45 所示。

图 14-45

Step03 WPS AI 将根据描述设置条件格式，确认无误后单击【完成】按钮，如图 14-46 所示。

图 14-46

Step04 返回智能表格，即可看到设置了条件格式后的效果，如图 14-47 所示。

图 14-47

★重点 14.2.4　智能提取员工生日

如果要从表格数据中抽取其中

的信息，可以使用 WPS AI 智能抽取功能，操作方法如下。

Step01 接上一例操作，❶选择"身份证号码"列的所有数据单元格；❷单击【开始】选项卡中的【快捷工具】按钮；❸在弹出的下拉菜单中单击【身份证信息提取】命令；❹在弹出的子菜单中单击【出生日期】命令，如图 14-48 所示。

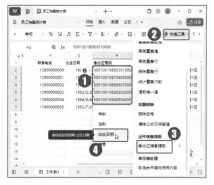

图 14-48

Step02 操作完成后，将在"身份证号码"列右侧插入列，并提取了出生日期，如图 14-49 所示。

图 14-49

★重点 14.2.5　批量制作员工工牌

员工档案表制作完成后，可以为员工制作工牌，操作方法如下。

Step01 接上一例操作，❶单击 P 列列标右侧的 ··· 按钮；❷在弹出的下拉菜单中单击【列类型】命令；❸在弹出的子菜单中单击【二维码标签】命令，如图 14-50 所示。

图 14-50

Step02 打开【配置二维码】对话框，❶选择【员工工牌】模板；❷单击【下一步】按钮，如图 14-51 所示。

图 14-51

Step03 在【生成标签】界面中配置工牌的内容，如果默认内容不足，可以单击【添加内容】按钮，如图 14-52 所示。

图 14-52

Step04 ❶单击【无】下拉按钮；❷在弹出的下拉菜单中单击需要添加的内容，如【联系电话】，如图 14-53 所示。

图 14-53

Step05 ❶单击 A⌄ 下拉按钮；❷在弹出的下拉菜单中设置字号和字体颜色，如图 14-54 所示。

图 14-54

Step06 ❶单击【2.配置扫描结果】按钮；❷选择二维码的内容，如【联系电话】；❸单击【批量制作】按

钮，如图 14-55 所示。

图 14-55

Step07 二维码生成后可以进行下载，选择下载方式，如【下载「A4」版PDF文】件，如图 14-56 所示。

图 14-56

Step08 预览PDF效果，确认后单击

【下载】按钮，如图 14-57 所示。

图 14-57

Step09 设置保存路径后下载二维码，然后打开PDF文档即可看到制作完成的员工工牌，如图 14-58 所示。

图 14-58

14.3 创建在线智能表单

创建在线智能表单是一种高效、便捷的工作方式，能够快速地搜集、整理和分析大量信息。在线智能表单可以广泛应用于各种场景，如市场调研、用户反馈、活动报名等。

★重点 14.3.1 实战：新建信息收集表单

实例门类	软件功能

在线智能表单可以根据需要自定义表单的字段、布局和样式，以适应不同的收集需求。而填写者可以通过电脑、手机等设备随时随地进行填写，对于信息收集十分方便。下面以创建信息收集表单为例，介绍其操作方法。

Step01 启动WPS Office，❶单击【新建】按钮；❷在弹出的下拉菜单中单击【智能表单】命令，如图 14-59 所示。

图 14-59

Step02 打开【新建智能表单】页面，

单击【新建空白】按钮，如图 14-60 所示。

图 14-60

Step03 在打开的【新建】菜单中单

击【表单】按钮即可创建表单，如图14-61所示。

图14-61

★新功能14.3.2 实战：智能创建表单内容

实例门类	软件功能

在创建表单时，可以输入题目自定义创建，也可以输入主题智能推荐题目，操作方法如下。

Step01 接上一例操作，将光标定位到【请输入表单标题】文本框，如图14-62所示。

图14-62

Step02 ❶输入表单主题，如"团建报名"；❷下方将出现【猜你需要这些题目】链接，单击该链接，如图14-63所示。

图14-63

技术看板

如果没有出现提示链接，请重新描述表单标题，标题应该明确表达主题。

Step03 ❶弹出【添加推荐题目】对话框，勾选需要的题目；❷单击【添加到表单】按钮，如图14-64所示。

图14-64

Step04 勾选的题目将被添加到表单中，如果要添加自定义题目，可以在左侧选择题目类型，如【多选题】，如图14-65所示。

图14-65

技术看板

在题库的【搜索题目】文本框中，输入关键字可以搜索题目。

Step05 输入多选题的题目和选项，默认添加了2个选项，如果需要多个选项，可以单击【添加选项】按钮，如图14-66所示。

图14-66

Step06 输入新选项，然后添加需要的其他选项，如图14-67所示。

图14-67

Step07 选中添加的题目，按住上方的 ⋮⋮ 按钮不放，将其拖动到下方。题目将自动排列编号，如图14-68所示。

图14-68

Step08 ❶切换到【设置】选项卡；❷单击【填写有效时间】右侧的【不限】下接按钮，如图14-69所示。

图14-69

Step09 ❶在弹出的对话框中设置【限制开始时间】和【限制结束时间】，本例只限制了结束时间；❷单击【确认】按钮，如图14-70所示。

图 14-70

Step⑩ ❶切换到【外观】选项卡；❷在左侧的【外观】列表中选择一种外观样式即可，如图14-71所示。

图 14-71

★新功能 14.3.3 实战：分享和填写表单

实例门类	软件功能

表单制作完成后，就可以分享给他人填写了。分享和填写表单的操作方法如下。

Step① 接上一例操作，单击表单右上角的【发布并分享】按钮，如图14-72所示。

图 14-72

Step② 在打开的【分享】页面中单击【复制链接】按钮，表单链接将被复制到剪贴板中，如图14-73所示。

图 14-73

Step③ 将链接发送给他人后，进入链接即可看到表单内容，如图14-74所示。

图 14-74

Step④ ❶根据问题填写表单；❷完成后单击【提交】按钮，如图14-75所示。

图 14-75

Step⑤ 弹出提示对话框，点击【确定】按钮，如图14-76所示。

图 14-76

Step⑥ 提交后，将显示【提交成功】页面，如图14-77所示。

图 14-77

★新功能 14.3.4 实战：查看表单填写数据

实例门类	软件功能

他人填写表单后，会自动将填写数据汇总到智能表格中，如果要查看填写的数据，操作方法如下。

Step① 接上一例操作，打开WPS Office，打开"我的云文档/应用/我的表单/团建报名"文件夹，双击【团建报名】表单，如图14-78所示。

图 14-78

Step② 在打开的表单中，切换到【统计】选项卡，即可看到表单的填写数据，如图14-79所示。

图 14-79

妙招技法

通过前面知识的学习，相信读者朋友已经对在线智能文档有了一定的了解。下面结合本章内容，给大家介绍一些在线智能文档的使用技巧，使操作更加轻松。

★AI功能 技巧01：使用WPS AI生成英文报告

如果在编写报告时需转换为英文版，可以使用WPS AI的翻译功能自动生成，操作方法如下。

Step01 打开需要翻译的文档，❶选中需要翻译的文本；❷在打开的浮动工具栏中单击【WPS AI】按钮 ✦；❸在弹出的下拉菜单中单击【翻译】命令；❹在弹出的子菜单中单击【中译英】命令，如图14-80所示。

图 14-80

Step02 WPS AI将开始翻译所选文本，❶完成后单击 ⋯ 按钮；❷在弹出的下拉菜单中选择插入下方或替换所选文本，本例单击【插入下方】命令，如图14-81所示。

图 14-81

Step03 操作完成后，即可将翻译的英文内容插入所选文本的下方，如图14-82所示。

图 14-82

★新功能 技巧02：在智能表格中统计重复数据

在智能表格中，可以通过快捷工具快速处理重复数据，具体操作方法如下。

Step01 打开需要统计重复数据的智能表格，❶选中要统计重复数据的单元格；❷单击【开始】选项卡中的【快捷工具】下拉按钮；❸在弹出的下拉菜单中单击【统计重复次数】命令，如图14-83所示。

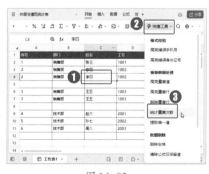

图 14-83

Step02 操作完成后，系统将统计所选单元格的重复次数，并显示在新建表格中，如图14-84所示。

图 14-84

★新功能 技巧03：为表单生成二维码海报

在分享表单时，为了便于分享，可以生成二维码海报，操作方法如下。

Step01 在表单的分享页面中单击【生成二维码海报】按钮，如图14-85所示。

图 14-85

Step02 系统将生成海报，❶在左侧选择海报的样式；❷单击【下载海报】按钮，如图14-86所示。

图 14-86

Step03 打开【另存为】对话框，❶设置保存参数；❷单击【保存】按钮，如图14-87所示。

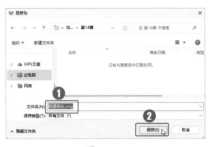

图14-87

Step04 开始下载海报，下载完成后提示【已完成】，如图14-88所示。

图14-88

Step05 打开保存路径，即可看到保存的二维码海报，将海报发送给他人后，对方扫描即可填写，如图14-89所示。

图14-89

本章小结

　　本章主要介绍了在线智能文档、在线智能表格和在线智能表单的功能。在线智能文档将极大地提升用户在编辑文档时的效率和便捷性，减少重复性劳动；在线智能表格则为数据处理提供了强大支持，帮助用户迅速创建、编辑、整理和分析数据；在线智能表单作为一个简单易用的数据收集工具，让数据整理和分析变得更加轻松。通过本章的学习，希望大家可以更轻松地处理工作中的各种文档。

第**6**篇 第**6**篇

WPS Office 其他组件应用

除了前面介绍的常用组件，WPS Office 还可以创建 PDF 文件、流程图、思维导图。此外，还可以使用设计组件制作海报、邀请函，并可以使用多维表格轻松地管理数据。

第**15**章 WPS Office 的其他组件应用

> ➜ WPS Office 可以创建 PDF 文件吗？
> ➜ WPS Office 可以制作简单的流程图、智能图形，那复杂的流程图能制作吗？
> ➜ 思维导图的绘制太烦琐，有没有更简单的制作方法？
> ➜ 想要制作专业的海报，一定要找广告公司吗？
> ➜ 不会用 PS 怎么设计邀请函？
> ➜ 除了表格，还有其他工具可以进行简单的数据处理吗？

WPS Office 除文字、表格、演示被广泛应用外，其他组件也是办公的好帮手，本章我们将对这一部分组件进行讲解，如制作 PDF、流程图、思维导图、海报、多维表等。在学习的过程中，你会慢慢体会到 WPS Office 为工作带来的诸多便利。

15.1 使用 WPS PDF 创建文件

PDF 是工作中常用的一种文件格式，制作完成后，在其他计算机上打开时不易受计算机环境的影响，也不容易被随意修改。本节将介绍在 WPS Office 中创建 PDF 文件的方法。

★新功能 15.1.1 新建 PDF 文件

在工作中传阅的文档大多是 PDF 格式。制作 PDF 文件，除将 WPS 文字、WPS 表格、WPS 演示文稿转换为 PDF 格式外，还可以使用 WPS Office 直接创建 PDF 文件。

1. 从文件新建 PDF

如果要将某个文件新建为 PDF 文件，操作方法如下。

Step01 ❶ 启动 WPS Office，单击【新建】按钮；❷ 在弹出的下拉菜单中单击【PDF】命令，如图 15-1 所示。

图 15-1

Step02 打开【新建PDF】页面，单击【从Office文件新建】命令，如图15-2所示。

图15-2

Step03 打开【打开】对话框，❶选择"素材文件\第15章\智能云管家的未来趋势.pptx"素材文件；❷单击【打开】按钮，如图15-3所示。

图15-3

Step04 系统将根据所选文件，开始新建PDF文件。新建完成后，即可查看该文件新建为PDF文件的效果，如图15-4所示。

图15-4

2. 从图片新建PDF

如果要从图片新建PDF文档，操作方法如下。

Step01 启动WPS Office，单击【新建】按钮，在弹出的下拉菜单中单击【PDF】命令，在【新建PDF】界面单击【从图片新建】命令，如图15-5所示。

图15-5

Step02 打开【图片转PDF】对话框，将需要的图片拖动到列表框中，本例拖动"素材文件\第15章\1.jpg、2.jpg、3.jpg、4.jpg"图片到列表框中，如图15-6所示。

图15-6

Step03 ❶在底部单击【合并输出】按钮；❷单击下拉按钮▾设置纸张大小、纸张方向等参数；❸单击【开始转换】按钮，如图15-7所示。

图15-7

Step04 打开【图片转PDF】对话框，❶设置输出名称和输出目录；❷单击【转换PDF】按钮，如图15-8所示。

图15-8

Step05 转换成功后弹出提示对话框，单击【查看文件】按钮，如图15-9所示。

图15-9

Step06 即可看到根据所选图片新建的PDF文档，如图15-10所示。

图15-10

3. 新建空白PDF文件

如果不需要创建带有内容的PDF，可以新建空白PDF文件，操作方法如下。

Step01 启动WPS Office，单击【新建】按钮，在弹出的下拉菜单中单击【PDF】命令，打开【新建PDF】界面，单击【新建空白】按钮，如图15-11所示。

图15-11

Step⑫ 操作完成后，即可创建一个空白的PDF文档，如图15-12所示。

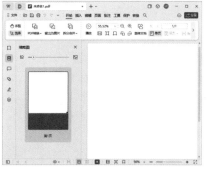

图15-12

★新功能15.1.2　实战：为PDF文件设置高亮

实例门类	软件功能

对于PDF文档中重要的文本，可以设置高亮提醒。

1. 高亮PDF文本

为文本设置高亮，操作方法如下。

Step① 打开"素材文件\第15章\小王子.pdf"文档，单击【批注】选项卡中的【高亮文本】按钮，如图15-13所示。

图15-13

Step⑫ 按住鼠标左键，拖动选中需要高亮的文本，如图15-14所示。

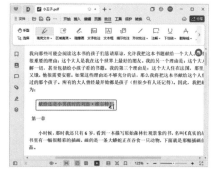

图15-14

Step③ 再次单击【高亮文本】按钮，取消高亮功能，如图15-15所示。

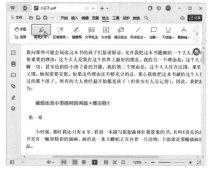

图15-15

Step④ 如果要更改高亮的颜色，❶单击【批注】选项卡中的【高亮文本】下拉按钮；❷在弹出的下拉菜单中选择一种颜色，如图15-16所示。

图15-16

Step⑤ 再次选中需要高亮的文本，即可看到高亮颜色已经更改，如图15-17所示。

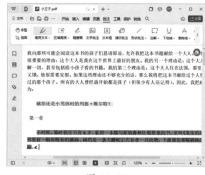

图15-17

2. 高亮PDF区域

如果要高亮显示PDF中的部分区域，操作方法如下。

Step① 单击【批注】选项卡中的【区

域高亮】命令，如图15-18所示。

图15-18

Step⑫ 按住鼠标左键，框选需要高亮的区域，如图15-19所示。

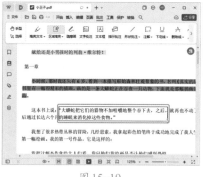

图15-19

Step③ 松开鼠标左键，即可看到选中的区域已经高亮显示，如图15-20所示。

图15-20

15.1.3　实战：将多个PDF文件合并为一个

实例门类	软件功能

有时候，我们需要将多个PDF

文件合并为一个，操作方法如下。

Step01 打开"素材文件\第15章\作品集.pdf"文档，单击【页面】选项卡中的【合并文档】按钮，如图15-21所示。

图15-21

Step02 打开【金山PDF转换】对话框，并自动切换到【PDF合并】选项卡，单击【添加文件】按钮，如图15-22所示。

图15-22

Step03 打开【添加文件】对话框，❶选择"素材文件\第15章\作品集1.pdf、作品集2.pdf、作品集3.pdf"素材文档；❷单击【打开】按钮，如图15-23所示。

图15-23

Step04 返回【金山PDF转换】对话

框，可以查看已经添加的PDF文件，❶设置【输出名称】和【输出目录】；❷单击【开始合并】按钮，如图15-24所示。

图15-24

Step05 合并完成后，【状态】栏会显示【转换成功】，如图15-25所示。

图15-25

Step06 在输出目录中打开合并后的PDF文档，即可看到多个PDF中的内容已经合并为一个，如图15-26所示。

图15-26

★ **AI功能15.1.4　实战：使用WPS AI阅读PDF文档**

实例门类	软件功能

在阅读较长的文档时，为了更

好地理解文档内容，可以使用WPS AI先了解全文内容。

1. 使用WPS AI总结全文

在阅读之前，可以使用WPS AI总结全文，操作方法如下。

Step01 打开"素材文件\第15章\小王子.pdf"文档，❶单击【WPS AI】按钮；❷单击【全文总结】命令，如图15-27所示。

图15-27

Step02 WPS AI将打开【全文总结】对话框，并总结全文内容，如图15-28所示。

图15-28

2. 使用WPS AI生成读后感

在查看了文档之后，有时需要撰写读后感，此时可以将WPS AI的读后感作为参考，操作方法如下。

Step01 接上一例操作，❶单击【WPS AI】按钮；❷在弹出的下拉菜单中单击【AI帮我读】命令，如图15-29所示。

图 15-29

Step02 ❶在【AI帮我读】窗格的文本框中输入提问，如"生成一篇读后感"；❷单击【发送】按钮➤，如图 15-30 所示。

图 15-30

Step03 WPS AI 将根据内容生成读后感，如图 15-31 所示。

图 15-31

3. 使用WPS AI解析英文PDF文档

对于英文的 PDF 文档，如果想要快速了解其意思，可以通过 WPS AI 来解析，操作方法如下。

Step01 接上一例操作，❶选中需要解析的英文段落；❷在浮动工具栏中单击【WPS AI】按钮；❸在弹出的下拉菜单中单击【解释】命令，如图 15-32 所示。

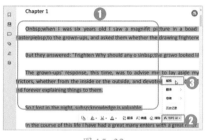

图 15-32

Step02 打开【WPS AI】对话框，WPS AI 将解释所选段落的意思，如图 15-33 所示。

图 15-33

Step03 切换到【翻译】选项卡，可将所选段落翻译为中文，如图 15-34 所示。

图 15-34

Step04 切换到【总结】选项卡，WPS AI 将对所选段落进行总结，如图 15-35 所示。

图 15-35

15.2　使用流程图创建公司组织结构图

流程图是工作中经常需要用到的图形，使用 WPS Office 可以方便地创建流程图。将创建的流程图保存在云文档后，可以随时插入 WPS Office 的其他组件。

★新功能15.2.1　新建流程图文件

流程图可以从 WPS Office 的其他组件中创建，如 WPS 文字、WPS 表格等，也可以单独创建。流程图自动保存在云文档而非本地硬盘中，可以保证用户在创建流程图之后随时调用。

1. 新建空白流程图

如果要从零开始绘制流程图，可以新建空白流程图，操作方法如下。

Step01 启动 WPS Office，❶单击【新建】按钮；❷在弹出的下拉菜单中单击【流程图】命令，如图 15-36 所示。

图 15-36

Step⑫ 打开【新建流程图】页面，单击【新建空白流程图】命令，如图15-37所示。

图 15-37

Step⑬ 创建一个新的空白流程图，如图15-38所示。

图 15-38

2. 使用模板创建流程图

WPS流程图提供了多种流程图模板，使用模板可以快速创建格式美观的流程图，操作方法如下。

Step① 启动WPS Office，进入【新建流程图】页面；❶在搜索栏中输入关键字；❷单击【搜索】按钮，如图15-39所示。

图 15-39

Step⑫ 在打开的页面中选择需要的模板，在该模板上单击【免费使用】按钮，如图15-40所示。

图 15-40

Step⑬ 即可根据该模板创建流程图，如图15-41所示。

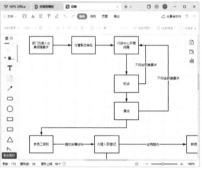

图 15-41

技术看板

通过模板创建了流程图之后，用户只需要更改模板中的文字内容即可。

15.2.2 编辑流程图

空白的流程图创建好之后，还需要在其中添加图形，操作方法如下。

Step① 打开上一例中新建的空白流程图，将光标移动到【基础图形】栏中的【矩形】图形□上，如图15-42所示。

图 15-42

Step⑫ 按住鼠标左键不放，将其拖动到合适的位置，然后松开鼠标左键，即可将图形添加到流程图中，如图15-43所示。

图 15-43

Step⑬ 选中图形，通过拖动矩形四个角上的控制点调整图形的大小，如图15-44所示。

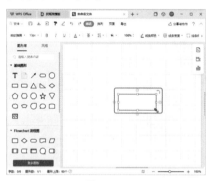

图 15-44

Step⑭ 双击图形，将光标定位到图形中，输入需要的文本，如图15-45所示。

图 15-45

Step⑮ ❶使用相同的方法绘制第二个图形；❷选中第一个图形，将光标定位到图形下方的中间位置，当光标变为➕形状时，按住鼠标左键，如图15-46所示。

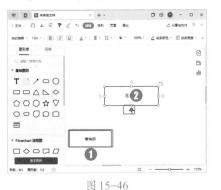

图 15-46

Step06 拖动鼠标到第二个图形的上方中间点上，松开鼠标左键，即可创建一条连接线，如图15-47所示。

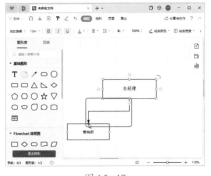

图 15-47

Step07 ❶选中连接线；❷单击【编辑】选项卡中的【连线类型】下拉按钮；❸在弹出的下拉菜单中选择折线类型，如图15-48所示。

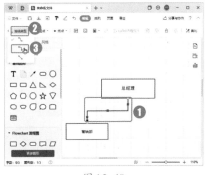

图 15-48

Step08 保持连接线的选中状态，❶单击【编辑】选项卡中的【终点】下拉按钮；❷在弹出的下拉菜单中选择一种终点样式，如图15-49所示。

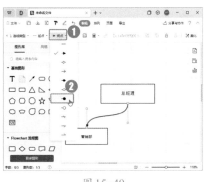

图 15-49

Step09 选中第一个图形，在图形下方的中间点上按住鼠标左键不放，拖动鼠标到合适的位置，如图15-50所示。

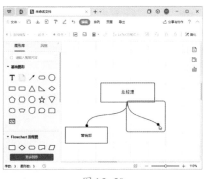

图 15-50

Step10 松开鼠标左键，在弹出的快捷菜单中单击【矩形】图形□，如图15-51所示。

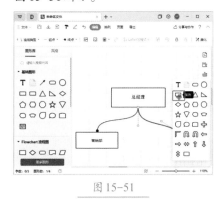

图 15-51

Step11 创建一个与第一个图形相连的矩形图形，输入文本内容并调整图形的大小，如图15-52所示。

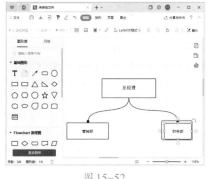

图 15-52

Step12 使用相同的方法创建其他图形，创建完成后，调整每个图形的位置，使其合理分布，如图15-53所示。

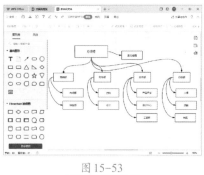

图 15-53

Step13 ❶单击【文件】下拉按钮；❷在弹出的下拉菜单中单击【重命名文件】命令，如图15-54所示。

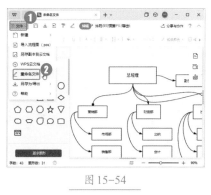

图 15-54

Step14 弹出【重命名文件】对话框，❶在文本框中输入流程图名称；❷单击【确定】按钮，如图15-55所示。

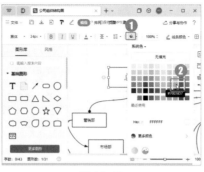

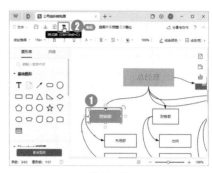

图 15-55

Step⑮ 返回流程图，即可看到文件名已经被更改，如图 15-56 所示。

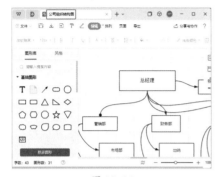

图 15-56

15.2.3 美化流程图

默认的流程图样式比较单一，为了美化流程图，我们可以设置图形的样式、主题风格、页面样式等。

1. 为图形设置字体和填充

为图形设置字体和填充样式，操作方法如下。

Step① ❶选中要设置的图形；❷在【编辑】选项卡中设置字体和字号，如图 15-57 所示。

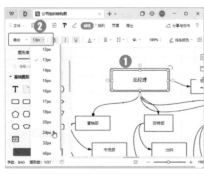

图 15-57

Step② ❶单击【编辑】组中的【填充样式】下拉按钮；❷在弹出的下拉菜单中选择一种填充颜色，如图 15-58 所示。

图 15-58

Step③ ❶单击【编辑】选项卡中的【字体颜色】下拉按钮；❷在弹出的下拉菜单中选择一种字体颜色，如图 15-59 所示。

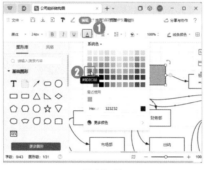

图 15-59

Step④ ❶单击【编辑】选项卡中的【线条宽度】下拉按钮；❷在弹出的下拉菜单中单击【0px】命令，如图 15-60 所示。

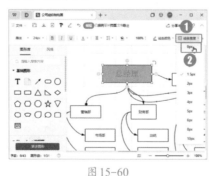

图 15-60

Step⑤ 使用相同的方法设置其他图形的字体和填充，如果需要复制图形样式，❶选中要复制的图形；❷单击快速访问工具栏中的【格式刷】按钮，如图 15-61 所示。

图 15-61

Step⑥ 选中目标图形，即可应用复制的图形样式，如图 15-62 所示。

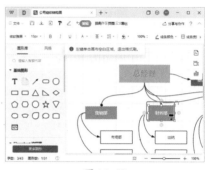

图 15-62

2. 为流程图应用主题风格

如果觉得一个一个设置图形样式太麻烦，搭配也比较费力，可以应用主题风格快速美化流程图，操作方法如下。

Step① ❶在左侧列表框中单击【风格】选项卡；❷在打开的列表中选择一种形状风格，如图 15-63 所示。

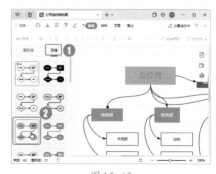

图 15-63

Step② 操作完成后，即可看到已经为没有设置样式的图形应用了该风格的主题样式，如图15-64所示。

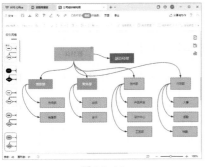

图 15-64

3. 流程图的页面设置

默认的流程图页面为白色、A4大小，如果要更改页面设置，操作方法如下。

Step01 ❶单击【页面】选项卡中的【页面大小】下拉按钮；❷在弹出的下拉菜单中单击【A4尺寸】命令更改页面大小，如图15-65所示。

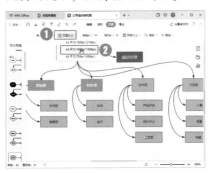

图 15-65

Step02 ❶单击【页面】选项卡中的【背景颜色】下拉按钮；❷在弹出的下拉菜单中选择一种背景颜色来更改页面背景，如图15-66所示。

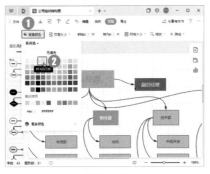

图 15-66

Step03 操作完成后，即可看到页面的样式已经更改，如图15-67所示。

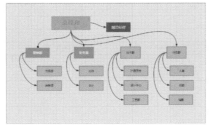

图 15-67

4. 在流程图中插入图片

在流程图中，可以插入图片作为补充说明，也可以将图片作为背景，美化流程图。例如，要在流程图中插入一张背景图片，操作方法如下。

Step01 单击【编辑】选项卡中的【插入图片】按钮，如图15-68所示。

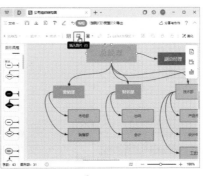

图 15-68

Step02 打开【本地图片】对话框，单击【点击上传或拖曳图片到此处上传】按钮，如图15-69所示。

图 15-69

Step03 打开【打开】对话框，❶选

择"素材文件\第15章\背景.png"图片，❷单击【打开】按钮，如图15-70所示。

图 15-70

Step04 将图片插入流程图后，拖动到合适的位置，如图15-71所示。

图 15-71

Step05 ❶选中图片；❷单击【排列】选项卡中的【置底】按钮，如图15-72所示。

图 15-72

Step06 操作完成后，即可看到图片已经作为背景插入流程图，如图15-73所示。

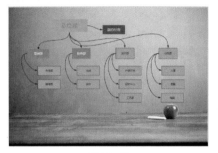

图 15-73

★重点 15.2.4　实战：在WPS文字中插入流程图

实例门类	软件功能

流程图制作完成后，可以将其插入到WPS Office的其他组件中。例如，要在WPS文字中插入流程图，操作方法如下。

Step01 打开"素材文件\第15章\公司组织结构图.docx"文档，单击【插入】选项卡中的【流程图】按钮，如图15-74所示。

图 15-74

Step02 打开【流程图】对话框，❶单击【我的】选项卡；❷在下方的列表中选择需要插入的流程图，单击出现的【立即插入】按钮，如图15-75所示。

图 15-75

Step03 流程图将以图片的形式插入到WPS文字文档中，如图15-76所示。

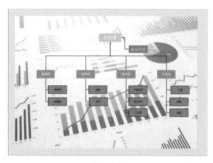

图 15-76

15.3　使用思维导图进行工作总结

思维导图用于把各级主题的关系用相互隶属与相关的层级图表现出来，将主题关键词与图像、颜色等建立记忆链接。思维导图充分运用了左右脑的机能，利用记忆、阅读、思维的规律，来开启人类大脑的无限潜能。

★新功能 15.3.1　实战：新建思维导图文件

实例门类	软件功能

在WPS Office中，用户可以新建空白思维导图，也可以通过模板创建思维导图。与流程图相似，思维导图也自动保存在云文档中，以便用户随时使用。

1. 新建空白思维导图

如果想要创建空白思维导图，操作方法如下。

Step01 启动WPS Office，❶单击【新建】按钮；❷在弹出的下拉菜单中单击【思维导图】按钮，如图15-77所示。

图 15-77

Step02 打开【新建思维导图】界面，单击【新建空白思维导图】按钮，如图15-78所示。

图 15-78

Step03 即可创建一个新的空白思维导图，如图15-79所示。

图 15-79

2. 使用模板创建思维导图

WPS思维导图提供了多种思维导图模板，使用模板，可以快速创建格式美观的思维导图，操作方法如下。

Step01 启动 WPS Office，单击【新建】按钮，在弹出的下拉菜单中单击【思维导图】，打开【新建思维导图】界面。①在左侧单击【运营干货】命令；②在右侧选择需要的模板，单击出现的【免费使用】按钮，如图15-80所示。

图 15-80

Step02 即可通过模板创建思维导图，如图15-81所示。

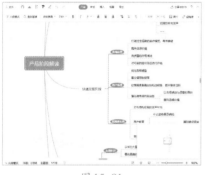

图 15-81

15.3.2　编辑思维导图

创建空白思维导图之后，需要在其中添加主题，完成思维导图的制作，操作方法如下。

Step01 打开上一例中新建的空白思维导图，双击思维导图的节点，在其中输入需要的文本内容，如图15-82所示。

图 15-82

技术看板

在第一个节点中输入文本后，思维导图将默认更改文件名与第一个节点相同。如果要更改文件名，可以单击【文件】下拉按钮，在弹出的下拉菜单中单击【重命名】命令，为文件重新命名。

Step02 ①选中节点；②单击【插入】选项卡中的【子主题】按钮，如图15-83所示。

图 15-83

Step03 ①在子节点中输入文本，然后选中子节点；②单击【插入】选项卡中的【同级主题】按钮，如图15-84所示。

图 15-84

Step04 使用相同的方法创建其他节点，①选中第一个子节点；②单击【插入】选项卡中的【子主题】按钮，如图15-85所示。

图 15-85

Step05 在创建的子节点中输入文本，如图15-86所示。

图 15-86

Step06 ①选中第一个节点；②单击【插入】选项卡中的【子主题】按钮，可以看到在第一个节点的左侧也添加了一个子节点，如图15-87所示。

图 15-87

Step07 使用相同的方法创建其他节点，完成后效果如图15-88所示。

图 15-88

15.3.3　实战：美化思维导图

实例门类	软件功能

默认的思维导图样式比较单一，创建思维导图后，用户可以通过以下方法美化思维导图。

1. 为节点添加图标

为节点添加图标，可以美化思维导图，操作方法如下。

Step01 ❶选中要添加图标的节点；❷在【插入】选项卡中单击【图标】按钮，如图15-89所示。

图15-89

Step02 打开【图标】窗格，单击合适的图标即可插入，如图15-90所示。

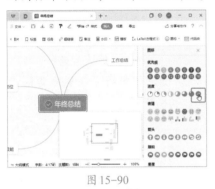

图15-90

Step03 使用相同的方法为其他节点添加图标即可，如图15-91所示。

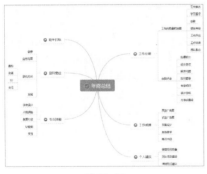

图15-91

2. 为节点设置填充颜色和字体颜色

如果想为节点设置填充颜色和字体颜色，操作方法如下。

Step01 ❶选中要设置填充颜色和字体颜色的节点；❷单击【样式】选项卡中的【节点背景】下拉按钮；

❸在弹出的下拉菜单中选择一种背景颜色，如图15-92所示。

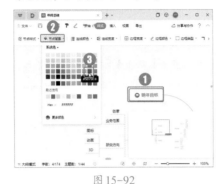

图15-92

Step02 保持节点的选中状态，❶单击【开始】选项卡中的【字体颜色】下拉按钮△；❷在弹出的下拉菜单中选择一种字体颜色，如图15-93所示。

图15-93

Step03 设置完成后，选中该节点，单击快速访问工具栏中的【格式刷】按钮，如图15-94所示。

图15-94

Step04 依次单击需要应用所复制节点样式的其他节点即可，如图15-95所示。

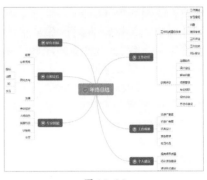

图15-95

3. 更改节点主题

如果对自己设计的填充颜色和字体样式不满意，可以使用节点主题来快速美化节点，操作方法如下。

Step01 ❶选中要应用节点主题的节点；❷单击【样式】选项卡中的【节点样式】下拉按钮；❸在弹出的下拉菜单中选择一种主题风格，如图15-96所示。

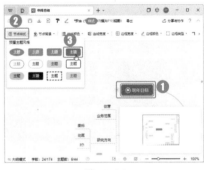

图15-96

Step02 操作完成后，即可看到所选节点已经应用了主题样式，如图15-97所示。

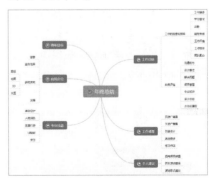

图15-97

4. 应用内置风格样式

使用内容的风格样式可以快速美化所有节点，操作方法如下。

Step01 ❶单击【样式】选项卡中的【风格】下拉按钮；❷在弹出的下拉菜单中选择一种风格样式，如图15-98所示。

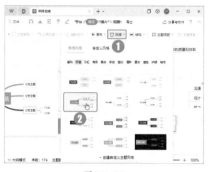

图 15-98

Step02 因为之前设置了节点样式，所以会弹出提示对话框，提示是否覆盖当前样式，单击【覆盖】按钮，如图15-99所示。

图 15-99

Step03 操作完成后，即可看到所有节点已经应用了所选的主题样式，如图15-100所示。

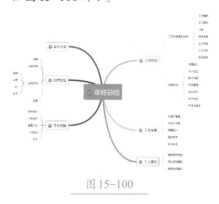

图 15-100

5. 更改思维导图结构

思维导图的结构默认为左右分布，如果要使用其他结构，可以使用以下方法更改。

Step01 ❶单击【样式】选项卡中的【结构】下拉按钮；❷在弹出的下拉菜单中选择一种结构，如【树状结构图】，如图15-101所示。

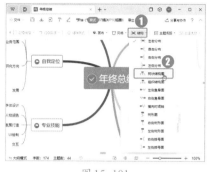

图 15-101

Step02 操作完成后，即可看到思维导图已更改为树状组织结构，如图15-102所示。

图 15-102

6. 更改画布颜色

如果对画布的颜色不满意，可以通过以下方法修改。

Step01 ❶单击【样式】选项卡中的【画布】下拉按钮；❷在弹出的下拉菜单中选择一种颜色，如图15-103所示。

图 15-103

Step02 操作完成后，即可看到背景颜色已经更改，如图15-104所示。

图 15-104

★重点 15.3.4　实战：在演示文稿中插入思维导图

实例门类	软件功能

创建思维导图后，可以在WPS Office的其他组件中插入思维导图。例如，要在演示文稿中插入思维导图，操作方法如下。

Step01 打开"素材文件\第15章\工作总结报告.pptx"演示文稿，❶选择要插入思维导图的第2张幻灯片；❷单击【插入】选项卡中的【思维导图】按钮，如图15-105所示。

图 15-105

🎯 技术看板

在【插入】选项卡中单击【思维导图】下拉按钮，在弹出的下拉菜单中单击【新建空白图】命令，可以创建空白思维导图。

Step02 打开【思维导图】对话框，❶单击【我的】选项卡；❷在下方选择需要插入的思维导图，单击出现的【立即插入】按钮，如

图 15-106 所示。

图 15-107

Step03 思维导图将以图片的形式插入到幻灯片中，如图 15-107 所示。

15.4 使用设计组件制作创意图片

WPS Office 的设计功能十分强大，不仅可以创建空白画布制作各种海报、邀请函等，还内置了丰富的模板，用户只需要更改其中的部分文字内容，就可以制作出专业的海报与邀请函。

★新功能15.4.1 实战：制作海报

实例门类	软件功能

海报是常用的一种宣传方式，使用 WPS Office 的设计功能，可以轻松地完成海报的制作，操作方法如下。

Step01 打开 WPS Office，❶单击【新建】按钮；❷在弹出的下拉菜单中单击【设计】命令，如图 15-108 所示。

图 15-108

Step02 打开【新建设计】页面，单击【新建空白设计】命令，如图 15-109 所示。

图 15-109

Step03 打开【自定义尺寸】对话框，可以根据需要设置海报的宽度和高度，也可以直接选择常用尺寸，本例选择【手机海报】，如图 15-110 所示。

图 15-110

Step04 进入【WPS海报】的编辑界面，❶切换到【背景】选项卡；

❷选择一张图片作为海报的背景，如图 15-111 所示。

图 15-111

Step05 ❶切换到【文字】选项卡；❷单击【特效文字】组中的【全部】链接，如图 15-112 所示。

图 15-112

Step06 选择一种特效文字，如

图15-113所示。

图15-113

Step07 删除特效文字中的文本，输入需要的文本，如图15-114所示。

图15-114

Step08 单击【文字方向】按钮，调整文字方向为竖排，如图15-115所示。

图15-115

Step09 拖动素材文字四周的控制点来调整文字大小，并将其移动到合适的位置，如图15-116所示。

图15-116

Step10 在搜索框中输入关键字，按【Enter】键搜索，如图15-117所示。

图15-117

Step11 在搜索结果中选择合适的文字，添加到海报中，如图15-118所示。

图15-118

Step12 选择添加的素材，并调整素材的大小，将其移动到合适的位置，如图15-119所示。

图15-119

Step13 ❶切换到【图片】选项卡；❷在搜索框中输入关键字，按【Enter】键；❸在下方的搜索结果中选择需要添加的图片，如图15-120所示。

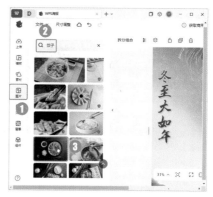

图15-120

Step14 ❶调整图片的大小和位置；❷选择图片，然后单击【图片编辑】按钮，如图15-121所示。

图15-121

Step⑮ 打开【图片编辑】窗格，单击【样式】组中的【更多】按钮，如图 15-122 所示。

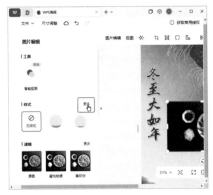

图 15-122

Step⑯ 在打开的样式中选择一种图片样式，如图 15-123 所示。

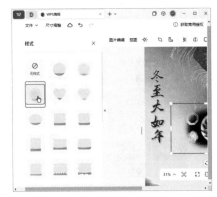

图 15-123

Step⑰ ❶单击海报区域外的空白区域；❷单击【页面动画】按钮，如图 15-124 所示。

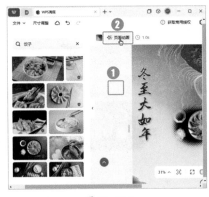

图 15-124

Step⑱ 在打开的【页面动画】窗格

中选择一种动画效果，如图 15-125 所示。

图 15-125

Step⑲ ❶单击【画布时长】按钮⊙；❷在弹出的下拉菜单中设置本页的播放时长，如图 15-126 所示。

图 15-126

Step⑳ ❶单击【文件】下拉按钮；❷在弹出的下拉菜单中将光标定位到文件名中，为海报重新命名，如图 15-127 所示。

图 15-127

技术看板

在【文件】下拉菜单中，单击【查看我的设计】命令，可以查看设计的海报。

Step㉑ ❶单击【保存并下载】按钮，❷在弹出的下拉菜单中设置保存参数；❸单击【免费下载水印样图】按钮，如图 15-128 所示。

图 15-128

Step㉒ 打开【另存为】对话框，❶设置保存参数；❷单击【保存】按钮，如图 15-129 所示。

图 15-129

Step㉓ 提示已经成功下载海报，单击【查看图片】按钮，如图 15-130 所示。

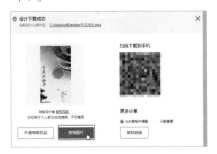

图 15-130

Step24 即可查看海报的最终效果，如图15-131所示。

图 15-131

> **技术看板**
>
> 在【文件类型】下拉菜单中，可以选择将海报保存为MP4、JPG、PNG、PDF等格式。

★新功能15.4.2 实战：使用模板制作邀请函

实例门类	软件功能

邀请函是邀请亲朋好友或知名人士、专家等参加某项活动时所发的书信，是现实生活中常用的一种应用写作文种。WPS Office 内置了多种邀请函样式，可以帮助用户快速制作出美观大方的邀请函，操作方法如下。

Step01 单击【新建】按钮，在弹出的下拉菜单中单击【设计】命令，打开【新建设计】页面，在下方的模板中选择一种模板样式，单击模板上的【立即使用】按钮，如图15-132所示。

图 15-132

Step02 即可根据模板创建邀请函，如图15-133所示。

图 15-133

Step03 ❶双击邀请函中的文本框，更改其中的文本内容；❷双击二维码，如图15-134所示。

图 15-134

Step04 打开【二维码】对话框，❶设置二维码的内容；❷单击【保存并使用】按钮，如图15-135所示。

图 15-135

Step05 操作完成后，即可完成邀请函的制作，如图15-136所示。

图 15-136

> **技术看板**
>
> 使用【设计】功能，不仅可以制作海报、邀请函，还可以制作宣传册、LOGO等，十分方便。

15.5 使用多维表创建库存管理表

　　WPS Office增加了多维表格功能。多维表格是一种数据表格，它在传统表格的基础上进行了轻量化设计，以满足现代数据处理和展示的需求。多维表格在设计过程中，更贴近用户的使用习惯和需求，不仅提高了数据处理的效率，还提升了数据展示的直观性和美观性。

★新功能 15.5.1 在多维表中添加记录

多维表也称为"轻维表"，它采用了简洁的界面布局，让用户能够更快地找到所需数据。例如，某公司要统计库存情况，就可以使用多维表格，操作方法如下。

Step 01 打开WPS Office，❶单击【新建】按钮；❷在弹出的下拉菜单中单击【多维表格】按钮，如图15-137所示。

图 15-137

Step 02 打开【新建多维表格】页面，单击【空白多维表格】命令，如图15-138所示。

图 15-138

Step 03 ❶右击【数据表】标签；❷在弹出的快捷菜单中单击【重命名】命令，如图15-139所示。

图 15-139

Step 04 在文件名文本框中输入多维表的名称，如图15-140所示。

图 15-140

Step 05 默认添加了4个字段，❶单击默认字段名前的图标；❷在弹出的下拉菜单中设置字段名和字段格式；❸单击【确定】按钮，如图15-141所示。

图 15-141

Step 06 ❶使用相同的方法更改其他默认字段名的名称和字段格式；❷默认添加的字段更改完成后，双击【双击快捷添加】按钮＋，如图15-142所示。

图 15-142

Step 07 ❶在打开的下拉菜单中设置

其他字段和字段名；❷在设置【总库存】字段时，单击【公式】命令；❸单击【进入公式编辑器】链接，如图15-143所示。

图 15-143

Step 08 ❶打开【简易运算】对话框，选择要计算的参数；❷单击【确认】按钮，如图15-144所示。

图 15-144

Step 09 ❶选中【规格】字段，右击；❷在弹出的快捷菜单中单击【向左插入字段】命令，如图15-145所示。

图 15-145

Step 10 ❶为该字段命名为【类别】，在下拉菜单中单击【单选框】命令；

❷在【选项】栏设置商品的类别，默认添加了两个选项，如果还要添加其他选项，单击【添加选项】按钮，如图15-146所示。

图 15-146

Step11 ❶选项添加完成后，单击各选项前方的色块，分别为选项选择显示的颜色；❷单击【确定】按钮，如图15-147所示。

图 15-147

Step12 返回多维表格，根据实际情况填写数据，在填写【类别】时，单击下拉按钮，选择类别，如图15-148所示。

图 15-148

Step13 在填写了仓库库存和在途库存后，表格将根据公式自动计算总

库存，如图15-149所示。

图 15-149

★新功能 15.5.2 管理多维表中的字段

为多维表格创建了字段后，也可以随时管理字段，操作方法如下。

Step01 接上一例操作，❶单击【字段管理】下拉按钮；❷在弹出的下拉菜单中可以看到所有字段，如果要隐藏某字段，可以单击该字段右侧的【隐藏字段】按钮 ◉，如图15-150所示。

图 15-150

Step02 隐藏字段后，该字段右侧的按钮将变为【显示字段】◈，如果要显示字段，则单击【显示字段】按钮 ◈，如图15-151所示。

图 15-151

Step03 ❶如果要编辑字段，可以单

击该字段右侧的 ⋯ 按钮；❷在弹出的下拉菜单中单击【编辑】命令，如图15-152所示。

图 15-152

Step04 ❶在打开的对话框中编辑该字段；❷完成后单击【确定】按钮，如图15-153所示。

图 15-153

Step05 返回多维表格，即可看到该字段已经更改为编辑的样式，如图15-154所示。

图 15-154

★新功能 15.5.3 按规律分组数据

在使用多维表格时，可以将同类的数据分组，便于查看，操作方法如下。

Step01 接上一例操作，❶单击【分组】按钮；❷在弹出的下拉菜单中单击【添加条件】命令；❸在弹出的子菜单中选择分组条件，如【类别】，如图15-155所示。

图 15-155

Step02 返回多维表格即可看到数据已经按要求分组显示，如图15-156所示。

图 15-156

★ 新功能15.5.4　**新建仪表盘**

多维表格中的仪表盘不止起着显示图表数据的作用，还能通过单击仪表盘查看相应数据，非常方便，操作方法如下。

Step01 接上例操作，❶在左侧的【新建】组中单击【新建仪表盘】命令；❷在右侧单击【添加图表】按钮，如图15-157所示。

图 15-157

Step02 打开【添加图表】对话框，选择一种图表样式，如图15-158所示。

图 15-158

Step03 ❶在打开的【创建图表】对话框中设置图表名称；❷在【类型与数据】选项卡中设置图表的参数，如图15-159所示。

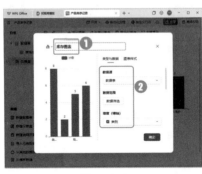

图 15-159

Step04 ❶切换到【图表样式】选项卡，在【主题色】下拉列表中选择一种主题样式；❷单击【确定】按钮，如图15-160所示。

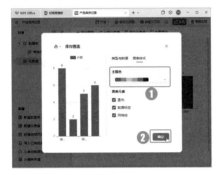

图 15-160

Step05 返回多维表格，即可看到创建的仪表盘。单击数据系列，如【美容护肤】，如图15-161所示。

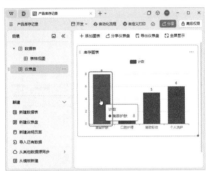

图 15-161

Step06 即可打开【明细数据】对话框，查看该系列的详细数据，如图15-162所示。

图 15-162

妙招技法

通过对前面知识的学习，相信读者朋友已经对WPS Office其他组件的应用有了一定的了解。下面结合本章内容，给大家介绍一些实用技巧。

技巧01：将思维导图另存为图片

在 WPS Office 中创建思维导图后，除了可以保存在云文档，也可以导出到本地硬盘。例如，要将思维导图另存为图片，操作方法如下。

Step01 ❶单击【文件】下拉按钮；❷在弹出的下拉菜单中自动选择【另存为/导出】选项，❸在弹出的子菜单中单击导出格式，如【PNG图片（.png）】，如图15-163所示。

图 15-163

Step02 打开【导出为PNG图片】对话框，❶设置文件的保存参数；❷单击【导出】按钮，如图15-164所示。

图 15-164

Step03 操作完成后，即可将思维导图保存为图片，如图15-165所示。

图 15-165

技术看板

WPS 的会员还可以将思维导图导出为 PDF、Word、PPT 等格式，导出的内容都不会有水印。

技巧02：使用设计组件制作名片

名片是新朋友互相认识时介绍自己的最快、最有效的方法，可以说是商业交往的第一步。使用WPS Office制作名片的方法非常简单，如果有设计功底，可以新建一个空白文档，自己设计；如果设计水平欠佳，可以通过模板快速制作出专业的名片，操作方法如下。

Step01 打开WPS Office，单击【新建】按钮，在弹出的下拉菜单中单击【设计】命令，打开【新建设计】页面，❶在左侧单击【商务办公】命令；❷在右侧单击【名片】链接；❸在下方的名片模板中选择一种名片样式，单击出现的【立即使用】按钮，如图15-166所示。

图 15-166

Step02 系统将根据模板创建名片，如图15-167所示。

图 15-167

Step03 ❶更改名片中的文字信息；❷选中二维码；❸单击【换图】按钮，如图15-168所示。

图 15-168

Step04 打开【打开】对话框，❶选择"素材文件\第15章\二维码.png"图片；❷单击【打开】按钮，如图15-169所示。

图 15-169

Step05 即可更改名片中的二维码，单击【画板】选项卡中的【反】选项，如图15-170所示。

图 15-170

Step06 切换到名片的反面，更改二维码和文字信息，如图15-171所示。

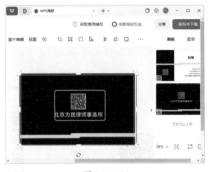

图 15-171

Step 07 操作完成后，即可完成名片的制作，如图 15-172 所示。

图 15-172

技巧 03：在多维表中筛选数据

在多维表格中，可以筛选符合条件的数据以供查看，操作方法如下。

Step 01 打开多维表格，❶单击【筛选】按钮；❷在弹出的下拉菜单中单击【筛选条件】命令；❸在弹出的子菜单中单击需要筛选的字段，如【总库存】，如图 15-173 所示。

图 15-173

Step 02 打开【设置筛选条件】界面，设置筛选参数，如图 15-174 所示。

图 15-174

Step 03 返回多维表格，即可看到数据已经按要求筛选出来了，如图 15-175 所示。

图 15-175

Step 04 如果要清除筛选，在【设置筛选条件】对话框中单击 🗑 按钮即可，如图 15-176 所示。

图 15-176

本章小结

　　本章主要介绍了使用 WPS Office 制作 PDF 文件、流程图、思维导图，以及设计组件和多维表格的使用方法，这些都是近几年比较流行且实用的小工具。通过对本章内容的学习，读者需要掌握创建并编辑 PDF 文件的技巧，学会熟练地绘制流程图和思维导图。在日常工作中，可以使用 WPS Office 制作精美的海报，利用多维表格管理数据，进而提升工作效率。

第7篇 综合实战

通过对前面知识的学习，相信大家对 WPS Office 已经非常熟悉，可是没有经过实战的知识并不能很好地应用于工作中。为了让大家更好地掌握 WPS Office 办公技能应用，本篇主要结合常见办公应用行业领域，模拟职场工作中的一些情景案例，讲解这些案例的制作，帮助大家更灵活地掌握 WPS Office 办公软件的综合应用。

第16章 综合实战：WPS Office 在行政与文秘工作中的应用

➡ 在行政文秘行业中，WPS Office 能做什么？

➡ 怎样快速制作邀请函、通知书、工作证等文档？

➡ 怎样避免复杂的员工编号录入错误？

➡ 默认的表格样式太单调，怎样美化表格？

➡ 每一张宣传幻灯片都要设置相同的格式，如何利用幻灯片母版快速完成幻灯片的制作？

➡ 形状太单调，如何组合形状创建出新的图形？

➡ 图片看起来太普通，如何创意裁剪？

本章将学习在 WPS Office 中制作与行政文秘行业相关的工作文档，在制作过程中，既可以巩固之前学习的内容，也便于读者把学到的知识应用于实际工作。

16.1 案例一：用 WPS 文字制作"参会邀请函"

实例门类	文档输入＋页面排版＋插入表格＋美化文档＋邮件合并

商务活动邀请函是活动主办方为了邀请合作伙伴参加商务活动而专门制作的一种书面函件。不同的函的写法略有区别，但公函一般由标题、主送机关、正文、发文机关和发文日期组成，便函可以不使用标题。本节所制作的邀请函是应用非常广泛的商洽类信函，用于邀请对方参加展会、庆典、会议等活动。下面以制作参会邀请函为例，介绍商务邀请函的制作方法，完成后效果如图 16-1 所示。

图 16-1

16.1.1 制作参会邀请函

制作参会邀请函时，如果逐一录入每个人的邀请函信息，会耗费大量的时间。实际上邀请函的大部分内容基本相同，我们在制作邀请函时，最常用的方法是先制作邀请函的模板，再使用邮件合并功能添加姓名、职务、公司名称等信息。

1. 使用WPS AI制作邀请函内容

制作参会邀请函的第一步，是创建并录入邀请函内容。使用WPS AI功能，可以快速地创建邀请函内容，操作方法如下。

Step01 启动WPS Office，❶单击【新建】下拉按钮；❷在弹出的下拉菜单中单击【文字】按钮，如图16-2所示。

图 16-2

Step02 打开【新建文档】界面，单击【空白文档】按钮，如图16-3所示。

图 16-3

Step03 新建空白文档后，单击快速访问工具栏中的【保存】按钮，如图16-4所示。

图 16-4

Step04 打开【另存为】对话框，❶设置保存路径和文件名；❷单击【保存】按钮，如图16-5所示。

图 16-5

Step05 ❶连续按两下【Ctrl】键，启动WPS AI，在文本框中输入"邀请函"；❷单击下方的【邀请函】命令，如图16-6所示。

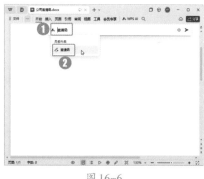

图 16-6

Step06 启动【邀请函】生成模板，❶根据需要填写内容；❷单击【发送】按钮➤，如图16-7所示。

图16-7

客户姓名将通过邮件合并导入，所以此处保持默认文本。

Step07 WPS AI将生成邀请函文本，如果对文本满意则单击【保留】按钮，如图16-8所示。

图16-8

Step08 WPS AI生成的文本将插入文档中，根据需要进行适当修改，使其适合自身需要，即可完成邀请函内容的创建，如图16-9所示。

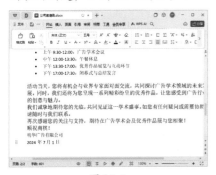

图16-9

2. 设置邀请函格式

邀请函有着与其他信函相似的格式，所以需要进行相应的段落设置，操作方法如下。

Step01 ❶选中标题文本；❷单击【开始】选项卡中的【居中对齐】按钮三，如图16-10所示。

图16-10

Step02 ❶选中除标题外的所有文本；❷在【开始】选项卡中设置字体和字号，如图16-11所示。

图16-11

Step03 ❶选中需要设置缩进的段落；❷单击【开始】选项卡中的【排版】下拉按钮；❸在弹出的下拉菜单中单击【段落首行缩进2字符】命令，如图16-12所示。

图16-12

Step04 ❶选中落款和日期文本；❷单击【开始】选项卡中的【右对齐】按钮三，如图16-13所示。

图16-13

16.1.2　美化参会邀请函

输入参会邀请函的内容之后，还可以对邀请函的文字进行美化，并插入图片，使邀请函更美观。

1. 插入艺术字

使用艺术字制作标题，可以使邀请函更加美观，操作方法如下。

Step01 ❶选中"邀请函"文本；❷单击【开始】选项卡中的【文字效果】下拉按钮A▾；❸在弹出的下拉菜单中单击【艺术字】命令；❹在弹出的子菜单中单击一种艺术字样式，如图16-14所示。

图16-14

Step02 ❶再次单击【文字效果】下拉按钮A▾；❷在弹出的下拉菜单中单击【倒影】命令；❸在弹出的子菜单中选择一种倒影样式，如图16-15所示。

图 16-15

2. 插入页眉文字

插入页眉文字，可以让邀请函显得更加正式，操作方法如下。

Step01 单击【页面】选项卡中的【页眉页脚】按钮，如图 16-16 所示。

图 16-16

Step02 进入页眉和页脚编辑状态，❶ 输入页眉文字，然后选中文字；❷ 在【开始】选项卡中设置字体样式，如图 16-17 所示。

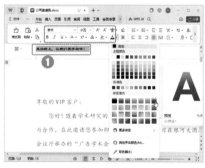

图 16-17

Step03 单击【开始】选项卡中的【居中对齐】按钮 ，使页眉文字居中显示，如图 16-18 所示。

图 16-18

3. 插入图片设置背景

为邀请函插入图片背景，可以使邀请函更加美观。我们可以直接在文档中插入图片作为背景，也可以在页眉页脚中插入图片。在页眉中插入背景图片的好处是，在编辑文本时，不会因为误操作而更改图片的设置。在页眉中插入图片的操作方法如下。

Step01 ❶ 单击【页眉页脚】组中的【图片】下拉按钮；❷ 在弹出的下拉菜单中单击【本地图片】命令，如图 16-19 所示。

图 16-19

Step02 打开【插入图片】对话框，❶ 选择"素材文件\第16章\背景.jpg"素材图片；❷ 单击【打开】按钮，如图 16-20 所示。

图 16-20

Step03 ❶ 单击【图片工具】选项卡中的【环绕】下拉按钮；❷ 在弹出的下拉菜单中单击【衬于文字下方】命令，如图 16-21 所示。

图 16-21

Step04 ❶ 拖动图片四周的控制点，调整图片的大小，使其和邀请函相契合；❷ 操作完成后，单击【页眉页脚】组中的【关闭】按钮即可，如图 16-22 所示。

图 16-22

16.1.3 使用邮件合并完善邀请函

邀请函一般需要分发给多个不同的参会人员，所以需要制作出多张内容相同但接收人不同的邀请函。使用 WPS Office 的邮件合并功能，可以快速制作出多张邀请函。

Step01 单击【引用】选项卡中的【邮件】按钮，如图 16-23 所示。

图 16-23

Step02 单击【邮件合并】组中的【打开数据源】按钮，如图16-24所示。

图16-24

Step03 打开【选取数据源】对话框，❶选择"素材文件\第16章\邀请函人员.et"素材文件；❷单击【打开】按钮，如图16-25所示。

图16-25

Step04 ❶将光标定位在要使用邮件合并功能的位置，或者选中占位文本；❷单击【邮件合并】选项卡中的【插入合并域】按钮，如图16-26所示。

图16-26

Step05 打开【插入域】对话框，❶在【域】列表框中单击【姓名】选项；❷单击【插入】按钮，如图16-27所示。

图16-27

Step06 单击【关闭】按钮返回文档中，单击【邮件合并】选项卡中的【查看合并数据】按钮，如图16-28所示。

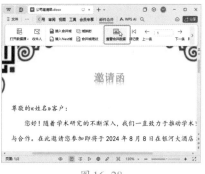

图16-28

Step07 此时可预览第一条记录，单击【邮件合并】选项卡中的【下一条】或【上一条】按钮，可以浏览其他记录，如图16-29所示。

图16-29

Step08 预览后，如果确定不再更改，可以单击【邮件合并】选项卡中的【合并到新文档】按钮，如图16-30所示。

图16-30

Step09 打开【合并到新文档】对话框，❶单击【全部】单选框；❷单击【确定】按钮，如图16-31所示。

图16-31

Step10 即可在新建的文档中查看所有记录，如图16-32所示。

图16-32

16.2 案例二：用WPS表格制作"公司员工信息表"

实例门类	数据输入＋表格格式＋美化表格

员工信息表是企业必备的表格，通过员工信息表，可以了解员工的大致情况，方便业务的展开。员工信息表通常包括姓名、性别、籍贯、身份证号码、学历、职位、电话等基本信息。本例将制作员工信息表，制作完成后的效果如图16-33所示。

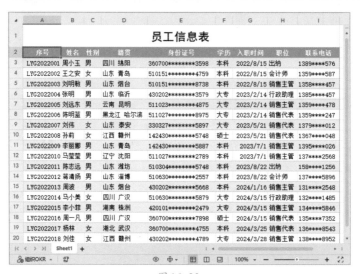

图 16-33

16.2.1 新建员工信息表文件

本小节将新建并保存一个空白工作簿，设置文件名为"员工信息登记表"，具体操作方法如下。

Step01 启动 WPS Office，①单击【新建】下拉按钮；②在弹出的下拉菜单中单击【表格】按钮，如图16-34所示。

图 16-34

Step02 打开【新建表格】界面，单击【空白表格】按钮，如图16-35所示。

图 16-35

Step03 新建一个空白工作簿，①单击【文件】按钮；②在弹出的下拉菜单中单击【保存】命令，如图16-36所示。

图 16-36

Step04 打开【另存为】对话框，①设置文件的保存路径和文件名；②单击【保存】按钮，即可保存工作簿，如图16-37所示。

图 16-37

16.2.2 录入员工基本信息

按照上述操作新建空白工作簿并保存后，即可手动输入和填充相应的内容，具体操作方法如下。

Step01 ①选中A1单元格；②将光标定位到编辑栏中，输入"员工信息表"，然后按【Enter】键确认输入，如图16-38所示。

图 16-38

Step02 在工作表中依次输入"序号""姓名""性别""籍贯""身份证号""学历""入职时间""职位""联系电话"，并根据需要输入除序号列之外的内容，如图16-39所示。

图 16-39

Step 03 ①选中需要输入序号的单元格区域A3:A20，右击；②在弹出的快捷菜单中单击【设置单元格格式】命令，如图16-40所示。

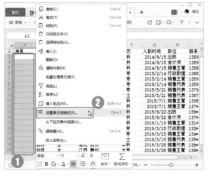

图 16-40

Step 04 打开【单元格格式】对话框，①在【分类】列表框中单击【自定义】命令；②在【类型】文本框中输入""LYG2022"000"（""LYG2022""是重复不变的内容）；③单击【确定】按钮，如图16-41所示。

图 16-41

Step 05 返回工作表，在A3单元格中输入序号"1"，然后按【Enter】键确认，如图16-42所示。

图 16-42

Step 06 此时可显示完整的编号，向下拖动填充序号，或直接输入"2""3""4"……序号，如图16-43所示。

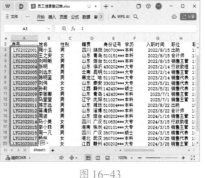

图 16-43

16.2.3 编辑单元格和单元格区域

输入表格内容后，可以根据需要合并单元格、调整单元格的行高和列宽等，具体操作方法如下。

Step 01 ①选中A1:I1单元格区域；②在【开始】选项卡中单击【合并】按钮，合并单元格区域为一个单元格，如图16-44所示。

图 16-44

Step 02 将光标移动到第一行和第二行之间，当光标呈 ✛ 形状时，按住鼠标左键不放，拖动调整标题行的行高，到适当位置后释放鼠标左键即可，如图16-45所示。

图 16-45

Step 03 ①选中A2:I20单元格区域；②单击【开始】选项卡中的【行和列】下拉按钮；③在弹出的下拉菜单中单击【最适合的列宽】命令，如图16-46所示。

图 16-46

Step 04 保持A2:I20单元格区域的选中状态，①单击【开始】选项卡中的【行和列】下拉按钮；②在弹出的下拉菜单中单击【行高】命令，如图16-47所示。

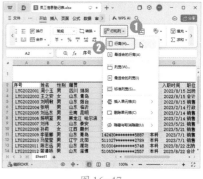

图 16-47

Step 05 打开【行高】对话框，①在【行高】微调框中设置数值为【18】；②单击【确定】按钮，如图16-48所示。

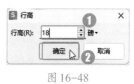

图 16-48

Step 06 返回工作表，即可看到合并单元格、设置行高和列宽之后的效果，如图16-49所示。

图 16-49

16.2.4 设置字体、字号和对齐方式

为了使表格更美观、更易读，可以对字体、字号和对齐方式等进行设置。

Step 01 ❶选中A1单元格；❷在【开始】选项卡中单击【字体】下拉按钮；❸在弹出的下拉菜单中选择一种字体样式，如图16-50所示。

图 16-50

Step 02 保持A1单元格的选中状态，❶单击【开始】选项卡中的【字号】下拉按钮；❷在弹出的下拉菜单中设置合适的字体大小，如【20】号，如图16-51所示。

Step 03 ❶选中A2:I2单元格区域；❷在【开始】选项卡中单击【居中】按钮三，如图16-52所示。

图 16-51

图 16-52

16.2.5 美化员工信息表

表格制作完成后，可以使用表格样式来美化员工信息表，具体操作方法如下。

Step 01 ❶选中表格数据区域中的任意单元格；❷单击【开始】选项卡中的【套用表格样式】下拉按钮 ；❸在弹出的下拉菜单中选择一种主题颜色；❹在上方选择一种预设样式，如图16-53所示。

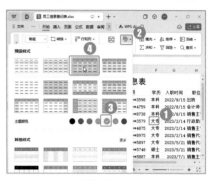

图 16-53

Step 02 打开【套用表格样式】对话框，保持默认设置，直接单击【确定】按钮，如图16-54所示。

图 16-54

Step 03 返回工作表中，即可看到表格已经应用了所选的表格样式，如图16-55所示。

图 16-55

16.3 案例三：用WPS演示制作"企业宣传幻灯片"

实例门类	幻灯片制作＋动画设计

企业制作宣传演示文稿的目的是更好地展示品牌及形象，提高企业的知名度。企业宣传演示文稿常用于介绍企业的业务、产品、规模及文化理念，是他人了解企业的重要途径。本例将制作企业宣传演示文稿，制作完成后的效果如图16-56所示。

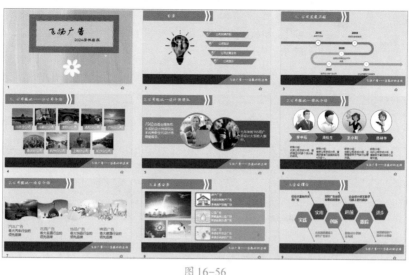

图 16-56

16.3.1　创建演示文稿文件

要制作企业宣传演示文稿，首先需要创建演示文稿文件，操作方法如下。

Step01 启动 WPS Office，❶单击【新建】下拉按钮；❷在弹出的下拉菜单中单击【演示】按钮，如图 16-57 所示。

图 16-57

Step02 打开【新建演示文稿】界面，单击【空白演示文稿】按钮，如图 16-58 所示。

图 16-58

Step03 新建一个空白演示文稿，❶单击【文件】下拉按钮；❷在弹出的下拉菜单中单击【保存】命令，如图 16-59 所示。

图 16-59

Step04 打开【另存为】对话框，❶设置文件的保存路径和文件名；❷单击【保存】按钮，即可保存演示文稿，如图 16-60 所示。

图 16-60

16.3.2　设置幻灯片母版

设置幻灯片母版可以统一演示文稿的风格，设置方法如下。

Step01 单击【视图】选项卡中的【幻灯片母版】按钮，如图 16-61 所示。

图 16-61

Step02 ❶在左侧单击主母版版式；❷单击【幻灯片母版】选项卡中的【深浅模式】下拉按钮；❸在弹出的下拉菜单中选择一种颜色模式，如图 16-62 所示。

图 16-62

Step03 ❶在左侧窗格单击【空白版式】；❷单击【插入】选项卡中的【形状】下拉按钮；❸在弹出的下拉菜单中选择【矩形】工具□，如图 16-63 所示。

图 16-63

Step 04 在幻灯片母版中绘制一个如图 16-64 所示的矩形。

图 16-64

Step 05 ❶单击【绘图工具】选项卡中的【填充】下拉按钮；❷在弹出的下拉菜单中单击【巧克力黄，着色2】命令，如图 16-65 所示。

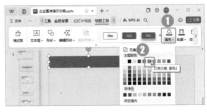

图 16-65

Step 06 ❶单击【绘图工具】选项卡中的【轮廓】下拉按钮；❷在弹出的下拉菜单中单击【无边框颜色】命令，如图 16-66 所示。

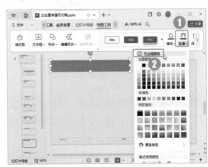

图 16-66

Step 07 选中页面下方的页脚文本框，按【Delete】键删除，如图 16-67 所示。

图 16-67

Step 08 在页面下方绘制一个矩形，然后设置形状【填充】和形状【轮廓】，如图 16-68 所示。

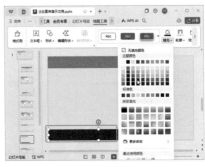

图 16-68

Step 09 在【插入】选项卡中的【形状】下拉菜单中单击【任意多边形】工具，在页面下方的右侧绘制如图 16-69 所示的多边形，并设置形状【填充】和形状【轮廓】。

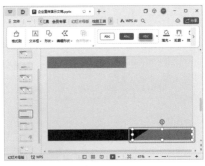

图 16-69

Step 10 ❶单击【插入】选项卡中的【文本框】下拉按钮；❷在弹出的下拉菜单中单击【横向文本框】命令，

如图 16-70 所示。

图 16-70

Step 11 ❶在多边形上绘制文本框，并输入文字；❷在【开始】选项卡的【字体】组中设置文字格式，如图 16-71 所示。

图 16-71

Step 12 ❶使用【燕尾形】绘图工具 在左侧的矩形上绘制两个形状，并设置形状样式；❷单击【幻灯片母版】选项卡中的【关闭】按钮退出母版视图，如图 16-72 所示。

图 16-72

16.3.3 制作幻灯片封面

在制作了幻灯片母版，统一了幻灯片的风格之后，就可以开始制作幻灯片的封面了。

Step 01 选中第一张幻灯片中的占位符，按【Delete】键删除占位符，如图16-73所示。

图16-73

Step 02 ❶单击【插入】选项卡中的【图片】下拉按钮；❷在弹出的下拉菜单中单击【本地图片】命令，如图16-74所示。

图16-74

Step 03 打开【插入图片】对话框，❶选择"素材文件\第16章\企业宣传\背景.jpg"图片文件；❷单击【插入】按钮，如图16-75所示。

图16-75

Step 04 拖动图片四周的控制点，使图片的大小与页面相同，如图16-76所示。

图16-76

Step 05 ❶使用【矩形】工具绘制矩形，然后选中矩形；❷单击【绘图工具】选项卡中的【效果】下拉按钮；❸在弹出的下拉菜单中单击【更多设置】命令，如图16-77所示。

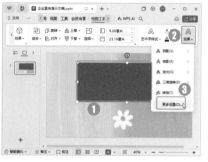

图16-77

Step 06 打开【对象属性】窗格，在【填充与线条】选项卡的【填充】栏设置【颜色】为【培安紫，文本2，深色25%】，设置【透明度】为【40%】，如图16-78所示。

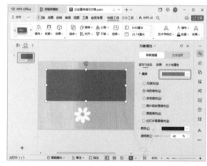

图16-78

Step 07 ❶单击【线条】下拉按钮；❷在弹出的下拉菜单中单击【无线条】命令，如图16-79所示。

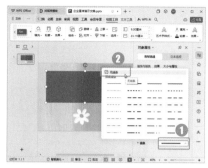

图16-79

Step 08 再次绘制一个较小的矩形，位于上一个矩形中间，并设置形状填充色为白色，透明度为30%，如图16-80所示。

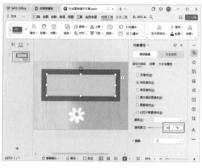

图16-80

Step 09 在【线条】选项卡中，设置线条的颜色、宽度、短划线类型，完成后效果如图16-81所示。

图16-81

16.3.4　制作目录

使用形状可以制作出多种多样的目录，下面为企业宣传演示文稿制作目录。

Step 01 单击【开始】选项卡中的【新

建幻灯片】下拉按钮，如图16-82所示。

图16-82

Step 02 ①在弹出的下拉菜单中切换到【版式】选项卡；②选择合适的幻灯片母版，如图16-83所示。

图16-83

Step 03 在新建幻灯片上方的矩形中插入文本框并输入"目录"文本，设置文本格式，如图16-84所示。

图16-84

Step 04 ①插入"素材文件\第16章\企业宣传\目录.jpg"图片文件，选中图片；②单击【图片工具】选项卡中的【裁剪】下拉按钮；③在

弹出的下拉菜单中单击【创意裁剪】命令；④在弹出的子菜单中选择一种创意裁剪样式，如图16-85所示。

图16-85

Step 05 使用【等腰三角形】工具△绘制一个等腰三角形，拖动三角形上方的旋转按钮将其倒置，并设置形状填充与轮廓填充，如图16-86所示。

图16-86

Step 06 使用【平行四边形】工具▱绘制一个平行四边形，并设置形状填充与轮廓填充，如图16-87所示。

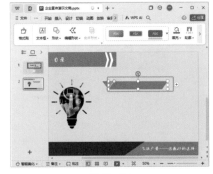

图16-87

Step 07 插入两个文本框，输入目录编号与文字，如图16-88所示。

图16-88

Step 08 复制第一条目录的文本和形状并粘贴在本页面，将复制的文本和形状拖动到合适的位置，然后更改形状中的文本内容，如图16-89所示。

图16-89

16.3.5 制作"发展历程"幻灯片

制作"发展历程"幻灯片时，可以使用内置版式快速创建，操作方法如下。

Step 01 单击【开始】选项卡中的【新建幻灯片】下拉按钮，①在弹出的下拉菜单中切换到【正文页】选项卡；②在版式菜单中单击【流程】及【5项】命令；③在下方的列表中选择合适的幻灯片版式，如图16-90所示。

图 16-90

Step 02 WPS演示将根据选择的版式插入幻灯片，如图 16-91 所示。

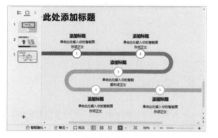

图 16-91

Step 03 ❶单击【开始】选项卡中的【版式】下拉按钮；❷在弹出的下拉菜单中单击【空白】幻灯片版式，如图 16-92 所示。

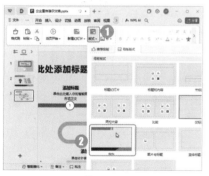

图 16-92

Step 04 ❶插入文本框并输入目录文本；❷更改幻灯片中的占位文本即可，如图 16-93 所示。

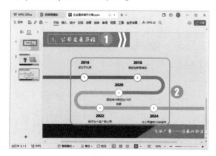

图 16-93

16.3.6　制作"全国分支"幻灯片

下面将使用智能图形制作"全国分支"幻灯片，并插入各代表地区的图片，操作方法如下。

Step 01 插入一张空白幻灯片，❶插入文本框并输入标题文本；❷单击【插入】选项卡中的【智能图形】按钮，如图 16-94 所示。

图 16-94

Step 02 打开【智能图形】对话框，❶切换到【SmartArt】选项卡；❷选择需要的智能图形，如图 16-95 所示。

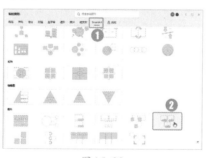

图 16-95

Step 03 ❶在占位符中输入分公司文本；❷单击【插入图片】按钮，如图 16-96 所示。

图 16-96

Step 04 打开【插入图片】对话框，❶插入"素材文件\第16章\企业宣传\北京.jpg"图片；❷单击【打开】按钮，如图 16-97 所示。

图 16-97

Step 05 ❶使用相同的方法添加其他图片，然后选中最后一个图形；❷单击【设计】选项卡中的【添加项目】下拉按钮；❸在弹出的下拉菜单中单击【在后面添加项目】命令，如图 16-98 所示。

图 16-98

Step 06 在图片右侧添加一个文本形状和一个图片形状，使用前文所示的方法添加文本和图片，如图 16-99 所示。

图 16-99

Step 07 使用相同的方法制作其他地区的文本和图片，如图 16-100 所示。

图 16-100

Step 08 拖动智能图形四周的控制点，调整图形的大小，如图 16-101 所示。

图 16-101

Step 09 ❶ 选中图形；❷ 在【设计】选项卡中选择一种智能图形的样式，如图 16-102 所示。

图 16-102

Step 10 ❶ 单击【设计】选项卡中的【更改颜色】下拉按钮；❷ 在弹出的下拉菜单中选择一种颜色样式，如图 16-103 所示。

图 16-103

16.3.7 制作"设计师团队"幻灯片

下面开始制作"设计师团队"幻灯片，操作方法如下。

Step 01 插入空白幻灯片，然后插入横排文本框并输入标题文本，使用【矩形】工具☐和【椭圆】工具◯绘制形状，并设置形状样式，如图 16-104 所示。

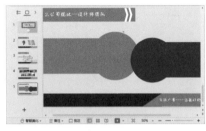

图 16-104

Step 02 在矩形形状中插入文本框，输入文本，如图 16-105 所示。

图 16-105

Step 03 ❶ 插入"素材文件\第16章\企业宣传\人才.jpg"图片，并选中图片；❷ 单击【图片工具】选项卡中的【裁剪】下拉按钮；❸ 在弹出的下拉菜单中单击【裁剪】命令；❹ 在弹出的子菜单中单击【椭圆】工具◯，如图 16-106 所示。

图 16-106

Step 04 拖动图片四周的控制点，将图片裁剪为圆形，如图 16-107 所示。

图 16-107

Step 05 移动图片到圆形形状的中间，如图 16-108 所示。

图 16-108

Step 06 使用相同的方法制作幻灯片的另一部分内容，如图 16-109 所示。

图 16-109

16.3.8 制作"团队介绍"幻灯片

在"团队介绍"幻灯片中，需要插入设计师照片和人物介绍信息，操作方法如下。

Step 01 ❶ 插入空白幻灯片，再插入横排文本框并输入标题文本；❷使用【燕尾形】工具➤绘制形状并设置形状样式，如图16-110所示。

图16-110

Step02 插入"素材文件\第16章\企业宣传\团队1.jpg"图片，并裁剪为圆形，如图16-111所示。

图16-111

Step03 ❶选中图片；❷单击【图片工具】选项卡中的【边框】下拉按钮；❸在弹出的下拉菜单中单击【巧克力黄，橙色2】命令，如图16-112所示。

图16-112

Step04 插入横排文本框，输入设计师姓名和介绍文本，如图16-113

所示。

图16-113

Step05 复制燕尾形状，并更改形状填充颜色，如图16-114所示。

图16-114

Step06 使用相同的方法制作其他设计师的介绍信息，如图16-115所示。

图16-115

16.3.9　制作"项目介绍"幻灯片

"项目介绍"幻灯片中，需要插入项目图片，并对项目进行简单的介绍，操作方法如下。

Step01 插入空白幻灯片，然后插入

横排文本框并输入标题文本，❶插入"素材文件\第16章\企业宣传\广告1.jpg"图片；❷将其裁剪为【流程图：资料带】形状，如图16-116所示。

图16-116

Step02 在图片下方插入文本框，输入文字并设置文本格式，如图16-117所示。

图16-117

Step03 插入"素材文件\第16章\企业宣传\广告2.jpg"图片，将其裁剪为【流程图：资料带】形状，然后将图片移动到前一张图片后方，如图16-118所示。

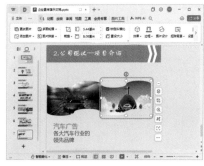

图16-118

Step04 使用相同的方法插入其他文

本框和图片即可，如图16-119所示。

图 16-119

16.3.10 制作"主要业务"幻灯片

在"主要业务"幻灯片中，需要插入智能图形，操作方法如下。

Step01 ❶插入空白幻灯片，然后插入横排文本框并输入标题文本；❷分别插入"素材文件\第16章\企业宣传\业务1.jpg""素材文件\第16章\企业宣传\业务2.jpg""素材文件\第16章\企业宣传\业务3.jpg"图片；❸单击【插入】选项卡中的【智能图形】按钮，如图16-120所示。

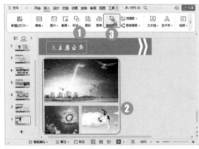

图 16-120

Step02 打开【选择智能图形】对话框，在【SmartArt】选项卡中单击【垂直图片列表】图形，如图16-121所示。

图 16-121

Step03 拖动智能图形四周的控制点，调整图形的大小，并移动其位置，如图16-122所示。

图 16-122

Step04 单击智能图形中的【插入图片】图标，如图16-123所示。

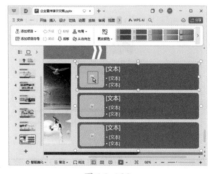

图 16-123

Step05 ❶打开【插入图片】对话框，选择"素材文件\第16章\企业宣传\图标3.jpg"图片；❷在右侧的文本占位符处输入文本介绍，如图16-124所示。

图 16-124

Step06 使用相同的方法插入其他图片和文本，如图16-125所示。

图 16-125

Step07 ❶单击【设计】选项卡中的【更改颜色】下拉按钮；❷在弹出的下拉菜单中选择一种配色方案，如图16-126所示。

图 16-126

16.3.11 制作"企业理念"幻灯片

在"企业理念"幻灯片中，需要插入形状和文本框，并输入文本，操作方法如下。

Step01 ❶插入空白幻灯片，然后插入横排文本框，输入标题文本；❷使用【六边形】形状工具⬡绘制一个六边形，并设置形状样式，然后在形状中插入文本，如图16-127所示。

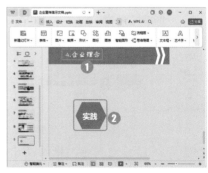

图 16-127

Step 02 ❶使用【直线】工具＼绘制直线，右击直线；❷在弹出的快捷菜单中单击【设置对象格式】命令，如图 16-128 所示。

图 16-128

Step 03 在打开的【对象属性】窗格中，❶在【填充与线条】选项卡设置直线的颜色和宽度；❷单击【末端箭头】下拉按钮；❸在弹出的下拉菜单中设置末端样式为【圆形箭头】，如图 16-129 所示。

图 16-129

Step 04 插入文本框，输入文本并设置文本样式，如图 16-130 所示。

图 16-130

Step 05 使用相同的方法绘制其他形

状，然后插入文本框并输入文本，如图 16-131 所示。

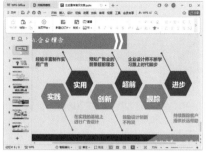

图 16-131

16.3.12　制作封底幻灯片

封底幻灯片作为演示文稿的完结幻灯片，以图片和简单的文字为主，操作方法如下。

Step 01 插入一张末尾页版式幻灯片，插入图片"素材文件＼第16章＼企业宣传＼封底.jpg"，并裁剪为平行四边形形状，如图 16-132 所示。

图 16-132

Step 02 插入两个矩形形状，并分别设置形状样式，如图 16-133 所示。

图 16-133

Step 03 ❶选中标题和副标题文本框；

❷单击【绘图工具】选项卡中的【上移】下拉按钮；❸在弹出的下拉菜单中单击【置于顶层】命令，如图 16-134 所示。

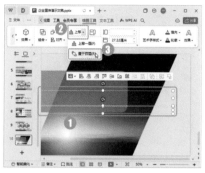

图 16-134

Step 04 更改标题和副标题文本框中的文本，并设置文本格式，将其移动到矩形中，如图 16-135 所示。

图 16-135

16.3.13　设置幻灯片的播放

幻灯片制作完成后，需要为其设置切换方式，操作方法如下。

Step 01 在【切换】选项卡中选择一种切换样式，如【形状】，如图 16-136 所示。

图 16-136

Step 02 ❶单击【切换】选项卡中的

【效果选项】下拉按钮；❷在弹出的下拉菜单中单击【盒状展开】命令，如图16-137所示。

用到全部】按钮，将切换效果应用于所有幻灯片，如图16-138所示。

画效果，然后为其他需要设置动画的对象设置动画效果，如图16-139所示。

图 16-137

Step03 单击【切换】选项卡中的【应

图 16-138

Step04 ❶选中要设置动画效果的对象；❷在【动画】选项卡中设置动

图 16-139

本章小结

本章主要介绍了WPS Office在行政与文秘工作中的应用，包括使用WPS文字制作邀请函、使用WPS表格制作员工信息表、使用WPS演示制作企业宣传幻灯片。这些都是行政和文秘工作中经常需要制作的文档，而且在实际工作中，需要制作的文档可能会比介绍的案例更加复杂，读者可以根据实际情况添加项目进行练习。

第17章　综合实战：WPS Office 在市场与销售工作中的应用

- ➥ 插入内置封面虽然操作简单，但样式单一，怎样才能制作出美观大方的封面？
- ➥ 对大篇幅的文档逐一设置样式太烦琐，怎样统一设置和修改样式？
- ➥ 销售数据如何展示才更清晰？
- ➥ 如何用 WPS 表格计算新品上市的成本？
- ➥ 怎样将图片设置为项目符号？
- ➥ 怎样在幻灯片里插入图表并进行数据分析？

本章将学习在 WPS Office 中制作市场与销售工作相关的文档，在制作的过程中，不仅可以巩固前面学习的知识点，还可以了解市场与销售工作相关文档的制作思路和方法。

17.1　案例一：用WPS文字制作"市场调查报告"

实例门类	页面设置＋样式设置＋图表设计＋页码与目录

市场调研是营销工作中不可或缺的重要环节。在工作中，可以通过市场调查报告分析产品的市场反响和价值，帮助营销人员定位产品方向、掌握市场动向。市场调查报告是一种为公司决策提供参考的办公文档，是以科学的方法对市场的供求关系、购销状况及消费情况等进行深入细致的研究后，制作而成的书面报告。市场调查报告具有较强的针对性，材料必须丰富翔实，以帮助企业了解和掌握市场的现状和趋势，提高企业在市场经济大潮中的应变能力和竞争能力，从而有效地促进管理水平的提高。本例将使用 WPS 文字制作市场调查报告，完成后效果如图17-1所示。

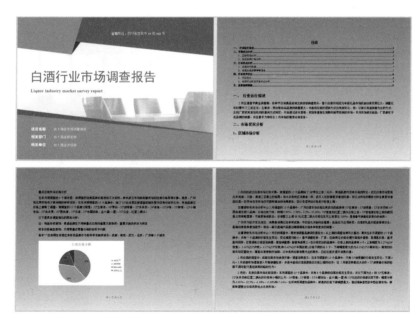

图 17-1

17.1.1 设置报告页面样式

本例要为报告设置纸张方向及页面渐变填充，具体的操作方法如下。

1. 设置纸张方向

在制作文档之前，我们可以根据需要设置纸张方向。下面以设置横向页面为例，介绍设置纸张方向的方法。

启动WPS Office，新建一个名为"市场调查报告"的文档，❶单击【页面】选项卡中的【纸张方向】下拉按钮；❷在弹出的下拉菜单中单击【横向】命令，如图17-2所示。

图17-2

2. 设置渐变填充

根据文档的用途，用户可以为页面设置各种填充方式，如渐变、纹理、图案和图片等。下面以设置渐变填充为例，介绍设置页面填充的方法。

❶单击【页面】选项卡中的【背景】下拉按钮；❷在弹出的下拉菜单中选择一种渐变样式即可，如图17-3所示。

图17-3

17.1.2 为调查报告设计封面

文档的封面可以给人留下第一印象，美观大方的封面会让人眼前一亮。设计封面的操作方法如下。

Step 01 ❶单击【页面】选项卡中的【封面】下拉按钮；❷在弹出的下拉菜单中单击【免费】命令，如图17-4所示。

图17-4

Step 02 在下方的封面列表中选择一种合适的封面样式，如图17-5所示。

图17-5

Step 03 操作完成后，即可将封面插入到文档中，如图17-6所示。

图17-6

Step 04 ❶更改封面中的占位符文本，然后将封面标题复制到下方的英文文本框中，选中复制的标题；❷单击【审阅】选项卡中的【翻译】下拉按钮；❸在弹出的下拉菜单中单击【短句翻译】命令，如图17-7所示。

图17-7

Step 05 打开【翻译】窗格，即可看到所选短句已经翻译成英文，单击【插入】按钮目，将翻译的英文插入到文档中，如图17-8所示。

图17-8

Step 06 操作完成后，即可看到英文翻译已经替换了原本的中文文本，如图17-9所示。

图17-9

17.1.3　使用WPS AI规范正文样式

封面制作完成后，就可以开始制作正文了。制作正文时，首先要输入正文内容，然后规范正文的样式。要想更快地规范正文，可以使用WPS AI排版，操作方法如下。

Step 01 输入市场调查报告的正文文本，❶单击【WPS AI】下拉按钮；❷在打开的下拉菜单中单击【AI排版】命令，如图17-10所示。

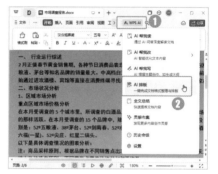

图 17-10

Step 02 打开【AI排版】窗格，选择【通用文档】，单击右侧的【开始排版】按钮，如图17-11所示。

图 17-11

Step 03 WPS AI将自动为文档排版，排版完成后如果版式合适，单击【应用到当前】按钮，如图17-12所示。

图 17-12

Step 04 返回文档中，即可看到已经为文档应用了样式，如图17-13所示。

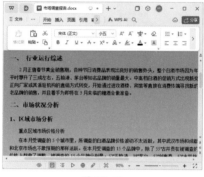

图 17-13

17.1.4　插入图表丰富文档

在市场调查报告中，文字描述固然重要，但插入图表可以让人一目了然地了解市场动态。

1. 插入图表

为了让数据更加直观，我们可以在WPS文字中插入图表，操作方法如下。

Step 01 ❶将光标定位到要插入图表的位置；❷单击【插入】选项卡中的【图表】按钮，如图17-14所示。

图 17-14

Step 02 打开【图表】对话框，❶选择一种图表样式，如【饼图】；❷在右侧选择饼图的样式，如图17-15所示。

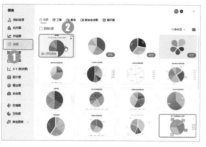

图 17-15

Step 03 在文档中插入图表。❶选中图表；❷单击【图表工具】选项卡中的【编辑数据】按钮，如图17-16所示。

图 17-16

Step 04 ❶启动WPS表格，在单元格中输入图表需要显示的数据；❷完成后单击【关闭】按钮 ✕，如图17-17所示。

图 17-17

2. 美化图表

在WPS文字中，不仅可以插入

图表，还可以美化图表。美化图表的操作方法如下。

Step 01 ❶选中图表标题；❷在【文本工具】选项卡中选择一种艺术字样式，如图17-18所示。

图 17-18

技术看板

如果要更改图表标题，可以选中图表标题后在文本框中输入需要的标题。

Step 02 ❶选中图表；❷单击【图表工具】选项卡中的【快速布局】下拉按钮；❸在弹出的下拉列表中单击一种布局，本例单击【布局6】，如图17-19所示。

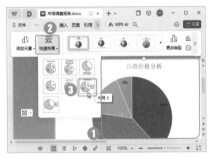

图 17-19

Step 03 ❶保持图表选中状态，单击【图表样式】右侧的下拉按钮∨；❷在弹出的下拉菜单中单击【选择预设系列配色】右侧的下拉按钮∨；❸在弹出的下拉列表中选择一种配色方案，如图17-20所示。

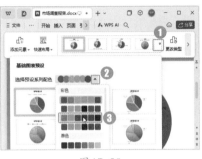

图 17-20

Step 04 设置完成后，图表的最终效果如图17-21所示。

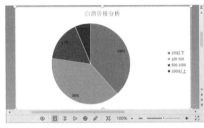

图 17-21

17.1.5 插入页码与目录

在市场调查报告的页面中插入页码，并使用目录功能提取标题1和标题2的目录，以便他人快速了解调查报告的内容，操作方法如下。

1. 插入页码

首先为调查报告添加页码，操作方法如下。

Step 01 ❶单击【插入】选项卡中的【页码】下拉按钮；❷在弹出的下拉菜单中选择一种页码样式，如【页脚中间】，如图17-22所示。

图 17-22

Step 02 ❶在页码处单击【页码设置】下拉按钮；❷在弹出的下拉菜单中的【样式】下拉列表中选择一种页码样式；❸单击【确定】按钮，如图17-23所示。

图 17-23

Step 03 页码设置完成后，单击【页眉页脚】选项卡中的【关闭】按钮即可，如图17-24所示。

图 17-24

2. 插入WPS AI目录

使用WPS AI可以快速识别文档中的目录，插入目录的操作方法如下。

Step 01 ❶将光标定位到标题的左侧；❷单击【引用】选项卡中的【目录】下拉按钮；❸在弹出的下拉列表中单击【AI目录】组中的一种内置目录样式，如图17-25所示。

图 17-25

Step 02 WPS AI将自动识别文档内容，识别完成后查看目录，如果无误，单击【应用】按钮，如图17–26所示。

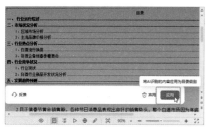

图17–26

Step03 返回文档即可看到目录已经插入到文档中，❶选中“目录”文本；❷在【开始】选项卡中单击【标题2】样式，为目录应用样式即可，如图17–27所示。

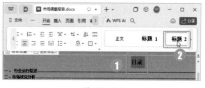

图17–27

17.2 案例二：用WPS表格制作“产品定价分析表”

实例门类	表格制作＋筛选数据＋公式计算

产品上市之前，需要对市场进行调查分析，并制作产品定价分析表。产品定价分析表用于统计产品所需的各种成本，并与其他同类产品进行比较，然后根据企业的定价目标和策略进行定价。本例将制作产品定价分析表，制作完成后的效果如图17–28所示。

	A	B	C	D	E	F	G	H
1	产品定价表							
2	日期	2024/9/1			货号	A1008		
3	产品名称	蚕丝被			等级	一级		
4	规格	200*220cm			目前销量	5200		
5	成本分析	成本项目	生产数量	成本占比	生产数量	成本占比	生产数量	成本占比
6			¥2,000		¥3,000		¥6,000	
7		原料成本	¥169,000	29.34%	¥250,000	29.38%	¥450,000	21.23%
8		物料成本	¥150,000	26.04%	¥220,000	25.85%	¥440,000	20.75%
9		人工费	¥20,000	3.47%	¥30,000	3.53%	¥580,000	27.36%
10		制造费用	¥32,000	5.56%	¥45,000	5.29%	¥90,000	4.25%
11		制造成本	¥35,000	6.08%	¥46,000	5.41%	¥100,000	4.72%
12		毛利	¥170,000	29.51%	¥260,000	30.55%	¥460,000	21.70%
13		合计	576000		851000		2120000	
14	参考单价	成本单价	288		284		353	
15	产品竞争状况	生产公司	产品名称	规格	售价	估计年销量	市场占有率	备注
16		罗莱	蚕丝被	200*220cm	¥1,800	5000	22.22%	
17		梦洁	蚕丝被	200*220cm	¥3,500	4500	20.00%	
18		水星	蚕丝被	200*220cm	¥2,800	3000	13.33%	
19		盛宇	蚕丝被	200*220cm	¥1,300	5000	22.22%	
20		紫罗兰	蚕丝被	200*220cm	¥4,500	5000	22.22%	
21	定价分析	定价	估计年销量	估计市场占有率	估计利润	确认价格	代理价	
22		¥1,000	9000	28.57%	¥6,510,000			
23		¥1,200	8500	27.42%	¥7,848,333			
24		¥1,500	8000	26.23%	¥9,786,667		零售价	
25		¥1,800	5000	18.18%	¥7,616,667			
26		¥2,000	3000	11.76%	¥5,170,000		促销价	
27		分析人		审核		审批		

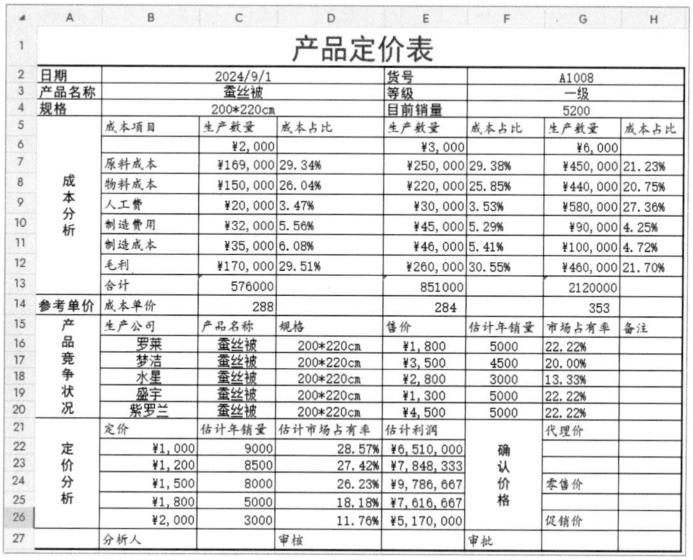

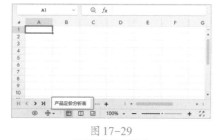

图17–28

17.2.1 新建产品定价分析表

本例首先制作产品定价分析表的框架，并为其设置边框样式，具体操作方法如下。

Step01 启动WPS Office，新建一个工作簿，并将第一个工作表命名为“产品定价分析表”，如图17–29所示。

图17–29

Step02 ❶选择A1:H1单元格区域；❷单击【开始】选项卡中的【合并】按钮，如图17–30所示。

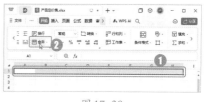

图17–30

Step05 ❶在A1单元格中输入标题；❷在【开始】选项卡中设置标题的

字体格式，如图 17-31 所示。

图 17-31

Step 06 在其他单元格中输入表格的内容文本，❶按住【Ctrl】键不放，选中 B2:D4 和 F2:H4 单元格区域；❷单击【开始】选项卡中的【合并】下拉按钮；❸在弹出的下拉菜单中单击【按行合并】命令，如图 17-32 所示。

图 17-32

Step 07 ❶选中 A5:A13 单元格区域；❷单击【开始】选项卡中的【合并】按钮，如图 17-33 所示。

图 17-33

Step 08 ❶选中 A5 单元格；❷单击【开始】选项卡中的【单元格格式：对齐方式】功能扩展按钮 ↘，如图 17-34 所示。

图 17-34

Step 09 打开【单元格格式】对话框，❶在【对齐】选项卡的【方向】栏单击左侧的竖排文本；❷单击【确定】按钮，如图 17-35 所示。

图 17-35

Step 10 使用相同的方法设置其他单元格区域的格式，如图 17-36 所示。

图 17-36

17.2.2 使用 WPS AI 筛选表格数据

在制作本例时，需要先将资料

录入到工作表中，然后将筛选出的数据粘贴到定价表工作表中。在筛选数据时，使用 WPS AI 可以快速找出需要的数据，操作方法如下。

Step 01 新建一个名为"产品成本资料"的工作表，录入产品成本资料，如图 17-37 所示。

图 17-37

Step 02 新建一个名为"同类产品资料"的工作表，录入同类产品资料，如图 17-38 所示。

图 17-38

Step 03 ❶右击"产品定价分析"工作表；❷在弹出的快捷菜单中选择【工作表标签】选项；❸在弹出的子菜单中选择【标签颜色】选项；❹在弹出的扩展菜单中单击要设置的标签颜色，如图 17-39 所示。

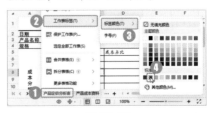

图 17-39

Step04 使用相同的方法设置其他工作表标签的颜色。❶切换到"产品成本资料"工作表；❷单击【数据】选项卡中的【筛选】按钮，如图17-40所示。

图17-40

Step05 ❶单击【产品名称】列中的下拉按钮▼；❷在弹出的下拉菜单中选择【蚕丝被】选项，单击右侧的【仅筛选此项】命令，如图17-41所示。

图17-41

Step06 ❶单击【规格】列中的下拉按钮▼；❷在弹出的下拉菜单中选择【200*200cm】选项，单击右侧的【仅筛选此项】命令，如图17-42所示。

图17-42

Step07 返回工作表，即可看到筛选后的结果。❶选中C3:I3单元格区域；❷单击【开始】选项卡中的【复制】按钮，如图17-43所示。

图17-43

Step08 ❶切换到"产品定价分析表"工作表，选中C6单元格；❷单击【开始】选项卡中的【粘贴】下拉按钮；❸在弹出的下拉菜单中单击【转置】命令，如图17-44所示。

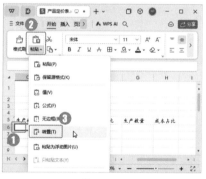

图17-44

Step09 按照同样的方法将产品资料表中的C6:I6和C9:I9单元格区域中的内容转置到产品定价分析表的E6:E12和G6:G12单元格区域中，如图17-45所示。

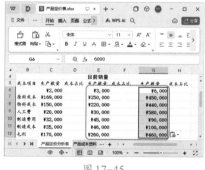

图17-45

Step10 切换到"同类产品资料"工作表，❶单击【产品名称】列中的下拉按钮▼；❷在弹出的下拉菜单中只勾选【蚕丝被】复选框；❸单击【确定】按钮，如图17-46所示。

图17-46

Step11 ❶单击【规格】列中的下拉按钮▼；❷在弹出的下拉菜单中只选中【200*200cm】复选框；❸单击【确定】按钮，如图17-47所示。

图17-47

Step12 ❶选中筛选结果；❷单击【开始】选项卡中的【复制】按钮，如图17-48所示。

图17-48

Step⑬ ❶切换到"产品定价分析表"工作表；❷将复制的内容粘贴到B16:F20单元格区域中即可，如图17-49所示。

图17-49

17.2.3 使用WPS AI编写公式计算成本

资料准备好之后，就可以通过公式计算产品成本并为其定价了。在计算时，可以使用WPS AI辅助编写，也可以输入公式进行计算，操作方法如下。

Step① ❶选中C13单元格，在其中输入"="；❷单击出现的【AI写公式】按钮，如图17-50所示。

图17-50

Step② ❶在打开的对话框中输入要计算的单元格和计算要求；❷单击【发送】按钮➤，如图17-51所示。

图17-51

Step③ WPS AI将根据描述编写公式，确认无误后单击【完成】按钮，如图17-52所示。

图17-52

Step④ 使用相同的方法在E13和G13单元格中计算合计数据，如图17-53所示。

图17-53

Step⑤ 在计算原料成本时，需要用原料成本除以合计，并将其设置为百分比样式。❶打开【WPS AI】对话框，在文本框中提问；❷WPS AI将根据提问编写公式，确认无误后单击【完成】按钮，如图17-54所示。

图17-54

Step⑥ ❶公式中的C13需要设置为绝对引用，将光标定位到公式中的C13处，按【F4】键；❷将公式填充到D7:D12单元格区域，如图17-55所示。

图17-55

Step⑦ 使用相同的方法在F7:F12中输入公式，如图17-56所示。

图17-56

Step⑧ 使用相同的方法在H7:H12中输入公式，如图17-57所示。

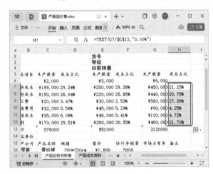

图17-57

Step⑨ 选中C14单元格，在编辑栏输入公式"=C13/C6"，按【Enter】键确认，得到计算结果，如图17-58所示。

图 17-58

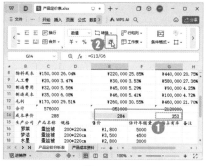

图 17-61

图 17-64

Step⑩ 选中 E14 单元格，在编辑栏输入公式"=E13/E6"，按【Enter】键确认，得到计算结果，如图 17-59 所示。

Step⑬ ❶选中 G16 单元格，打开【WPS AI】对话框，在文本框中提问；❷单击【发送】按钮➤，如图 17-62 所示。

Step⑯ ❶在 B22:C26 单元格区域中输入需要的数据信息；❷选中 D22 单元格，在编辑栏输入公式"=C22/(SUM($F$16:$F$20)+C22)"，按【Enter】键，得到计算结果，并使用填充柄功能将 D22 单元格中的公式复制到 D23:D26 单元格区域，如图 17-65 所示。

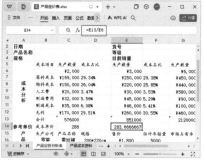

图 17-59

图 17-62

Step⑪ 选中 G14 单元格，在编辑栏输入公式"=G13/G6"，按【Enter】键确认，得到计算结果，如图 17-60 所示。

Step⑭ WPS AI 根据提问编写公式，确认无误后单击【完成】按钮，如图 17-63 所示。

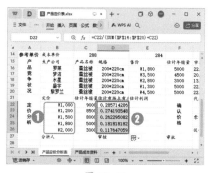

图 17-65

Step⑰ ❶选中 D22:D26 单元格区域；❷单击【开始】选项卡中的【数字格式】下拉按钮∨；❸在弹出的下拉菜单中单击【百分比】命令，如图 17-66 所示。

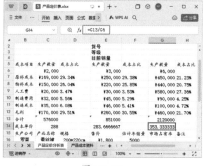

图 17-60

图 17-63

Step⑫ ❶选中 E14 单元格和 G14 单元格；❷多次单击【开始】选项卡中的【减少小数位数】按钮，取消小数位数，如图 17-61 所示。

Step⑮ ❶将公式中的"F16:F20"设置为绝对引用"$F$16:$F$20"；❷使用填充柄功能将公式复制到 G17:G20 单元格区域，如图 17-64 所示。

图 17-66

Step⑱ 选中E22单元格，在编辑栏中输入公式"=(B22-SUM($G$7:$G$11)/$G$6)*C22"，按【Enter】键，得到计算结果，然后设置数字格式，将E22中的公式复制到E23:E26单元格区域，如图17-67所示。

图17-67

Step⑲ 在工作表中输入其他需要的信息，如图17-68所示。

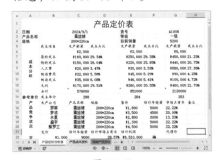

图17-68

Step⑳ ❶选中A2:H27单元格区域；❷在【开始】选项卡中单击【边框】下拉按钮⊞∨；❸在弹出的下拉菜单中单击【所有框线】命令，如图17-69所示。

图17-69

Step㉑ ❶保持单元格区域选中状态，再次单击【边框】下拉按钮⊞∨；❸在弹出的下拉菜单中单击【粗匣框线】命令，如图17-70所示。

图17-70

Step㉒ 工作表制作完成后检查格式是否完善，完成后保存工作簿，如图17-71所示。

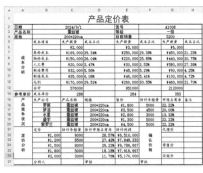

图17-71

17.3 案例三：用WPS演示制作"年度销售报告"

| 实例门类 | 应用主题＋编辑形状＋表格制作＋图表制作 |

　　销售报告是公司在某段时间内对产品销量进行的总结，可以从中吸取经验和教训，用于指导之后的工作和生产活动。年度销售报告在生产活动中有着非常重要的作用，是推进工作的重要依据。本例将使用WPS演示制作年度销售报告。制作完成后的效果如图17-72所示。

图17-72

17.3.1 使用模板创建演示文稿

制作销售推广类幻灯片时，统一的背景可以加深观看者对产品的印象。而 WPS Office 内置的主题样式可以快速统一幻灯片的风格，制作出精美的演示文稿，具体操作方法如下。

Step01 打开 WPS Office，进入【新建演示文稿】界面，单击【更多主题】命令，如图 17-73 所示。

图 17-73

Step02 在打开的主题页面中选择需要应用的主题样式，单击【免费使用】按钮，如图 17-74 所示。

图 17-74

技术看板

在【付费类型】下拉列表中单击【免费】选项卡，可以快速找到可以免费使用的主题。

Step03 WPS 演示将根据主题新建演示文稿。❶右击文档名标签；❷在

弹出的快捷菜单中单击【保存】命令，如图 17-75 所示。

图 17-75

Step04 打开【另存为】对话框，❶设置保存路径和文件名；❷单击【保存】按钮，如图 17-76 所示。

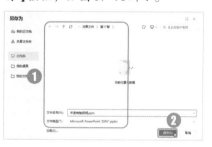

图 17-76

17.3.2 使用模板制作封面和目录

使用主题创建幻灯片之后，可以直接在占位符中添加文本，完成幻灯片的制作，具体操作方法如下。

Step01 ❶选中第 1 张幻灯片；❷更改标题文本框中的占位符文本；❸选中副标题文本框，按【Delete】键删除文本框，如图 17-77 所示。

图 17-77

Step02 ❶选中第 2 张幻灯片；❷分别更改目录中的文本，如图 17-78 所示。

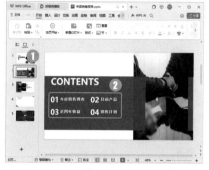

图 17-78

17.3.3 绘制形状制作幻灯片

在幻灯片中可以通过绘制形状来表现对象，绘制形状后，还可以设置形状效果，具体操作方法如下。

Step01 ❶选中第 3 张幻灯片；❷更改目录中的文本，并删除副标题文本框，如图 17-79 所示。

图 17-79

Step02 ❶选中第 4 张幻灯片；❷在标题占位符中添加标题；❸选择内容文本框，按【Delete】键删除文本框，如图 17-80 所示。

图 17-80

Step03 ❶使用【椭圆】工具○绘制

一个圆形；❷单击【绘图工具】选项卡中的【效果】下拉按钮；❸在弹出的下拉菜单中单击【阴影】命令；❹在弹出的子菜单中选择一种阴影样式，如图17-81所示。

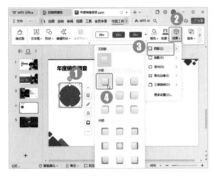

图17-81

Step04 ❶右击形状；❷在弹出的快捷菜单中单击【编辑文字】命令，如图17-82所示。

图17-82

Step05 ❶在形状中输入文本内容；❷在【开始】选项卡中设置字体格式，如图17-83所示。

图17-83

Step06 ❶使用【肘形连接符】工具╲绘制一条肘形线条；❷在【绘

图工具】选项卡中单击【轮廓】下拉按钮；❸在弹出的下拉菜单中单击【线型】命令；❹在弹出的子菜单中设置线条粗细，如图17-84所示。

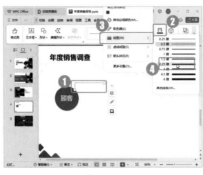

图17-84

Step07 保持图形的选中状态，❶在【绘图工具】选项卡中单击【效果】下拉按钮；❷在弹出的下拉菜单中单击【阴影】命令；❸在弹出的子菜单中选择一种阴影样式，如图17-85所示。

图17-85

Step08 在线条的右侧添加文本框，输入内容文本，如图17-86所示。

图17-86

Step09 复制第一条目录的文本和形

状，并将复制的文本和形状拖动到合适的位置，更改其中的文字内容，如图17-87所示。

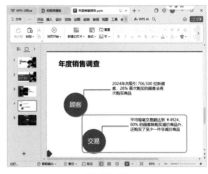

图17-87

Step10 ❶在幻灯片右侧绘制一个文本框，输入调查结果文本后选中文本；❷单击【文本工具】选项卡中的【项目符号】下拉按钮☱▾；❸在弹出的下拉菜单中单击【其他项目符号】命令，如图17-88所示。

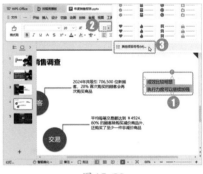

图17-88

Step11 打开【项目符号与编号】对话框，单击【图片】按钮，如图17-89所示。

图17-89

Step12 ❶打开【打开图片】对话框，

选择"素材文件\第17章\销售报告\图标.jpg"图片；❷单击【打开】按钮，如图17-90所示。

图 17-90

Step⑬ 返回幻灯片中，即可查看使用图片作为项目符号的效果，如图17-91所示。

图 17-91

Step⑭ 主题预设的幻灯片除结尾幻灯片外，已经全部使用，需要新建幻灯片。单击【开始】选项卡中的【新建幻灯片】下拉按钮，如图17-92所示。

图 17-92

Step⑮ ❶在打开的【新建单页幻灯片】对话框中单击【版式】选项卡；

❷在下方的列表中单击【节标题】版式，如图17-93所示。

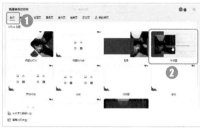

图 17-93

Step⑯ 更改目录中的文本，并删除副标题文本框，如图17-94所示。

图 17-94

Step⑰ 新建一张【仅标题】幻灯片，在标题占位符处输入标题，然后使用【椭圆】工具 ◯ 在幻灯片的左侧绘制一个正圆形，圆形的一半位于幻灯片之外，如图17-95所示。

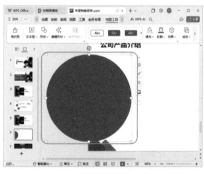

图 17-95

Step⑱ 使用【矩形】工具 □ 绘制一个矩形，使其位于幻灯片之外，遮挡住圆形在外的一半，如图17-96所示。

图 17-96

Step⑲ ❶先选中圆形，然后按住【Ctrl】键选中矩形；❷单击【绘图工具】选项卡中的【合并形状】下拉按钮；❸在弹出的下拉菜单中单击【剪除】命令，如图17-97所示。

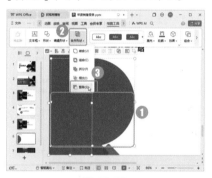

图 17-97

Step⑳ ❶选中剪除后的半圆形；❷设置【填充】为【无填充颜色】；❸设置【线型】为【2.25磅】，如图17-98所示。

图 17-98

Step㉑ ❶在第4张幻灯片中复制形状和文本框，粘贴到第6张幻灯片，并根据需要更改形状中的文字；

❷复制肘形连接符线条，拖动线条改变路径，如图17-99所示。

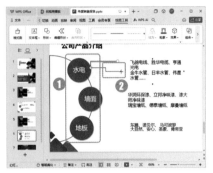

图17-99

Step22 使用相同的方法制作其他肘形连接符线条，如图17-100所示。

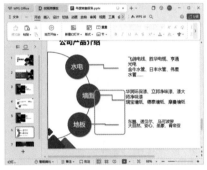

图17-100

Step23 插入图片"素材文件\第17章\销售报告\油漆.jpg"，❶单击【绘图工具】选项卡中的【裁剪】下拉按钮；❷在弹出的下拉菜单中单击【创意裁剪】命令；❸在弹出的下拉菜单中选择一种图片裁剪样式，如图17-101所示。

图17-101

Step24 裁剪完成后的效果如图17-102

所示。

图17-102

17.3.4 制作收益分析表格

需要用数据表达幻灯片内容时，可以在幻灯片中插入表格，插入表格的操作方法如下。

Step01 新建一张标题和内容幻灯片，❶输入标题文本；❷单击【插入表格】按钮⊞，如图17-103所示。

图17-103

Step01 打开【插入表格】对话框，❶设置行数为"6"，列数为"5"；❷单击【确定】按钮，如图17-104所示。

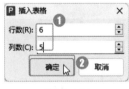

图17-104

Step02 ❶在表格中输入数据；❷在页面下方添加文本框和文本，并在【开始】选项卡中设置文本格式，如

图17-105所示。

图17-105

Step03 ❶将光标定位到第一行的第一个单元格中；❷在【表格样式】选项卡中设置【笔颜色】为【白色】；❸单击【表格样式】选项卡中的【边框】下拉按钮；❹在弹出的下拉菜单中单击【斜下框线】命令，如图17-106所示。

图17-106

Step04 添加文本框，在第一个单元格中添加文字即可，如图17-107所示。

图17-107

17.3.5　插入图表分析数据

使用图表不仅能使演示文稿更美观，还能更直观地展示数据，在幻灯片中插入图表的方法如下。

Step01 新建一张标题和内容幻灯片，❶输入标题文本；❷单击【插入图表】按钮📊，如图 17-108 所示。

图 17-108

Step02 打开【图表】对话框，❶在左侧单击【柱形图】选项卡；❷在右侧选择一种图表样式，如图 17-109 所示。

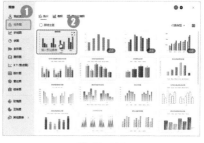

图 17-109

Step03 ❶选中图表；❷单击【图表工具】选项卡中的【编辑数据】按钮，如图 17-110 所示。

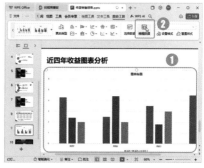

图 17-110

Step04 打开 WPS 表格，❶在工作表中输入需要展示的数据；❷单击【关闭】按钮 ✕，如图 17-111 所示。

图 17-111

Step05 ❶删除图表标题占位符，输入需要的标题；❷在【文本工具】选项卡中设置标题文本格式，如图 17-112 所示。

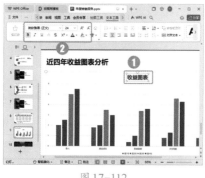

图 17-112

Step06 使用前文学过的方法制作第 11 张幻灯片，插入文本框和表格，如图 17-113 所示。

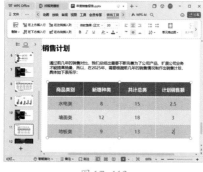

图 17-113

Step07 查看最后一张幻灯片，确认样式是否合适，如果不合适可以更改文本，如果合适则不做修改，如

图 17-114 所示。

图 17-114

17.3.6　播放幻灯片

幻灯片制作完成后，需要为幻灯片设置切换效果和动画效果，并播放幻灯片进行预览。下面介绍设置播放动画和预览幻灯片的方法。

Step01 在【切换】选项卡中选择一种切换样式，如图 17-115 所示。

图 17-115

Step02 ❶在【切换】选项卡的声音下拉列表中选择一种切换声音；❷单击【应用到全部】按钮，如图 17-116 所示。

图 17-116

Step03 ❶选中第2张幻灯片，按【Ctrl】键选择第一个标题的数字和文字文本框；❷在【动画】选项卡中设置动画样式，并为其他目录设置动画效果，如图17-117所示。

图 17-117

Step04 ❶选中第4张幻灯片，选择内容文本框；❷单击【动画】选项卡中的【智能动画】下拉按钮，如图17-118所示。

图 17-118

Step05 在弹出的下拉列表中选择一种智能动画样式，如图17-119所示。

图 17-119

Step06 使用相同的方法分别为其他幻灯片设置动画效果，然后单击【放映】选项卡中的【从头开始】按钮，即可开始播放演示文稿，如图17-120所示。

图 17-120

本章小结

　　本章主要介绍了WPS Office在市场与销售工作中的应用，包括使用WPS文字制作市场调查报告、使用WPS表格制作产品定价表、使用WPS演示制作年度销售报告。在市场与销售工作中，前期的准备、中期的执行和后期的分析缺一不可，只有掌握市场动态，才能在市场中占有一席之地。在制作此类文档时，应该注意搜集各方面的资料，只有全面分析，才能取得更好的效果。

第18章 综合实战：WPS Office 在人力资源工作中的应用

➡ 自定义样式的标题怎样提取目录？

➡ 如何添加页眉和页脚，让表格显得更加专业？

➡ 对幻灯片主题无从下手，怎样用 WPS AI 创建幻灯片？

➡ 选择的模板不合适，怎样更换？

本章将学习在 WPS Office 中制作人力资源工作相关的文档，在制作过程中，不仅可以得到以上问题的答案，还可以通过不断练习，为今后的工作打好基础。

18.1 案例一：用 WPS 文字制作"公司员工手册"

实例门类	封面制作 +AI 辅助功能 + 目录提取 + 打印文档

员工手册是企业的规章制度，是企业形象的宣传工具，也是企业内部管理的依据，它不仅明确了员工的行为规范和权责，对企业的规范化、科学化管理也有着至关重要的作用。同时，员工手册也是预防和解决劳动争议的重要依据，对新员工认识企业、融入企业有着不可替代的作用。

本例将制作一份员工手册，并在文档中添加封面与目录，以便保存与浏览，完成后效果如图 18-1 所示。

图 18-1

18.1.1 制作封面

为了方便员工手册的保存与管理，通常需要为其制作封面，封面应该包含公司标志、公司名称及员工手册字样等内容。制作员工手册封面的具体方法如下。

1. 插入内置封面

WPS 文字内置了多种美观的封面，用户可以根据需要选择内置封面，操作方法如下。

Step 01 启动 WPS Office，新建名为"员工手册"的文档，❶单击【插入】选项卡中的【封面】下拉按钮；❷在弹出的下拉菜单中选择一种封面样式，如图 18-2 所示。

图18-2

Step 02 删除标题占位符文本框中的文本，重新输入员工手册标题，如图18-3所示。

图18-3

2. 在封面中插入图片

公司员工手册的封面一般需要包含公司图标，下面介绍在封面中插入图片的方法。

Step 01 ①单击【插入】选项卡中的【图片】下拉按钮；②在弹出的下拉菜单中单击【本地图片】命令，如图18-4所示。

图18-4

Step 02 打开【插入图片】对话框，

①选择"素材文件\第18章\公司标志.jpg"图片文件；②单击【打开】按钮，如图18-5所示。

图18-5

Step 03 返回文档即可看到图片已经插入，①选中图片；②单击【图片工具】选项卡中的【环绕】下拉按钮；③在弹出的下拉菜单中单击【浮于文字上方】命令，如图18-6所示。

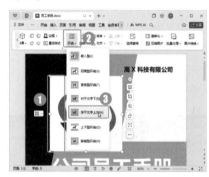

图18-6

Step 03 ①拖动图片周围的控制点，调整图片大小，并将其拖动至合适的位置；②单击【图片工具】选项卡中的【裁剪】下拉按钮；③在弹出的下拉菜单中单击【椭圆】形状〇，如图18-7所示。

图18-7

Step 07 ①再次单击【效果】下拉按

Step 04 调整裁剪区域，将公司图标裁剪为正圆形，如图18-8所示。

图18-8

Step 05 ①选中图片；②单击【图片工具】选项卡中的【边框】下拉按钮；③在弹出的下拉菜单中选择边框颜色，如图18-9所示。

图18-9

Step 06 保持图片的选中状态，①单击【图片工具】选项卡中的【效果】下拉按钮；②在弹出的下拉菜单中单击【阴影】命令；③在弹出的子菜单中选择一种阴影效果，如图18-10所示。

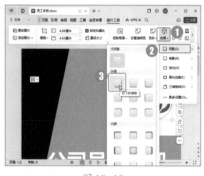

图18-10

钮；❶在弹出的下拉菜单中单击【倒影】命令；❸在弹出的子菜单中选择一种倒影变体，如图18-11所示。

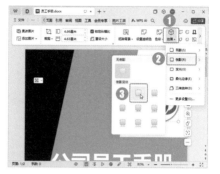

图18-11

Step09 图片设置完成后，效果如图18-12所示。

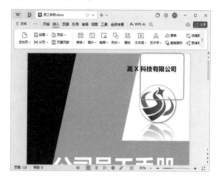

图18-12

18.1.2 使用WPS AI生成内容

封面制作完成后，就可以对员工手册的内容进行输入了。通过WPS AI，可以快速生成手册内容，操作方法如下。

Step01 ❶将光标定位到第2页，单击【段落柄】按钮；❷在弹出的快捷菜单中单击【WPS AI】命令，如图18-13所示。

图18-13

Step02 打开【WPS AI】对话框，❶在打开的下拉菜单中单击【帮我写】命令；❷在弹出的子菜单中单击【探索更多灵感】命令，如图18-14所示。

图18-14

Step03 打开【灵感集市】对话框，❶搜索框中输入关键字，如"员工手册"；❷下方将自动出现搜索结果，在需要使用的模板上单击【使用】按钮，如图18-15所示。

图18-15

Step04 ❶打开【员工入职手册】的提问模板，根据需要填写模板中的内容；❷单击【发送】按钮，如图18-16所示。

图18-16

Step05 WPS AI将自动生成员工手册内容，如果对生成的内容不满意，可单击【换一换】按钮，如图18-17所示。

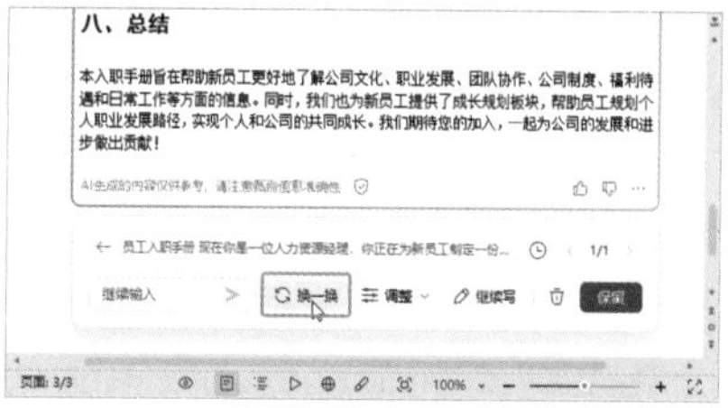

图18-17

Step06 直到对生成的内容满意后，单击【保留】按钮，如图18-18所示。

图18-18

Step07 如果某段内容需要扩写，❶可以选中段落；❷单击浮动工具栏中的【WPS AI】下拉按钮；❸在弹出的下拉菜单中单击【扩写】命令，如图18-19所示。

图18-19

Step09 扩写完成后，单击【替换】按钮即可，如图18-20所示。

图18-20

18.1.3 使用WPS AI排版文档

员工手册的内容制作完成后，为了使段落更加规范，需要为其排版。使用WPS AI功能，可以快速为正文应用段落样式，操作方法如下。

Step01 ❶单击【WPS AI】下拉按钮；❷在弹出的下拉菜单中单击【AI排版】命令，如图18-21所示。

图18-21

Step02 打开【AI排版】界面，选择【通用文档】，单击右侧的【开始排版】按钮，如图18-22所示。

图18-22

Step03 WPS AI将自动为文档排版，排版完成后单击【应用到当前】按钮即可，如图18-23所示。

图18-23

18.1.4 使用WPS AI智能提取目录

员工手册内容输入完成后，因为内容较多，为了方便阅读者了解手册的大致结构和快速查找所需的内容，可以提取目录，操作方法如下。

Step01 ❶将光标定位到插入目录的位置；❷单击【引用】选项卡中的【目录】下拉按钮；❸在弹出的下拉菜单中选择一种智能目录样式，如图18-24所示。

图18-24

Step02 WPS AI将根据内容提取目录，提取完成后单击【应用】按钮，如图18-25所示。

图18-25

Step03 返回文档，即可看到目录已经提取成功。选中目录文本，在【开始】选项卡中为目录设置文本格式即可，如图18-26所示。

图18-26

18.1.5 设置页眉与页脚

将公司的名称、标志、页码等信息设置在页眉和页脚中，既可以美化文档，也可以增强文档的统一性与规范性，操作方法如下。

Step01 单击【页面】选项卡中的【页眉页脚】按钮，如图18-27所示。

图18-27

Step02 ❶在【页眉页脚】选项卡中单击【配套组合】下拉按钮；❷在弹出的下拉菜单中选择一种【页眉页脚】样式，如图18-28所示。

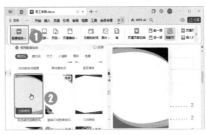

图18-28

Step02 ❶在页眉处输入公司名称，并在【开始】选项卡中设置字体格式；❷单击【页眉页脚】选项卡中的【图片】下拉按钮；❸在弹出的下拉菜单中单击【本地图片】命令，如图18-29所示。

图18-29

Step03 将"素材文件\第18章\公司标志.jpg"图片文件插入页眉，并调整图片大小，如图18-30所示。

图 18-30

Step04 单击【页眉页脚】选项卡中的【页眉页脚切换】按钮，如图 18-31 所示。

图 18-31

Step05 切换到页脚位置，❶单击【插入页码】下拉按钮；❷弹出下拉菜单，在【样式】下拉列表中选择一种页码样式；❸单击【确定】按钮，如图 18-32 所示。

图 18-32

Step10 设置完成后，单击【页眉页脚】选项卡中的【关闭】按钮即可，如图 18-33 所示。

图 18-33

18.1.6 打印员工手册

员工手册制作完成后，可以将其打印出来，分发到员工手中，操作方法如下。

Step01 ❶单击【文件】下拉按钮；❷在弹出的下拉菜单中单击【打印】命令；❸在弹出的子菜单中单击【打印预览】命令，如图 18-34 所示。

图 18-34

Step05 进入打印预览界面，查看打印效果是否符合要求，检查完成后，❶在【份数】栏设置打印份数；❷单击【打印】按钮，即可开始打印，如图 18-35 所示。

图 18-35

18.2 案例二：用 WPS 表格制作"培训计划表"

实例门类	数据输入 + 页面格式

计划包括规划、设想、方案和安排等，制订计划能使工作有明确的目标和具体的实施步骤，协调大家的行动，使工作有条不紊地进行。培训计划表是人力资源工作中必不可少的表格之一，它可以帮助我们合理地安排每月的员工培训。本例将制作员工培训计划表，制作完成后的效果如图 18-36 所示。

图 18-36

18.2.1 录入表格数据

首先我们需要新建一个空白工作簿，输入需要的表格内容。

1. 设置数据为文本格式

在录入表格数据时，一些特殊的数据需要经过设置后才能正确显示，下面介绍设置数据为文本格式的方法。

Step01 新建一个名为"员工培训计划表.xlsx"的空白工作簿，输入表名和表头内容，❶选中A3单元格；❷单击【开始】选项卡中的【数字格式】下拉按钮∨；❸在弹出的下拉菜单中单击【文本】命令，如图18-37所示。

图18-37

Step02 在A3单元格中输入"01"，将光标移动到A3单元格的右下角，当光标变为╋时，按住鼠标左键向下拖动到合适的位置，然后释放鼠标左键，即可自动填充数据，如图18-38所示。

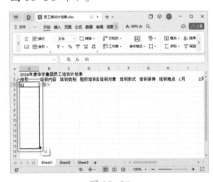

图18-38

2. 插入特殊符号

录入表格数据后，需要在培训日期处添加特殊符号，以标明培训的时间，操作方法如下。

Step01 输入其他数据，❶选中I3单元格；❷单击【插入】选项卡中的【符号】下拉按钮；❸在弹出的下拉菜单中单击【其他符号】命令，如图18-39所示。

图18-39

Step02 打开【符号】对话框，❶在【字体】下拉列表中单击【Wingdings】命令；❷在中间的列表框中单击【★】按钮；❸单击【插入】按钮，如图18-40所示。

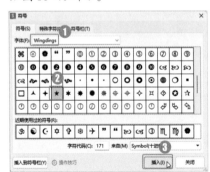

图18-40

Step03 单击【关闭】按钮返回工作簿，即可看到符号已经插入，如图18-41所示。

图18-41

Step04 使用相同的方法在其他位置插入相同的符号，如图18-42所示。

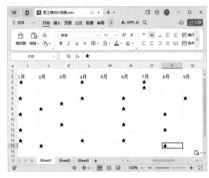

图18-42

技术看板

在【符号】对话框中，选择不同的字体，中间列表框中的符号也会有所不同。【符号】对话框还会列出最近使用的符号，以便用户选择。

18.2.2 设置表格格式

表格数据录入完成后，还需要对表格的格式进行相应的设置。

Step01 ❶选中A1:W1单元格区域；❷单击【开始】选项卡中的【合并】按钮，如图18-43所示。

图18-43

Step02 ❶选中合并后的A1单元格；❷单击【开始】选项卡中的【单元格样式】下拉按钮⏷；❸在弹出的下拉菜单中选择一种单元格样式，如图18-44所示。

图18-44

Step04 保持单元格选中状态，在【开始】选项卡中设置字体格式为【黑体，24号】，如图18-45所示。

图18-45

Step05 ❶选中A2:W2单元格区域；❷单击【开始】选项卡【字体】组的【加粗】按钮B，如图18-46所示。

图18-46

Step06 ❶选中所有表格区域；❷单击【开始】选项卡中的【换行】按钮，如图18-47所示。

图18-47

如果只有少数的单元格需要换行，可以将光标定位到单元格中需要换行的位置，按【Alt+Enter】组合键，即可强制换行。

Step07 保持表格的选中状态，单击【开始】选项卡中的【居中】按钮三，如图18-48所示。

图18-48

Step08 保持表格的选中状态，❶单击【开始】选项卡中的【边框】下拉按钮田╲；❷在弹出的下拉列表中单击【所有框线】命令，如图18-49所示。

图18-49

Step09 ❶再次单击【边框】下拉按钮田╲；❷在弹出的下拉列表中单击【粗匣框线】命令，如图18-50所示。

图18-50

18.2.3 调整表格列宽

每个单元格中的数据长短不一，但WPS表格会使用默认列宽。为了使表格结构更加合理，用户需要手动调整表格的列宽，操作方法如下。

Step01 ❶选中I2:T15单元格区域；❷单击【开始】选项卡中的【行和列】下拉按钮；❸在弹出的下拉菜单中单击【列宽】命令，如图18-51所示。

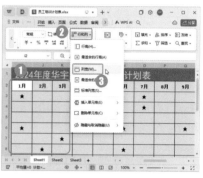

图18-51

Step02 打开【列宽】对话框，❶在【列宽】微调框中输入"3.5"；❷单击【确定】按钮，如图18-52所示。

图18-52

Step03 将光标移动到A列与B列之间的分隔线处，当光标变为╋形状时，按住鼠标左键不放，向左拖动鼠标，调整列宽到合适时松开鼠标左键。使用相同的方法调整其他列宽即可，如图18-53所示。

图18-53

18.2.4　设置表格页面格式

在打印表格之前，我们可以为表格设置页面格式，操作方法如下。

Step01　❶单击【页面】选项卡中的【纸张方向】下拉按钮；❷在弹出的下拉菜单中单击【横向】命令，如图18-54所示。

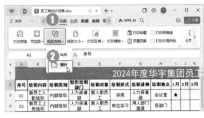

图18-54

Step02　单击【页面】选项卡中的【页面设置】功能扩展按钮↘，如图18-55所示。

图18-55

Step03　打开【页面设置】对话框，❶在【页边距】选项卡中勾选【居中方式】栏的【水平】和【垂直】复选框；❷单击【确定】按钮，如图18-56所示。

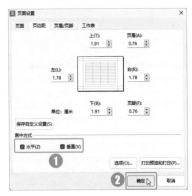

图18-56

18.2.5　添加页眉与页脚

页眉和页脚可以丰富表格的内容，在WPS表格中插入页眉和页脚

的方法如下。

Step01　单击【页面】选项卡中的【页眉页脚】按钮，如图18-57所示。

图18-57

Step02　打开【页面设置】对话框，单击【页眉】下拉列表框右侧的【自定义页眉】按钮，如图18-58所示。

图18-58

Step03　打开【页眉】对话框，❶在【中】文本框中输入页眉文字；❷单击【确定】按钮，如图18-59所示。

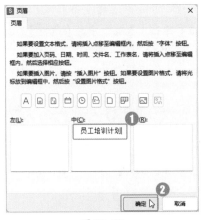

图18-59

Step04　返回【页面设置】对话框，单击【自定义页脚】按钮，如图18-60所示。

图18-60

Step05　打开【页脚】对话框，❶在【左】文本框中输入"制表人：人力资源部李佳"；❷单击【字体】按钮A，如图18-61所示。

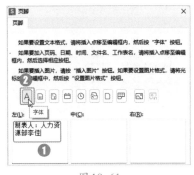

图18-61

Step06　打开【字体】对话框，❶设置字体为【微软雅黑】；❷单击【确定】按钮，如图18-62所示。

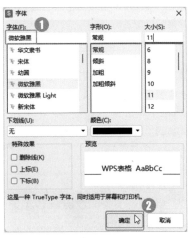

图18-62

Step07　❶在【中】文本框中输入审核人文本，并设置字体格式；❷将光标定位到【右】文本框中；❸单击【页码】按钮，如图18-63所示。

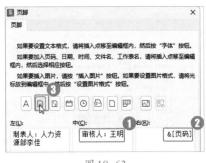

图18-63

Step⑧ 插入"页码"代码，❶在代码前输入"第"，在代码后输入"页"；❷单击【确定】按钮，如图 18-64 所示。

Step⑨ 返回【页面设置】对话框，查看效果，然后单击【打印预览和打印】按钮，如图 18-65 所示。

Step⑩ 在打开的【打印预览】界面即可查看打印效果，设置打印参数后，单击【打印】按钮，即可打印工作表，如图 18-66 所示。

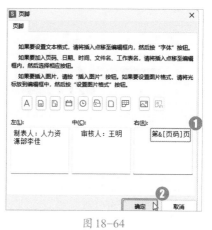

图 18-64

图 18-65

图 18-66

18.3 案例三：用 WPS 演示制作"员工入职培训演示文稿"

实例门类　AI 功能＋幻灯片切换＋打包演示文稿

　　新员工入职培训是员工进入企业后的第一个环节，是企业将聘用的员工从社会人转变为企业人的过程，同时也是员工从组织外部融入组织或团队内部，并成为团队一员的过程。成功的入职培训可以起到传递企业价值观和核心理念的作用，它在新员工和企业及企业内部员工之间架起了沟通的桥梁，并为新员工迅速适应企业环境、与团队其他成员展开良性互动打下了坚实的基础。本例将制作员工入职培训演示文稿，制作完成后的效果如图 18-67 所示。

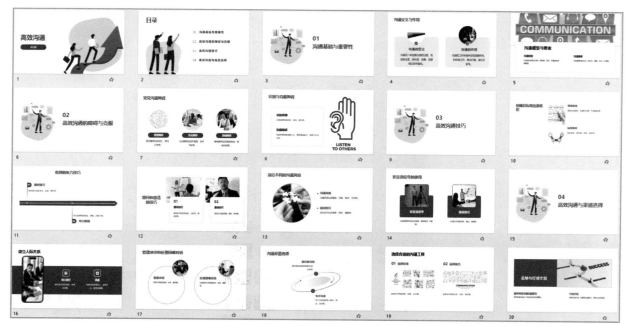

图 18-67

18.3.1 上传文档创建演示文稿

在创建演示文稿时，如果已经在 WPS 文字中制作了大纲，可以直接使用该文档创建演示文稿，操作方法如下。

Step01 启动 WPS Office，进入【新建演示文稿】界面，单击【智能创作】按钮，如图18-68所示。

图18-68

Step02 WPS演示将新建演示文稿，并弹出【WPS AI】对话框，❶单击【上传文档】选项卡；❷单击【选择文档】按钮，如图18-69所示。

图18-69

Step03 打开【打开文档】对话框，❶选择"素材文件\第18章\员工培训大纲.docx"文档；❷单击【打开】按钮，如图18-70所示。

图18-70

Step04 打开【选择大纲生成方式】对话框，❶单击【智能改写】命令；❷单击【生成大纲】按钮，如图18-71所示。

图18-71

Step05 WPS AI将分析文档中的文本，开始创建幻灯片大纲，并添加细节文字，完成后单击【挑选模板】按钮，如图18-72所示。

图18-72

> **技术看板**
>
> 如果对WPS AI生成的细节文本不满意，可以选择该文本进行手动修改。

Step06 ❶在打开的页面中选择合适的模板；❷单击【创建幻灯片】按钮，如图18-73所示。

图18-73

Step07 WPS AI将根据生成的大纲创建幻灯片，效果如图18-74所示。

图18-74

Step08 根据实际情况更改幻灯片中的部分文字即可完成幻灯片的制作，如图18-75所示。

图18-75

18.3.2 设置幻灯片切换效果

幻灯片切换效果是在"幻灯片放映"视图中从一张幻灯片移到下一张幻灯片时出现的动画效果，为幻灯片添加动画效果的具体操作方法如下。

Step01 在【切换】选项卡中选择一种切换样式，如图18-76所示。

图18-76

Step02 ❶单击【切换】选项卡中的【效果选项】下拉按钮；❷在弹出的下拉菜单中选择一种效果选项，如图18-77所示。

图18-77

Step03 ❶在【切换】选项卡的【声音】下拉列表中选择一种切换声音；❷单击【应用到全部】按钮，如图18-78所示。

图18-78

Step04 ❶选择第3张幻灯片中的标题文本；❷单击【动画】选项卡中的【智能动画】下拉按钮，如图18-79所示。

图18-79

Step05 在弹出的下拉列表中选择一种智能动画效果，如图18-80所示。

图18-80

Step06 ❶选择已经设置了动画效果的对象；❷单击【动画】选项卡中的【动画刷】按钮，如图18-81所示。

图18-81

Step07 在需要复制动画的对象上单击，即可将动画效果复制到该对象上，如图18-82所示。

图18-82

Step08 使用相同的方法为其他幻灯片设置动画效果，完成后单击【放映】选项卡中的【从头开始】按钮，即可播放幻灯片，如图18-83所示。

图18-83

18.3.3 保存和打包演示文稿

演示文稿制作完成后，如果要

将其复制到其他电脑中播放，可以打包演示文稿，操作方法如下。

Step01 按【Ctrl+S】组合键，打开【另存为】对话框，❶设置保存路径和文件名；❷单击【保存】按钮，如图18-84所示。

图18-84

Step02 ❶单击【文件】下拉按钮；❷在弹出的下拉菜单中单击【文件打包】命令；❸在弹出的子菜单中单击【将演示文稿打包成文件夹】命令，如图18-85所示。

图18-85

Step03 打开【演示文件打包】对话框，❶设置文件夹名称和位置；❷单击【确定】按钮，如图18-86所示。

图18-86

Step04 演示文稿将开始打包，打包完成后单击【关闭】按钮即可，如图18-87所示。

图18-87

本章小结

　　本章主要介绍了 WPS Office 在人力资源工作中的应用，包括使用 WPS 文字制作公司员工手册、使用 WPS 表格制作员工培训计划表、使用 WPS 演示制作员工入职培训演示文稿。在人力资源工作中，需要制作的文档较多，在制作时遇到的情况可能比案例中更复杂，但是不用紧张，因为万变不离其宗，掌握基础知识后多练习、多借鉴，就可以制作出专业的文档。

第19章　综合实战：WPS Office 在财务会计工作中的应用

- ➜ 财务盘点工作涉及哪些流程？
- ➜ 一份工资统计表涉及哪些数据？这些数据可以从哪些基础表格中获取？
- ➜ 工资表中的社保扣费和个人所得税如何计算？
- ➜ 如何使用公式和函数汇总部门信息、实现数据查询？
- ➜ 如何制作财务工作总结报告？

本章将学习在 WPS Office 中制作财务和会计工作的相关文档，在制作过程中，不仅可以复习和巩固前面所学的内容，还可以通过实践更好地将 WPS 文字、WPS 表格和 WPS 演示应用于实际工作中。

19.1　案例一：用 WPS 文字制作"盘点工作流程图"

实例门类	使用智能图形 + 使用艺术字

盘点是指定期或临时对库存商品的实际数量进行清查、清点作业，其目的是通过对企业、团体的现存物料、原料、固定资产等的核查，确保账面情况与实际情况相符合，加强对企业、团体的管理。通过盘点，不仅可以控制库存量，指导日常经营业务，还能及时掌握损益情况，把握经营绩效。盘点流程大致可以分为 3 个部分，即盘前准备、盘点过程及盘后工作。

本例将使用智能图形制作一份盘点工作流程图，并使用形状、文本框等元素完善流程图，完成后效果如图 19-1 所示。

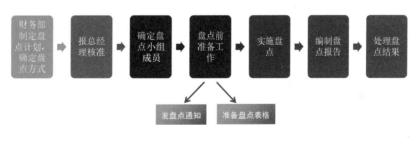

图 19-1

19.1.1　插入艺术字制作标题

为了美化工作流程图，我们可以为流程图插入艺术字作为标题，操作方法如下。

Step01 启动 WPS Office，新建一个名为"盘点工作流程图"的空白文档，❶ 单击【页面】选项卡中的【纸张方向】下拉按钮；❷ 在弹出的下拉菜单中单击【横向】命令，如图 19-2 所示。

图 19-2

Step02 ❶单击【插入】选项卡中的【艺术字】下拉按钮；❷在弹出的下拉菜单中单击【更多艺术字】命令，如图 19-3 所示。

图 19-3

Step03 打开【艺术字】对话框，❶单击【免费】选项卡；❷在下方的列表中选择一种艺术字样式，如图 19-4 所示。

图 19-4

Step04 所选艺术字将插入到文档中，如图 19-5 所示。

图 19-5

Step05 ❶更改艺术字文本，然后选中艺术字；❷单击【绘图工具】选项卡中的【对齐】下拉按钮；❸在弹出的下拉菜单中单击【水平居中】命令，如图 19-6 所示。

图 19-6

19.1.2 插入与编辑智能图形

制作流程图，使用智能图形是最方便的方法。WPS 文字内置了多种智能图形样式，用户可以根据需要进行选择。

Step01 单击【插入】选项卡中的【智能图形】按钮，如图 19-7 所示。

图 19-7

Step02 打开【智能图形】对话框，在下方的列表框中选择一种智能图形，如图 19-8 所示。

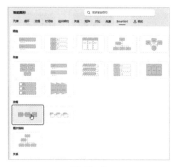

图 19-8

Step03 ❶选中智能图形；❷单击【设计】选项卡中的【环绕】下拉按钮；❸在弹出的下拉菜单中单击【衬于

文字下方】命令，如图 19-9 所示。

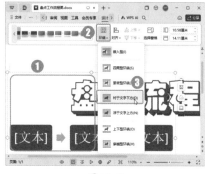

图 19-9

Step04 将智能图形拖动到艺术字的下方，在图形中输入需要的内容，如图 19-10 所示。

图 19-10

Step05 ❶选中最后一个图形；❷单击【设计】选项卡中的【添加项目】下拉按钮；❸在弹出的下拉菜单中单击【在后面添加项目】命令，如图 19-11 所示。

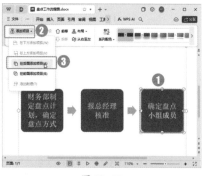

图 19-11

Step06 在选中的图形后添加一个形状，输入需要的内容，如图 19-12 所示。

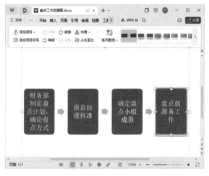

图 19-12

Step07 使用相同的方法添加其他形状，并输入内容，如图 19-13 所示。

图 19-13

Step08 选中智能图形，拖动四周的控制点调整智能图形的大小，如图 19-14 所示。

图 19-14

Step09 ❶ 单击【设计】选项卡中的【对齐】下拉按钮；❷ 在弹出的下拉菜单中单击【水平居中】命令，如图 19-15 所示。

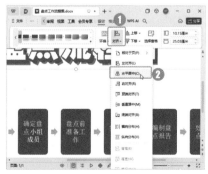

图 19-15

Step10 ❶ 单击【设计】选项卡中的【系列配色】下拉按钮；❷ 在弹出的下拉菜单中选择一种颜色，如图 19-16 所示。

图 19-16

Step11 操作完成后，即可查看设置智能图形后的效果，如图 19-17 所示。

图 19-17

19.1.3 插入文本框完善智能图形

编辑流程图时，有时需要在某个形状的左边或右边添加形状，此时可以插入文本框完善流程图的结构，操作方法如下。

Step01 ❶ 单击【插入】选项卡中的【形状】下拉按钮；❷ 在弹出的下拉菜单中单击【箭头】形状 ↘，如图 19-18 所示。

图 19-18

Step02 ❶ 在流程图的形状下方绘

制箭头图形；❷ 单击【绘图工具】选项卡中的【其他】下拉按钮 ▾；❸ 在弹出的下拉菜单中选择主题颜色；❹ 在预设样式中选择箭头的样式，如图 19-19 所示。

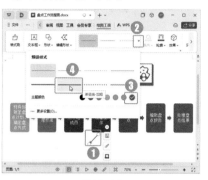

图 19-19

Step03 ❶ 单击【绘图工具】选项卡中的【文本框】下拉按钮；❷ 在弹出的下拉菜单中单击【横向文本框】命令，如图 19-20 所示。

图 19-20

Step04 ❶ 在文档中绘制文本框并输入需要的文字；❷ 在【文本工具】选项卡中设置文本格式，如图 19-21 所示。

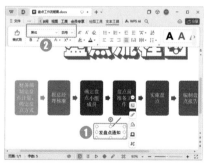

图 19-21

Step05 ❶ 单击【绘图工具】组中的【其他】下拉按钮 ▾；❷ 在弹出的下拉菜单中选择主题颜色；❸ 在预设样式中选择文本框的样式，如图 19-22 所示。

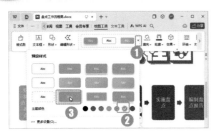

图 19-22

Step06 在【文本工具】选项卡中单击【水平居中】按钮三，如图 19-23 所示。

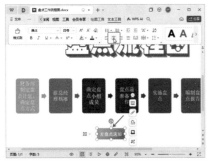

图 19-23

Step07 ❶复制箭头形状；❷单击【绘图工具】选项卡中的【旋转】下拉按钮；❸在弹出的下拉菜单中单击【水平翻转】命令，如图 19-24 所示。

图 19-24

Step08 将箭头形状移动到合适的位置，然后复制文本框，并更改文本框中的文字，如图 19-25 所示。

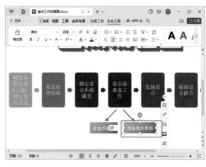

图 19-25

Step09 操作完成后，即可查看流程图的最终效果，如图 19-26 所示。

图 19-26

19.2 案例二：用WPS表格制作"员工工资核算表"

| 实例门类 | 引用数据＋函数计算＋打印工作表 |

对员工工资进行统计是企业日常管理的一大组成部分。企业需要对员工每个月的具体工作情况进行记录，做到奖惩有据，然后将记录的信息整合到工资表中折算成各种奖惩金额，最终核算出员工当月的工资数据，并记录在工资表中存档。每个企业的工资表可能有所不同，但制作原理基本一样。由于工资的最终结算金额来自多项数据，如基本工资、岗位工资、工龄工资、提成和奖金、加班工资、请假迟到扣款、社保扣款、公积金扣款、个人所得税等，其中部分数据分别统计在不同的表格中，所以需要将所有数据汇总到工资表中。

本例在制作员工工资核算表前，首先会创建与工资核算相关的各种表格，并统计出所需的数据，制作完成后的效果如图 19-27 所示。

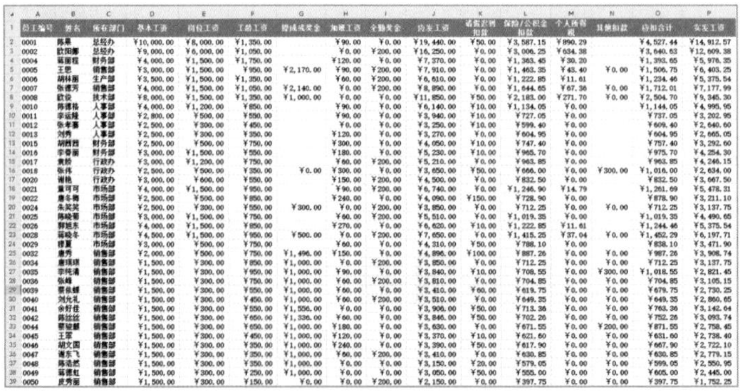

图 19-27

19.2.1　创建员工基本工资管理表

员工工资表中有一些基础数据需要重复应用到其他表格中，如员工编号、姓名、所属部门、工龄等，这些数据的可变性不大。为了方便后续各种表格的制作，也便于统一修改某些基础数据，可以将这些数据输入到基本工资管理表，操作方法如下。

Step01 打开"素材文件\第19章\员工档案表.xlsx"，❶右击"档案记录表"工作表标签；❷在弹出的快捷菜单中单击【移动】命令，如图19-28所示。

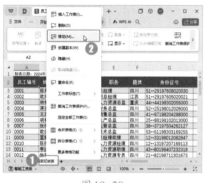

图 19-28

Step02 打开【移动或复制工作表】对话框，❶在【工作簿】下拉列表中单击【新工作簿】命令；❷勾选【建立副本】复选框；❸单击【确定】按钮，如图19-29所示。

图 19-29

Step03 新建一个工作簿，并将"档

案记录表"工作表复制到该工作簿中，❶右击工作表标题；❷在弹出的快捷菜单中单击【保存】命令，如图19-30所示。

图 19-30

Step04 为新工作簿命名，并设置保存路径，❶完成后单击【审阅】选项卡中的【撤销工作表保护】命令；❷打开【撤销工作表保护】对话框，在【密码】文本框中输入密码（123）；❸单击【确定】按钮，如图19-31所示。

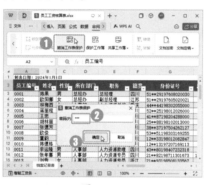

图 19-31

Step05 ❶选中第一行；❷单击【开始】选项卡中的【行和列】下拉按钮；❸在弹出的下拉菜单中单击【删除单元格】命令；❹在弹出的子菜单中单击【删除行】命令，如图19-32所示。

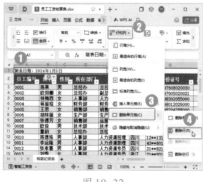

图 19-32

Step06 单击【数据】选项卡中的【筛

选】按钮，取消筛选状态，如图19-33所示。

图 19-33

Step07 ❶右击工作表标签；❷在弹出的快捷菜单中单击【重命名】命令，如图19-34所示。

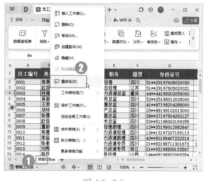

图 19-34

Step08 将工作表命名为"基本工资管理表"，如图19-35所示。

图 19-35

Step09 ❶选中F列到K列的单元格区域，右击；❷在弹出的快捷菜单中单击【删除】命令，使用相同的方法删除C列，以及"工龄"列右侧的所有列，如图19-36所示。

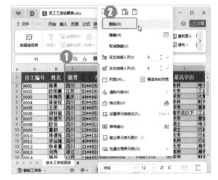

图 19-36

Step⑩ 在 G 列后根据需要添加相应的表头名称，如图 19-37 所示。

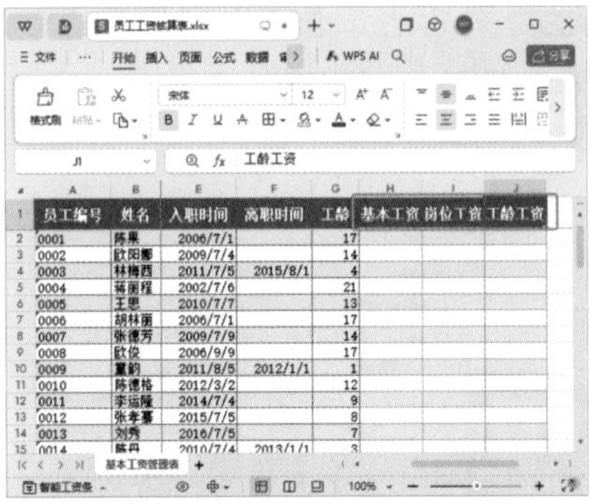

图 19-37

Step⑪ ❶选中第4行；❷单击【开始】选项卡中的【行和列】下拉按钮；❸在弹出的下拉菜单中单击【删除单元格】命令；❹在弹出的子菜单中单击【删除行】命令，并使用相同的方法删除其他已离职员工的信息，如图 19-38 所示。

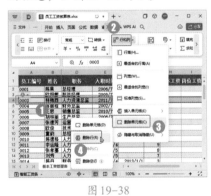

图 19-38

Step⑫ 修改 G2 单元格中的公式为

"=INT((NOW()-E2)/365)"，并将公式填充到下方单元格中，如图 19-39 所示。

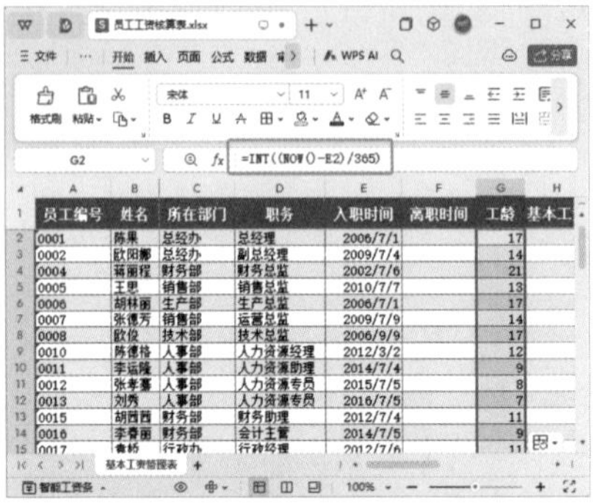

图 19-39

技术看板

因为后期需要删除 F 列，所以此处需要更改 G2 单元格中的公式。

Step⑬ ❶选中F列；❷单击【开始】选项卡中的【行和列】下拉按钮；❸在弹出的下拉菜单中单击【删除单元格】命令；❹在弹出的子菜单中单击【删除列】命令，如图 19-40 所示。

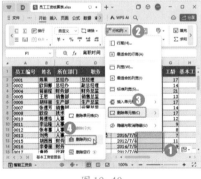

图 19-40

Step⑭ 在 G 列和 H 列中依次输入各员工的基本工资和岗位工资，然后在 I2 单元格中输入公式"=IF(F2<=2,0,IF(F2<5,(F2-2)*50,(F2-5)*100+150)))"，并将公式填充到下方单元格中，如图 19-41 所示。

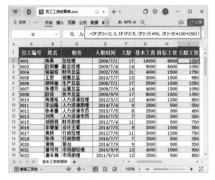

图 19-41

技术看板

本例中规定工龄工资的计算标准：小于2年不计工龄工资；工龄大于2年小于5年时，工龄工资按每年50元递增；工龄大于5年时，工龄工资按每年100元递增。

19.2.2 使用WPS AI辅助创建奖惩管理表

企业销售人员的工资一般是由基本工资和销售业绩提成构成的，但企业规定中又有一些奖励和惩罚机制会导致工资的部分金额发生增减。因此，需要建立一张工作表专门记录这些数据，操作方法如下。

Step① 新建名为"奖惩管理表"的工作表，❶在第1行和第2行中输入相应的表头文字，并对相关单元格进行合并；❷在A3单元格中输入第一条奖惩记录的员工编号，如"0005"；❸在B3单元格中输入"="，单击【AI写公式】按钮，如图 19-42 所示。

图 19-42

Step 02 ①在WPS AI公式对话框中输入提问；②单击【发送】按钮➤，如图19-43所示。

图19-43

Step 03 WPS AI将根据提问编写公式，完成后单击【完成】按钮，如图19-44所示。

图19-44

Step 04 使用相同的方法在C3单元格中编写公式，如图19-45所示。

图19-45

Step 05 选中B3:C3单元格区域，拖动填充柄将这两个单元格中的公式复制到这两列的其他单元格中，如图19-46所示。

图19-46

Step 06 ①在A列中输入其他需要记录奖惩信息的员工编号，即可根据公式得到对应的员工姓名和其所在的部门；②在D、E、F列中输入对应的奖惩说明，这里首先输入的是销售部的销售业绩，所以全部输入在D列，如图19-47所示。

图19-47

Step 07 在G3单元格中使用WPS AI编写公式，如图19-48所示。

图19-48

技术看板

本例中规定销售提成计算方法：销售业绩不满100万元的无提成奖

金；超过100万元，低于130万元的，提成为1000元；超过130万元的，按销售业绩的0.1%计提成。

Step 08 继续在表格中记录其他的奖惩记录（实际工作中可能会先零散地记录各个员工的奖惩，最后再统计销售提成数据），完成后效果如图19-49所示。

图19-49

19.2.3 创建考勤统计表

企业对员工工作时间的考核主要记录在考勤表中，计算员工工资时，需要根据公司规章制度将考勤情况转化为相应的奖惩金额。例如，对迟到进行扣款，对全勤进行奖励等。本例考勤记录已经事先准备好，只需要进行数据统计即可，操作方法如下。

Step 01 打开"素材文件\第19章\9月考勤表.xlsx"，①右击"9月考勤"工作表标签；②在弹出的快捷菜单中单击【移动】命令，如图19-50所示。

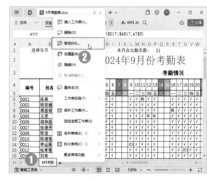

图19-50

Step 02 打开【移动或复制工作表】对话框，❶在【工作簿】下拉列表中单击【员工工资核算表】工作簿；❷在【下列选定工作表之前】列表框中单击【移至最后】命令；❸勾选【建立副本】复选框；❹单击【确定】按钮，如图19-51所示。

图 19-51

Step 03 在AY至BB列单元格中输入奖惩统计的相关表头内容，并对相应的单元格区域设置边框效果。完成后，在AY6单元格中输入公式"=AN6*120+AO6*50+AP6*240"，如图19-52所示。

图 19-52

技术看板

本例中规定：事假扣款为120元/天；旷工扣款为240元/天；病假领取最低工资标准的80%，折算为病假日领取低于正常工资50元/天。

Step 04 在AZ6单元格中输入公式"=AQ6*10+AR6*50+AS6*100"，如图19-53所示。

图 19-53

技术看板

本例中规定：迟到10分钟内扣款10元/次；迟到半个小时内扣款50元/次；迟到1个小时内扣款100元/次。

Step 05 在BA6单元格中输入公式"=AQ6*10+AR6*50+AS6*100"，如图19-54所示。

图 19-54

Step 06 在BB6单元格中输入公式"=IF(SUM(AN6: AS6)=0,200,0)"，可判断出该员工是否全勤，如图19-55所示。

图 19-55

技术看板

本例中规定：当月全部出勤，且无迟到、早退等情况，即视为全勤，给予200元的奖励。

Step 07 选中AY6:BB6单元格区域，拖动填充柄将这几个单元格中的公式复制到同列中的其他单元格中，如图19-56所示。

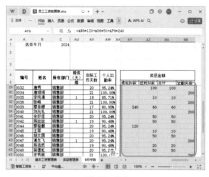

图 19-56

19.2.4　使用WPS AI辅助创建加班统计表

加班情况可能出现在任何部门的员工身上，因此需要像记录考勤一样对当日的加班情况进行记录，方便后期计算加班工资。本例中已经记录了当月的加班情况，只需要对加班工资进行统计即可，操作方法如下。

Step 01 打开"素材文件\第19章\加班记录表.xlsx"，❶右击"9月加班统计表"工作表标签；❷在弹出的快捷菜单中单击【移动】命令，如图19-57所示。

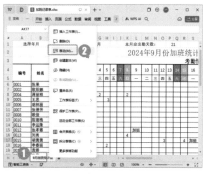

图 19-57

Step 02 打开【移动或复制工作表】对

话框，❶在【工作簿】下拉列表中单击【员工工资核算表】工作簿；❷在【下列选定工作表之前】列表框中单击【移至最后】命令；❸勾选【建立副本】复选框；❹单击【确定】按钮，如图19-58所示。

图 19-58

Step 03 ❶在AM至AQ列单元格中输入加班工资统计的相关表头内容，并对相应的单元格区域设置合适的边框效果；❷使用WPS AI公式求和D6:AG6单元格区域，如图19-59所示。

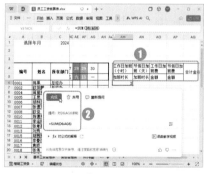

图 19-59

技术看板

本例的素材文件中只对周末加班天数进行了记录。用户在进行日常统计时，可以在加班统计表中记录法定节假日或特殊情况等的加班，只需让这一类型的加班区别于工作日的加班记录即可。例如，本例中工作日的记录用数字统计加班时间，节假日的加班则用文本"加班"进行标识。

Step 04 在AN6单元格中使用WPS AI

公式该员工当月的节假日加班天数，如图19-60所示。

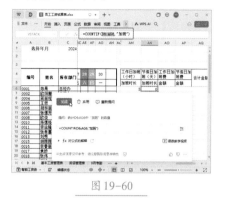

图 19-60

Step 05 本例中规定工作日加班按每小时30元进行补贴，所以在AO6单元格中输入公式"=AM6*30"，如图19-61所示。

图 19-61

Step 06 本例中规定节假日的加班按员工当天基本工资与岗位工资之和的两倍进行补贴，所以在AP6单元格中输入公式"=ROUND((VLOOKUP(A6,基本工资管理表!\$A\$2:\$I\$86,7)+VLOOKUP(A6,基本工资管理表!\$A\$2:\$I\$86,8))/\$P\$1*AJ6*2,2)"，如图19-62所示。

图 19-62

Step 07 在AQ6单元格中输入公式"=AO6+AP6"，即可计算出该员工的加班工资总额，如图19-63所示。

图 19-63

Step 08 选中AM6:AQ6单元格区域，拖动填充柄将公式复制到同列中的其他单元格即可，如图19-64所示。

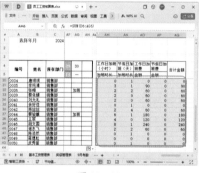

图 19-64

19.2.5 使用WPS AI辅助编制工资核算表

将工资核算需要用到的相关表格数据准备好之后，就可以建立工资管理系统中最重要的一张表格——工资统计表。制作工资统计表时，需要引用相关表格中的数据，并进行统计计算，操作方法如下。

Step 01 新建一张工作表，并命名为"员工工资核算表"，❶在第1行的单元格中输入表头内容；❷在A2单元格中输入"="；❸单击"基本工资管理表"工作表标签，如图19-65所示。

图 19-65

Step02 切换到"基本工资管理表"工作表，选中A2单元格，然后按【Enter】键，如图19-66所示。

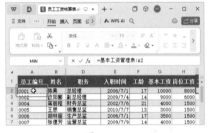

图 19-66

Step03 选中A2单元格，向右填充公式至C2单元格，如图19-67所示。

图 19-67

Step04 选中A2:C2单元格区域，使用填充柄向下填充公式，如图19-68所示。

图 19-68

技术看板

工资统计表制作完成后，每个月都可以重复使用。为了方便后期使用，一般企业都会制作一个"X月工资表"工作簿，调入的工作表数据是当月的一些相关表格数据，这些工作表名称是相同的，如"加班表""考勤表"。这样，当需要计算工资时，将上个月的工作簿复制过来，再将各表格中的数据修改为当月数据即可，而工资统计表中的公式不用修改。

Step05 使用相同的方法，将"基本工资管理表"中的基本工资、岗位工资和工龄工资引用到"员工工资核算表"中，如图19-69所示。

图 19-69

Step06 在G2单元格中使用WPS AI公式计算提成和奖金金额，并填充到下方的单元格区域，即可计算出员工当月的提成和奖金金额，如图19-70所示。

图 19-70

技术看板

在WPS AI对话框中单击【对

公式的解释】按钮，在下方可以查看WPS AI生成公式的参数解释，如图19-71所示。

图 19-71

Step07 在H2单元格中输入公式"=VLOOKUP(A2,'9月加班统计表'!$A$6:$AM$43,43)"，并填充到下方的单元格区域，即可计算出员工当月的加班工资，如图19-72所示。

图 19-72

Step08 在I2单元格中输入公式"=VLOOKUP(A2,'9月考勤'!$A$6:$BA$43,54)"，并填充到下方的单元格区域，即可计算出员工当月是否获得全勤奖，如图19-73所示。

图 19-73

Step09 在J2单元格中输入公式

"=SUM(D2:I2)"，并填充到下方的单元格区域，即可计算出员工当月的应发工资总额，如图19-74所示。

图19-74

Step⑩ 在K2单元格中输入公式"=VLOOKUP(A2,'9月考勤'!\$A\$6:\$BA\$43,52)"，并填充到下方的单元格区域，即可返回员工当月的请假迟到扣款金额，如图19-75所示。

图19-75

Step⑪ 在L2单元格中输入公式"=(J2-K2)*(0.08+0.02+0.005+0.08)"，并填充到下方的单元格区域，即可计算出员工当月需要缴纳的保险和公积金金额，如图19-76所示。

图19-76

技术看板

本例中计算的保险和公积金扣款是指员工个人需缴纳的社保和公积金费用。本例中规定扣除医疗保险、养老保险、失业保险、住房公积金金额的比例如下：养老保险个人缴纳比例为8%；医疗保险个人缴纳比例为2%；失业保险个人缴纳的比例为0.5%；住房公积金个人缴纳比例为5%～12%，具体缴纳比例根据各地方政策或企业规定确定。

Step⑫ 在M2单元格中输入公式"=MAX((J2-SUM(K2:L2)-5000)*{3,10,20,25,30,35,45}%-{0,190,1410,2660,4410,7160,15160},0)"，并填充到下方的单元格区域，即可计算出员工根据当月工资应缴纳的个人所得税金额，如图19-77所示。

图19-77

技术看板

本例中的个人所得税是根据2019年的个人所得税计算方法计算得到的。个人所得税的起征点为5000元，根据个人所得税税率表，将工资、薪金所得分为7级超额累进税率，税率为3%～45%，如表19-1所示。

表19-1 工资、薪金所得7级超额累进税率

级数	全月应纳税所得额	税率（％）	速算扣除数
1	不超过3000元的	3	0
2	超过3000元至12000元的部分	10	190
3	超过12000元至25000元的部分	20	1410
4	超过25000元至35000元的部分	25	2660
5	超过35000元至55000元的部分	30	4410
6	超过55000元至80000的部分	35	7160
7	超过80000元的部分	45	15160

本表中的全月应纳税所得额是指每月收入金额-各项社会保险金-起征点5000元。超额累进税率的计算方法如下。

应纳税额=全月应纳税所得额×税率-速算扣除数

全月应纳税所得额=应发工资-四金-5000。公式为"=MAX((J2-SUM(K2:L2)-5000)*{3,10,20,25,30,35,45}%-{0,190,1410,2660,4410,7160,15160},0)"，表示计算的数值是（L3-SI,(M3:P3)）后的值与相应税级百分数（3%、10%、20%、25%、30%、35%、45%）的乘积减去税率所在级距的速算扣除数0、190、1410等所得到的最大值。

Step⑬ 在N2单元格中输入公式"=IF(ISERROR(VLOOKUP(A2,奖惩管理表!\$A\$3:\$H\$24,8,FALSE)),"",VLOOKUP(A2,奖惩管理表!\$A\$3:\$H\$24,8,FALSE))"，并填充到下方的单元格区域，即可返回员工当月是否还有其他扣款及具体金额，如图19-78所示。

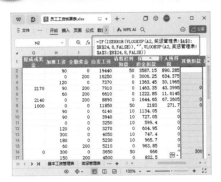

图 19-78

技术看板

本步骤中的公式采用的是 VLOOKUP 函数返回"奖惩管理表"工作表中统计出的各种扣款金额。同样，为了防止某些员工的工资因为没有涉及扣款项而返回错误值，所以套用了 ISERROR 函数对结果是否为错误值先进行判断，再通过 IF 函数让错误值均显示为空。

Step⑭ 在 O2 单元格中输入公式"=SUM(K2:N2)"，并填充到下方的单元格区域，即可计算出员工当月需要扣除金额的总和，如图 19-79 所示。

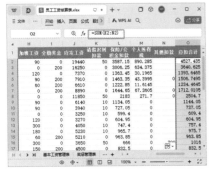

图 19-79

Step⑮ 在 P2 单元格中输入公式"=J2-O2"，并填充到下方的单元格区域，即可计算出员工当月的实发工资金额，如图 19-80 所示。

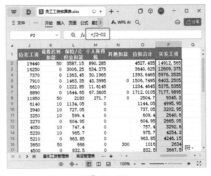

图 19-80

Step⑯ ❶选中 D2:P39 单元格区域；❷单击【开始】选项卡中的【数字格式】下拉按钮 ∨；❸在弹出的下拉菜单中单击【货币】命令，如图 19-81 所示。

图 19-81

Step⑰ 操作完成后即可为所选数据设置货币格式，如图 19-82 所示。

图 19-82

19.2.6 打印工资条

在发放工资时通常需要同时发放工资条，使员工能清楚地看到自己各部分工资的金额。本例将利用已完成的工资表，快速为每个员工制作工资条，操作方法如下。

Step① ❶新建"工资条"工作表，将"员工工资核算表"中的表头复制到"工资条"工作表的 A1 单元格；❷在 A2 单元格中输入公式"=OFFSET(员工工资核算表!$A$1, ROW()/3+1,COLUMN()-1)"，然后选中 A2 单元格，向右拖动填充柄将公式填充到 P2 单元格中，如图 19-83 所示。

图 19-83

技术看板

为了快速制作出每一位员工的工资条，可在当前工资条基本结构中添加公式，并运用单元格和公式的填充功能，快速制作工资条。制作工资条的基本思路：应用公式，根据公式所在位置引用"员工工资统计表"工作表中不同单元格中的数据。在工资条中，这条数据前需要有标题行，且不同员工的工资条之间需要间隔一行，故公式在向下填充时要相隔3个单元格，所以不能通过直接引用和相对引用的方式来引用单元格，可以使用表格中的 OFFSET 函数对引用单元格地址进行偏移引用。

技术看板

本例各工资条中的各单元格内引用的地址将随公式所在单元格地址的变化而发生变化。将 OFFSET

函数的reference参数设置为"员工工资统计表"工作表中的A1单元格,并将单元格引用地址转换为绝对引用;rows参数设置为公式当前行数除以3后再加1;cols参数设置为公式当前行数减1。

Step 02 选中A1:P3单元格区域,即工资条的基本结构加一行空单元格,如图19-84所示。

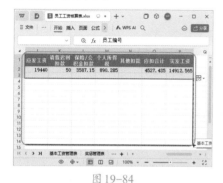

图 19-84

Step 03 拖动单元格区域右下角的填充控制柄,向下填充至有工资数据的行,即可生成所有员工的工资条,如图19-85所示。

图 19-85

Step 04 ❶ 单击【页面】选项卡中的【页边距】下拉按钮;❷ 在弹出的下拉菜单中单击【窄】命令,如图19-86所示。

图 19-86

Step 05 通过观察发现,设置后的同一个员工的工资信息没有完整地显示在同一页面中,此时需要调整缩放比例。❶ 单击【页面】选项卡中的【打印缩放】下拉按钮;❷ 在弹出的下拉菜单中,单击【将所有列打印在一页】命令,如图19-87所示。

图 19-87

Step 06 单击【页面】选项卡中的【打

印预览】按钮,如图19-88所示。

图 19-88

Step 07 在打开的【打印预览】界面即可查看打印效果,设置打印参数后,单击【打印】按钮,即可打印工资条,如图19-89所示。

图 19-89

19.3　案例三:用WPS演示制作"年度财务总结报告演示文稿"

实例门类	幻灯片制作+幻灯片播放

在财务会计工作中,每到年底都需要汇总大量的财务数据,枯燥的文字和数据内容容易让人产生疲劳感。使用WPS演示,可以将年度财务总结报告的内容形象生动地展现在幻灯片中。演示文稿通常包括封面页、目录页、过渡页、正文、结尾页等部分。本例主要讲述设计演示文稿模板的方法及幻灯片的制作过程,如插入文本、表格、图片、图表及设置动画等内容。

本例将制作年度财务总结报告演示文稿,制作完成后的效果如图19-90所示。

图 19-90

19.3.1 根据模板新建演示文稿

如果担心自己不能独立设计幻灯片，可以使用WPS演示内置的设计方案来创建一个专业的演示文稿，操作方法如下。

Step 01 新建一个演示文稿，单击【设计】选项卡中的【更多设计】命令，如图 19-91 所示。

图 19-91

Step 02 在打开的下拉列表中，单击设计方案的缩略图，如图 19-92 所示。

图 19-92

Step 03 在打开的界面中可以查看该设计的所有模板，①选择要应用的页面模板；②单击【插入】按钮，如图 19-93 所示。

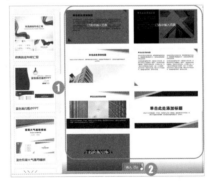

图 19-93

Step 04 系统将应用所选模板，并将选中的页面添加到演示文稿中，效果如图 19-94 所示。

图 19-94

19.3.2 输入标题和目录文本

在幻灯片中输入文本的方法非常简单，可以使用加大字号、加粗字体等方法，突出显示演示文稿的文本标题，操作方法如下。

Step 01 将光标定位到标题和副标题的占位符文本框中，输入标题和副标题，如图 19-95 所示。

图 19-95

Step 02 ①选中第2张幻灯片；②更改目录中的占位符文本；③在【文本工具】选项卡中设置字体样式，如图 19-96 所示。

图 19-96

Step 03 使用相同的方法更改其他目录文本，并设置文本样式，如图 19-97 所示。

图 19-97

19.3.3　在幻灯片中插入表格

财务报告中通常需要展示大量的数据，使用表格可以让数据更加清晰，操作方法如下。

Step 01 ❶选中第 3 张幻灯片；❷更改标题占位符文本；❸在【文本工具】选项卡中设置标题的文本样式，如图 19-98 所示。

图 19-98

Step 02 删除内容占位符中的文本，单

击【插入表格】按钮⊞，如图 19-99 所示。

图 19-99

Step 03 打开【插入表格】对话框，❶设置行数和列数；❷单击【确定】按钮，如图 19-100 所示。

图 19-100

Step 04 输入表格数据，如图 19-101 所示。

图 19-101

技术看板

可以直接从 WPS 文字或 WPS 表格中复制数据，粘贴到幻灯片中的表格内。复制和粘贴过程中，数据格式可能发生变化，但数值不变。

Step 05 ❶选中表格；❷单击【表格美化】按钮⊠，如图 19-102 所示。

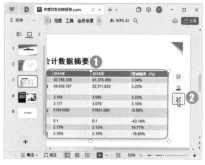

图 19-102

Step 06 在打开的表格样式下拉列表中选择一种表格样式，如图 19-103 所示。

图 19-103

技术看板

如果在【表格样式】下拉列表中没有找到合适的样式，可以单击【更多表格】命令，打开【对象美化】窗格，选择更多的表格样式。

Step 07 操作完成后，即可为表格应用所选样式，如图 19-104 所示。

图 19-104

19.3.4 使用图片美化幻灯片

为了让幻灯片更加绚丽美观，人们通常会在幻灯片中加入图片元素，操作方法如下。

Step01 ❶选择第4张幻灯片；❷输入标题和文字内容，如图19-105所示。

图 19-105

Step02 ❶选中图片；❷单击【图片工具】选项卡中的【更改图片】命令，如图19-106所示。

图 19-106

Step03 打开【更改图片】对话框，❶选择"素材文件\第19章\财务总结报告\图片.JPG"；❷单击【打开】按钮，如图19-107所示。

图 19-107

Step04 ❶选中图片；❷单击【图片工具】选项卡中的【裁剪】下拉按钮；❸在弹出的下拉菜单中单击【创意裁剪】命令；❹在弹出的子菜单中选择一种裁剪样式，如图19-108所示。

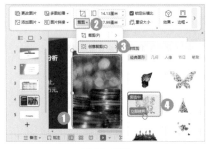

图 19-108

Step05 操作完成后，即可查看图片裁剪后的效果，如图19-109所示。

图 19-109

19.3.5 在幻灯片中插入图表

图表是数据的形象化表达，使用图表可以使数据更具可视化效果。图表展示的不仅仅是数据，还有数据的发展趋势。在WPS演示中，用户可以根据需要插入和编辑图表，操作方法如下。

Step01 ❶选中第4张幻灯片后按【Enter】键，新建一张相同模板的幻灯片；❷输入标题和文字内容，如图19-110所示。

图 19-110

Step02 单击内容文本框中的【插入图表】按钮，如图19-111所示。

图 19-111

Step03 打开【图表】对话框，❶单击【饼图】命令；❷在右侧选择一种饼图样式，如图19-112所示。

图 19-112

Step04 在幻灯片中插入一个饼图，单击【图表工具】选项卡中的【编辑数据】按钮，如图19-113所示。

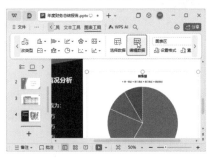

图 19-113

Step05 打开【WPS演示中的图表】电子表格，❶在表格中输入数据；❷单击【关闭】按钮✕，如图19-114所示。

图 19-114

Step 06 ❶选中图表；❷在【图表工具】选项卡中选择一种图表样式，如图19-115所示。

图19-115

Step 07 操作完成后，即可查看设置后的效果，如图19-116所示。

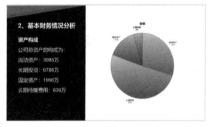

图19-116

19.3.6 在幻灯片中插入形状

在幻灯片中可以绘制各种形状来表现数据，操作方法如下。

Step 01 新建【仅标题】版式的幻灯片，❶输入标题；❷添加文本框并输入正文内容，如图19-117所示。

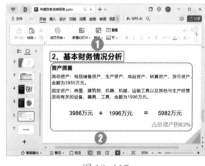

图19-117

Step 02 新建【仅标题】版式的幻灯片，输入标题和内容文本，❶单击【插入】选项卡中的【形状】下拉按

钮；❷在弹出的下拉菜单中选择【L形】形状，如图19-118所示。

图19-118

Step 03 在幻灯片中绘制形状，并拖动黄色的控制按钮调整形状，如图19-119所示。

图19-119

Step 04 在【绘图工具】选项卡中设置形状的【填充】样式和【轮廓】样式，如图19-120所示。

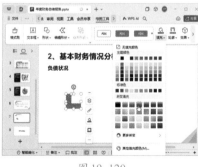

图19-120

Step 05 ❶复制形状；❷单击【绘图工具】选项卡中的【旋转】下拉按钮；❸在弹出的下拉菜单中单击【垂直翻转】命令，如图19-121所示。

图19-121

Step 06 使用相同的方法复制并旋转形状，如图19-122所示。

图19-122

Step 07 添加文本框，输入文字内容，使用相同的方法制作其他幻灯片，如图19-123所示。

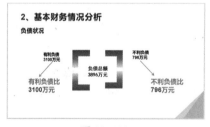

图19-123

19.3.7 设置幻灯片动画和切换效果

幻灯片制作完成后，可以为幻灯片对象设置动画和切换效果，操作方法如下。

Step 01 ❶选中第1张幻灯片中的标题文本框；❷单击【动画】选项卡中的【其他】下拉按钮，如

图 19-124 所示。

图 19-124

Step02 在弹出的下拉列表中选择一种进入方式，如【飞入】，如图 19-125 所示。

图 19-125

Step03 ❶单击【动画】选项卡中的【动画属性】下拉按钮；❷在弹出的下拉菜单中单击【自顶部】命令，如图 19-126 所示。

图 19-126

Step04 ❶单击【动画】选项卡中的【文本属性】下拉按钮；❷在弹出的下拉菜单中单击【逐字播放】命令。然后使用相同的方法，为其他幻灯片中的对象设置动画效果，如图 19-127 所示。

图 19-127

Step05 在【切换】选项卡中选择一种切换样式，如【分割】，如图 19-128 所示。

图 19-128

Step06 ❶单击【切换】选项卡中的【效果选项】下拉按钮；❷在弹出的下拉菜单中单击【上下展开】命令，如图 19-129 所示。

图 19-129

Step07 ❶在【切换】选项卡的【声音】下拉菜单中设置切换声音，如【风声】；❷单击【应用到全部】按钮，将设置应用到全部幻灯片，如图 19-130 所示。

图 19-130

Step08 单击【放映】选项卡中的【从头开始】按钮，即可放映幻灯片，如图 19-131 所示。

图 19-131

本章小结

本章主要介绍了 WPS Office 在财务会计工作中的应用，包括使用 WPS 文字制作盘点工作流程图、使用 WPS 表格制作员工工资核算表、使用 WPS 演示制作年度财务总结报告演示文稿。在实际工作中遇到的情况可能比这些案例更为复杂，读者可以将这些工作进行细分，找出适合使用 WPS 表格来统计和分析的基础数据，整理出适合应用 WPS 演示来表现的数据内容，以便更好地开展财务会计工作。

快捷键类型	快捷键	说明
系统	F1	WPS 文字帮助
	Ctrl+F1	任务窗格
	Ctrl+N	新建空白文档
	Ctrl+O	打开文件
	Ctrl+Tab	下一个页面切换
	Ctrl+Shift+Tab	上一个页面切换
	Ctrl+W/Ctrl+F4	关闭文档窗口
	Alt+Space+N	最小化 WPS 窗口
	Alt+Space+X	最大化 WPS 窗口
	Alt+Space+R	还原 WPS 窗口
	Alt+F4/Alt+Space+C	关闭 WPS 窗口
编辑	Ctrl+C	复制
	Ctrl+X	剪切
	Ctrl+V	粘贴
	Ctrl+Shift+C	复制格式
	Ctrl+Shift+V	粘贴格式
	Ctrl+S	保存
	F12	另存为
	Ctrl+A	全选
	Ctrl+F	查找
	Shift+→	向右增加块选区域
	Shift+←	向左增加块选区域
	Shift+Alt+→	增加缩进量
	Shift+Alt+←	减少缩进量
	Ctrl+Home	文档首
	Ctrl+End	文档尾
	Ctrl+Backspace	向左智能删词
	段落内双击	智能词选，无词组时选中单个字
	段落左侧双击	块选段落

快捷键类型	快捷键	说明
编辑	文档左侧三击鼠标左键	全选文档
	按Insert键	插入改写
	一行内按Home键	行首
	一行内按End键	行末
	Ctrl+H	替换
	Ctrl+G	定位
	Ctrl+Z	撤销
	Ctrl+Y	恢复
	Ctrl+Shift+F5	插入书签
	Ctrl+Enter	插入分页符
	Shift+Enter	插入换行符
	Ctrl+F9	插入空域
	Ctrl+K	插入超链接
	Alt+I+P+F	插入图片
	Ctrl+Shit+G	统计文档字数
	Ctrl+P	打印
	Backspace	删除左侧的一个字符
	Ctrl+Backspace	删除左侧的一个单词
	Delete	删除右侧的一个字符
	Ctrl+Delete（可能与输入法热键冲突）	删除右侧的一个单词
	Insert	激活插入状态
格式	Ctrl+D	打开"字体"对话框
	Ctrl+B	加粗
	Ctrl+I	倾斜
	Ctrl+Shift+. 或者Ctrl+]	增大字号
	Ctrl+Shift+, 或者Ctrl+[	减小字号
	Ctrl+Shift+=	上标
	Ctrl+=	下标
	Ctrl+J	两端对齐
	Ctrl+E	居中对齐
	Ctrl+L	左对齐
	Ctrl+R	右对齐
	Ctrl+Shift+J	分散对齐
	Alt+Shift+→	增加缩进量

续表

快捷键类型	快捷键	说明
格式	Alt+Shift+←	减少缩进量
	Ctrl+Alt+W	Web 版式
	Shift+Ctrl+Return（数字键的 Enter）	以行分开表格
	Shift+Alt+Return（数字键的 Enter）	以列分开表格
大纲	Ctrl+Alt+O	大纲模式
	Ctrl+Alt+←	大纲模式的提升
	Ctrl+Alt+→	大纲模式的降低
	Shift+Alt+↑	大纲模式的上移
	Shift+Alt+↓	大纲模式的下移
	Ctrl+Shift+N	大纲模式降为正文文本
	Shift+Alt+=	大纲模式的展开
	Shift+Alt+−	大纲模式的折叠
	Alt+Shift+1	大纲下显示级别 1
	Alt+Shift+2	大纲下显示级别 2
	Alt+Shift+3	大纲下显示级别 3
	Alt+Shift+4	大纲下显示级别 4
	Alt+Shift+5	大纲下显示级别 5
	Alt+Shift+6	大纲下显示级别 6
	Alt+Shift+7	大纲下显示级别 7
	Alt+Shift+8	大纲下显示级别 8
	Alt+Shift+9	大纲下显示级别 9
	Alt+Shift+A	大纲下显示所有级别
工具	Alt+F9	切换全部域代码
	F9	更新域
	Shift+F9	把域结果切换成代码
	Ctrl+Shift+F9	把域切换成文本
	Ctrl+Shift+F11	域解锁
	Ctrl+F11	锁定域
	F7	拼写检查
	Ctrl+Shift+E	修订
	Alt+F8	宏
	Alt+F11	VB 编译

附录 B WPS 表格快捷键

快捷键类型	快捷键	说明
系统	F1	WPS 表格帮助
	Ctrl+F1	任务窗格
	Ctrl+N	新建空白工作表
	Ctrl+W	关闭表格窗口
	Ctrl+Page Up	切换到活动工作表的上一个工作表
	Ctrl+Page Down	切换到活动工作表的下一个工作表
	Ctrl+O	打开
	Ctrl+W/Ctrl+F4	关闭文档窗口
	Alt+Space+N	最小化 WPS 窗口
	Alt+Space+X	最大化 WPS 窗口
	Alt+Space+R	还原 WPS 窗口
	Alt+F4/Alt+Space+C	关闭 WPS 窗口
编辑	Ctrl+S	保存为
	F12	另存为
	Ctrl+P	打印
	Ctrl+Z	撤回
	Ctrl+Y	恢复
	Ctrl+C	复制
	Ctrl+X	剪切
	Ctrl+V	粘贴
	Shift+F10	弹出右键菜单粘贴
格式	Ctrl+B	加粗
	Ctrl+U	下划线
	Ctrl+I	倾斜
	F11	图表
	F4	重复上一次添加或删除整行整列的操作
工具	Ctrl+Shift+=	插入单元格对话框
	Ctrl+K	插入超链接
	Ctrl+1	打开 "单元格格式" 对话框
	F7	拼写检查
	F9	重新计算工作簿
	Alt+F8	宏

续表

快捷键类型	快捷键	说明
工具	Alt+F11	VB 编程
	Alt+ 空格	窗口控件菜单
编辑单元格	Ctrl+Enter	键入同样的数据到多个单元格中
	Alt+Enter	在单元格内的换行操作
	Back Space	进入编辑，重新编辑单元格内容
	Ctrl+;	键入当前日期
	Ctrl+Shift+;	键入当前时间
	Ctrl+D	往下填充
	Ctrl+R	往右填充
	Ctrl+F	查找
	Ctrl+H	查找（替换）
	Ctrl+G	查找（定位）
	Ctrl+A	全选
定位单元格	Ctrl+ 方向键	移动到当前数据区域的边缘
	Home	定位到活动单元格所在窗格的行首
	Ctrl + Home	移动到工作表的开头位置
	Ctrl + End	移动到工作表的最后一个单元格位置，该单元格位于数据所占用的最右列的最下行中
改变选择区域	方向键	改变当前所选单元格，取消原先所选
	Shift+ 方向键	将当前选择区域扩展到相邻行列
	Ctrl+Shift+ 方向键	将选定区域扩展到与活动单元格在同一列或同一行的最后一个非空单元格
	Shift+Home	将选定区域扩展到行首
	Ctrl+Shift+Home	将选定区域扩展到工作表的开始处
	Ctrl+Shift+End	将选定区域扩展到工作表中最后一个使用的单元格（右下角）
	Ctrl+A	选定整张工作表
	Tab	在选定区域中从左向右移动，如果选定单列中的单元格，则向下移动
	Shift+Tab	在选定区域中从右向左移动，如果选定单列中的单元格，则向上移动
	Enter	在选定区域中从上向下移动，如果选定单列中的单元格，则向下移动
	Shift+Enter	在选定区域中从下向上移动，如果选定单列中的单元格，则向上移动
	Page Up	选中活动单元格的上一屏的单元格
	Page Down	选中活动单元格的下一屏的单元格
	Shift+Page Up	选中从活动单元格到上一屏相应单元格的区域
	Shift+Page Down	选中从活动单元格到下一屏相应单元格的区域
	Ctrl+Tab	页面切换(下一个)
	Ctrl+Shift+Tab	页面切换(前一个)

附录 C WPS 演示文稿快捷键

快捷键类型	快捷键	说明
系统	F1	WPS 演示帮助
	Ctrl+N	新建演示文稿
	Ctrl+M	插入新幻灯片
	F5	运行演示文稿
	Shift+F5	从当前页播放演示文稿
	Ctrl+F1	任务窗格
	Ctrl+W/Ctrl+F4	关闭窗口
	Alt+Space+N	最小化 WPS 窗口
	Alt+Space+X	最大化 WPS 窗口
	Alt+Space+R	还原 WPS 窗口
	Alt+F4/Alt+Space+C	关闭 WPS 窗口
编辑	Ctrl+F	查找文本
	Ctrl+H	替换文本
	Ctrl+Z	撤消一个操作
	Ctrl+Y	恢复或重复一个操作
	Ctrl+O	打开
	Ctrl+S	保存
	F12	另存为
	Ctrl+P	打印
	Shift+F9	显示或隐藏网格
	Esc	跳出文本编辑状态，进入对象选取状态
	Tab	向前循环移动选取单个对象
	Ctrl+A（在"幻灯片"选项卡上）	选取所有对象
	Ctrl+A（幻灯片浏览视图中）	选取所有幻灯片
	Ctrl+C	复制选取的对象
	Ctrl+V	粘贴剪切或复制的对象
	Ctrl+X	剪切选取的对象
	Shift+Enter	插入软回车符
	Ctrl+Shift+C	复制对象格式
	Ctrl+Shift+V	粘贴对象格式

快捷键类型	快捷键	说明
编辑	F2	在选取的对象中添加文字
	按住 Shift + 滚轮	滚动水平方向的滚动条
	Ctrl+K	插入超链接
	F4	重复上一步操作
格式	Ctrl+B	加粗
	Ctrl+U	下划线
	Ctrl+I	倾斜
	Ctrl+E	居中对齐段落
	Ctrl+J	使段落两端对齐
	Ctrl+L	左对齐
	Ctrl+R	右对齐
	Ctrl+Shift+=	上标
	Ctrl+=	下标
	Ctrl+Shift+.	增大字号
	Ctrl+Shift+,	减小字号
对幻灯片放映的控制	Enter/Page Down	执行下一个动画或换到下一张幻灯片
	Page Up	执行上一个动画或返回上一张幻灯片
	编号 +Enter	转至幻灯片编号
	Esc	结束幻灯片放映
	F1	查看控制列表
	Ctrl+P	将鼠标指针转换为 "水彩笔"
	Ctrl+A	将鼠标指针转换为 "箭头"
	Ctrl+E	将鼠标指针转换为 "橡皮擦"
	Ctrl+H	隐藏鼠标指针
	Ctrl+U	自动显示 / 隐藏箭头
	Ctrl+M	显示 / 隐藏墨迹标志
	Alt+D	打开 "选取画笔" 子菜单
	Alt+F	打开 "选取绘制路径" 子菜单
	Alt+C	打开 "选取墨迹颜色" 子菜单
	F7	拼写检查
	Alt+F11	Visual Basic 编辑器
	Shift+ 普通视图按钮图标	幻灯片母版视图
	Shift+ 放映按钮图标	设置放映方式
	Shift+F10	右键菜单
	Ctrl+B	黑屏
	Ctrl+W	白屏
	Ctrl+E	橡皮擦

附录 **D** WPS 其他组件快捷键

快捷键类型	快捷键	说明
思维导图	Ctrl+B	加粗
	Ctrl+I	斜体
	Tab/Insert	新建子主题
	Enter	新建同级主题
	Shift+Tab	新建父主题
	Ctrl+K	添加超链接
	Ctrl+R	添加备注
	Ctrl+/	展开/关闭全部主题
	Alt+Space+X	最大化WPS窗口
	1/F6	定位到中心主题
	Ctrl+E	插入方程式
	Ctrl+ 方向键	移动画布
	Ctrl+C	复制
	Ctrl+X	剪切
	Ctrl+V	粘贴
	Ctrl+Z	撤销
	Ctrl+Y	恢复
	Ctrl+G	启动格式刷
	Ctrl+ 数字键1～9	设置优先级图标
	Ctrl++	放大画布
	Ctrl+−	缩小画布
	Ctrl+0	还原画布
	Ctrl+ 滚轮	缩放画布
	Ctrl+↑↓	上下移动节点
	Delete	删除主题
	Space	编辑主题
流程图	Ctrl+Z	撤销
	Ctrl+Y	恢复
	Ctrl+C	复制

续表

快捷键类型	快捷键	说明
流程图	Ctrl+X	剪切
	Ctrl+V	粘贴
	Ctrl+D	重复使用图形
	Ctrl+Shift+B	启用格式刷
	Delete	删除
	Ctrl+]	将选中的图形置于顶层
	Ctrl+[	将选中的图形置于底层
	Ctrl+Shift+]	将选中的图形上移一层
	Ctrl+Shift+[	将选中的图形下移一层
	Ctrl+L	锁定选中的图形
	Ctrl+Shift+L	解锁选中的图形
	Ctrl+G	组合选中的图形
	Ctrl+Shift+G	取消组合选中的图形
	Space	编辑文本
	Ctrl+B	加粗
	Ctrl+I	斜体
	Ctrl+U	下划线
设计	Ctrl+Z	撤销
	Ctrl+Y	恢复
	Ctrl+C	复制
	Ctrl+X	剪切
	Ctrl+V	粘贴
	Ctrl+]	将对象上移一层
	Ctrl+[	将对象下移一层
	Ctrl+Alt+]	将对象置于顶层
	Ctrl+Alt+[	将对象置于底层
	Ctrl+L	锁定对象
多维表格	Ctrl+Z	撤销
	Ctrl+Y	恢复
	Ctrl+C	复制
	Ctrl+X	剪切
	Ctrl+V	粘贴
	Ctrl+F	查找
	Ctrl+A	全选

快捷键类型	快捷键	说明
PDF	Ctrl+O	打开文件
	Ctrl+P	打印
	Ctrl+S	保存
	Ctrl+Z	撤销
	Ctrl+Y	恢复
	Ctrl+C	复制
	Ctrl+X	剪切
	Ctrl+P	粘贴
	Ctrl+A	全选
	Ctrl+F	查找
	Ctrl+H	手型工具
	Ctrl+R	选择工具
	Ctrl+Alt+S	拆分文档
	Ctrl+Alt+D	合并文档
	Shift+F5	在全屏下播放文件
	Ctrl++	放大页面
	Ctrl+–	缩小页面
	Ctrl+1	缩放页面为实际大小
	Ctrl+0	缩放比例为页面适合窗口显示大小
	Ctrl+2	缩放比例为页面适合窗口宽度
	Ctrl+Shift++	右旋转90°
	Ctrl+Shift+–	左旋转90°
	Ctrl+Alt+R	旋转全部页面
	Ctrl+ Shift+R	阅读模式
	Alt+W	编辑文字、图片和矢量对象
	Ctrl+Alt+X	截图对比
	Shift+F10	压缩文件体积
	Ctrl+F6	全文翻译
	Ctrl+Alt+I	插入空白页
	Ctrl+Alt+T	从文件导入页面
	Ctrl+Alt+T	提取页面生成新文件
	Ctrl+Alt+D	删除页面
	Ctrl+T	添加文字
	Ctrl+J	插入图片

快捷键类型	快捷键	说明
PDF	Alt+R	随意画
	Ctrl+F2	高亮文本
	Ctrl+3	插入注解
	Ctrl+4	区域高亮
	Ctrl+5	下划线
	Ctrl+D	删除线
	Ctrl+F3	插入文字批注
	Alt+D	擦除对象
	Ctrl+G	插入替换符
	Ctrl+6	加入插入符
	Alt+Shift+3	管理批注
	Ctrl+Shift+N	自动滚动页面
	Ctrl+Alt+C	裁剪页面
	Ctrl+Shift+W	转为 Word 文件
	Ctrl+Shift+X	转为 Excel 文件
	Ctrl+Shift+P	转为 PPT 文件
	Ctrl+Shift+T	转为 TXT 文件
	Ctrl+Shift+C	识别扫描型文件中的文字
	Ctrl+Shift+I	输出为图片

附录 E

WPS AI 快捷键

快捷键类型	快捷键	说明
WPS 文字	连续按两次 Ctrl 键	唤起 WPS AI
WPS 表格	=	唤起 WPS AI
智能文档	Ctrl+J	唤起 WPS AI

附录 F DeepSeek 办公实战技巧精粹

一、DeepSeek 基础应用技巧

1. 启用深度思考模式

　　在复杂场景下通过选择"R1模式"可以提升输出质量。默认情况下 DeepSeek 是未使用深度思考（R1）模式的，需要在输入指令对话框下方选择"深度思考（R1）"选项，再发出指令触发深度分析，如图 F-1 所示。

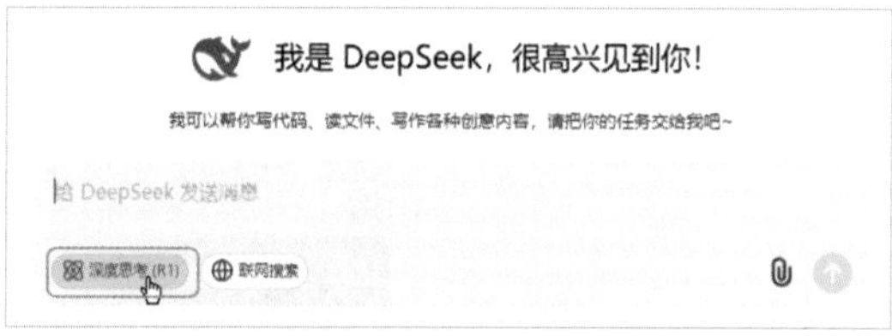

图 F-1　DeepSeek 官网对话界面

　　深度思考（R1）模式的特点如下。

➡ 回答质量：启用后生成的内容逻辑性更强，会展示完整推理链条（如数学题分步推导），错误率降低约37%。

➡ 响应速度：处理时间增加2～3倍，平均响应延迟从0.8秒升至2.5秒。

➡ 信息处理：支持多轮上下文关联（最多16K Tokens），可处理跨段落逻辑验证。

　　推荐启用深度思考模式的场景如表 F-1 所示。

表F-1　推荐启用深度思考模式的场景

场景	需求
数学证明 / 编程调试	需展示推导过程
法律条款对比分析	需多维度交叉验证
学术论文框架构建	需分层递进推理
商业策略制定	需风险收益综合评估

　　例如，未启用深度思考模式时，输入指令"简述量子计算原理"，DeepSeek 用3秒就能生成300字的概述。而启用深度思考模式后，输入指令"用费曼图解释量子纠缠现象"，DeepSeek 需要用12秒生成带数学公式的推导过程。

2. 联网搜索功能调用

　　默认情况下，DeepSeek 是基于模型训练时内置的知识库（数据截至2023年10月）来回答用户的提问的，无法获取后续更新信息。这对于通用知识查询（如牛顿定律、历史事件时间线）、理论推导与逻辑分析（如数学公式证明、代码算法优化）、非时效性内容生成（如公文模板、学术论文框架）都没有影响。

　　但如果需要用 DeepSeek 对实时信息进行整合，就需要启用联网搜索功能了。在输入指令对话框下方选择"联网搜索"选项，再发出指令，系统将自动调用实时数据接口并标注来源及更新时间。

　　联网搜索功能的核心作用有两点，一是能自动抓取最新资讯（如2025年个税新政、实时汇率）并标注数据来源与更新时间，二是支持跨平台验证（优先调用政府官网、权威媒体等可信信源）。

　　推荐启用联网搜索功能的场景如表 F-2 所示。

表F-2　推荐启用联网搜索功能的场景

场景	需求
金融市场追踪	查询股票行情、大宗商品价格波动
政策法规更新	自动对比新旧条款差异
突发事件解析	结合多源报道生成综合简报

3. 服务拥堵应急处理

目前，DeepSeek每天的流量都很大，导致服务器负载严重。对DeepSeek进行提问后，总是收到"服务器繁忙，请稍后再试"的回复，说明官方API服务受限了。此时，可以通过第三方平台（如硅基流动）获取备用API Key。通过第三方平台接入DeepSeek，一般都需要注册后生成密钥并充值确保调用额度。如图F-2所示，在通过硅基流动获取备用API Key时，注册时会赠送14元额度≈2000万Tokens，后续使用需要充值。

图F-2　在硅基流动平台获取API密钥

DeepSeek的主流替代服务商如表F-3所示。

表F-3　DeepSeek的主流替代服务商

平台名称	特点	适用场景	入口链接
硅基流动	提供完整API生态，支持模型蒸馏	企业级开发集成	siliconflow.cn
秘塔AI搜索	内置R1满血版，中文优化最佳	文献研究与信息整合	metaso.cn
纳米AI搜索	多模态输入（语音/图片/文字）	移动端快速查询	n.cn
超算互联网	完全免费的7B/14B蒸馏模型	学生群体/基础需求	chat.scnet.cn

当然，也可以选择本地部署DeepSeek，至少需配备24GB显存的NVIDIA显卡（推荐RTX 4090）。

二、DeepSeek的AI提问技巧

1. 3C提问法则

提问时需清晰（Clear）、简洁（Concise）、情境化（Contextual），尤其在职场场景中，应聚焦业务目标，并运用数据、场景、角色进行约束。

示例 1：

> 生成市场部 Q3 推广方案（预算 50 万，目标提升 20% 转化率，需包含短视频+私域联动策略）

示例 2：

> 设计新员工培训计划（面向技术岗，含 3 天系统操作+2 天项目实战，需输出考核标准）

2. 黄金三要素提问法

提问时尽量按"需求+条件+背景"进行结构化表达，用三要素框定问题范围，减少 DeepSeek 的自由发挥空间。

示例 1：

> 生成新能源汽车出口分析报告（含 2020—2024 年数据对比，需图表展示）

示例 2：

> 设计健身房促销方案（预算 5 万元，目标客群为 25～35 岁上班族）

3. 四步拆解法

将复杂任务按"背景→任务→要求→补充"分阶段描述，降低 DeepSeek 的理解偏差。

示例 1：

> 背景：咖啡馆淡季客流量下降 30%
> 任务：设计促销方案
> 要求：包含线上线下联动，成本控制在 1 万元内
> 补充：需突出会员体系激活

示例 2：

> 背景：客户投诉率环比上升 15%
> 任务：优化售后服务流程
> 要求：缩短响应时间至 2 小时内，增加客户满意度回访
> 补充：需兼容现有 ERP 系统

4. 角色扮演提问术

赋予 DeepSeek 特定身份，明确角色标签（行业+资历）以增强专业性，避免泛泛而谈。例如，"你是个专家，帮我改教案"就是个错误示范。

示例 1：

> 你是有 10 年经验的语文教研员，请评价《荷塘月色》教学设计中的情感引导部分

示例 2：

> 你作为心理咨询师+班主任，来设计青春期主题班会（含 3 个匿名案例讨论）

5. 逆向思维提问法

从错误案例反推正确方案，通过否定式提问激发 DeepSeek 的纠错能力。

示例 1：

> 列举新手写会议纪要的 3 个常见错误，并给出改进示例

示例2：

> 分析这份投标文件被废标的可能原因（从格式、内容、法律合规性三方面进行分析）

6. 限定条件优化术

添加量化指标（如数字、范围）和格式要求等，可以精准约束输出。

示例1：

> 生成5个小红书爆款标题（含"显瘦"关键词，字数≤15）

示例2：

> 用Markdown表格对比iPhone 15与华为Mate 60的5项核心参数

7. 追问迭代技巧

通过像打磨雕塑一样的多轮对话，可以逐步完善内容、优化结果。示例流程如下。

第一轮：

> 为《二次函数》复习课设计3个知识模块

第二轮：

> 在"实际应用"模块添加2个生活案例

第三轮：

> 将篮球案例替换为初中生更熟悉的"扔纸团进垃圾桶"情境

8. 风格迁移控制术

跨场景语言风格适配的关键在于明确目标场景的文体特征，包括正式场合、口语化或行业术语等。

示例1：

> 将技术文档改写成投资人版PPT（用类比替代专业术语，如"算法优化→智能大脑升级"）

示例2：

> 把内部会议纪要转为客户通报邮件（保留核心结论，删除敏感数据，语气转为积极正向）

9. 多模态输入融合法

图文表混合指令通过上传参考文件和文字描述的双驱动方式，可增强DeepSeek对指令的理解。

示例1：

> 参考附件产品架构图，生成200字的功能介绍（突出模块协同优势）

示例2：

> 根据Excel销售数据趋势图，分析Q4增长点（需标注TOP3潜力品类）

10. 语义联想扩展术

以思维导图式指令为驱动，激活关联能力，从而实现关键词发散并生成创意方案。

示例1：

> 围绕"远程办公"关键词，生成5个团队管理的创新点子（含实施步骤）

示例2：

> 从"碳中和"延伸设计3个企业责任项目（需量化减排效果）

11. 知识库定向调用

通过上传企业文档，将关键词与场景描述相结合，可快速精准定位内部资料信息。

示例1：

> 根据《销售管理制度》第3章，提取客户拜访频次规定（需标注条款编号）

示例2：

> 在员工手册中查询年假计算规则，结合2024年最新劳动法进行解释

12. 法律条文定位术

要想快速匹配法规与实务场景，可以用"领域＋行为＋后果／条款类型"的方式描述法律需求，精准定位法律依据。

示例1：

> 列举电商平台处理消费者差评时需遵守的3条法律依据（含《中华人民共和国电子商务法》具体条款）

示例2：

> 跨境电商物流纠纷适用的国际公约有哪些？列出《联合国国际货物销售合同公约》相关条款

13. 敏感信息脱敏术

给DeepSeek发送用占位符替代敏感字段的指令，可以在保持上下文完整性的同时自动隐藏关键数据。

示例1：

> 将财务报告中的金额统一替换为[××万元]，银行账号替换为[***]

示例2：

> 处理客户名单时，姓名保留姓氏＋*（如张*），手机号保留前3位和后4位

14. 多语言混合处理

DeepSeek能够做到中英术语无缝切换。通过用""标注专业术语的指令，可以指定翻译保留字段。

示例1：

> 将技术文档中的"卷积神经网络"等专业术语保留英文缩写（CNN），其他内容翻译为日语

示例2：

> 撰写英文邮件时，将"KPI""OKR"等考核指标用中文括号备注解释

15. 时间轴任务分解

可视化呈现工作流程时，应采用"起止时间＋里程碑事件＋责任人"的结构化方式输出。

示例1：

> 新产品上线计划分解：3.1—3.5需求确认（张经理）→3.6—3.20开发测试（技术组）→3.21灰度发布（运营部）

示例2：

> 年会筹备时间轴：12月征集节目（HR）→1月布置场地（行政）→2月彩排（总经办）

16. 优先级标注法

根据四象限法则，通过"紧急/重要"维度自动分类任务。

示例1：

> 将客户投诉（24小时响应）、季度报表（3天后提交）、团建策划（本月完成）按优先级排序

示例2：

> 处理产品需求：BUG修复→核心功能优化→UI美化→长远技术规划

17. 数据可视化描述

在描述数据关系后追加"用折线图/柱状图呈现"可用文字生成图表逻辑。

示例1：

> 对比Q1—Q4销售额增长率（华北23%/华东45%/华南12%），用双层柱状图展示区域差异

示例2：

> 将用户年龄分布（18～25岁35%，26～35岁50%，36岁以上15%）转化为饼图，标注Z世代占比

18. 代码注释生成术

在将自然语言转化为技术文档时，要先描述功能需求，再指定所使用的编程语言。

示例1：

> 生成Python批量重命名文件的代码，每行添加中文注释说明

示例2：

> 为这段SQL查询语句添加注释，解释JOIN操作和WHERE条件逻辑

19. 学术术语适配术

专业内容通俗化转换的关键在于运用"比喻+场景化案例"的方式，以降低理解门槛。

示例1：

> 将论文摘要中的"卷积神经网络特征提取"改为"像用多层筛子过滤关键信息"

示例2：

> 把"货币政策传导机制"解释为"央行放水如何流到小微企业"

20. 行业黑话转换术

专业术语可通过"原词=解释+应用场景"的公式进行拆解，以达到通俗易懂的效果。

示例1：

> 互联网黑话转换：抓手=核心突破点，闭环=完整流程，赋能=能力提升

示例2：

> 金融术语解读：量化宽松=央行撒钱刺激经济、MCN=网红孵化公司、ETF=一篮子股票基金

21. 医学文献速读术

快速提取科研核心信息时，可采用"研究类型+样本量+结论"的结构化提问方式。

示例1：

> 总结《柳叶刀》关于糖尿病的最新研究（RCT试验，样本量2000人，重点提取用药方案对比）

示例2：

> 从这篇医学论文中提取：研究方法（队列/病例对照）、主要并发症发生率、随访时间

22. 金融报表解析术

穿透式分析财务数据需明确指定"指标+对比维度+可视化方式"。

示例1：

> 对比A公司近3年资产负债率（计算流动/速动比率，用折线图展示趋势）

示例2：

> 解析现金流量表：经营/投资/筹资活动净现金流占比，标注异常波动项

23. 教育分层设计术

按"能力水平+教学目标"设置梯度可以生成差异化教学方案。

示例1：

> 设计英语阅读课分层任务：基础组（词汇填空）、进阶组（段落翻译）、拔尖组（观点评析）

示例2：

> 为编程课设计三阶练习题：①语法修正；②功能补全；③算法优化（附参考答案）

24. 创意发散引导术

"随机词+场景"的组合可用来激发创新思维，突破思维定式，从而产生独特的方案。

示例1：

> 结合"竹子"和"智能办公"，提出3个产品设计创意（含技术实现路径）

示例2：

> 用SCAMPER法改进会议室预约系统（重点展示替代/合并步骤）

25. 逻辑漏洞检测术

按"前提→推论→结论"的链式顺序审查，可以系统性排查论证缺陷。

示例1：

> 检查市场分析报告中的归因错误：将销量增长100%完全归功于广告投放是否合理？

示例2：

> 识别项目计划书中的逻辑漏洞：资源投入与预期收益是否成比例？风险应对措施是否覆盖关键节点？

26. 情感语气调节术

通过"情感值+场景适配"的双维度来精准控制文本情绪倾向。

示例1：

> 将回复投诉邮件的语气调整为专业且共情（使用"理解您的困扰""优先为您处理"等措辞）

示例2：

> 把技术文档的严肃表述转为轻松科普风格（加入"就像手机充电一样简单"等类比）

27. 跨平台兼容适配

进行多系统环境方案设计时，应明确"操作系统＋软件版本＋硬件配置"。

示例1：

> 生成兼容Windows 11/macOS的办公软件安装指南（标注ARM架构的特殊设置）

示例2：

> 设计跨平台数据同步方案（支持iOS/Android/PC端实时更新，含冲突解决机制）

三、使用WPS灵犀接入DeepSeek

灵犀是WPS Office内置的AI智能助手，深度集成DeepSeek R1大模型，提供一站式智能化办公解决方案。该工具已预装在2025新春版WPS中，无须API密钥配置，免费用户即可使用全部功能。实测显示，复杂文档处理效率提升达300%。

在WPS Office中使用灵犀前需要先进行配置，然后就可以像在DeepSeek官网中一样进行提问了。当然，WPS灵犀还提供了一些能与WPS Office无缝结合的特色功能，这些功能可以直接对各种办公文档进行提问并操作，能够显著提升文档处理工作的效率。

1. 让灵犀接入DeepSeek

Step.01 升级至最新版WPS Office。打开WPS Office客户端，单击右上角的"全局设置"按钮 ≡，选择"关于WPS"选项查看当前版本。若版本低于12.1.0.19770，需前往WPS官网下载2025新春版。

Step.02 账号登录。单击右上角的"立即登录"按钮，选择微信扫码或手机号验证登录（首次使用需完成实名认证）。

Step.03 启用DeepSeek R1。登录后单击左侧导航栏中的"灵犀"图标 ⓠ，如图F-3所示，在对话框底部找到"DeepSeek R1"开关并启用。若未显示入口，关闭WPS Office后重新启动即可。

Step.04 向DeepSeek提问。在灵犀对话框中输入需要向DeepSeek提问的内容，单击"发送"按钮即可，如图F-4所示。得到的回复中会显示DeepSeek独有的深度思考路径，然后是回答的具体内容。

图F-3　单击"灵犀"图标

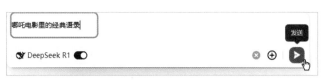

图F-4　启用DeepSeek R1并提问

2. 让灵犀搜索网络内容

灵犀对话框上方的"搜全网"按钮是WPS灵犀的核心功能之一，主要用于智能化的互联网信息检索与整合。其具体作用如下。

（1）抓取全网信息。输入问题，如"2025年新能源汽车补贴政策"，灵犀会实时扫描百度、知乎、政府官网等主流平台，自动筛选高可信度信息源（优先政府网站、学术论文、权威媒体）。

（2）输出结构化信息。搜索结果自动整理为要点清单，如搜索"春节档电影推荐"会生成包含影片名称、导演、主演、豆瓣评分的表格，支持一键导出为 Excel 或插入文档。

（3）追溯与验证来源。每条信息后标注来源链接，如标注 [8] 对应具体网页，单击数字可查看原始页面，方便核对信息准确性。

（4）生成多模态内容。搜索结果可直接转换为思维导图（输入"将搜索结果生成思维导图"）或 PPT 大纲（输入"制作春节电影分析PPT"），自动同步至 WPS 云文档。

单击对话框上方的"搜全网"按钮，会弹出当前的热搜话题选项，选择即可搜索对应的内容，如图 F-5 所示。也可以在对话框中输入问题，如"深港跨境物流最新政策"，单击"发送"按钮，如图 F-6 所示，3 秒内就获得了政策要点、实施时间、申报流程清单，并附带"深圳市交通局官网"等来源链接。

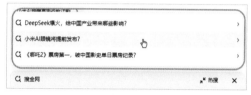

图 F-5　搜索当前的热搜话题

图 F-6　输入网络搜索内容提示

四、DeepSeek 智能化文档处理技巧

灵犀深度集成 DeepSeek 后，文档处理效率提升显著，以下为其典型应用场景及操作示例。

1."快速创作"功能

单击灵犀对话框上方的"快速创作"按钮，会弹出模板选项，灵犀内置了很多功能强大的模板，如图 F-7 所示。选择模板类型后，根据对话框中的提示输入关键信息，单击"发送"按钮，即可调用 DeepSeek 高效创作，快速写出日记、读后感、周报、朋友圈文案、小红书文案等。

2."长文写作"功能

单击灵犀对话框上方的"长文写作"按钮，再输入创作主题和要求，单击"发送"按钮，如图 F-8 所示，即可快速写出长篇文档的提纲。

图 F-7　选择创作文档要采用的模板

查看生成的框架后，单击"生成文档"按钮即可确认使用该框架进行创作，如图 F-9 所示。

图 F-8　创建长文档

图 F-9　生成的长文档框架

在创建的云文档窗口中，右侧任务窗格默认显示为文章大纲，单击顶部的"对话"选项卡，可以在对话窗口中输入提示词，让 DeepSeek 按要求修改文章内容，如图 F-10 所示。

图F-10　查看生成的长文档及"对话"任务窗格

3. "AI写作"功能

在WPS灵犀主界面左侧单击"AI写作"选项卡，在右侧界面中可以看到"短文创作""长文写作""生成思维导图"按钮。

单击"短文创作"按钮后，可以在对话框中输入四要素指令（背景、任务、要求、补充），如"背景：需要向客户汇报项目进度；任务：撰写项目周报；要求：包含本周成果、问题及解决方案、下周计划；补充：重点突出技术突破点"，单击"发送"按钮，3秒内就能获得完整文档框架。

"长文创作"功能的使用方法和"短文创作"相同。

单击"生成思维导图"按钮后，给出一个主题，就能生成思维导图，如图F-11所示，并可以通过连续对话进行修改。

图F-11　生成思维导图

4. 快速将回答制作成文档

在对DeepSeek提问的过程中，有时它生成的内容比较完整，不像是简单的回复，这时回答末尾会提供"新建文档并编辑"按钮，如图F-12所示，单击该按钮即可快速将当前回答的内容创建为新的文档，该文档一般保存在云文档中，此时也会在文档编辑界面右侧显示任务窗格，其中包括当前对话的所有内容，还可以在对话框中继续与DeepSeek进行问答交流。

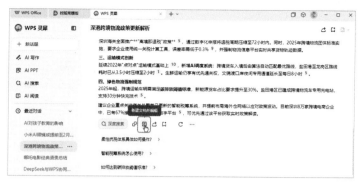

图 F-12　将 DeepSeek 的回答制作成文档

5. 文档风格转换

通过输入提示词，还可以改变文档所有内容或局部内容的编写风格。例如，在上个文档右侧的对话框中输入"转化为社区公告语言"，即可将专业术语转化为通俗表达，如图 F-13 所示。

图 F-13　输入提示词转换文档风格

6. "上传文档"功能

WPS 灵犀支持云文档及本地文档上传，在主页面的对话框右下角有一个"上传文件"按钮，如图 F-14 所示，单击该按钮后根据提示选择或拖放文件即可，如图 F-15 所示。

图 F-14　单击"上传文件"按钮　　　　　　　　图 F-15　上传文件界面

7. "读文档"功能

在 WPS 灵犀主界面的对话框上方单击"读文档"按钮，或者在主页面左侧单击"AI阅读"选项卡，可上传文档，并可在对话框中输入想让 DeepSeek 执行的指令，比如搜索文档中的特定信息、总结梳理文档中的精华内容等，如

图F-16所示。

五、DeepSeek智能分析数据技巧

WPS灵犀集成DeepSeek后，数据分析效率显著提升。上传一个表格文件，就可以让DeepSeek执行各种操作。

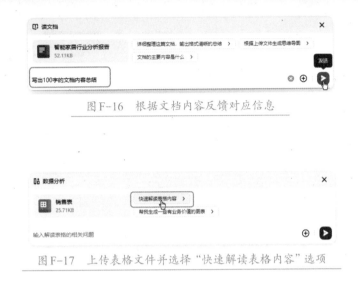

图F-16　根据文档内容反馈对应信息

1. 解读表格内容

在WPS灵犀主页面的对话框上方单击"数据分析"按钮，在弹出的界面中选择或拖放需要上传的表格文件后，会弹出一些提问选项，可选择对应选项或直接在对话框中输入要提问的内容，即可对表格内容进行操作。例如选择"快速解读表格内容"选项，如图F-17所示，即可获得DeepSeek解读表格内容后返回的信息。

图F-17　上传表格文件并选择"快速解读表格内容"选项

2. 生成公式

上传表格文件后，输入自然语言指令，如"计算B列销售额的年增长率"，即可返回自动生成的公式"=GROWTH(B2:B12)"。WPS灵犀还可以生成函数，如输入"计算员工绩效加权得分"，生成"=SUMPRODUCT(C2:C10,D2:D10)"。具体的提问方法与WPS AI的类似，这里不再赘述。

3. 生成图表

上传表格文件后，输入指令，还可以生成图表。例如，上传销售数据表格后，输入"生成各区域销售额占比环形图"，可以自动创建可交互图表，支持实时数据更新；输入"预测下季度趋势线"，可自动添加趋势线并输出分析结论。

六、DeepSeek智能制作PPT技巧

在WPS灵犀主界面的对话框上方单击"生成PPT"按钮，或者在主页面左侧单击"AI PPT"选项卡，然后在对话框中输入想让DeepSeek生成的PPT主题，如"2025年新能源汽车市场展望"，即可生成PPT大纲。可以为生成的大纲快速选择套用模板，还可一键调整章节顺序，如图F-18所示。确定大纲后，单击"生成PPT"按钮，即可生成对应的PPT。

图F-18　修改生成的PPT大纲